安徽大学马克思主义学院学术专著出版资助项目

RESEARCH OF
ECO-ETHICS UNDER THE CONTEXT
OF PRACTICAL PHILOSOPHY

保罗·汤普森哲学思想的启示

# 实践哲学语境下的生态伦理研究

于川 / 著

上海社会科学院出版社
SHANGHAI ACADEMY OF SOCIAL SCIENCES PRESS

# 序

当人类进入21世纪的第三个10年的时候，农业所面临的挑战将是巨大的。尽管20世纪的全球食物生产总量可以满足全球人口的需求，但是食物安全的泥沼与食物匮乏问题仍然存在。我们知道，具有讽刺意味的是，受雇于农业生产领域的农村人口往往是深受饥饿影响的人群。食物短缺发生的背景有临时性的或长期性的。灾难事件，例如地震、火山喷发或者海啸，能够彻底摧毁耕地，但气候的季节性变化或虫害的发生则对农业人口发生着持续性的影响，使他们在偶发性的食物供给中断事件中变得越来越脆弱。与此同时，许多农业劳动力处于落后的生产条件（或者落后的生产工具水平）下，这使得所获得的食物能量刚好超过他们在工作中所消耗的卡路里。由于全球市场一体化，以及市场对高附加值农作物（例如棉花、咖啡和茶）的重视，许多贫困农业人口不得不为他们的生计与福祉担忧。这是自远古时代以来农业人口第一次要面对的问题。

自然界那些漫长的挑战一直在塑造着农业生活的本质，但是当世界进入工业化时代之后，新的挑战出现了。纵观全球，气候变化给食物生产总量带来全面的消极影响，在未来的半个世纪里，有些地区将失去50%—100%的农业生产能力。由于工业化社会中的人们正变得逐渐远离他们的食物源头，所以那些用来支持农业生产的常识储备也就随之降低。城市中的食物消费者追求低价高质，他们不会去感知小规模农业生产者、牧民和渔民所面临的困难与挑战。大多数人不愿去投入社会资本以维持一个健康的、生机勃勃的农业领域。

技术现代主义者表达了一种自信：通过技术创新——基因工程、人工智能，以及各种智能化农业生产形式，人类将有能力面对这些挑战。但是，21世纪的技术创新伴随着全球人口的增长，它们导致了一系列的环境问题：农药残留、地表水的富营养化、食物残留、养分的消耗、土壤侵蚀、径流盐碱化等。可以说，当21世纪的技术（伴随着交通工具的改进）终结人类大面积饥荒时代的时候，这些技术的副作用也正在使食物消费者对工业化食物生产方式失去信心。

一直以来，人类始终在追问：我们从食物系统演化中得到了什么，我们希望得到什么？然而，当我们从更深的哲学视角去观察，不难发现，与人类自身对食物系统的思考能力的衰退相比，技术挑战显得苍白无力。正如我在书中所谈到的那样，过去的哲学家与社会学家与他们的食物系统有着亲密的接触（详见保罗·B.汤普森教授所著 *The Spirit of the Soil*、*The Agrarian Vision*）。所以，他们对农业所提供的物质支撑方式有更深刻的理解（而不仅仅是为人类提供了勉强维持生存的条件）。在一定程度上，直到18世纪的某些时候，事实上所有社会科学都是农业哲学。农业不仅是满足人类生活需求的生产系统，更是社会政治与文化实践的结构性要素，并发挥着构型功能。哲学家们认为体制（财产、社团、政府机构）根植于随食物的社会化生产手段演化而来的日常生活习惯。按照这个观点，农业是人类实践的基础，在此基础上人类实践受制于并反馈生态系统的生物与非生物功能的发挥。不同的气候类型和地区需要不同的农耕实践，由此产生能够形成地域文化及个性的日常生活节奏。当一个民族人口的大多数涉及农耕行为（或者多数人经常接触到农业），这个对自然界需求的习惯与适应过程相应地也塑造了社会心理和政治经济体制。

当人类进入20世纪，农业很少被认为具有如此重要的意义。至少在西方社会，农业仅仅被看作工业经济门类中的一员。就像制造业、医疗卫生、教育和艺术一样，社会希望农业领域的生产者利用他们所掌控的资源生产出商品来满足一定的经济需求。在这些部门的生产中，伦理的和政治的争论通常围绕成本和利润的分配。效率真的导致了消费的增长吗，还是说它对成本的增长是隐形的、无法解释的？人们（包括下一代）还要忍受不成比例的成本增加的份额吗？这些是非常重要且有意义的问题，它们应当被用来评估工业经济部门，农业也不例外。然而，伦理学的聚焦视角是抽象的、宽泛的，人们容易忽视独一无二的农业方面（这几乎是一种趋势），这在生活于农耕时代的学者和政策制定者身上是显而易见的。

人们通常认为农业仅仅是工业经济结构中的一个部门，这样的认知习惯也将农业理解为是游离于自然界之外的，而不是属于自然界的一部分。西方环境伦理学倾向假定农业不是智慧之源，不具备环境保护与维持的范式内涵。农业（像采矿业和制造业一样）被视为对自然界的主要威胁，当务之急是保护生态过程以及未开垦之地免遭农业活动的影响与毁坏。对农业的这种见解激发了人类对待自然界的一种执拗欲望，那就是增加农业生产效率为大自然"留下一片净土"。然而农业社会认识到，就许多方面来说，农业本身就是需要保护的"大自然"。更准确地讲，人们认识到人群所居住的特定地域及气候都受生态力量的摆布，在人类与自然界之间，农业是人类形成社会、政治实践的中间物。农业实践有好有坏，糟糕的农业明显是一种不可持续的实践形态，它的影响可以贯穿所有社会实践，也必然会导致社会建构的崩塌。这个借由农业传达的警示是，农业运行的内在关键路径不同于工业经济中的其他部门。这在西方环境伦理学中依旧是空白，也是西方社会生活方式的致命弱点。

当然，中国的农业快速发展也到了十字路口。中国的城市和工业化发展欣欣向荣，这些都得到了世代农民的支持，他们自身生活质量的改善却比较有限。许多年轻一代缺乏追随农业生活方式的兴趣，也并不清楚将由谁来接续中国农业传统的情感继承与发展。与此同时，借由中国消费者财富的增长导致的饮食变化预示着中国食物系统的新的需求和变化。一方面，源自西方的工业技术看起来提供了解决方案。工业技术提供了机械设备、化石燃料、基因技术以取代人类劳动，至少在产量上获得了暂时的增长；另一方面，在西方国家，伴随着技术而产生的环境问题及分配问题还远没有得到有效解决。此外，西方国家似乎缺少意志力和能力去认真地平衡他们食物体系的可持续性发展问题。因此，中国是一个最合适将当下关于农业食物生产体系和工业食物生产体系之间的争论带进更高境界的国度。

我深感荣幸，我的工作为当代中国哲学家所关注，他们正将注意力转向农业。我相信，为了将其内容与当代中国实际相结合，需要对我30多年来在西方食物体系的学术研究做大量注释与主题重构的工作。我希望中国能够将自己带入这场美国难以做到的对话中去。我非常感谢于川博士通过对我的学术成果及农业哲学的研究而选择发起这个对话。

保罗·B.汤普森

克洛格基金会农业、食物和社区伦理学教授

密歇根州立大学

美国，密歇根州，东兰辛

2019年4月15日

# 导　言

自工业时代以来，环境问题是人类社会与公众普遍关心的问题之一。尽管环境问题由来已久，但是借由科学技术进步而产生的技术负面效应使人们对环境问题的认知与解决变得十分复杂。社会对环境与技术之间关系的理解也大多是对立和消极的，许多环境危害事件也的确是由于技术应用造成的。人们对大自然美好的怀念、追忆使他们崇尚一种田园牧歌式的原生态环境理想境界以及相应的生活、生态维持实践与态度。不可否认，科学技术进步助力了人类的生存与发展并带来了大量的环境问题，但是现在的人类似乎也无法脱离技术存在而生存。

从物种生存角度看，农业生产正是借助了技术进步而使人类的大多数免于饥饿，以及由此产生的营养不良、智力衰退、聚居地的缩减等涉及物种进化的生理和社会问题。从古至今，农业生产始终与技艺、技术进步，环境破坏及物种生存缠绕纠结，它们合力解决了人类及其社会结构的永续存在与进步的一些难题。通过对技术史的梳理，我们不难发现，人类为了生存，从食物采集、狩猎那天开始就是生存性技术进步与发展的开始。直到今天我们也不能否认科学技术的终极追求是服务于人类的整体生存利益。这从背后映射了农业对于技术、环境、人类生存内涵的包容性表达。

当我们把农业作为一种人类生存需求（作为种群的生存行为）来看待的时候，农业更应该被定位于一种生态伦理范式层面的人类行为，而不仅仅是日后人们所熟悉的生产性或者社会性的人类活动。与现在不同的是，人类在诞生之时与自然界的其他物种并无区别。为了生存，人类首先要满足作为生态系统中的一个物种所具备的一切优势与竞争力。这种生存行为就是后来的农业活动。人类为了生存必须和自然界及其运行规律进行交流，从而获得赖以生存的物质与精神支持。农业行为实际上是人与自然的交流范式表达及其实践。农业行为及其哲学（范式）研究为工业化进程中人类对环境问题的认知与研究提供了古老而又崭新的视角，同时也是对既有的环境伦理学研究的充实与拓展。

农业行为除了建构一套完整的生态学与经济学范式之外，还析出了生态（环境）伦理范式构型。这个生态伦理范式是人与自然之间的关系认知范式与实践范式（构型），贯穿其中的则是人类及其社会建构的永续生存与发展（广义的生存需求），其内容包括生态价值、物种多样性及其价值、农业行为的哲学内涵以及科学技术实践。可以认为，农业行为为人类提供了一个去认知、判读与实践的生态伦理包线。我们也能够从中抽象出具有一般意义的科学技术哲学层面上的生态（环境）伦理认知框架：生态系统的价值构型—生态系统中的要素价值—生存需求的哲学内涵—科学技术伦理与实践（本书的四个主要部分）。这是一个具备空间—线性逻辑的合成表达，其核心是生存需求。科学技术伦理与实践最终表达了人类及其社会对生态系统价值判读的目的与行为结果。有别于传统环境哲学和环境伦理学的研究，农业哲学框架提供了更多的具体的、无法回避的科学技术应用带来的矛盾与心理应对表达。如果说汽车尾气排放可以使人们减少或放弃一定范围内的驾车出行，那么，农业行为中那些由技术引发的环境问题人们便无法回避，并在一定程度上不得不继续采用该项技术。此时人类伦理与环境伦理的交锋互为悖论。理性地看，这提供了一种伦理对话与选择，有利于人与自然之间关系认知进程的自我修复。

当下是工业化与科学技术的时代，社会对环境问题的认知需要建立一种对话，不仅在工业化及其哲学体系内部（或科学技术体系内部），更需要将农业分立于工业之外，建立一种农业—工业（科学技术）的（环境）哲学层面的对话。这种对话培育的是人类社会对科学技术及其应用的认知态度、对于环境伦理认知的理性范式，以及一种以人类生存为目的的伦理指引。农业是人类生存的基础，它包括了生态的、社会的、哲学的、科学技术的、文化的等诸多要素，基于农业行为的环境伦理研究是一种多元化、多学科交叉的科学研究与实践。在多元对话中寻求工业化进程与科学技术进步的理性归属，或将有利于人类对生态系统关系与生命进程的反思，并进而完善社会应对策略与机制。

哲学或许总是抽象的、普遍的，而环境伦理最终又是实践性的。以农业为视角的环境(生态)伦理与实践的表达使我们没有舍近求远，反而更加认清了身边的环境，从而更加理解了环境对于人类的重要性。

于 川

2019 年 5 月 1 日

# 目　录

## 第2章　生态价值的“异体—同构—中心”建构



## 第3章　生态(中心)多样性伦理和生命行为的固有价值

## 第4章 生存需求(农业行为)与生态伦理的容摄

## 第5章 生态伦理与现代农业生物技术

# 第6章 结　　语

# 第1章　绪　　论

## 1.1　研究缘起

进入21世纪，科学技术及其范式存在已经成为人类以及不同国家的生存与发展目标的表达与实现方式。与此同时，由技术带来的负面效应，尤其是对生态系统与环境造成的胁迫问题日益突出。因此，人类的科学技术与生态系统，以及技术形态的演进与人类及其社会的永续存在与发展之间的关系和表达就成为科学技术哲学的思维主题。

### 1.1.1　研究背景

环境问题或者生态问题是全球所关注的问题，但在科学技术哲学范畴中，人类与生态系统之间的关系存在某些认知与行为表达层面的不确定。

生态伦理、生态哲学，或者环境哲学的核心存在是人类与自然界的关系问题。

在科学技术时代，以及技术形态的社会实践表达层面，人与自然界的关系不断呈现出一定程度的复合—异化性表达。在技术范畴与技术伦理范畴层面上，生态关系的表达借助技术产品及其周边的存在，以及相关功能的存在与发挥而在人类与自然界关系表达的进程及其进程中不断发生着某些改变。在科学技术哲学的范畴中，人类与自然界的关系表达是借由技术产品形态倒推至技术思维的逻辑出发点层面的人类认知。但就认知科学研究范畴来看，思维与行为，二者谁是人与生态系统关系的核心表达存在着基于不同科学研究领域与哲学视角以及社会实践层面的多元化理解与解读。

在历史源流上，人类及其社会的成功性表达，不止一次被指为："伟大"。但是，"伟大不靠智力上的优越，因为智力优越可以配合着恶劣的品质。伟大乃是，某种精神与某种意志的结合"（雅各布·布克哈特，2009，37）。在当代，科学技术与人类行为能否构成科学精神与生存意志的结合，从而建立起人类生存行为意识下的永续生存与发展，将是生态关系对科学进化的一次考验。

一直以来，价值建构都是生态伦理体系的核心论题与立论支撑；但是，有关价值表达形态与载体的界定也存在多元化的选择与认知。

在诸多形态的价值建构中，立足于物种生存价值的立论既是显而易见的，也是容易被处于模糊境地的一种认知存在状态。在科学技术时代，不同社会以及同一社会结构中的不同阶层对于人类生存行为与意识的理解存在差异。

一般认为，在范式意义上，生态伦理的范式表达决定了人类行为的生态指引效应的发生与实践。既往的生态伦理范式结构，试图在技术与生态胁迫之间找到选择的平衡点；但从伦理实践层面观察，不难发现，生态意识中的平等主义等价值表达大多以与科学技术表达相对立的范式建构而存在，至少是部分的存在。如果从人们生态意识的唤醒层面上看，既往的生态意识表达与实践起到了相当的进步作用与生态启蒙作用。但是，如果考虑到生态意识与科学技术进化之间的关系，以及双方"共生"—"对立"表达的互为转化因素，现阶段的很多生态伦理建构似乎无法调和二者之间的对立。

人类的物种生存与生态胁迫之间是一对破坏性的对立存在，如何在二者之间建构一个范式来融合科学技术进化与人类社会的选择性需求是科学技术哲学视野下生态伦理研究的一个难点。

### 1.1.2 研究意义

本书试图在科学技术表达与人类生存行为（农业）之间建立一个虚拟的连接，并将二者融合而建构一个范式。这个范式建构的引证核心是人类的农业行为。科学技术、人类生存，以及生态伦理都围绕人类的农业行为而展开它们各自的立论表达、逻辑进程与社会实践。进而在社会决策层面也体现出一定的决策依据的表达。

在生态胁迫日趋严重的现时代，农业行为作为一种人类最根本的生存行为与生存意识的表达，其与工业化哲学体系连通的桥梁是生态意识表达与生态反馈。农业行为是技术理性与生态意识，以及生存欲望与生态抑制的同一体。社会对于生态伦理（农业行为）的范式表达的哲学深思，或将在以下方面对科学技术的进化、工业化进程和人类永续生存与发展具有一定意义。

首先，有利于生态伦理认知在技术行为中的浸润。

技术进化是技术范式的核心，也是技术社会行为的核心表达之一。技术进化对于环境维持来说具有无可回避的胁迫功能表达，由此才出现了生态维持与恢复意识，并在一定程度上与技术行为及其范式相对立。人类社会一直试图以某种生态范式影响技术范式与技术行为，因此，二者的融合将是生态意识能否有效约束技术行为的关键。生态系统与技术体系在逻辑上是分立的，但又在一定程度上与人类的生存意识及其行为——农业行为——相统一。

农业行为的基础是依托生态存在而成立的，技术行为的现实表达是利用与破坏生态自然。在当代，技术的负面效应表达必须受到抑制，社会始终担心技术行为有可能导致理性的激进主义与技术冒进。然而，农业行为中的生态意识能够有效地抑制技术的盲动，因为工业化的最终目的与农业行为的追求是一致的——人类的永续生存与发展。在技术实践中，也最终会回到完善人类的生存这个永恒主题。

其次，有利于拓展人类生态伦理的范式选择空间。

现代意义上的环境保护意识与生态意识已经获得全球诸多国家、地区人们的广泛认可与接受，并且逐渐形成了对于工业化进程的约束与建议。人类社会正在积极寻求生态意识的范式转换机会，因此形成了诸多关于生态问题的讨论与伦理争论。社会以不同的立场、视角、文化背景等展开对人与生态关系的理解，例如生态价值、动物伦理、技术风险、环境保护等。

农业（行为）范式中的生态关系表达式是人类赖以生存的范式表达，它与工业化进程的表达处于互为依存的境界。工业化的范式业已成型，但是它的弊端也显而易见。因此，在如何规避技术负面效应的范式争论中，农业行为的范式存在提供了一个有益的拓展空间。

再次，有利于社会职业结构观念表达的演进。

工业化社会存在的核心表达之一是社会分工，职业化则是社会分工的具体表现。社会分工的高度专业化，不仅体现了效率优先的原则与知识结构的专业划分，更表达了职业结构作为一种观念结构，以及它所居于的某种技术的范式定位。农业行为的主体不仅分担着技术进化与缓解生态胁迫的双重任务，同时也培育着内嵌于行为主体思维中那些人与生态关系的感知。例如，土地的耕种者是一类典型的农业行为主体以及农业活动的参与者；他们对待土地与耕种等范式的情感不仅表达着人类生存的基本欲望，也体现了人类对于生态关系的解读与伦理实践。而后者恰恰是农业作为工业化社会的生产部门之一赖以存在的现实与技术基础，也是农业职业结构观念表达形态之一。因此，农业行为主体的社会职业化观念表达定位将是工业化进程中一个有益的演进片段。它既体现了科学技术哲学范式对于生态范式的合理吸收，更反映了社会生态意识的逐渐成熟。

最后，有利于缓解内嵌于生存需求中的生态与技术的对立和竞争。

技术与生态是一对悖论性表达与客观存在，无论是在观念、意识层面，还是在客观存在层面。但是，人们也认识到技术的进化必定要以其与生态存在形成深度融合之后才能维持人类的永续存在与社会的进化。技术的进化与生态的维持需要人类社会重新认知二者之间的共生与相克的关系，并寻求缓和二者对立与对抗的思维与范式表达。农业行为较好地表达了这一要求。

在工业化进程中，人类的生存需求整合在了生态范式与技术范式的竞争进程里，并借此形成了社会的整体意识及其关切。农业行为范式表达的引入，或将缓和技术与生态的对立，引导社会寻求更加理性的、基于物种生存行为的技术发展路径。

综上所述，对以农业行为范式为视角的生态伦理的哲学探讨，将是对工业化哲学体系的有益重构或补充。它将有利于人类的科学技术—生态伦理范式朝着理性且生态的进程回归，它也是人类理性思维进化的表现之一。

## 1.2 国内外研究现状

### 1.2.1 国外研究现状综述

现代意义形态的环境哲学表达始于 20 世纪 60 年代，它是科学家、政治家、自然主义者、新闻工作者，以及学者关注下的产物（Callicott et al，2009）。奥尔多·利奥波德（Aldo Leopold）的生态伦理观念主要集中在土地伦理的表达范畴，他将生态学的范畴进行哲学意义的延展，使得生态关系的范畴扩大至包括人类在内的整个生态系统，其中较为突出的思维特征就是将哲学思维与生态学思维进行了融合。这样一来，就使得纯粹意义上的哲学范式与科学范式形成了思维及其阈的表达的交叉。1962 年，蕾切尔·卡逊（Rachel Carson）的《寂静的春天》（*Silent Spring*）就鲜明地表达了环境问题与化学工业之间的关系。罗尔斯顿（Holmes Rolston Ⅲ）继承了利奥波德的生物（态）共同体的思维传统，将生态系统及其物种的价值属性纳入他的生态伦理体系。阿恩·奈斯（Arne Naess）的深层生态学则在另一个方面有意识地突出了社会运行对于环境政策制定的影响，但是其主要观点的范畴依然可以被认为是突出了生态共同体的逻辑归属。

当下的环境问题已经变得愈发复杂，许多社会生活、公众意识、决策倾向、技术表达、物种间的伦理实践等都侵入了生态哲学与生态伦理的哲学范式思考之中。

在哲学范畴上，国外有关人类与自然界关系的研究主要体现在生态哲学、生态伦理、动物伦理（福利）、生态多样性、技术风险、生态与社会、环境问题与政策制定、环境与人居调适、食物伦理、科技政策等方面。虽然，生态哲学传统意义上的整体论与还原论的争论仍在持续，但二者范畴主导地位的筛选已不再是主要的争论议题。人类中心主义与生物中心主义的分野，除了在生态系统的价值的内在属性层面有所争论之外，二者在技术哲学与伦理表达的形态上也有所融合。学术共同体与科学共同体在承认生态系统是一个整体的前提下，逐渐强调人类与生态系统中物种间的差异与共生的问题，并且回避或者不过分突出二者之间的对立性。

在研究领域层面，学术共同体都在各自的研究领域与视角中展开对于环境问题、生态伦理、科学技术哲学、科学技术社会学的相关哲学思考与认知的研究。哲学研究与科学研究正在环境与伦理领域逐渐有所交叉与同一。这是国外学术界在生态与人类关系研究上的一个比较显著的趋势。另外，人类的永续生存与发展也是生态意识研究的一个显著表达，其中，农业与人类社会永续发展的研究占有一定比例，但是有关生态伦理、农业行为和人类永续生存与发展的关联研究显得较为薄弱。这也成为本书选题的依据之一，并使本研究获得了一定程度的“是否具有前瞻性立论”的实证支持。

对 SCI(TS)与 SSCI(TS)数据库的采样、分析也支持了上述观点。数据检索项目包括：题目、关键词和摘要；时间跨度：1980—2016 年。在 SCI 数据库中(主题—论文篇数)：生态伦理—359，生态哲学—309，动物福利—10504，农业—73172，农业哲学—118，生态多样性—75092，农业、可持续发展—2790，科学技术哲学—3736。在 SSCI 数据库中(主题—论文篇数)：生态伦理—444，生态哲学—231，动物福利—1408，农业—16528，农业哲学—50，生态多样性—8573，农业、可持续发展—1518，科学技术哲学—3654。

以下将从生态哲学、生态伦理与动物伦理(福利)3 个主要范畴，对现阶段国外主要研究特点做一定的归纳、总结。

在生态哲学范畴，学者们依然重视知识体系所表称的思维体制，以及社会对人类思维体制理解的研究，并将这种哲学思考逐渐与科学哲学(史)、科学的实证理性表达相链接。例如，克雷格 · R.艾伦(Craig R. Allen)等人的研究认为，人类对于自然资源的管理应该注意到人类对于环境问题是一个“wicked problem”的认知误区，因为环境问题没有一个绝对意义上的成功与否的解决方案，因此，社会对环境问题的思考需要结合社会的运行(Allen et al, 2011)。阿伦 · 巴拉(Arun Bala)等人对本土知识体系与西方的科学知识体系之间的对话进行了研究。该研究认为，传统的知识体系与科学知识体系之间的界定标准常常与迷信等“伪科学”标识发生关联，这是否有利于人们对于经验知识的理性认知仍有争议。从科学史与数学史的角度看，科学技术的发展历史也需要充分认知划分思维类型标准的一致性。另外，该项研究强调了科学知识体系的跨文化与思维多元化的属性表达与问题表达。美国生态学家奥德姆(E.P. Odum)主张接受“新生态学”，这似乎是在调和整体论与还原论的哲学思维，因为，生态系统的存在不仅是自然界的存在表达，也是人类及其社会赖以生存的表达。虽然，生态系统的进化在哲学思维范式上一直存在分歧，但是，生物学家的研究也在试图另辟蹊径。这样一来，关于生态系统与物种进化关系的思维范式表达形态就出现了自然科学研究的疏漏与哲学层面的逻辑回旋空间。另一方面，人类社会的机制与机构的运行也需要在一定的哲学范式之下开展，尤其是在生态义务层面。汉斯 · 约纳斯(Hans Jonas)哲学思想的立论基础是社会服务于人类中心需求,在技术时代,它必然涉及经济实体所承担的环境义务(生态的责任伦理)问题。这仍然可以被看作是生态哲学思维范式在社会实践层面的一类具体表达。除此之外,人类社会对于农业范畴,例如,土地能否以一种新的哲学思维范式视角展开认知也是国外学者关注的一个新兴领域与问题(Pigliucci, 2014; Freyfogle, 2008; Barton et al, 2007)。

北得克萨斯大学在智利合恩角等地区开展跨学科的生态伦理实验,对生态哲学的应用性进行实验评估。这项实验的意义在于揭示了现代科学技术与传统意义上的哲学研究在范畴与领域的交叉性共融的问题,以及哲学认知主导科学与社会实践的可能性与可行性。2005 年,联合国教科文组织批准了建立"好望角生物圈保护区"的实验计划,该计划面临着生态学与文化层面的多元化共生的挑战。同以往的哲学研究不同,现在的哲学研究更加需要在科学、决策与区域建构之间获得联通。因为,生态关系的哲学认知势必与科学研究、科技政策的制定产生关联。该项目的另一意义在于提供了将人类行为(范式)与生态伦理研究,以及某一聚居地的人—社会—文化要素进行融合性表达与解读的新的哲学范式的实践性表达(与结果的验证)(Frodeman, 2008)。

人类的生存空间既是生态系统,又是人工的环境。在现代社会,人类的生存空间,例如,城市,似乎是被生态环境所包围;但另一方面,由于人工干预的主观意愿性表达的强烈,以及干预频率的提升,使得人类聚居的环境呈现出"非自然的地域"特性表达。人类对于生态关系的感知与认识,往往受到来自不同地域、文化、信仰,以及个体心理层面知识体系与思维模式的塑造、干扰。在相对多元化的生态关系认知与思维—行为反映表达式里,多元化的存在对于生态伦理研究来说是一个重要资源,例如,生态无政府主义、本土知识、生态社会学、生态女性主义、永续农业等。围绕着这些因素,人类社会就有可能逐步建立起一种适应生态—人工干预的哲学认知架构。然而,单纯的哲学立论与纯粹理论层面的建构,并不足以应对社会的生态—人工调和实践及其技术需求。为了建立起立论—实践的解读、转移通道,学术共同体意识到对于技术认知的表达,例如,数据要确认与考虑到人的主观因素对认知产生的影响。对于生态问题的研究,自然科学体系是经典的范式应用。在科学研究的范式表达中,数据是它的主要表达形态之一,但是人们对于数据进行解读就是科学范式向社会范式转移的过程。它需要人类意识到,数据能否还原生态问题的本质表达。因为,解读数据本身就是人类的认知过程,在这个过程中,人们的,甚至是个人的主观因素有时候会干扰问题本质性的表达。例如,关于贝叶斯假设与推论的问题。可以认为,国际上有关生态伦理与人类社会实践范畴的研究,注意到了生态哲学建构的生态区域理论、生态意识多元化表达、数理逻辑推理的哲学与科学范式的整合等问题。同时,在生态诉求的哲学假设层面,一种逻辑的预设及其检验也对社会决策起到了一定的实验效果。需要注意的是,即使在哲学理论层面的研究,国外学者也都很注重对科学实证理性的表达或者实证结果的采用或者引证,这成为研究人类行为与生态系统之间关系的一个特征性表达(Huaghes et al, 2013; Garamszegi et al, 2009)。

在环境哲学的终极追求方面,不断培育与强化人类及其社会意识的主观期待,无论在心理学还是在科学实践层面都是有益的。它可以避免纯粹哲学理论的空洞,以及对于科学技术实践的虚无主义表达与实践指导的倾向。因为人类与环境关系的哲学认识与技术实践,在一定程度上,都无法与心理驱动因素彻底分离,它们在民间的图腾与信仰等方面有着鲜明的实证意义的表达(Kretz, 2013)。与此同时,科学技术的范式表达的进化,仍然与科学技术哲学范式争论的演化相关联、相同步。对作为科学研究部门之一的生态学进行哲学层面的反思,传统生态学的理论基础受到挑战,例如,岛屿生态学。现有理论框架仍缺乏思维的全面审视,过度以科学假设与经济利益为准星。为了进一步维持生态多样性,哲学框架的引入尤为迫切。虽然,在相关环境科学领域研究的标准与范式表达在不断进化,但似乎科学家们已经意识到:以何种相对理性的科学范式观点去解读与认知科学技术行为仍然具有哲学指导意义。这在培育社会对于技术进步的宽容与理性对待方面有哲学—科学实践与社会生态实践层面的指导意义(Linquist, 2008)。

人类的心理认知与生态意识、实践之间的关联能否获得一致性表达,这在食物伦理领域的哲学研究方面有着重要的意义。从人们的日常生活食物选择角度探求人类行为的思维动机与原则,就使得人类生活实践同样具有哲学意义的反射与观照,食物选择问题在一个侧面也反映着人类的生态世界观。例如,素食主义将人类对于生物界的主观映像与饮食取舍融入了人们的日常生活实践与伦理选择实践(Lindeman et al，2001)。

另一方面,人类及其社会的永续生存伦理的研究则体现在有关农业与环境相关性的研究领域。人类获得永续生存与发展的根本性基础与动因就是农业行为,将伦理层面的要素与农业链接是一个有益的科学技术哲学伦理的研究领域与方向。它在一个侧面或许揭示了人类若想永续生存所面临以及必须重新认知的问题：科学技术进化能否凌驾于农业进化之上。这里并非否认科学技术的进步意义,而是对于人类工业化进程提出了新的反思与新的约束理念(van Egmond et al，2011,853－867；Thompson，2008,527、544)。

在生态伦理范畴,自然资源是有限的,但是社会的需求似乎呈现出杰文斯悖论。当社会的生态效率与社会供给—消耗之间出现不平衡的时候,政府政策的调控与决策制定依据就显得尤为重要。从长远目标来看,国家之间与地区之间的贫富差距与生存需求问题已经超出狭隘的地缘政治和经济规律的范畴,进入了人类共同享有的生态伦理的伦理调适范畴(Alcott，2008)。土地、土地的产物及其建构起来的人类生活方式,使得土地不仅仅具备生态学景观意义与科学意义,而进一步获得了人类生存与生活的伦理学意义。国外学者认为,生态马克思主义的人类劳动理论提供了有关土地与人类关系的研究视角与立论依据。这些研究涉及了土地的政策、社会价值、生态伦理、土地概念界定等范畴。同时,结合了西方的农业主义(哲学)的伦理传统,土地所表达的生态伦理范式也将基于土地而成形的农业活动及其社会意义置于生态伦理的研究范畴与思想高度(Barry et al，2008)。在具体的环境保护、环境恢复与环境决策领域,人们有必要注意到生态学意义的区域概念整合了哲学意义上的生态自然的“真”“美”和“富饶”;因此也使得人类对于生态系统的价值评测建构包括了生态学、伦理学与美学的框架,以及相关的文化因素。通过对自然价值群体划分的研究,来探索社会政策制定的内在依据,以及社会管理的发展趋势将成为人类社会对生态伦理与生态管理认知的动态演进体现之一(van der Windt et al，2007)。

当代生态伦理研究体现了人们对于人类生存境遇的关注与回应,它包括哲学抽象层面的某些延展、环境风险认知、生态关系认知的学科交叉性,对自然价值在人类行为意义上的争论,以及科学技术进化与生态价值认知的关联等领域,或者研究范畴。生态符号学的研究，试图探寻生物现象/实体的内在价值，将生态伦理范围扩大至生态学的范围，而非仅仅局限于环境的和伦理的范围。通过对人类与非人类物种的道德属性的测量，进一步反思社会和社会行为意义的道德与生态系统物种权利的平衡，以及二者之间对立态度的消解(Beever，2012，481、491；Comstock，2008)。人类与生态系统的二分体现着思维范式立足点的分立与观点的对立性。现代科学在一定程度上证明了生态系统本身具有生态修复功能，它在哲学传统上符合了奥尔多·利奥波德(Aldo Leopold)土地伦理的生态健康范畴的某种认知。在融合社会意识与行为之后，生态—社会系统的自我修复与平衡功能是否有助于人类—生态系统关系的认知将是一个挑战(Berkes et al，2012)。

关于生态系统的价值问题，虽然有人类中心主义与生物中心主义之分，但是，在根本上仍然是人类如何看待生态系统的价值定位与生态占位。即使在科学实践中，人们可以弱化人类中心主义与生物中心主义的价值分野，也存在不同利益群体对于生态系统以及科学实践的不同价值与道德归属的认知问题。在生态伦理实践中(包括科学实践、环境管理与环境保护行动)，如何调整与解读每个利益群体的生态价值观是生态伦理在技术形态中的重要任务之一。它也是科学技术哲学体系内能否建构、寻找生态恢复技术路线的理论和实践的前提之一(Miller et al，2011；Minteer et al，2008；Larrère et al，2007)。

生态学作为一门科学，它的特殊性在于生态学与人类社会及其需求紧密相连。生态学的研究必须考虑到人类及其社会因素的存在，所以，生态系统的问题也是社会—生态建构的问题，是一个学科交叉色彩浓重的自然科学研究。这就决定了生态学应该与哲学、伦理学发生联系；反过来看，科学技术哲学视角下的生态伦理研究更多地表达了跨学科研究的特点(Thompson，2012；Reyers et al，2010；Small et al，2006)。

在动物伦理范畴，仍在继续着传统意义的动物道德、感知属性的甄别与确立，所不同的是，现代西方学者更多地借助于科学研究来支撑有关动物感知、道德属性的判断。同时，也带来了科学与伦理学之间的相互支持与同构的问题，这也成了现代西方动物伦理学研究的焦点之一。尽管如此，科学研究与伦理学研究的适度结合，也在一定程度上为伦理学的应用性表达提供了选择依据(Buller，

2014；Allen，2006）。

在技术哲学与伦理学框架内，科学家与哲学家都在探讨动物及其圈养过程是否满足人类伦理需求的问题。当工业化，特别是农业工业化，成为时代主流进程的时候，动物随之具有器具与商品的双重属性，那么，它们的自然属性与身份表达就会引起社会在道德转移与福利关照层面的纠问与争论。这些问题自然继承了西方哲学的某些传统，例如，功利主义与道德主义。如何道德地对待动物成为农业伦理的一个研究分支。同时，这个领域又与动物疾病风险交流等环节发生联系。这进一步将动物福利问题与对策思考推向公众认知层面。实验动物的福利问题也是国外动物福利的研究导向之一，并由此扩大了人类与生态系统中不同物种共生表达的范围，以及对这些问题的哲学认识深度。当公众积极参与有关动物福利的关注的时候，诸如心理学等学科也加重了人类对于物种的道德关怀的表达。在客观上，这有利于人类社会对人与自然的关系展开哲学反思，并在科学技术哲学的框架内进行重构，或修正，其结果无疑将有利于深化人们对于生态伦理的认知与行为规范的表达（Johnson，2013；Anthony，2012，123、145；Aerts et al，2006；Anthony，2004）。

### 1.2.2　国内研究现状综述

国内学者关于生态哲学、环境哲学、环境伦理研究的领军人物仍属中国社会科学院的余谋昌，他的研究集中在人类与自然界的价值论述、生物界物种之间的道德与价值属性的研究，并提出了自己的建构思路。在哲学范式意义上，余谋昌将中国传统哲学、西方环境哲学与人类—自然的和谐观结合起来，试图建构一个新的范式，并试图打破人类中心主义与生物中心主义的哲学分野。这是一个在宏观上把握生态伦理关系的有益之举。《中国古代科技伦理思想》一书，对中国古代生态伦理思想做了一定研究与史料分析。虽然，他的研究定位于中国古代科技伦理，但也是在科学技术哲学范畴中对中国古代有关技术思维范式下的人与自然关系渊源的一次梳理。它对现代中国的技术—环境伦理认知具有一定的史料学意义和现实启发意义（徐朝旭，2010）。唐代兴、杨兴玉的《灾疫伦理学：通向生态文明的桥梁》对灾疫进行了科学哲学、生态伦理、医学伦理、伦理原则、人类中心、历史的反思等范畴的分析与论述，试图找出人类社会应对灾难与疫情时的社会伦理层面的认知规律与实践指针。尽管该项研究以重大灾难为研究对象，但是仍然从侧面，或者说更多地涉及了技术伦理与技术形态下的人与自然的关系认知等议题。因此，它也是当代中国学者对于人类对生态灾难后果态度的一次哲学反思与实践的总结(唐代兴等，2012)。

国内关于生态伦理的研究合并于环境伦理的研究之中，除了传统的"人类中心主义"与"生态中心主义"的划分之外，学者的研究领域还可以分为以下几个方面：生命(生态)原则、生态伦理与社会、生态伦理与技术、动物伦理，其内容涉及生态(生命)伦理价值的历史渊源、现代生态伦理与科学技术的调适、经济—社会的伦理思索、文化现象中的生态伦理情怀、生态哲学(哲学思维层面)的研究、技术伦理、科学实验动物伦理、立法层面的生态伦理渗透等方面。

生命原则，或者生态伦理道德法则是一个古老的哲学命题，对于生态伦理和生命原则的研究有利于人们在现时代找到合适的思维与认知语境，有利于培养人类的生态伦理观念(陈泽环，2011；沈骊天，2001；余谋昌，1996)。有学者注意到中国民族传统中生态伦理的存在基础具有一定的生态区域属性，这一类的生态伦理思想更加符合特定地理—文化区域的人与自然关系的社会认同。例如，藏族地区、蒙古族地区的生态伦理思想(马桂英等，2010；贾秀兰，2008)。

文学中生态伦理的观照，国内有学者从文学艺术作品中解读生态伦理，或者生态关系的艺术表达。这有利于社会对公众理解层面的生态伦理认知的培育与生态伦理实践的参与。因此，也应将其纳入中国文化范畴中有关生态伦理认知的研究(夏文静等，2013)。

国内学者对于生态伦理原则的哲学思辨研究一直没有中断过，例如，余谋昌(2004)关于中国古代自然价值论的论述，王天成(2005)关于黑格尔辩证法中个体生命原则的论述，庄晓平(2011)关于康德自主理论与生命伦理学之间的关系，夏承伯等对利奥波德土地伦理的研究(包庆德等，2012)。同时，中国学者也注重对生态伦理与社会调适功能之间联系的研究，例如，黄斌(2009)关于马克思生态伦理观对于现实的启示研究，刘福森(1997)关于自然中心主义立论基础的研究，邱耕田(1997)关于人类中心主义相对性的研究。

在技术视域下的生态伦理研究主要有：肖健(2009)的《皮彻姆和查瑞斯的生命伦理原则主义的进路评析》，余谋昌(2011)的《地学伦理学：地球科学的人文转向》，王妍(2009)有关环境伦理终极诉求的研究。在具体技术部门方面，针对技术形态的具体存在，中国科学家与其他学者也进行了深度研究，例如，关于基因治疗技术安全性的伦理学研究(钟文燕等，2008)，遗传修饰生物体对于环境的影响(钱迎倩等，1998)，伦理矩阵的技术评价方法研究(雷毅等，2012)。

动物伦理(福利)在中国学者的研究中，近年来呈现上升趋势。学者们对西方动物伦理学的渊源进行了追溯与反思，对生命科学中的伦理问题进行了一定的探讨，对农业生产领域的圈养动物福利问题也进行了一定深度的研究；但是，更多的有关动物伦理的研究来自医学、科学实验与动物保护等领域。

武培培等人把辛格(Peter Singer)的动物伦理观念纳入实践伦理学框架进行了研究(武培培等，2012)，李山梅、刘涛宁对东西方动物伦理的理论基础与实践进行了论述(李山梅等，2012)。有学者在不同层面研究或论述了动物伦理的立论基础与主体存在依据的表达。例如，动物权利的立论基础是生命自由优先，还是选择自由优先；以自然界物化为视角引发对动物能否为物的争论等。对这一类问题的历史及哲学的研究对于动物权利立法、环境立法实践以及生态伦理视角的颠覆与拓展具有一定的积极意义(陈伟，2011；李萱等，2003)。

中国社会科学院哲学研究所的邱仁宗(2011)对近年来国际上生命科学伦理学的前沿研究进行了综述，内容涉及人体胚胎干细胞、合成生物学、汇聚技术等，他的研究拓宽了国内学者在动物伦理与生物伦理层面研究的视野与研究进路的选择。西南民族学院的吴迪(2010)对中国动物保护伦理的思想渊源进行了一定的梳理。中央民族大学的林森(2013)在其博士论文研究中，对动物伦理与动物保护在立法、哲学原则，中外动物福利原则对比，人类行为，本土环境权利等范畴进行了深入研究。中央政法大学王文霞(2010)的硕士论文从立法角度对农场圈养动物福利问题进行了研究。上海师范大学孙悦(2008)的博士论文从动物小说的视角，阐述了人类与动物关系的伦理原则的文学表达。此类研究在一定程度上脱离了传统意义的哲学与伦理学的典型形态，丰富了中国动物伦理与物种福利学术研究的形态。

在医事法学与医学伦理范畴，中国学者进行了较多的有关实验动物的伦理学研究与呼吁。2008 年 7 月，《医学与哲学》刊登了北京大学胡林英老师寄来的一封由学生写的信，信中表达该同学对实验动物福利的关注与呼吁。这封信对医学精神与人文精神的关系与实践指向提出了疑问。广义上看，这样的提问质疑了科学与求真、求善是否同一，它也是伦理学在技术实践中面临的困境之一。中国医学科学院、中国协和医科大学的马永慧(2007)对动物实验与人体实验的伦理纠结进行了初步阐述。动物实验既是科学进程中的不可避免的人类行为，也是构成动物伦理关注的要件之一。在科学技术哲学范畴里，动物伦理在技术表达中的占位也在一个侧面表达了人类对于技术认知的进步与反思，最终都将不断完善科学的本质：真、善、美的统一。

综合分析，国内外的学者大多将人类与生态系统关系的研究集中在生态哲学、生态伦理、动物伦理范畴，国外学者更注重哲学与科学的结合，表现出研究的跨学科特色。国内学者的研究主要也集中在上述几个方面，但是突出了中国传统文化中的生态伦理渊源的研究及其与现实的结合，包括宗教范畴的研究。有关动物伦理的研究相对薄弱。在跨学科交叉研究上，国内学者略显不足。将人类的农业行为作为生态伦理研究范畴与视角的仍属少数，将农业行为与技术哲学、生态伦理及其实践进行合并研究的也是少数。

## 1.3 本书构思

本书尝试以一种人类行为(生存需求)作为哲学层面的立论核心，建构一个人类与生态系统关系认知的范式结构。拟通过这样的研究来深化社会对于生态伦理及其实践的认知，并最终在人类行为与生态决策层面能有所引申，获得一定的理论性与实践性表达。

基于上述理解，本书将农业作为人类的生存行为来解读，并进一步虚拟建构一个范式；其依据在于：农业既是人类物种繁衍的生态学意义的表达，也是技术进化的技术思维的表达，同时也是社会进步的思维映像之一。本书构思的逻辑框架是以农业行为为视角来研究生态伦理。论述演化树的表达是以耕种为聚焦活动中心建立起范式结构，并进行扩张。

此外，将东西方文化的差异性作为逻辑主线贯穿在物种身份演绎方面也是本书的构思逻辑之一。例如，西方神学与东方佛教在有关思维定性与物种身份的定义范畴。这样做的目的在于，从东西方的文化差异中，寻求二者思维层面的差异，进而试图在某些差异性表达中获取人类对于生态系统的一种合理认知逻辑与合理的逻辑推演路径。东西方之间的差异，既是文化交流的动因，也是科学与环境伦理认知对话的动因。将基于思维形态多元化及表达多元化的存在所生长出来的差异作为理解生态伦理的逻辑基础之一，或将有助于培育我们对于人与外在世界关系的理性认知。

### 1.3.1 理论渊源

本书以美国密歇根州立大学哲学系教授保罗·汤普森(Paul B. Thompson)的农业哲学思想为基础，以他关于耕种行为可以作为一种聚焦实践的哲学观点为核心展开立论框架的建构与内容论述。这是本书最直接的理论渊源以及哲学范式思路的渊源，同时也是对保罗·汤普森哲学思想的研究、继承与延展。

保罗·汤普森的思想遵循着西方农业主义(哲学)的传统，试图从人类的农业活动中概括、抽象出某些环境哲学与技术哲学层面的思想，贯彻了从具体到一般的哲学逻辑。汤普森的农业哲学思想主要覆盖了土地伦理、农业伦理、食物伦理与技术伦理，本书对其中的主要观点做了合理的吸收，并进行了引申与重构。本书是以建构生态伦理逻辑框架为起点，将农业活动作为人类生存行为来研究。在一定程度上，这是一种从一般到具体的逻辑进路表达。

另外，本书在哲学传统的沿革上还受到了奥尔多·利奥波德土地伦理学的影响，将土地作为人类生存的认知核心，以及人类与生态关系的链接核心；同时将生态学的视野挪入生态伦理学的研究中，突出了哲学与科学、哲学与科学实践、哲学与社会决策的紧密联系。美国哲学家约翰·杜威(John Dewey)的哲学倾向对本书也产生了一定影响，主要表现为继承了杜威关于哲学的根本意义在于对现实与实践的关注的哲学理念。这种倾向支持了科学技术哲学对于社会现实生活的技术形态表达与支撑的认知影响。使得科学技术哲学研究既是哲学抽象层面的研究，也是有利于解决社会现实问题的对策研究。这也在一个侧面表达了科学技术与社会的哲学关联，以及科学技术与伦理实践的联结。

### 1.3.2 逻辑进程

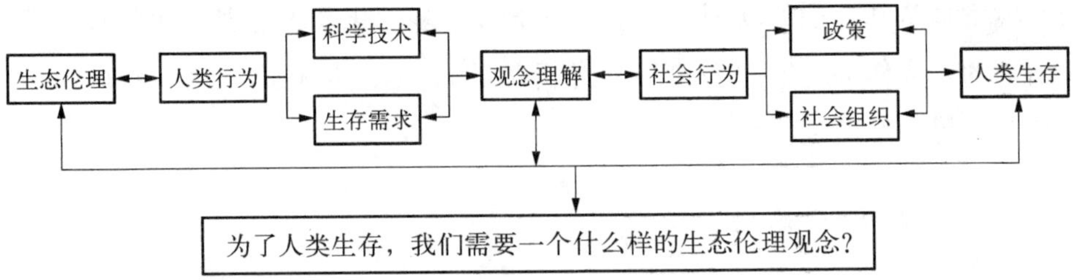


### 1.3.3 结构框架

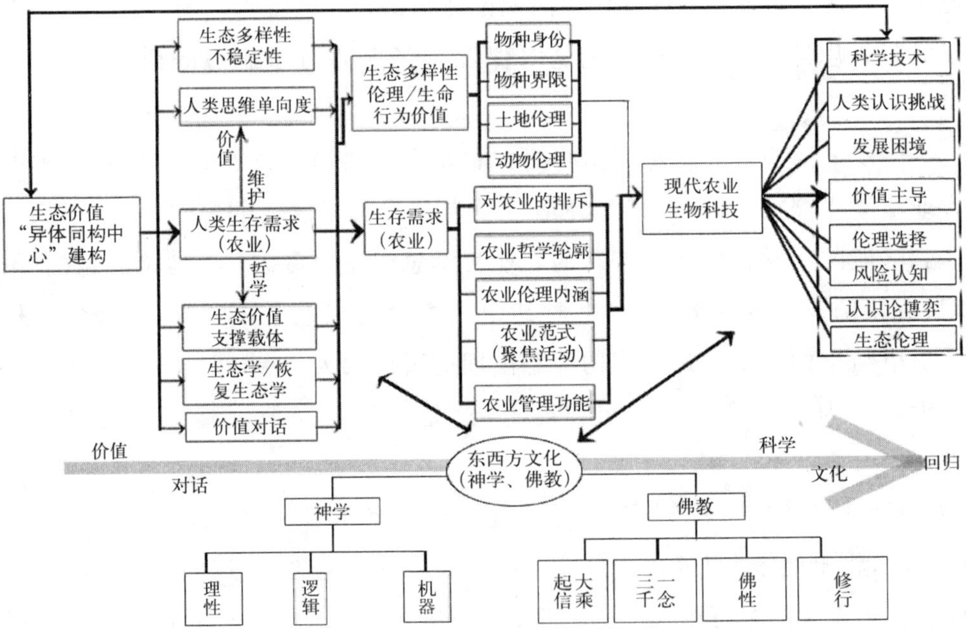


## 1.4 研究的创新之处

### 1.4.1 以人类生存需求(农业)行为为视角

本书将传统的生态伦理的研究视角转换为人类生存需求，而这种生存的现实与技术形态的表达选取以农业行为为视角。

人类及其社会在认知人类与生态系统的关系问题上的核心与终极诉求就是人类及其社会的永续存在与发展。农业行为既是人类作为物种生存的基础，也是寻求生态意识超越的现实与思维基础，更是技术进化在人类生存与生活层面的最直接的表达载体。长久以来，人们将农业行为作为一种生产性行为加以认识，却忽视了农业行为中蕴含着人类与宇宙的关系认知与行为互动。在技术时代，这种关联仍然存在，只是表达有所不同。

### 1.4.2 生态伦理与人类农业活动的容摄——观念、宗教(文化)、技术、范式、政策

一般认为，生态意识与人类生存行为之间的关系认知是复合型的多元化结构。在认知方法上，人们对于农业行为与生态关系之间的联结更多地集中于经济和社会政治范畴，而在一定程度上缺乏将观念层面的认知解读与技术实践层面的表达合并于物种的永续生存与发展的认知范畴。

生态伦理与人类农业行为的关联不是虚无缥缈的、纯粹抽象意义上的哲学关联，它有着历史的实在性与现实的实践性表达。历史地看，人类社会的进化与政策制定都在一定程度上与农业生产活动有关，其关联范围包括宗教、文化、本土知识、传统、习俗、经济、社会阶层划分、政治统治等方面。在技术社会，农业生产活动广泛地与技术政策或决策、技术风险、公众的技术素养、全球变化、人类健康、生物技术、消除贫困与饥饿、可替代能源等技术与伦理议题发生联系。这些都说明了现代农业行为与人类的生态伦理认知发生着越来越紧密的联系。

### 1.4.3 生态伦理研究与现代农业生物技术研究相结合

本书将生态伦理研究与现代农业生物技术研究相结合，体现着一种将意识与技术实践相结合的逻辑。这样或许更加强调了生态伦理意识的主观—实践的双重效应的表达；同时，这种研究方式也试图剖析技术—实践哲学语境下的生态关系(认知)的动态演进的进程表达。

生物技术研究与社会应用分为两大类：一类是经典的自然科学研究领域，例如，医学、制药等；另一类是农业领域，例如，育种、遗传改良等。农业行为的一个特点就是将人类行为及其结果反馈给自然界，同时也接受自然界的逆向反馈，无

论是技术行为,还是自然行为。因此,它构成了哲学意义上的生态关系认知与生态伦理实践的双向互动与反馈。在技术形态之下,这种反馈是相当直接、有效的,也正因如此,如何理解农业行为对于环境与人类生存的影响就变得非常重要。

# 第2章　生态价值的“异体—同构—中心”建构

人类的生存与演化一直以来都依赖于人类与宇宙二者之间的互相沟通、认识与了解——人类与宇宙关系的解读与利用。在现代，这种认知思维的成果常常被人类社会归结于科学思维与技术应用的成果。从实验方法论等实证性质的思维范式层面理解，科学技术及其理性思维的确为现代人类对于宇宙的认知提供了可供“感受与思考”的物质存在形态。但是，站在另一个角度看，“原始人也是对其周围环境抱有浓厚兴趣并具有洞察力的自然主义者。人类学家列维-斯特劳斯(C. Levi-Strauss)发现：被我们称之为‘原始人’的人类对他们周围的事物都能进行某种相当细致的分类与顺序安排，例如，按生和熟、湿与干进行分类等等。对原始人来说能否区分菠菜与毒漆树植物肯定是重要的。然而这种可以食用和不可食用的区分，看来简单却也需要一定程度的阅历和很多经验。原始人也从经验中懂得：一系列的制备程序能使事物从一个类别转化为另一类别。例如，木薯既可做成食物，也可制成毒品”(洛伊斯·N.玛格纳，2002)。

在人类生存的早期，人们似乎已经非常清醒地认识到了宇宙与物种之间的分立关系；只是到了现代科学的出现，人类开始试图明确技术手段的创造力；至少部分地认为技术可以等同于创造。技术的改变功能在社会应用层面，以人们看得见、摸得到的实体形态获得认同。在更广义的大科学范畴里，人类对宇宙现象等的认知也追寻着这样一条逻辑路径：思维—追寻—改变(创造)。这就是说，人类对于宇宙认知的思维初始点的认知可能会出现偏移：由人类与宇宙的分立过渡到人类与宇宙的合一。其中就包括了科学技术对于自然界的扰动与改变。科学技术及其范式思维由于"物我分立"而生，继而发展为"物我合一"。这些描写或许值得在人类思维对于某些事物的憧憬过程中去提倡和表现，但是在人类与生态关系的认知上则有必要谨慎界定人类与宇宙的关系。

从广义上看，人类之外的广阔物质存在都可以被视为宇宙。

在史前人类时期，当人们抬头仰望星空的时候，"自然"与"天空"混为一体——宇宙概念上的包容性与混沌性符合了人类的认知雏形的意念。在现代科学的理性思维范式划分下，生态系统或者自然界更多地被界定为"地球"——人类现实的生存基础的物质存在与人类思维存在的物质载体。此时，"宇宙"这一概念更多地体现了思维深度与广度的表达。在自然科学研究领域，"宇宙"更多地被表示为"深空间"的概念，例如，深空研究、小行星探索、火星移民等，其研究的核心驱动是人类对于周边存在的再认知与某类思维范式结果的检验。

无论从物种生存的本能驱使看，还是站在人类社会的目的性追求看，人对宇宙的整体性的把握与兴趣，始终可以归结为一种生存的意识表达。在科学幻想小说中的星际移民就是人们在思维领域对人类(作为一个物种的)未来存活概率表示担忧的典型描写。因此，可以这样认为，人类与生俱来的对宇宙的敬畏感是生存依赖感的另面复写，人类的任何活动其根本目的就是寻求人类继续存活的路径。这也是生态关系理解与生态学研究的逻辑出发点与现实主义(选择)的归结点。

在人类的生存与发展的选择进程中，毋庸置疑的是：科学技术既是生态伦理思维结果表达得以实现的手段，也是生态伦理学认知的客体之一。与史前时期不同的是，当人类理性思维体系成型的时候，对于科学技术在生态伦理视角之下的认知就显得非常重要了。全球日益显露的环境问题与生态胁迫是人类对科学技术及其范式所持现实主义的立场进行反思与认知的思维催化剂和实证依据。

如前所述，生态伦理学的认知势必产生一定的结果(行为的选择与决策)，它并不否认生态关系认知在理论层面的存在必要性与重要性。在哲学上，一般认为，如果要对事件的结果进行伦理选择，就必然要设置对价值的考量；因为价值内嵌了事物的特征，并且它将影响伦理选择和对行为的指引(Blackburn，2007，390)。因此对于生态价值的研究就在人类与生态系统关系的认知上具有重要的主导性意义。

在人类出于感情，或者赋有伦理色彩的感受层面，希望并乐于接受人以外的存在——自然界、生态系统和宇宙（及其中的所有构成要素）。这种接受具有与人类一样的“情感意义上的接触”，并希望借此获得对于生态系统的感性认知。因为这样一来，生态自然就具备了与人沟通的方便，继而人类能够感受到爱护自然如同爱护自己一样的主观感受。很多环境保护运动的宗旨都体现着这种平等主义的某类情感价值取向。但是，人似乎也必须清醒地认识到：外在的物质存在、生态系统，就其存在本身来说，是分立于人类及其社会的。人们应该认清自然界与人类是不同的，其存在所需要的演化方式也是不同的。在认知上的理解就是：生态系统（包括自然界、宇宙）与人类及其社会是结构上的异体表达。这不是刻意强调人类对自然界的认知障碍，而是力图还原环境意义上的物质存在的原始面貌。它将有利于人类理性认知生态系统的原生属性与初始运行规律。

我们知道，人类如同自然界的其他物种一样，有着出于演化生存需求而产生的对于环境的认知与依赖。因此，人类自身也就有着基于自身生存需要进行解读生存环境（生态系统）的要求。在当代，科学技术承担着很多的此类解读与技术实践，例如，生态学（Allaby，2004，136）。虽然生态系统有着自身的结构与运行规律，但是，人类的理性思维活动依旧试图找出与之相对接的结构。例如，维持森林多样性的问题（Kaesar et al，2014）。换言之，人如果能够发现生态系统与人类之间的同构性存在，那么，就有可能实现人与自然的“对接”。抽象地看，这仍然面临巨大的阻力与困难，因为，人类目前无法确知“同构组件”的存在以及它是否存在。但是人们依旧希望它能够如同DNA的双螺旋结构一样——“它就在那里，等待着人们去发现”（洛伊斯·N.玛格纳，2002，640）。

从科学实验方法论角度和生态哲学的思维角度理解，人们对于人与自然关系的认知层面的同构性发现与理解是有一定差异的，并且有了很多的研究与发现。结合自然科学研究与科学技术哲学思维范式的研究，可以发现人类与自然生态之间存在着一些相对稳定的同构性表达或表现。它们主要可以归为以下几个方面：(1) 不稳定；(2) 单向度；(3) 演化需求；(4) 表达载体；(5) 对话语境。

(1) 不稳定：生态系统的不稳定性可以被看作是自然界的固有属性。在环境保护意义上，不稳定性是人类行为的扰动与生态胁迫之间产生因果关联的关键节点性要件。在因果关系上，正是由于不稳定的存在，才使得事件结果的回复出现极高的或然率摆动。科学技术的进步就是要打破自然界的不稳定自成规律的特性，从而有效控制不稳定性的发生，使因果现象呈现连续（可控）性表达。这种思维层面的进阶进程，也是人类自身进化的不稳定的表达之一。因此，可以认为，不稳定性的存在是人类与自然共有的，同时也是固有的存在形式与特征。

（2）单向度：它既是宇宙与人类的运动矢量表达，也是人类思维方式的一种描写。生态系统的生成与演化有着自身的进化进程；换位于相对的存在主体的人类而言，宇宙的生命过程有其自身的过程规律。这个运行的规律是不以人类的意愿而逆转的，但是，一定程度的改变是存在的。生态伦理关注的内容就包括这些改变，主要是担忧人类活动所造成的生态改变是不是不确定的胁迫性表达或者胁迫性因素。同样，在人类的存在过程中，人类社会就是一个单向度的存在；其单向度内容主要有：社会发展总目标、科学技术认知等方面。概括地理解，人类社会的进化有其自身的需求及其规律与表达，这本身即是一类单向度的集合，它们在一定程度上发生着与生态系统互不兼容的事件。生态伦理学的研究就是试图缓和或者消解人与自然的某种对立。

（3）演化需求：生态系统本身即包括其内容（要素）的进化过程，体现着整个系统在适应过程中的演化需求。人类及其社会结构的进化在实践层面是复合的，但也可以从中剥离并归纳出类似于生态学理解的演化需求。它既有生态学意义的进化的适应与需求，也有哲学认知进化意义的改变与要求。在人类社会中，演化需求是一个高度抽象和复合的概念，它涉及思维的、文化的、实践的、政治的等多方面适应性进化。也就是说，演化的需求是一个高分散度的需求表达。在人类生存过程中，在不同的历史时期表现着对于演化的适应与引领。在一定程度上也可以认为，人类最根本的演化需求就是物种的延续与社会的发展。

（4）表达载体：可以认为，物质世界的任何存在都有其一定程度意义上的表达载体，物质存在借助载体呈现自身的存在形态。即物质存在具有一定形态的表现，这种形态或者被借助物就是一种表达的载体。例如，DNA－RNA－蛋白质是遗传信息传递的形式（路径、中心法则），也是信息传递载体。科学技术思维是人类理性认知与行为的载体之一。

（5）对话语境：它主要包含两个（哲学）维度的理解与认知，一是自然现象的发生给人类认知层面传递的信息；二是人类思维对自然界的描写与实践。在科学技术范畴（从生态伦理逻辑的逆向反映层面理解），前者主要体现在科学思维或者技术行为对生态环境造成的扰动与改变；后者主要体现在人类的某种终极关怀之下，人类对科学技术及其行为与生态系统之间关系的认知或者理解。

这些同构性要素（组件构成）都围绕着一个主题——人类的生存需求——生态伦理学研究的目的。

在实践哲学的语境下，生态伦理思考及其实践如果能够将生态价值的组件纳入“异体—同构—中心”框架，将有利于在技术形态的支撑之下，逐步深化人类对于生态系统乃至宇宙的认知。这种认知的过程是一个对外界存在不断理性判断的进程，人类也将尽力避免由于过度干扰外界运行的规律及结果而引发的认知进步。因此，在科学技术哲学的逻辑中，“异体—同构—中心”结构可以被视为一种生态价值的虚拟建构类型，也是社会对于自然以及人与生态系统关系进行认知的方法论意义的一种虚拟逻辑框架。

## 2.1　价值认知单向度困境及成因

随着科学技术的不断进步，地球上物理学意义的距离已经不再是社会各要素之间伦理学意义行为的障碍。与此同时，人类对于生态自然以及宇宙的认知也正在跨越星际的距离障碍。在微观层面，分子生物学等学科的进展，使我们跨越了肉眼可视层面对生物体的直观范围。物理学的发展，也使人们对于物质存在的认知与了解不断向极微观层面寻找物质存在的初始点。

伴随着科学的进步，哲学的思维也在不断扩充人类思维的深空维度。伦理学的关照逐渐打破物种屏障，将“关系衡量”的概念由人推及人以外的物种，动物伦理是典型表现之一。阿尔伯特·施韦泽（Albert Schweitzer）以一种伦理观念换位逻辑的模式，讨论了敬畏生命的伦理意义。奥尔多·利奥波德把一种纯科学的逻辑形态演绎成了科学兼具伦理关怀的表达——大地伦理（Land Ethic）——他把生态学的逻辑通过土地生态系统的缩微表达融合了人类的善与道德评判。这些是人类思想史上对于道德维度限制最有突破性的扩展之一。生态系统借助于人类（社会）的道德观察与科学理性思维的融合而具有了“自身的体制特征”——

生态伦理学、环境科学和生态学的概念就体现了这种“体制特征”。例如，环境科学：一门关于环境的科学，它可以被严格地定义为客观环境，或者可以包括某一有机体的生物环境；或者更广义地理解，它也可以包括环境的社会、文化等其他方面(Allaby，2004,143)；生态学：关于有机体之间、种群内都关系以及它们所处环境的所有方面(包括生物与非生物)的科学研究(Allaby，2004,136)。这类体制特征的背后包括了大量道德观念及社会结构的因素，价值的建构或体系逐渐在评测着生态系统及其与人类的关系。

传统上，生态学的范畴更多地指称生态学参数，而相对缺乏指称人文参数(包括哲学、社会学、心理学、地理学、人类学、政治学等)。这使得我们对生态系统的认知容易受到偏颇的世界观、价值观、认识论指导下的科学技术思维及其技术实践结果的干扰，其主要原因之一便是我们对生态系统的价值认识的片面性。笼统地看，生态系统的圈层关系是一个复合形态，科学认知过程中也会出现不同的解读。人们站在各自的视角也都会产生不同的个体理解。若以人类生存为视角，我们可以将生态—人的认知范畴归结为人、生物(多样性)、土地及其三者之间的关系。“人—生物—土地”折射出了三者之间互相依赖、互相作用的关系。

在现代社会背景下，生态哲学(伦理)更需要超越现代主义、后现代主义的思维，更加关注由适应社会集团和环境所产生的善、恶的主观性根源。

按照传统的人类道德评测，自然系统具有价值，这是毫无争议的事实，问题的关键在于，自然的价值的判断出自人类的社会体系。哲学家和科学家都在思考和探索这种价值标准，以期用来指导人类的可持续生存。

19世纪后半叶开始，在西方文学、哲学著作中有针对自然或生命价值的讨论，人们似乎在思维的层面展开争论，以试图弥补和涵盖人类认知与生态自然之间的交流障碍。拉尔夫·瓦尔多·爱默生(Ralph Waldo Emerson)、亨利·大卫·梭罗(Henry David Thoreau)、希尔多·帕克(Theodore Parker)和玛格丽特·富勒(Margaret Fuller)的作品中充满了对自然、地球、生态的爱和尊敬。例如，梭罗在《瓦尔登湖》中认为，人有一种向往更高层次精神生活的倾向，“但是另有一种本能却向往原始和野蛮的生活，我对这两种本能都在尊重……归因于我和大自然建立了最亲密的熟知关系”(亨利·大卫·梭罗，2004,222)。这些思想反映了人类对自然的热爱和捍卫之情。类似的观念在利奥波德的《沙乡年鉴》中同样可以触及,"土地伦理是要把人类在共同体中以征服者的面目出现的角色,变成这个共同体中的平等的一员和公民。它暗含着对每个成员的尊敬,也包括对这个共同体本身的尊敬"(奥尔多·利奥波德,1997,194)。利奥波德建立了一种新的生态伦理思维方式,在这个思维方式下,人类扩大了生态共同体(或者说是生态系统)的边界,更为重要的是:生态伦理扮演了一个"非比寻常的、意义深远的角色,并且与保护生态共同体的各组成部分的人类义务相联系"(Tyburski,2008)。

在现代,哲学家在整体论的视角下开展对人类与生态系统关系的深度理解。人们试图将生态系统的自洽性体系分立于人类视角之外,并从中获取对于生态关系认知的新的解读视角与理解。约翰·卡利科(John Baird Callicott)提出了基于整体性生态哲学的生态共同体伦理,这个新的思考方式也被称作"生态中心范式"(the ecocentric paradigm)。罗尔斯顿(Holmes Rolston Ⅲ)"第一次系统而全面地叙述和说明了自然的内在价值"(余谋昌等,2004)。他主张一种整体性生态哲学和伦理体系,人类应当把自身和生态系统看作一个整体,在此假设下实现自身的利益。在深层生态学理论体系中,阿恩·奈斯(Arne Naess)发展了佛洛姆(Erich Fromm)关于人类自我认知的理论,主张"小我"(ego)—"自我"(self)—"大我"(Self)的价值取向,人类的社会价值意义——"自我",最终将在与生态系统的交互认知与理解中达到最终的完善,即"生态自我"(Ecological Self)(Naess,1995)。

到目前为止,在生态伦理的哲学思维化意义上,人类之于生态系统的价值取向可以认为源于"人类中心主义"或"非人类中心主义",后者有时又被归属于"生态中心主义"范畴;因为"自然环境遭受着人类有意识行为的改变,同时也在经历着基于人类起源和非人类起源的缓慢变化"(Thompson,2008,529)。在逻辑上,生态伦理能够反映人类内在的价值取向,人类活动与道德的假设存在着某种联系,我们可以认为人类道德的评判会通过生态系统的运行反映在人类自身。

在科学技术范畴中,生态伦理应该检验什么?生态系统的能量、氢循环、森林的多样性、海洋生物学的研究等,这些科学技术的实证结果的表述该如何同人类所认定的生态价值相关联呢？在生态价值的认知上，存在着事实（科学事实仅是其中的一部分）与思维的沟通问题。

置身于人类的思维视角，“生态的价值”或许可以被更大程度地理解为一个抽象的思维概念。而在社会的实践层面看，一般认为，这个价值的表现载体通常由经济学来承担，在哲学上更多地表现为功利主义色彩。在科学研究中，对生态系统及实体的标定，则更多地为科学实验（实践）所承担。此时的问题在于：科学技术的哲学基础是什么。对价值的检验和对生态实体的检验并不能截然分离，从蕾切尔·卡逊（Rachel Carson）《寂静的春天》开始，人类已经不能把对生态系统的价值思考和科学技术的发展独立地分离看待，而必须放在一个生态系统内进行思考。但是，要认识到人与外在世界的分立不等同于分离，同时也要适度划分出人类与生态系统的分立形态的表达。

人类对生态价值的认定，通常投射在对自然界的人为开发、对自然界的实体层面的研究、对生态系统演进的过程的认知，同时也包括社会的道德评价态度或者来源于经济行为以及社会决策层面的态度。这种伦理层面的价值取向，在一定程度上，可以使人类获得赖以维持生存的那部分自然实体，使它们免受过度消费和破坏，并且不会给社会带来无可接受的生态成本与环境负担。

许多环境保护主义者和生态哲学家相信，生态伦理应该指向自然生态的内在价值。自然界的万物都有其某种内在价值，甚至包括可以自行进化的生态系统和其中的物种。生态系统的价值是一个集合概念，个体的内在价值不能离开生态系统的存在，“因而我们再也不能单把个体（主体或客体）确定为价值之所在”（霍尔姆斯·罗尔斯顿Ⅲ，2000，192）。如果可以把生态价值位比作递进结构，那么“每一较高的层次都包含了较低的层次，也依赖于较低层次。较高的层次并非独立地、孤立地存在，而是由较低层次支持和维系着”（霍尔姆斯·罗尔斯顿Ⅲ，2000，192）。但是这种观念没有“考虑人类的干预”。当我们把人类的认识能力与技术实践能力融入整个生态—人类的复合系统进行考量时，自然的价值量的标定就会被“打折扣”，因为现时的生态价值往往被滞后的生态（环境）的不良后果所抵消或者取代。因此，对价值的思考需要把单纯功利主义的获取、道德主义的延伸和为恢复生态所付出的代价综合思考，其中，技术的理性表达与实践是核心环节。

人类生存在这个地球上，就从来不会离开人对于外在存在的认知与行为。在这个过程中，人类及其社会结构，从个体到群体都在思维层面上不断演化着一种认识，它包括了对过去、现在和未来的感知与期望。当“地球村”的概念出现的时候，人类—生态价值的多元化趋势已经不可避免。另一方面，它也反映了人类价值体系进程中表现出的趋同意愿。尽管这个意愿或许来源于人类自私与利益的驱动，但它也仍然折射出一道光亮——为了生存的继续，人类已经开始考虑价值的类属问题。价值的类属反映了不同的主体对于价值的不同感知与接受。在科学技术哲学视阈下的生态伦理前提层面，人类的价值体系是基于物种与生态系统之间关系的理解而存在的。这在技术实践的社会层面的表达上涉及了技术政策、环境保护运动、环境的可持续维持等领域，例如，20世纪60年代末到70年代初的环境保护运动，提升了公众的生态保护意识，推动了政府环境保护立法；非政府组织日渐成为生态价值的思考者和拥护者；1972年，罗马俱乐部（The Club of Rome）发表的《增长的极限》（*The Limits to Growth*）报告指出，人口、工业生产、污染物排放的持续增长，可能会超过生态系统的承载能力。而这些因素也直接影响了联合国环境与发展委员会（UN－WCED）定义的人类可持续发展的实现——“既满足当代人的需求，又不损害后代满足其需求的发展”（UN－Documents, 1987）。实现生态系统的整体性共存与可持续发展需要依靠人的认识、判断和取舍，即价值取向：真实地认知与实际的操作。与此同时，人们也认识到人类的自我认知与价值判断经常与这些因素有关：“物质生活、健康、生命保全、感觉、想象、思考、反思、情绪、其他物种、对生存环境的政治和物质的制约、控制”（van Egmond et al, 2011,854）。

人类对生态系统的（价值）认知表达，在一定程度上看，每个阶段的变化既是认识的进化，同时也是某种认知困境的表现，或者认知进程的迂回。当以往的认知不足以应对生态认知挑战的时候，人类的思维进化总会以一个崭新的形态来覆盖，或者取代既往的思维存在。在当代，各类既成事实的环境灾害已经使社会更加清醒地认识到环境问题与人类对生态价值的认知存在联系，而科学技术及其结果既在某种意义上改变着环境，也在某种意义上存在迎合生态规律的可能性进程表达。但总的看来，人类与生态系统之间依旧存在着巨大的认知困境以及科学技术实践层面的理解障碍。

### 2.1.1 生态系统的不稳定性

生态系统在广义上就是一个不稳定的结构或者系统。生态系统内各要素的组合及其共生的属性也决定了生态系统存在不稳定的可能性。在生态系统运行的层面,它具有能量流动、物质循环、编码—信息传递等表达及功能。在时间和空间上,生态系统存在着事件(结果)的时空转换(移)效应及可能性,这也是人们对于生态潜在威胁产生担忧的一个主要原因。整个生态系统的要素之间的共同运行的结果之一便是系统的进化过程,随着这个进程的发生,存在于生态系统内的事件也随之发生转移和延续。

人类生存在地球上唯一的生态系统中,它是一个多样性共存的生态系统。人类一直试图用被其创造的科学来解释生态系统的规律和组织原则,例如,罗吉尔·培根(Roger Bacon)的数学和勒内·笛卡尔(René Descartes)的科学解构性思维都被用来解释自然规律。由此,很多自然过程都可以被以物理或者数理逻辑的方程式来解释,例如,“万有引力定律、行星运动和白炽金属丝发出的辐射”(弗里德里希·克拉默,2010,7)。然而,生态系统却具有非常复杂的结构和网络关系,包括“生命形式的多样化(从类病毒、病毒、细菌、支原体、真菌到动物界和植物界),各种生命形式之间及其与环境之间的多种作用,以及各种生物群落、生态系统及其生境与生态过程的复杂性”(任海等,2008)。科学的思维是基于理想的假设前提下做出的一种推论,即使是数理逻辑也“没有固定系统能够代表所有整数 0,1,2,3,……的复杂性”(弗里德里希·克拉默,2010,292)。因此,当人类运用科学思维或者手段对生态系统进行研究的时候,就会陷入这样的困境:系统被分解为若干子系统,可是一旦将子系统重新组装为一体时,再也无法恢复系统原有的功能,包括生态系统所具有的自我更新的功能。这是因为,“当我们把一个生命系统剖分成各个部分时,我们所研究的不过是一死物(dead thing)而已”(弗里德里希·克拉默,2010,16)。这实际上是人类思维单向度的哲学认知与技术实践结果的显现。

生态系统的一切结构都在时刻发生着变化,并持续不断地更新下去,这是其多样性的表现。现代物理学认为,生态系统的原始推动力是能量的转换——整个系统的本质,没有能量的转换,系统将灭亡,而每一次转换既是更新,也是持续，其中的内涵就是多样性。热力学第二定律的熵值告诉我们，能量将走向衰退，最终归于热寂状态。在生态哲学上这是持续和时间问题，因为“熵不仅仅是能量损失的量度，同时也是一个过程不可逆性的量度。由于能流在时间中具有方向性，所以熵也成为了时间的量度，即时间的不可逆性的量度”（弗里德里希·克拉默，2010，21）。众所周知，生态系统的维持需要能量，这些能量使生态系统产生出“远离平衡态的结构”（弗里德里希·克拉默，2010，23）——一种不稳定性，它是生物多样性得以存在的基础。不稳定性（或者说多样性）是否意味着没有规律可循呢？事实并非如此，在高度不稳定的情况下，同样存在有序，例如，“贝尔纳不确定性”（Benard instability）。人类科学技术的思维范式正是基于这种“不确定性呈现出的存在的延续性”而进行逻辑的假设，进而展开思维范式的实证。

在生态系统的运行中，不稳定性是一个基础性的要素和特征。科学指标中的某些明显带有人类社会功利性的表述，其内在运行机制就是不稳定性的一种表达，但是通常为人们所忽视。例如，生态承载力、生态自持力与环境容量等。生态承载力就是典型的不稳定性的辩证表达。生态承载指标描写了生态系统要素与外来扰动之间的平衡关系，人们似乎只关注到了平衡结果——承载力的存在或者丧失，而没有注意到平衡过程中的不稳定性表达及其作用。在哲学思维层面，不稳定是在变化中构成相对稳定的要件，只有存在中存有不稳定，才有可能获得在既有的存在中接受外来的扰动。在生态多样性的维持中，各种因素都聚合在一起共同承担着生态承载力的表达，这些因素在另一方面都是构成不稳定性的可能性的一种存在。例如，在南极海域（the Bellingshausen Sea）进行的底栖水螅类动物（Benthic hydroid）种群的空间分布研究表明，深度、海底基板、物种扩散能力、物种对水动力学的适应能力等都对物种的繁衍与种群维持起到了作用；并且研究也显示海区的贫瘠与冰山的活动对物种种群的维持没有产生太大影响（Cantero et al, 2014）。这说明，无论是科学技术的实验方法论层面还是哲学的思辨层面，人们都需要深入观察事件的两个不同方向的存在或者表现。这似乎是在努力跳出人类思维范式的单向度，但同时也不能否认人类的思维定势总是在一定的单向度剖面展开并获得进化的。

### 2.1.2 人类思维的单向度进近

茫茫宇宙，为何在太阳系的地球上产生了生命，进而产生人类思维这最美丽的花朵，依然是科学家们孜孜以求的自然之谜。为此，爱因斯坦（Albert Einstein）曾有这样的感叹："科学只能由那些全心全意追求真理和向往理解事物的人来创造……相信那些对于现存世界有效的规律能够是合乎理性，也就是说可以由理性来理解的。我不能设想一位真正科学家会没有这样深挚的信仰"（爱因斯坦，1979，182）。换言之，作为自然产物的人类理性，必然与自然具有某种程度的同一性。关于人类理性思维范式的初始之处，有着不同的观点和争论，但是，在一定程度上说，宗教（神学）的思维范式是理性思维的孕育条件之一。

追溯科学的发展史，我们不难发现，在西方，神学与自然科学对自然界和宇宙的观察与研究，尽管目的不同，但方法上却具有某种共通性。首先值得重视的，便是神学中的人类思维的理性归属。

要深入考察人类理性思维的问题，我们不妨从以圣托马斯·阿奎那（St. Thomas Aquinas）为代表的中世纪经院哲学理论体系入手。13世纪，亚里士多德（Aristotle）完整的著作被重新发现，经过阿奎那奇迹般地整理，巧妙地把亚里士多德的科学体系和基督教教义融合到了一起。为此，丹皮尔（W.C. Dampier）评价道："正如罗马法的存在使得秩序的理想在整个混乱时代和中世纪得以维持不坠一样，经院哲学也维持了理性的崇高地位，断言上帝和宇宙是人的心灵所能把握，甚至部分理解的。这样，它就为科学铺平了道路，因为科学必须假定自然是可以理解的。文艺复兴时期的人们在创立现代科学时，应该感谢经院学派做出的这个假定"（W.C.丹皮尔，2010，3）。

阿奎那以《圣经》、柏拉图（Plato）和亚里士多德的理论解释为前提，运用理性的逻辑方法，归纳演绎出人类对宇宙自然新的理解和认识。阿奎那认为，在对自然的认识中，理性首先表现为"确实性"，即"在确实性方面，其他的学问的确实性是来自人类理性的自然之光……"（圣托马斯·阿奎那，2008，第一册，第一题，29）（这里的"其他的学问"指对自然界的认识）。可以说在当时的时代背景之下，神学之所以认为能够凭借理性认知自然，是因为在人们的信仰中认为"凡是由天主而来的东西，都以这种方式相似天主，他们是以'存在之物'的身份，相似那个或全部存在的第一和普遍根源”(圣托马斯·阿奎那,2008,第一册,第四题,第三节,77)。这也就成了人类对宇宙展开理性认知的必要条件和思维认知映像得以存在的前提。

事实上,人类思维的理性归属,不但是神学赖以存在的思想基础,也是现代科学得以发展的前提条件,这种理性在认识论上的归属正是孕育科学所需要的必要认知条件。英国科学家麦克格拉思(Alister E. McGrath)认为,一种创世说(比如基督教的和犹太教的)基本观念之一就是上帝在创造中自然安排了秩序、合理性和美。这种创世说直接导致了一种观念:认为宇宙具有规律,这种规律可以被人类发现。以“自然法则”表述出来的这个主题,对各门自然科学的出现和发展有着基础性的重要作用(阿利斯科·E.麦克格拉思,2008,47)。正是基于这一层面的理解,阿奎那神学又被称为自然神学,它强调和凸显了人类理性的重要,并系统化、理论化地将人类理性引入基督教思想体系,从而使基督教神学具有了明确的理性因子,为日后科学的发展打下了坚实的理性思维的基础。

历史地看,分析人类思维的理性归属,离不开对人和自然关系的理解。人类理性是在人的精神和肉体的统一中得以存在的,不能抛开“人”来空谈理性。认识来源于感性知觉,通过理性的选择来探寻规律,认知的最终结果又超越感性认知。因此,理性的运用必然包含对自然的能动认识和选择,即真理与谬误的能动划分。人类理性具有能动性,可以主动认知自然,阿奎那称之为“能动理性”。自然界的本质存在于理性之中,哲学上就是真理与谬误之分。从科学思维的逻辑看,真理的划界标准是:理性认识是否与自然本质相一致。这种真理符合论在神学中也具有认识论和方法论的价值,阿奎那就主张“严格说来,真理是在综合和分析的理智内,而不在感官内”(圣托马斯·阿奎那,2008,第一册,第十六题,第二节,277)。在这个问题上,他与亚里士多德思想体系是一致的。

今天看来,考察人类思维理性(科学技术)归属及其与自然关系的另一个重要方面应该是美学的视角。

在中世纪,无论科学还是神学,人类在对自然界惊叹和赞美时都无法回避“美”。一般认为,科学诉求和感性体验通常是不可通约的,但是对“美”而言却是例外。科学理性中就蕴含着美,如果将其外延扩大,甚至可以说人类理性的认识目的就是寻求美,符合科学精神的理性结果必然是美的。在神学(或者基督教)

思维中，美常被用来代指自然界所追求或遵循的标准。由此我们发现，人类思维的理性归属往往表现为通过对美的追求，逐步达到对自然的认知。对此，麦克格拉思写道："对于世界本质的宗教理解来说，美的概念具有基本的重要性。在纯粹数学里，这种重要性很长时间来就被理解……在20世纪，对美的兴趣在自然科学上也很有意义……当我们谈到麦克斯韦方程组的优雅时就会注意到这一点"（阿利斯科·E.麦克格拉思，2008，126）。由此可见，在思维的层面，人类对美的认知同样也符合两条有意义的科学认识原则：一是自然界是可以被认识的；二是人类理性可以指导这样的认识活动。

另外，在分析人类思维的理性归属问题时，我们无法回避所谓理性选择问题。在伦理学意义上，理性选择与人类的道德认知结果及其选择具有一定的矛盾。因为，理性通常被认为是与感性相对立的，而道德观念一般被认为是人的感性认知层面的一种存在。人具有意志特性，因而决定了人可以自主地进行选择，即包含理性选择。人的意志包括欲望和理性，科学就是要对二者进行选择，并对选择结果负责。神学也是如此，阿奎那把理性选择称为自由意志，主张"人的自由意志并不是在感性欲望层面的肆意妄为，而是表现为理性的比较和选择活动"（白虹，2010，264）。人类有能力在理性活动中"成为一个能够为自己行为负责的行为主体"（白虹，2010，258）。

科学是从经验和理论的相关性进行选择，神学则多从价值判断的角度加以选择。阿奎那所处时代的局限性以及基督教神学思想体系的禁锢性使得科学理性仍然处在萌芽状态。然而，透过神学外衣，我们不难发现人类具有逻辑判断力，能够比较和区分事物并做出合适的选择，这就是人的"自由意志"或曰：人类思维的理性归属。在认识自然过程中，这种具有理性特征的"自由意志"起到了至关重要的作用，它使得人能够对客观物质世界形成相对正确的判断，并归纳总结出客观规律，透过现象无限接近事物的本质。在此过程中，不但造就了对自然界的某些正确认识和理解，也形成了"由理性做出选择"的初始形态——一种单向度思维。

如上所述，在（宗教）神学的思想体系中，蕴含着日后科学思想产生发展的理性思维萌芽。深入探寻分析这些具有理性因子特征的思维形式，对于认识人类思维的发展，理解科学思维的本质，具有重要意义，阿奎那自然神学在理性推理形式方面的认识和发展，就为我们提供了丰富的例证。

今天人们所熟知的科学理性思维表达的代表——演绎推论、否定、类比，也出现在中世纪的自然神学思维范式中。神学同样也运用它们来论证上帝的存在、本质和属性。因为在中世纪，人们认为神学也是科学，也要试图“提供一个在理性上可以接纳的理由”（翟志宏，2007，127），尽管其论证前提在今天看来显然是令人费解的，但就其论证方法而言，却透散着理性的光芒。

后天演绎推论法的原则是“由果溯因”。宇宙和自然是复杂的，其被人类认识的过程也同样如此。我们力求找到事物之间的因果联系，但现实情况往往是实物现象（事件）首先呈现出来，需要我们从结果倒推出原因，大部分的科学研究就遵循了这条思路。神学认识过程也同样如此，“因为既然有些效果比其原因对我们更为明显，我们于是就由效果出发去寻求对原因的认识。从任何一个效果出发，都可证明其固有原因之存在（只要这原因之效果为我们更为明显）”（圣托马斯·阿奎那，2008，第一册，第二题，第二节，46）。综合起来看，后天演绎推论法也是自然神学普遍运用的方法，因为宇宙的各种结果（事物和现象）是因为这个“存在”而有意义。当神学家们直接论证或探讨“存在”遇到各种困惑和错误时，往往会从结果出发逆向推理上帝的存在，这就是后天演绎推论法，后来也为科学研究所采用。只不过科学追踪的目标不再是上帝，而是自然的物质原因了。

否定法（剥离法）是神学在认识上帝本质过程中使用的另一重要方法。人类对自然界的认知往往会呈现这样一种状态，即对事物的本质一时难以证明或了解，但在认知过程中逐步证实了一些不属于本质的表达，再把这些非本质表现的现象去除，就无限接近了事物的本质。这一方法和神学认识论中的否定法有些不谋而合。否定法成立的前提是：宇宙或者自然是可认识的，同时宇宙万物的具体现象在一定程度上是事物本质的反映，即万物“都共有这一学问之对象的同一形式观点或性质”（圣托马斯·阿奎那，2008，第一册，第一题，第三节，26）。现代科学思维也揭示了宇宙的奇妙在于“她”是可以被认识的。

在否定法的实际运用中，自然神学认识论注重对自然界客观事物的认识，因为任何事物、现象的“出发点却都是根据他们与天主的关系”（圣托马斯·阿奎那，2008，第一册，第一题，第七节，33）。人类在对现象与本质的认识过程中，通常会呈现交互认识或交集的认识路线和范畴；剔除不符合规律的干扰，逐渐接近规律本身。因为许多现象并非与客观事物的本质自身直接对应,“而是由原理出发,来显示另一些事物”(圣托马斯·阿奎那,2008,第一册,第一题,第八节,35)。科学的论证有时和神学论证一样,并不去证明原理本身,“而是根据原理来推论,以证明这些学问中的其他事物”(圣托马斯·阿奎那,2008,第一册,第一题,第八节,35)。

在中世纪,神学和科学都在追问宇宙的终极是什么,人们不自觉地忽略其终极动因,热衷于对宇宙或者自然界本质所表现的现象进行研究。所不同的是,在神学家心中,这些研究源于对信仰的执着;在科学家那里,这些研究源于科学思维的逻辑假设。

历史地看,神学范畴的否定认识论为自然科学研究的理性思维范式树立了权威,科学思想的进步也有赖于对现有权威的否定。综观基督教思想体系,人类的理性总是无法完全认识宇宙的本质,但又在一定程度上逐渐接近这一认识。神学家们在深化理解基督教教义思想体系的同时,客观上不断发展了辩证逻辑方法,并力图用理性证明宇宙运动的初始动因。在对否定法的使用过程中,人类接触到许多自然现象,归纳出了许多自然规律,为科学理性思维的进一步演化预备了充分的认识论基础。

今天科学技术研究中常用的类比逻辑,这一方法最初缘起于对自然界事物的认识以及对事物的命名。例如,阿奎那在《神学大全》中探讨了事物是如何被命名的,认为“凡是我们用理智所能认识的,我们就能给它一个名称”(圣托马斯·阿奎那,2008,第一册,第十三题,第一节,187)。人们通过对事物名称的认识深化了对事物规律的认识,在名称一定的前提下才有可能探寻规律性。

虽然在中世纪自然神学中并未出现有关科学概念和命题的论述,但已经进行了有益的尝试和讨论。

当人们通过概念或命题认识自然界的时候,碰到的第一个问题就是名称—语词关系。由于不同的人对语词关系会有不同的理解和表述,就有可能出现名称的一词多义、一性多词及名称的多义性等现象。科学思维认为,用来描述自然界与事物的名称应该是一种理性概念,具有逻辑内在联系,似乎并不是一般的日常用语。对此,阿奎那神学已经具有理性的判断的雏形——“名称所表示的意义,就是理智对那个名称所表示的事物的领悟,或理念(conceptio)”(圣托马斯·

阿奎那，2008，第一册，第十三题，第四节，195）。这与爱因斯坦所认为的“概念和命题只有通过它们同感觉经验的联系才获得其‘意义’和‘内容’……命题如果是在某一逻辑体系里按照公认的逻辑规则推导出来，它就是正确的”（爱因斯坦，2011，129）的观点具有异曲同工之妙。一个单词也许只能表述出一定层面的意义，并不能说明这个单词所代表的客观存在的本质就是如此；这个单词的内涵和外延或许比人类理解的范围要更加深刻、宽广，只是由于人的能力有限而无法全面理解。这就是我们通常所说的语词是否与其所代表的客观存在具有完全符合性的问题。科学的理性和神学的认识论都认为，名称未必和事物本质完全符合。一个语词在被用于描述不同事物时所指称的意义可能不同；反之亦然。不同的事物的某一内涵可能会为一个语词所描述，例如，“健康”用来表述动物是指健康的状态；表述药品是指动物健康的原因（圣托马斯·阿奎那，2008，第一册，第十三题，第二节，191）。尽管如此，在类比的逻辑下，我们仍然可以通过对概念的认知，接近对客观存在的本质的认知，因为事物之间是普遍联系的。

在中世纪，自然哲学家们运用类比法的实质是将信仰与自然进行类比，他们认为：“上帝和关于信仰的论题是在一种类比的意义上出现的，或举例来说，它们是被用作与自然现象进行类比，或只是被用来阐明一些关于自然世界的东西”（爱德华·格兰特，2009，173）。基督教神学在论证和阐述上帝属性的时候，试图把自然界的演变规律依附于上帝的本质属性的显现，这在人类思维逻辑上会产生“常量—变量”难以同一的矛盾。在基督教哲学本体论范畴，上帝的本质是“三位一体”即圣父、圣灵和圣子。“三位一体”的表述是一个常量，无论何时只要谈到本体论意义的上帝本质都可以认为是“三位一体”，却又无法同时说清楚三者的具体内容和含义。这就导出了圣父、圣灵、圣子三个“变量”关系和概念，以此为出发去补充论证上帝的本体论意义。圣父、圣灵、圣子分别适用于不同的、具体的自然存在及其互相关系，在它们分别对应的语境下体现着上帝的本质，即自然的本质。当神学给定上帝的属性规定为“美”“智慧”“善”等表述时（构成了更多的变量关系），这些具体表述只对应于一定范畴或自然现象。有趣的是，这三个“变量”及衍生变量通常不能同时成立或自我规定，却在根本上彰显着宇宙本体论的实在性。科学家们在认知自然界时同样面临类似窘境，假定自然本质为“E”，“E”的属性表达有很多，例如，S和T。当我们认知S时，无法同时认知T；S

和 T 在广域上普遍同时存在和发生，但在具体认知的某一点上又几乎很难同时被描述和认知。大量分散的“E”的属性显现，最终仅仅归为逻辑意义上“自然本质”。在诸多反映“E”的变量中，或许人类要用理性的类比法来认知，但是，即便认知了 S 和 T 也无法说明“E”＝S＋T，因为自然的属性是无限的。在这样的认知过程中，人类思维的理性进化对科学的认识论发展具有重要的启发意义，使逻辑的思辨性得到升华。

人类的理性认知范式的表达，还体现在对各种概念的给定和运用上。自然神学在探索宇宙演变过程时所运用的创造、永恒、时间等概念，其部分内涵和范畴对于现代科学也具有积极的启发和继承价值。

阿奎那提出“无”中生“有”的宇宙创造观——“创造，即全部物或有的源出，也是从无‘物’或‘有’起，而无物或无有就是无”（圣托马斯·阿奎那，2008，第二册，第四十五题，25）。“无”中生“有”的宇宙创造观同样在理性的逻辑上为现代科学的思考打下伏笔，美国加尔文学院哲学教授詹姆斯·克拉克（Kelly James Clark）认为“所有的科学都假定存在这种根本无法证明的事物”（梅尔·斯图尔特等，2010，153）。关于宇宙起源的假说，宇宙大爆炸理论就认为，宇宙是瞬间形成的，宇宙诞生之前是什么、宇宙有没有边界，科学没有给出答案。宇宙的存在与起源或许就是“无”。

另一方面，哲学的观点认为，宇宙形成之后，万物的产生具有普遍性和必然性，科学侧重于通过对必然性的追索去认识规律。自然神学也遵循这一认识路线，阿奎那认为宇宙万物与上帝的创造之间除了具有普遍性之外，还具有必然性，自然万物都包含有“无”的理念，“理念的意义，就是物之存在于自己本身以外的形式……或者是作为此形式之物的模型；或者是作为认知该物的原理或根本”（圣托马斯·阿奎那，2008，第一册，第十五题，第一节，266）。理念可以被我们理解为事物的内在属性或规律。宇宙万物生成的必然性，一方面指上帝创造宇宙的必然性结果；另一方面指自然万物呈现出多样性也是必然性结果。阿奎那突破传统基督教哲学关于形式与质料、实体与存在关系的局限，使构成受造物的质料也成为创造的结果，质料本身也是为了体现万物普遍存在而被创造的。更为重要的是，阿奎那认为，在关于自然界生成的必然性中包括了条件的必然性，即自然界的产生不是绝对的必然的，而是有条件的。对条件的认知以及逻辑习惯和探索后来成了科学的研究对象与思维习惯之一。

“无”中生“有”的创造理论是阿奎那神学思想的进步，他突破事物具体形态的局限转向对宇宙万物存在的普遍性思考，由受造物的具体形态进入了创造的初始动因的考察，这就涉及哲学的本体论范畴。宇宙的活动由“无”开始，借“理念”转化为实体，且具备多样性共存的必然性，同时也考虑到了条件的因素，“这表明了阿奎那自然神学的立场，他力图从理性上说明世界起源的问题”（翟志宏，2007，285）。

在人类对宇宙的认知历史上，在很长的时间里，人们（甚至包括大部分的科学家）普遍认为关于宇宙的生成等问题是神学应该关注的问题，而不是科学。直到美国天文学家埃德温·哈勃（Edwin Powell Hubble）通过观测，于1929年得出宇宙正在膨胀的结论时，人们才意识到“蒙昧”不是神学与科学之间的鸿沟。斯蒂芬·霍金（Steven Hawking）对此评价道：“这个发现最终将宇宙开端的问题带进了科学的王国……科学的终极目的在于提供一个简单的理论去描述整个宇宙”（斯蒂芬·霍金，2002，15－17）。

通过上述分析，我们不难发现，人类的理性思维一直以来就存在于人类那似乎是与生俱来的、对自然的敬畏与渴望之中。尽管在中世纪基督教时代，这曾经被教廷视为凡人的一厢情愿，但是在人类的科学进化史上却在实证主义的基石上验证了，并演化了理性思维的形态。

历史地看待人类的理性思维的发展，人类理性思维中包括两类单向度的逻辑轴线：一是实证（理性）的分析与解构；二是一种类似于宗教热情的情怀。它们共同成就了日后人类社会对于生态系统的认知基础。时至今日，许多环境主义者和生态意识的表达都带有浓厚的、类似于宗教热情的主观倾向或者情绪。并且，在一定程度上，人类的主观热情仍被视作生态伦理处于和谐状态的一类表达。来源于宗教（或者神学）的思维范式投射出了人类思维的双重映像：一方面是人类理性对于宇宙自然的“绝对可认知的过程”，另一方面，宗教（或者神学）思想中的万物平等的理念和互相关爱的热情，也中和着理性思维的顽固一面。如果站在尊重宗教思维传统的立场，西方神学的思维传统或许比现代科学——在一定程度上——更容易使人们理解生态关系中的平等主义表达。

## 2.2 生态价值的支撑载体

在人类的思维映像中，价值是一个抽象性的观念表示。虽然某些观念性的表达可以借助语言（言语）系统来实现主观意念的现实化（可供信息传播与理解），但是，在人与自然界关系的认知上就显得有些无力。其原因在于：人类与自然界的相处是即时的，也是持续的；人们每天都和自然发生着互动和联系，同时也在理解（认知）、重塑着人与自然的关系。

在早期人类朴素的情感和行为习惯里，触摸、听、看、嗅等感官性的行为自然成为人类认识外界的主要行为和观念表达的载体。但是随着人们对自然界兴趣的增加，以及认识的不断深化，早先人类所使用的（很多情况下是自发的行为）简单、机械、直观的方式已经无法满足人类对自然界的认知需求。科学技术的产生既是应运而成，也是人类认知的选择。

在认知方式层面上，科学技术的思维范式对于人类及其社会了解自然界、认识宇宙的确起到了巨大的作用。人类的科学技术思维作为一种范式，其核心特征就是理性。理性的思维方式以它特有的分析和逻辑能力不断地解构着，同时也在解构着整个宇宙。虽然，在思维活动的矢量分析的层面看来，这的确是一种人类思维的单向度进近，然而科学技术在人类的认知层面所产生的巨大效应是不容被忽视的。科学的假设（或者结论）在科学技术的实践中被不断质疑、推翻、更新和证伪。例如，在海洋生物学的研究领域，“1970 年代末东太平洋发现了深海热液活动和热液生物群，说明了地球上除了依靠光合作用生产有机质的‘有光食物链’外，还存在着通过化能合成作用（chemosynthesis）生产有机质的‘黑暗食物链’……另一项重大发现是海洋微型生物惊人的数量和分布：原来海洋的生物量中竟然有 90%属于微生物。多细胞生物都有细胞核，都是真核生物（Eukaryotes）；而单细胞生物除了真核生物如硅藻、颗石藻外，更多的是没有细胞核的原核生物（Prokaryotes）。传统概念以为，只有真核生物才能进行光合作用，原核生物都是病菌之类的‘害虫’。1970 年代末到 1980 年代，发现聚球藻（Synechococcus）和原绿球藻（Prochlorococcus）等大小不足 1 $\mu$m 的原核生物，不仅能够进行光合作用，而且还是浮游‘植物’中位数最多的主要角色。更有甚者，在海底以下至少上千米的深处，居然还有巨大数量的微型生物生活着，构成所谓的‘深部生物圈’，据估算，海底以下的‘深部生物圈’竟然占据地球上活生物总量的30％。占据地球上原核生物总数的55％—85％”（海洋地质国家重点实验室等，2011，39）。这是对人类赖以生存的生物圈的某种“颠覆性”的认知补充。它说明了科学理性在人类对生态系统的（自然科学研究层面的）认知过程中的巨大功能和理性逻辑的解构—结构性作用。技术形态的不断进步加深了人类对于生态世界的认知程度，拓展了认知范围；另一方面也将逐步改变人们对人类与生态系统关系的理解。

但是，在人类与生态系统关系的认知上，由于其中必然夹杂着社会、文化、信仰、生活习俗等要素，因此，“纯粹科学理性的”思维的认知方法是否能够承载人类生存所必要考虑的价值就成了科学技术哲学研究的难题之一。

### 2.2.1　科学（恢复生态学/生态学）作为一门伦理科学

科学能否作为一门伦理学（来加以研究）？要回答这个提问，就要分析科学技术和伦理学各自的任务和表达方式。或许可以说，在哲学的语境下，伦理学考察的是认知主体与认知客体之间的关系；科学技术验证的是认知客体对于认知主体思维上的假设的符合度。

在一般的理解上，人们大多认为伦理学比较有“道德”，而科学技术则比较“冷静（理性）”。由于人类社会以及人类思维现象与活动的复杂性，人们很难明确区分科学和伦理学哪个更具有感情色彩（道德属性）。人类的主观世界中本身就复合着经济的、情感的、文化的等不同因素，因此可以说，在人们对外界的存在进行认知的时候，各种要素几乎同时产生作用。

历史上，很多科学研究的早期形态都始于人类对宇宙、大自然的兴趣，观察则是人类最早的科学研究的主要方式之一。甚至可以说，科学思维的不断演化，就是人类追究思维奥秘的过程，思维的结果是思维过程的现实表达与依据。另一方面，科学技术逻辑的严谨性、精确性逐渐被人们视为理性思维的特征，而被排斥出了感性认知的范围。或者说，科学行为与思维没有了人类感情。从这个视角看，似乎科学技术只关注对于自然界的物质存在的解构，并没有充分关注到行为的动机与结果是否符合人类的道德感知与认知。如果这样，它就构成了典型的伦理学认知的表达——人类开始将科学技术及其行为结果置于人类的某种“道德的”认知框架之下——科学技术开始具有了伦理学研究的价值定位。但这也仅仅是在逻辑缺陷上的立论。

在生态事实层面，人类出于生存需求而对环境所造成的损害与科学技术行为带来的负面影响所造成的环境问题，共同将科学技术范式拉入生态伦理学的视野。例如，核技术损害。早先科学技术负责在实验方法论范畴里检验核技术的可行性及应用性，但是在生态伦理范畴里并没有进行深入的讨论。核技术安全问题进入生态问题研究，是因为历次核事故的发生使人们注意到技术安全意义上的核能应用与人类—生态选择平衡之间的问题。但是单纯持有技术的负面效应，并不足以引起人们对于生态问题的整体性的关注。人类对于技术的伦理学层面的关注并不能等同于生态伦理层面的关注。在这个认知意义的转折上，生态学起到了承前启后的作用——“我们需要以更加谦恭的态度对待地球，而对技术则要持更多的怀疑态度。生态学科则为谦恭和怀疑这两者都提供了合理的基础”(唐纳德·沃斯特，2007，9)。

今天，人类生活的每个方面几乎都离不开人类与生态系统的关系，这些问题几乎都无法绕过生态学。从人们的日常饮食中的转基因食物、移动通信终端的电磁辐射、化学染色剂、重金属污染、汽车尾气排放，到核电站项目等，可以说，科学及其技术产品也在一定程度上被纳入生态系统的范畴而加以考虑和取舍。科学技术如同人类的生活一样，都有它赖以存在的文化背景和社会认同(需要)。科学是一种思维范式，一种文化表达，其思维构造极其精密、复杂。科学得以存在的理由，就是人类的生存认同和采纳。这就决定了科学思维形成了其与文化、社会和哲学的必然联系。这里所说的科学技术并不是在纯科学技术领域里对科学的技术形态的认识，而是将科学及其技术行为当作人类的一种思维系统而在人类与生态关系上加以研究。

人类作为物种之一必须适应生态规律，这是毫无疑问的；人类的行为对于自然界的改变或者干扰，能否被视为一种对自然界的控制？经典的科学行为(及其结果)似乎传递了这种信息——人类对于自然界的控制；生态学则在揭示生态规律的过程中，显示出了控制自然所付出的代价。在数理逻辑层面，科学技术展现出来的生态代价是容易被读懂的，而关键在于人类以何种思想基础(哲学基础)

来解读科学数据。可以说，对科学行为结果的人类解读一定是一个伦理问题，而不仅仅是一个科学问题。当人们越来越多地了解了科学技术行为的内涵及其生态作用时，人们对于技术行为的判读所导入的文化的、哲学的理念就显得举足轻重了。

在人类对于自然环境认知的历史进程中，人们从浪漫主义的环境关怀开始，一路走到了理性哲学的思索前沿。在这个漫长的历史过程中，人们更多地热衷于讨论自然界的原生态意义的价值，或者价值的体现，以及人类的某些自然主义情怀。而科学技术仍然处于人类的可供利用之物的地位；从这点上看，科学技术与生态自然在人类的视角下处于相同的地位。但是这不否认人们在思维上存在过对于科学这个人类思维形态的反思与审视。很多科幻小说就反映了人类在未来应该如何看待技术成果的问题。技术成果一方面可以控制、取代人类的某些存在的必要性（例如，叶克膜- ECMO）；另一方面技术成果也可以实施对生态系统的干预与改造。由此我们可以引申出一个逻辑，那就是科学技术的思维系统也可以建立起，或者说适应，一个观念与自然界规律的认知结构（体系）。这是一个更深层次的哲学实践。生态伦理学应该是这个认知结构的基础。

据公开报道显示，自20世纪40年代开始，随着科学技术的不断进步，人类生存的生态环境不断受到人类行为的干扰和破坏。恢复生态学就试图通过科学的方法来逐步恢复已经被人类破坏的生态环境。在这个范畴中，人们通常涉及两个问题：一个是如何认知科学技术；另一个是对生态恢复的内涵的哲学理解。

人类对待科学的态度既简单又复杂：简单的是，无论如何，人类社会现在已经无法离开科学技术的进化；复杂的是，人们必须要为科学技术找到一个道德基准。这顺次进入了对生态恢复内涵的哲学研究领域。生态恢复不仅仅是要完成在科学逻辑上的效果的复制，更要回复生态系统历史过程的表达；后者就需要追溯和研究不同地域的文化。生态系统本身不仅仅具有为人类利用的经济层面的存在，也存有人类演化不同时期下的文化的存在。因此可以说，生态伦理的研究不仅是人类与自然关系在功利主义层面共生表达的延续，同时也是人类文化存在的进化与适应层面的研究及其观念的延续与进化。一个可供科学技术进化吸收的伦理（道德）认知基础是今天人类获取科学进步的要件之一。

人们在对科学技术进行认识的时候，在思维习惯上有这样一种先导：技术体现着人类的能力，以及一种挑战自然、控制自然的勇气。这样的情愫，如果说它是建立在对人类本性的放任或忽视的情结之上，结果将是可怕的。不可否认，人类作为有思维的物种，其自身具有一定的思维能力和深度；但是正如史前人类的生存一样，人类始终生存于生态系统的关照之下。这也就决定了在人类的人性建构中也必然存在着自然界的映像。在古代，人们对于神灵的敬畏之心就反映了人类生存斗争中求天向善的情怀。在现代社会意识中，人们对于动物的关爱也反映了这一点。人类与其他物种一样，都是生态系统之中的要素之一，各要素之间的连接就如同物理学的“场”一样。“场”中的物质之间，彼此时刻发生着关联，在动态的互相关联之中定义着物质的性质与存在，例如，气候变化对于生命周期、生命历史的演化就产生着巨大影响(Glądalski et al, 2014)。人的类属性是通过生态系统中各要素之间发生关联而得到充分表达的，科学或者技术的形态及其表达只是人类属性表达的支撑载体之一。因此，我们可以认为，科学技术不仅是被渗透了人类属性的伦理学观念(道德观念体系)，同时也是道德观念体系的验证者之一。

长远地看，人类与生态系统的依存关系(及其认知过程)将是科学技术进化在“适当性维度”方面的主导性因素。这或将有利于明确：科学不仅是技术的表达，根本上，它是人类的思维体系在进化层面的表达；但是归根结底，科学进化的包线被限制在人类的生存之下(除非未来的科学技术能够推翻现存的有机体的生命规律)。

### 2.2.2 功利主义价值存在

功利主义(原则)是人类的哲学传统之一，它既反映在人类对事物的认知方面，也反映在人们对事件(结果)的判断与取舍上。在人类及其社会的认知层面理解，功利主义建构组件主要指的是利益最优化的问题。利益最优化的形态表达主要有量化表示与伦理表示。

人们在很早之前就已经获知环境的改变，这些改变是由于人类行为所导致的。问题在于，人们如果将技术的表达仅仅作为个体拥有的一项权利的话，那么，个体也就无须忧虑太多。从另外一方面看，单独的个体也的确存在无法充分认知科学技术理解的可能性，尤其当技术进化使得技术的专业化趋势不断被强化的时候，没有受过专业训练的社会生活中的个人几乎不可能站在专业角度去理解技术问题。这也是人们在利用技术进步带来的社会成功之时，却忽视技术对生态产生影响的原因之一。在伦理学的层面，这是一个主要原因，因为人类的伦理选择不是针对特定个体的，而是针对全人类的福祉。站在生态伦理层面看，何为人类社会整体的利益最优化行为的客体——很显然，答案是全人类，而不是个人或者局部的利益固守。

一直以来，人类社会（包括其中的个体）都习惯于将科学技术及其产品视为提高人类生活质量的手段。在工业化进程和经济学的层面看，技术对于社会整体进化的贡献更多地局限于经济利益的获取和生产效率的提高。但是，人类是生态系统中的一员，人类利益的最优化范畴，不仅仅是对局部生态功能的利用和改变，而是立足于整个生态系统的运行与管理。以沿海生态系统为例，“由于人类社会将价值定位于沿海生态系统提供的大量的多样性服务，例如，水产品、径流过滤、沿海保护，我们就不能以单一的，或者相关的功能表现来对生态体系进行价值衡量，而是要去寻求一个能够在同一时间执行不同功能和服务的生态系统”（Hensel et al, 2013）。这说明，人类的日常生活或者生存，即使以现实的生态消费主义为视角，也不得不考虑生态层面的价值维护与价值框架的重新认定。

不可否认，人类社会的持续发展需要以人类整体的存活为基础，而且，人类社会旨在追求与完善人类整体的生活状况、提高生存质量的认知与思考动机是合理的。以经济学的视角来对待生态系统的功能的合理性，或许存在于人类行为的拓展尺度较小、生活需求较低、技术能力较弱的时代。今天的现实是，人类行为的拓展能力极大地提高，处在不同阶层人们的生活需求不断增加。作为人类整体来说，人们的谋求生存质量的意识普遍提高；而与此同时，技术预研时期对于生态保留意识的疏漏，已经使得地球资源和生态环境遭到严重破坏。在这种情况下，对待人类整体利益最优化的描写，是否以过度地以经济学的表述为（生态）价值的指标、指称值得思考。

生态价值及其状态的存在，其在科学技术范式中数量是其最经典的形态及表达。例如，科学计量法，对于数理逻辑下的事件存在来说，是一种精确的客观性的描写。但是在人类与生态系统关系的解读中，人类及其社会中的道德等主观性因素的描写，量化的表达形式则显得不够充分，甚至无法胜任。生态关系是一类复杂的复合型关系结构，社会在生态系统的生存行为和过程都含有特定历史条件下的社会意义和个体层面的主观性因素驱动，其中就包括道德、价值的表达。当人们用科学技术的范式来研究和对待人类栖息地的变化时，不能不考虑这些主观性因素的驱动。例如，在矿区和城市化进程中，物种（昆虫）种类和栖息地的变化、环境敏感区的问题都需要从科学的角度来进行研究，并积极考虑应对措施。采矿业是人类社会能源的主要供给方式，矿区周围的环境生态学的表达关系到物种种群密度和生境的改变或者破坏。这种生态环境的改变同时也会对人类的生存环境产生影响，而这种影响应该通过何种数理逻辑来表达呢？在广大发展中国家则面临着另一个生态困境，城市化和人口居住地的建设与开发，也使得环境敏感区域的划分与使用出现问题。人口的大量增长势必造成诸如环境退化等一系列生态胁迫现象的出现。大量的科学研究旨在尽力改善或者延迟生态退化的发生与进程（Hammond et al，2015；de Araújo et al，2014）。但在另一方面，科学技术形态的研究没有考虑到居住在某一地理区域人的既往历史进程，这里包括有大量的社会、文化问题。在特定地域中的生态问题的发生与形成，经常是与聚居于此地的人群的文化、生活方式、传统观念、信仰、政治、经济等因素相联系的。数字量化的模型有时候很难将此类要素适当地表现出来。量化指标体系无法准确揭示科学技术与经济学数据背后的文化、社会现象，而这些因素往往又是生态改变的原始驱动力。此时，就需要考虑，在解读科学技术思维范式结果的时候，有必要加入人类伦理观念的意识。尽管这看起来很抽象，而且没有一定的现实意义的即时效应。那么，能否建立一种综合体，它能使人类的生态伦理价值的表达也成为人类生存最优化的表达之一，甚至是最为科学技术所重视的功利主义的体现呢？

我们说利益最优化，其内涵以经济利益的最优化为基础，但是生态系统的最优化状态的维持也应该成为人类最优化的利益表现，并且是重要的利益最优化的判断与实现基础。人类若要继续存在于自然界，显然人们必须节制自我的狭隘利益驱动，必须尊重这个属于地球的环境价值。如果说，我们暂时无法接受利益最大化必须以生态价值为指引的话，那么，至少应该以一种尊重生态价值的伦理认知态度去评测人类社会的功利主义认知过程。科学技术作为人类现实的和思维的生态价值的支撑载体得以存在，它的表达不应仅是狭隘功利主义的，更应该是人与外在自然关系的反映。

### 2.2.3　道德主义(平等主义)价值存在

在哲学传统上，道德的观念体系历来是一个复杂的问题。不同的人群、不同的阶层、处在不同状态的同一人群都有自己特定的道德意义上的价值判断。如果将哲学与科学联系起来，去试图探讨科学技术的哲学形态的某种表达就会变得更为困难和复杂。丹皮尔(W.C. Dampier)认为“在文艺复兴和牛顿时代，由于科学家创立了适宜于研究自然的新的归纳法和实验方法，科学与哲学之间的联系因而渐成松散”。赫尔姆霍茨(H. Helmholtz)则指出“科学家开始在某种程度上强调要在自己的工作中扫除一切哲学影响，其中有些科学家，包括最敏锐的科学家，甚至对整个哲学都加以非难，不但说哲学无用，而且说哲学是有害的梦幻”(W.C.丹皮尔，2010，298－299)。这是一种在整体思维框架层面上的矛盾，当然也就包含着价值体系以及价值形态的表达与判断。但是在当代，随着生物技术的进化和环境问题的暴露，人们对于科学技术范式哲学层面的认知与评价已经无法避开，霍尔姆斯·罗尔斯顿(Holmes Rolston Ⅲ)就认为“生态学成了一门伦理科学”(霍尔姆斯·罗尔斯顿Ⅲ，2000，86)。

人类对于自然界的认知，无论是活力论、机械论，还是笛卡尔(René Descartes)的二元论，都无法(彻底)回避这样一个事实：当人类的生存环境受到来自科学技术行为干扰的时候，人们不得不对科学技术进行价值评测。

传统的科学技术思维范式强烈地传达着一种信息：宇宙就是如此。而生态伦理实践却在道德的认知维度上提醒着人类：宇宙果真应该如此吗？在评测生态伦理层面的是否“应该如此的问题”上，将会涉及不同地域人群的生存与发展问题，会触及社会、政治政策、经济结构等方面的因素。例如，在西班牙南部的贝罗卡尔(Berrocal，Huelva Province)，当地的栓皮栎(*Cork oak*)种群曾经是当地可持续土地利用与生物多样性的集成表达，但是由于农业工业化和荒地废弃等因素的影响，导致栓皮栎景观生态受到严重破坏。要恢复或者保护遭受破坏的生态环境，会遇到一个问题，“在何种程度上，对于废弃景观(生态)的保护具有经济和环境意义的合理性”(Acha et al，2015)。

人类社会很多的环境问题来自人类的生活、生产方式的行为结果，从价值链的环节来看，大都受制于经济利益的约束与驱使。站在生态保护的立场，这是不应该的；但是回溯到当初的历史阶段来看，人们要么不得已而为之，要么是无法觉察到生态维持与经济驱动之间存在的矛盾关系。这样一来，人们很难以现时的环境意识来评判当初的人类选择及其行为造成的生态结果。这样的逻辑认知，并不是要否认人类活动对于生态维持造成的改变，尽管其中有些改变是灾难性的；只是强调一点：道德的评判与人类生存之间的关系是生态意识解读的关节点。

在一般性的常识理解的层面，人们会认为原始社会时期的人类没有所谓的生态意识，当时的人类与其他物种处于"绝对平等的生态位的表达"。一种绝对平等的观念也是今天环境保护主义（者）和环境保护运动所经常持有的观点之一。从唤起人类内心对于自然界良知的角度看，这是有积极作用的。但是，在另一个层面看，原始社会时期人类的活动并没有突破生态承载力的包线限制。或许在物种进化历史的某个阶段，人类物种"应该"被自然竞争行为所吞噬，但人类智慧的进化使得人类有了有别于其他物种的进化机遇，进而演化至今。所以说，今天的生态伦理所要思考的不是人类何时意识到了生态规律的作用，而是对于人类有意识地突破生态规律的约束应该有一个深刻的认知与哲学的反思。

作为社会建构中的人类个体，以及作为生态系统中人类物种来说，争取自身的利益，并不能被视为不合理的、不道德的行为或者观念。在科学技术范式下的这种道德主义的价值存在，其作用在于时刻促使人类及其社会反视自身的行为尺度；其目的在于合理地选择人类与生态系统的共生方式。抽象的生态伦理（一种道德的观念体系）应该具有一定的实践性（可操作性），只有这样才可能使观念层面的理想变为现实；而这一点对于恢复生态（科学）的行为来说至关重要。

人类的演化史是生命的过程，也是价值存在的过程。道德的价值存在只有与科学技术行为互相融摄才能使人类更好地理解生命的意义——哲学思维范式的洞察的力量，它也应该是科学技术思维范式的一部分。或许，内含有伦理学范式的科学技术行为能够使我们更深刻地认知到宇宙（包括生命形式）应该是怎样的——这是一种跃迁于先验的宇宙存在的生态超越意识（结构）。

## 2.3　人类生存行为与自然价值的连接(农业)

“当田纳西州造价达1.16亿美元的特里哥坝水利工程正在修建时，美国最高法院曾命令停止其施工，为的是要挽救一种体长不过三英寸的蜗鲈……眼看这座只建了一半的大坝似乎只能半途而废，当时的田纳西州长语带夸张地哀叹道：‘这真可谓给世界上最小的鱼建造的世界上最大的纪念碑’”(霍尔姆斯·罗尔斯顿Ⅲ，2000，119)。在这场人类与生物的竞争中，人类对于生态系统的价值关照，通过实施伦理的社会行为选择权得到了平衡。这种生态伦理实践的表达通过人类社会中的司法行为得到了体现。在生态系统中，人类的存在一直以来都是通过不断地认知与选择而获得了价值占位——价值占位有时候又通过生态占位的优先权获得必要的彰显。也许在其他的一些人看来，为了一条小鱼而进行的司法干预有些过当了。人类社会的多种意识群，在有的时候普遍存在对于生态(位)/自然价值(占位)的漠视与忽视。人们会认为，满足人的生存就是万物的价值选择的优先顺序。这样一种思维定势是普遍存在的。

今天的人类对于生存的需求的理解存在泛化倾向，有的层面将生活的需求直接等同于物种生存。在现代社会，人们的日常生活质量有了很大提高，一般情况下，人们的思维内容全都是技术形态的生活表达。人们在努力追求物质上生活质量的改善，它同时也表现在经济层面。与此同时，人们对于追求生活改善所造成的环境问题，只要不是立刻关系(或者影响)到自身的健康和生活，通常都采取无所谓的态度。或许也只有历史学家、哲学家与科学家会更多地从历史和未来的角度来审视人类生存进化所带来的问题，以及应该正确看待科学技术的进化。

在一定程度上，现代社会中的人已经把自身的生活享受作为人类存在的价值表达。这种价值形态的存在具有双重性，一是将人们对于生活质量的追求(例如，过度娱乐等)当作人类物种优越性的地位标称；二是将自然界得以存在的必要性(或者说价值)的体现转为“一切都是为了人类的生活消费需求”。

这样的思维逻辑跃过了一个重要问题，那就是自然界与人类的关系的平行表达——生存。哲学上看，生态系统与人类自身的存在，二者都具有存在的必要性和优先性。从生态关系角度解读，维持自然界的存在优先于人类自身的社会性追求。在价值体系中，人类的生存与自然界存在的理由之间享有必然的联系。但是这种联系并不意味自然界的存在就是以服务于人类的所有需求为其存在的理由。而是说，人类的（物种演化）生存可能性被规定于自然界的存在之中，如果人类希望持续合理地生存下去，就有必要考虑自然界的规定性的表达。这需要在人们的日常思维逻辑中注意区分“生活”（需求）与“生存”（需求）的概念内涵。

在公众理解中，当谈及物种生存之类的话题，或者生态事件的时候，人们脑海里出现的大多是有关恐龙灭绝一类的灾难性事件。在完整的逻辑意义上，它的确是物种生存的重大灾难；一旦出现这种灾难，以现在人类的能力也是无法阻挡的。对这一类灾难的反复描写，在人类情感上，对获取人类与自然界的某种情感层面的“心灵沟通”、提升人生的境界是有益的。哲学家们希望这类思维层面（诸如文学艺术等）的熏陶能够对人性的塑造起到“熏习”的效果。但是在地球上的物种大灭绝世纪远未到来的时代，活在当下的人们更应该关注什么呢？不同的人对此给出不同的答案，有的人关注利益的争夺，有的人在乎名誉的损益，有的人沉溺于虚无的臆想之中。当人们严格地存在于“活在当下”价值观之中时，就容易忽视人性中对他物的道德关注与情感的纯粹性。

在科学技术时代，人类的活动，无论是积极的还是消极的，都受到了技术范式的制约。同时，人类社会对于生态价值的理解也离不开技术行为结果的影响；社会必须要关注技术行为对环境产生的影响。至于宇宙性的生态灾难，在技术行为层面，目前人类不具备现实的实践意义。综合起来看，人类的生存行为应该与以下三个方面产生联系：(1) 生态的改变；(2) 生活需求；(3) 社会调整。生态的改变包括自然的变化，也包括技术行为导致的生态改变。例如，技术风险。生活需求既包括娱乐性等非根本性消费（这一类消费是在保有基本生存前提下对生活质量的诉求），也包括食物生产类的根本性消费。现时代，很多生活需求的提高都建立在技术研发的基础上。社会调整则主要指科技政策层面的宏观调整。这三个方面的因素是人类在科学技术社会下持续生存的必要条件（或者说是其中的主要方面）。生活需求、生态改变和社会调整既是科学技术时代人类生存行为的表达，也是人类生存需求与自然界产生联系的环节。自然界对于人类的影响体现在这三个方面，人类也通过这些行为影响着自然界。

那么,站在科学技术哲学的视角下,是否存在一种人类的行为(方式),它将人类对于自然界的生态理解转换为生存实践,并与自然界的价值(通过人类的思维认知过程)产生连接呢?显然,人类的农业行为就是一个根本的人类生存行为和人类社会存在的方式,同时与生态改变、生活需求和社会调整发生着联系。

生态价值既是抽象的,也是现实的。从某一方面看,人类自身的价值是在人类对生态系统中的占位的认知过程以及人类对自然价值的认知过程中获得表达的。生态价值的抽象性在于,人类要对生态系统的改变赋予人类的伦理关照,以获得哲学意义的预见——预防生态灾难发生的道德约束与观念指引。其现实性在于,人类必定需要与自然界发生接触,也必定要依靠生态系统的承载力获得生物演化所必要的能量等要素来维持生存。由于人类必定是存在于生态系统中的物种之一,所以,人类在与自然界的接触过程中记录着自然界的具有“价值象征”的表现。人类对于自然界,或者生态系统的价值层面的认知是一个复杂的思维过程。人类一方面在不断接触着生态自然,感受着生态系统的自然之美,此时人类将自然界(以及宇宙)当作是自身思维体系中已经预设完成的先验的存在;另一方面,人类也在将先验的自然界的存在意义(例如,价值、审美)与现实的社会的需求性存在进行比对,在这个过程中来设置人类在自然界中的价值位。这在人类的生存行为(农业)中表达得很普遍。

维持人类生存行为的首要支撑就是获得种群数量的稳定,农业所能提供的第一性的保障就是维持人口的增长与社会结构的稳定。在生态学上,物种的种群数量是物种存在的前提。在环境承载力的争论上,古往今来的人们很容易在人口数量上进行思考和论证。在一定程度上看,这里有着数理逻辑的合理性——在生态承载能力假定不变的前提下,人口的增长势必带来诸如自然资源枯竭的问题。因此,以人口数量为视角展开对生态价值维护的思考具有生态学意义的适当性。但是这也面临巨大的伦理争论和挑战:作为人类自身来说,无论是个体还是群体,“谁”应当成为生态承载力的道德评测对象呢?“谁”又应该为生态胁迫负责呢?研究表明,即使全球都执行只生一个孩子的生育政策,再加上灾难性的人类物种死亡事件,到2100年,地球人口依旧可以保持在5亿—10亿人。因此,长远地看,人口问题并不是解决现有生态胁迫的快捷之径(Bradshaw et al, 2014)。从人类农业行为的本质视角来看,农业生产不可能服务于人口的减少,以及社会建构的退化性转变。

这个科学研究促使人们认清一个问题:人类的生存行为,在哲学本体意义上,是一种类似于寄生型的社会行为。人类的行为本质上都是对自然界各个要素的符合人类生存需求的安排与重组(即使在现代基因技术层面,都还不能称之为重构与创造),以求得在社会形态的外壳下寄生于自然界的生态系统中。换言之,人类首先应该考虑的是如何在政策、技术、文化等形态下实施对资源的适当的认知、利用与支配。在这个方面,人类的农业行为天然地体现着人类的生存需求与自然价值的连接关系及其表达。

### 2.3.1 生存需求(农业)能否维护自然价值

宇宙是什么,这是一个哲学问题、科学问题、经济问题、伦理问题、宗教问题吗?还是说,关于宇宙的描写至多不过是人类的"思维游戏"罢了?

在人类认知的发展进程中,很多思维形态对此类探知给过假设。例如,基督教教义指出,上帝创造了人类,以及人类所生存的环境,但是,上帝所处的时空却是先验的存在着。现在人们无法确证这种思维的发源动机来自何处。人类长久以来的生存与生活的经验也都来自相对狭窄的生存(生活)周边的存在,因此,环境的概念所指可以是狭隘的离自身不远的物理距离意义的周边存在,也可以是宽广的整个星球,甚至整个宇宙。

在人们的日常生活中,环境作为现实物及其意识的存在与否,在思维层面理解,有赖于人们对环境的利用,以及环境能否提供人们生存、生活的必需条件而得以存在。在这种生活习惯性的认知中,人们在社会生活进程里天然地形成了这样一种观念:环境的价值发自由人们的需要而引起的思维的认知与认知结果。这样一来,人们对于自然界的价值认知似乎完全出自人类的主观层面,同时这也为自然界的价值属于人类主观、还是客观存在的争论留出了逻辑空间和想象空间。

人类及其社会一般习惯上认为"你存在,并且有求于自然,所以你才去认识自然"。这样的认知习惯的实践表达或许体现了更多的功利主义原则的价值体系,它也是人类历史进程中的事实。在哲学意境下,人类是一个征服者的身份由来已久,工业化进程本身也在科学技术行为的层面认同了这一点。科学技术行为的实践表达之一就是人类的足迹正在试图遍布自然界，甚至连太空，我们也开始涉足。原生态的自然界本身不具备价值的建构要素及价值的存在理由，一切都是由于人类的需求使然。接下来的事就很容易设想或者接受了——自然界不过是人类可以利用的资源及其提供者而已。在生态伦理层面，应当认为，将一切对存在及其必要性的认知建立在资源与利用的关系上是一种狭隘的认知层次或者逻辑起始点，它使得人类及其社会很难在主客体的层面上去理性认知彼此。

一年四季的变换带来自然界景色的更迭，每天的日出日落，海洋的辽阔，高山的雄伟，云海的奇观等，都会令人们忘却世俗的污浊，将心灵丢弃于自然的净土之中。人类的心灵感应在此刻也触发着真、善、美。在日常的人类生活视角之下，审美的需求与现实完美的结合在人们的环境意识中获得体验，这是无可争议的事实。但是在思维或者哲学认知层面，却陷入逻辑的纠结。自然界本身就具有这些善良及其表达的存在吗？如果承认自然界本身就是“美”的，那么，人类的认知能力与触摸到自然界的“美”，这二者之间有联系吗？假如不通过认知功能的发挥，人能够感觉到它们吗？

目前，自然科学的研究证明，宇宙先于人的存在而诞生，但这是在实体性存在基础上的描写。对于自然界的价值来说，它是否与自然界一样先验地存在着呢？如果人们承认生态系统的价值与实体一样早就存在了，那么，人类对生态价值的认知就是一个被动的解读、判读的行为与进程。如果生态系统的存在价值是由于人类的某种需求（或者兴趣）导致的认知结果，那么，可以认为自然界本身不具备价值及其表达；是人类让自然界拥有了美。

人类社会是否应该为自身对自然界的认知与利用设定约束，将是生态伦理研究的重要课题之一。

随着人类经济活动的发展、市场的完备，以及人类对于人性本体的思考，“拒绝承认商业和技术力量的道德或生态约束，是欧洲启蒙运动和为了从教会的权威、传统和信仰，以及从自然中解放出来而进行的现代斗争遗留下来的问题的一部分。但令人吊诡的是，在解放的过程中，自然和社会越来越以技术力量为主导”（迈克尔·S.诺斯科特，2010，8）。在科学技术的时代，以技术范式作为自然科学的认知指导，是一个人类的思维共性问题。因此，迪特里希·潘霍华

(Dietrich Bonhoeffer)认为,科学技术及其理性思维范式在人类的认知观念中产生了变化,人类不再将自然界视为上帝的创造物,“地球不再是我们的地球,我们成了地球上的陌生人”(迈克尔·S.诺斯科特,2010,8)。

在西方基督教传统中,人及其存在的自然界是上帝的创造物,人是上帝的子民。如果将人类自身不再视为上帝的创造物,就在情感上割裂了人类同上帝以及整个自然界的孕育关系,因此也就成了独处于地球的陌生人。这似乎是在告诫人类,生态的胁迫、环境的破坏,既来自技术行为的失当和失范,也来自人类的愚昧和无知(而产生的生存行为的过度性表达)。在一定程度上看,无知的怂恿更加可怕,因为一种愚昧的极端的盲动可能会令人类丧失忏悔的机遇。好在生态学的发展一直在提醒科学的理性主义需要关注人与生态系统的关系,它使得人类的科学理性也开始重新审视人与自然二者之间的交换行为及其存在的认知基础了。

人类对于地球的认知与互动,是否处于不断更迭的人类欲望的驱动过程中呢?如同对于自然之美的欣赏一样,人们对于自然之魅惑的好奇究竟是出于自身审美欲望的驱使,还是出于内嵌于人性中的“善”的诱惑?

从生存意义上说,人类的欲望是多元化的,有食物生产与摄取的需求、生活质量的需求、社会公正的需求、技术进步的需求,还有政治利益分割的需求等。在诸多欲望的支撑之下,人类社会作为一个整体对自然界提出了要求:资源—效率与社会管理的整合(秦大河,2013;Cárcamo et al,2013)。另一方面,由技术进步而产生的效率的提高则在人类生存与生态系统的维持层面生成了所谓“杰文斯悖论”(Jevons Paradox)的担忧(Ceddia et al,2013)。如果说由于科学技术的进步而使得人类对自然界及其资源的利用效率大幅度提高,减少了生态消费过程中的浪费,那么它也就必然降低人类活动对于生态系统的干扰与耗费。但是,也有人担心,技术的进步会加剧欲望的膨胀,这反而会增加人类对自然生态系统的利用与干扰。

在社会生活的某些方面,人们的欲望的确是无止境的。人们希望技术能够提供更多的可供人们生活需求的消费;而这也在另一方面导致了人们对于自然界价值的深度误读,进一步加剧了生态问题的显露程度。例如,汽车技术的进步使得生产成本进一步降低,尾气转化技术使得排放参数更加合理等。这些技术的应用在事实上激起了人们更大的使用欲望。从自然资源消耗的层面看，过度使用技术优化过的产品而对环境的影响是否一定好过技术改良之前的状况，仍然是一个有待深入研究的科学问题，同时更是一个哲学问题。例如，电动汽车技术及其应用。因为，一般理解，技术进步解决的是经济消费意义上的平等差距，但是没有深刻介入人的观念的更新层面。在不改变人类某些固有的生态消费意识前提下的技术进步能否带来人们所期望的生态维持的结果仍旧是一个哲学与科学难题。

在人类自身的主观层面的行为驱动上，兴趣始终是一种能够使人类的活动保持一种坚持，并且不太会降低驱动欲望的东西。在日常生活中，人们所表现出的兴趣是多种多样的，而且因人而异。我们可以认为，如果人们对某种存在表现出兴趣，那么，在人们的认识中，它就是有价值的。在大量的生活现实中，人们的兴趣（有时候也表现为人们对事件的关注）依附于人们对事件存在形态的“接触”。其中包括人们对自然界的关注。人们对生态问题的关注，很多时候来自生态威胁和人类对自然界破坏的画面。如果我们将思维的视野转换到另一个方向，可以肯定的是，几乎人人都会理解——人们对自然界美丽景色的向往与欣赏之情——因为接触，使人们认知到了自然的原始之美；因为自然的某种魅惑，人们“必须”选择与自然界去接触。然而，这些兴趣产生的原因是什么呢？这些关注所指向的客体是什么呢？

若要回答这些疑问，困难是可想而知的，但是，若从人类趋利避害的心理来看，一切似乎也很自然。一般说来，在大部分社会生活中，人们经常在追求享乐，甚至这也成了一种“主义”——享乐主义——与之相对应的道德意义的担忧就是人类行为时刻处于某种“肆无忌惮”的状态。

人们在生活的过程中，无论追求什么或者做什么，通常情况下都没有意识到人类行为与生态系统关系的问题，甚至在有些人眼中，这是毫无意义的事实与猜想。人们在欣赏自然界美丽景色的同时，同样不会关注人类行为和生态维持的关系。在一定程度上，人类的那些特殊的生态情怀与环境问题一样，出自人们自己对人类行为结果的忽视与无意识。举例来说，几乎没有人愿意，并且能够坚持徒步穿越沙漠或者田野，在徒步过程中去领会人类对于自然的真实接触。从人的主观意愿解读，原因很显然，人们不愿意、也无力去承受体力之苦。如果此刻你去问他,曾经欣赏自然界之美的憧憬与欲望在哪呢,这将会转变为一个令人匪夷所思的问题和精神状态。当下,人们乐于坐在空调大巴中沿途欣赏美景,即使下车徒步,也只是暂时性的行为。如果将我们成百上千的交通工具所耗费的资源、产生的环境污染与人类追求自然界原始状态的心路历程做个对比,其结果同样令人匪夷所思。

造成这样的主观—客观表达出现矛盾的原因是:人类混淆了生活(需求)与生存(需求)。生存需求是人类的生存根本性表达。生活需求是人们对社会对于生态系统进行利用与改造的结果的占有——一种欲望扩张与实现的主观冲动。在技术时代,生活需求的扩大与生活质量的提高严重依赖于技术行为,这也可以解释生活质量的提高在相反方向导致了生态状态恶化的现实。逐渐地,在人们的观念中,一种基于生活需求的思维代替了人类必须照看好生态系统才能得以存活的认知。人们习惯性地将生活的要求当作了生存的需要,人们认为活着就是生存。技术所支撑的社会建构意义的生活模式,也逐渐地、自然而然地成了人类的生存基础与价值体现。

事实上,人类的生存需求表达了人类的价值,而生活需求体现的是人类价值的附加性需求。从人与生态系统的关系层面看,生存必然要维护自然界的原始状态及其所被人类认定的价值的表达;而社会的生活需求建立在生存的基础之上,它可以维护自然界的生态关系,也可以改变人与自然界的良性互动形态及其关系表达。

那么,人类及其社会应该如何合理认知和维护自然界的价值呢?纯粹地看待自然界及宇宙,"她"的存在就是未经人类触碰的存在。生态系统自然地发生着并处理着其与生态系统中各个要素的行为与联系——一种共生适应。在哲学的视阈下,科学也仍然是人类的视角之一,人们将自然界赋予了价值的形态。这样一来,自然界的价值必须包括人类的生存需求满足和生活需求满足,对于生态价值的认知和维护要考虑到自然界与人类社会的双重需求与标准。因为,孤立地解读生态系统的价值维护,在人类的社会性思维中显得过于抽象,在现代技术社会则缺失了可操作性。另一方面,如果单纯以人类社会性的需求满足作为人类对自然界的认知与维护的基础,则将逐步丧失人自身赖以生存的物质基础。

行为与思维一样,是一个复合性的过程,人类对于生态价值的维护行为横跨自然界与社会两大建构体系。生态价值维护行为的结果也直接或间接地反映于自然界和人类社会。对于科学技术而言，无论从行为还是思维范式角度，人们都要考虑到生态系统与人类社会的共存关系；并且科学技术范式要维护生态系统的价值体系及其表现。人类的农业行为就很好地体现了这种关系模式：在原始的农耕时代，人类的耕作行为直接建构出了人类生存的社会意义的群体形态，以及群体关系（社会关系）的表达；在技术时代，农业生产活动更是将科学技术深度地融进了人类与自然界的关系及其哲学认知中，以求得人类社会的可持续生存与发展。众所周知，农业活动首先解决的是人类作为物种的生存问题，进而解决人类的群居问题，划分群体中的级差和结构定位——这些都是在生态价值维护层面的具体表现。

生态价值维护行为的哲学认知，从人类思维与行为之间的关系层面理解，是主体发生行为的依据——一类评测标准；价值维护的实践则是评测标准与生态价值的具体表达或者形态。因此，生态价值的维护行为可以被视为人类思维的延伸性存在。尽管在另一方面，人们承认生态系统本身也必定存在着某种抽象的价值存在（这样看来生态价值的维持无须人类的介入），但是，强化对人类思维层面的价值理解是力求生态价值表达合理性的必要条件与路径之一。

### 2.3.2　生存需求（农业）能否成为哲学

在广义上，哲学是一个人们对事物的一般性的看法及其理论认知表达的思维形态。在人类社会的实践中，人们看重哲学的指导意义，又或者为了取得指导性地位而将人们对于某事物的观点赋予哲学思维的属性和地位。那么，人们是否应该将生存需求当作一种人类—生态系统关系的哲学形态的表达呢？

作为生态系统中的一个物种存在，人类在生物学意义上不断维护着自身的生存。人与自然界中的其他生物一样，共同享有着适者生存—优胜劣汰的生存法则。虽然进化论的观点也一直处于争论之中，但即使是今天的人类社会也无法彻底避免生态规律带来的威胁与利益。例如，病毒与疫苗就是一对互称悖论的存在。人们无法窥探其他物种在借用这类生存法则的时候是如何感觉和思考的，甚至连人类自身的想法我们都无法获得确证。我们只能知道，并且承认着一个现实：人类生存到了今天，依然在延续着生命的共生—演化进程。

在物种的演化进程中，物种之间存在一定的共生关系，寄生现象就是一个典型的事例。这种生物体之间的共生需求不仅维持了种群的生存，同时也演化出了新的种群适应与生境。这在一定程度上也是一种进化行为的表达。在思维逻辑之中，此类生态占位的互惠性，或者功能性的表达不具备主观意识性，也就谈不上道德意义。生态系统内各个要素的生存结构通常可以被看作是残酷的和血腥的。哲学思维将这类物种演化现象视为非道德主体的本能行为。至今，人们对于如何认知非人类物种的行为及其之间的互相作用和行为仍旧存在争论。

生存需求与生存行为是自然界中几乎所有物种都无法回避的需求欲望，以及反映这种欲望的行为表现。如果说非人类的物种具有本能性的生存欲望，那么人类的生存欲望就表现为本能性与社会性的整合需求。毋庸置疑，物种的本能性生存欲望的表达是物种存在的基础与生理反应。按照进化论的理解，任何一种物种都会在资源换（夺）取的竞争中为其自身的生存实现（占有）资源配置的优先地位。人类则将这种对于自然界可供生存资源的配置优先权的实现，转变为人类社会的功能与目标。社会通过国家的、政治的或者权威的力量的体现，将自然界可供人类生存的资源配置进行社会意义上的再分配与支配。在社会内部，其各个结构性要素都在进行着可供支配的资源的利用与改造。例如，采矿业的攫取范围被限制在技术的以及环境政策限制的区域内。自然资源等生态意义上的存在受制于人类社会的整体需求，这个需求仍然是一种生存需求。本质上看，它是社会对人类与生态系统两者关系（规定）的一种认知过程。

在当代，社会对于生态关系的规定更多地体现在生态伦理关系的认知上，以及有关环境政策的制定与实施环节。应该看到，人类很早以来就对自然界充满了道德意义的感情色彩，这从世界范围内的宗教祭祀活动中就可以窥见一斑。这类对于自然界包含道德色彩的认知感受，随着人类社会关系规定性的建构进程逐渐得到了加强，也使其具有了文化符号意义的形态表达，例如，某些民族的图腾与神话传说。类似的情况较为普遍地存在于农业社会形态中。

在技术时代，环境保护运动的发生，则有着试图唤回人类所曾经拥有过的对于自然界的出自本性的尊敬与关爱的逻辑意图。另一方面，由于物种之间的竞争，使得生存行为或者需求也具有无法回避的功利性因素与伦理选择。这在人类的生存过程中生成了一定的情感层面的对立与矛盾；因为人们通常会认为道德的选择总是力求回避，或者消解功利主义的某种倾向。大量环境问题的出现，在思维层面就是道德主义在技术范式思维中逐渐虚无的表现之一。它也是生态意识的形态如果显得具有某种道德色彩就能够为人们所接受的主要原因。与此相对的一种认知就是，科学技术仍然在很大程度上被视为是与道德相对立的事物。夸张地说，似乎技术行为在当代总是被看成人类生存需求的破坏者，然而，人类的农业活动则在另一方面反证着：技术的进步不断满足了人类社会日益增长的生存与生活需求。与此同时，农业活动与相关的生产行为也在调和着道德与功利的矛盾。因为站在食物获取层面，谁也无法说服任何人去放弃生存的基本欲望与需求满足。

从科学技术存在的基础上看，技术存在的价值在于某种适当的人类生存需求为技术的进化提供了合理的表达路径。生存需求—生活需求—关照自然（关照生存）—生态反馈是一条合理的技术进化与技术语言的表达路径。科学技术的进化如果无法关注到人们的生活需求，就会缺失人类社会对生态系统的道德认知的现实基础；因为人们处在社会中的生活方式决定了大多数人对于自然界的认知与理解来自个体对于生活需求的思考与认识，只有极少数人（群）是在与自然界的原始状态的接触中体会着人类生存的意义与感知。在技术社会下，人类缺乏类似于石器时代的人类那样与自然界的直接接触，以及由此产生的生态感情与生态道德认知。

如果说人类的视野向前看，就会发生对现代科学技术与环境影响之间的反思与顾虑，例如，全球变化与技术进步、食品安全与人权等。通常情况下，社会中的群体意识或者个体都会将思维的视角朝向未来（的某个时间与空间）。这或许与科学技术的社会心理引领作用有关。但是，倘若在关注人类社会未来生存的时候逐渐忘却了人之初的生存需求，就有些本末倒置了。我们并不是要否认人类社会的进步与人类思维的智慧，而是要提醒人们：出自本能的生存需求行为（农业）是人类社会得以进化的物质与思维形成的基础（之一），对于生态意识的培育，人们不能舍弃人类之初心。

人类的社会建构的支撑与人类生物学意义的存在一样，都受自然规律的控制与支配。早在原始农业时期，人类的生存就寄托于对天、神的供奉与尊崇，其目的就在于祈求上天能够保佑来年的丰收。人类的智慧使得生存需求的内涵得到很大扩展，它不仅局限于物种演化与繁殖，而且在照顾到人类自身生活需求满足的同时也在关照着生态系统的运行。人类社会的存在有责任关照与恢复那些被用来满足于人类自身生存需求而遭受改变的生态环境。这种生态关照的依据不是以狭隘的人类自身的需求满足为出发点，而是在尊重生态规律的前提下的关照，包括对其他生态要素的关照。它是一种具有世界观属性的人类思维关照在人与自然、人类社会以及技术存在层面的投射。

### 2.3.3 生存需求(农业)能否成为生态哲学范式

自古以来，在地球相对狭小的地域分布中，人类寻求着精神的依赖，所谓的家园意识。人们习惯于生活在赋有依赖感的环境中，这就是人类社会的存在意义：人们无法脱离社会生活而存在于自然界中。通过社会这种“无形的社会—环境壁垒”人们接触着自然界，在社会生活中，人类之间互相争斗、人类与自然界进行着竞争与控制，一切仿佛都预示着人类的生存已经使自然界成了人类的附庸。然而，放眼宇宙或者星际空间，时间与空间已经不足以描写人类的感知与能力了。人类无论是作为“智慧生物”还是物理存在，都无法享受到那些只有在地球上才能够拥有的“优越地位与意识层次”；因为这种意识的传递在以光年为单位的距离中成为有去无回的遐想……此刻的人类，在茫茫宇宙中是孤独的，甚至人们永远不可能知道在宇宙生命进程中的信息传递主体是否依然存在。而这一切在地球上却显得那么现实与功利，以至于人们会因此而忽略一种连接宇宙生命过程的生存需求的存在意义和价值。

原始人类对于自然界的感知，我们已经无从获取确证；但是，仅从现代人类对于自然界的陌生感与恐惧感仍然可以看出，当人类孤立地身处荒郊野外的时候，内心的恐惧是其本能的心理反应。现代科学技术给人类社会带来的好处之一，就是消除了人类对于自然界的恐惧与无助的心理感知。这种心理力量的强化表达造就了人类对自然界的绝对控制欲与自我价值实现的表现欲。它不仅是人类社会群体意识的描写，也是社会对生态系统进行认知的驱动基础。技术表达意义的生态关系认知，在一定程度上降低了自然界的恐怖面目，提升了人类在生存过程中的价值自信与自立的扩张性表达。人们反而可以将道德的价值感知施加于生态系统，以及存在其中的非人类物种和存在。这在世界各国的宗教情感中广泛存在，例如，中国佛教湛然的“无情有性”说。

自然界的万物存在与演化遵循着各自的运行规律，从各自生态位的视角看，对立面的规律在一定程度上是彼此得以存在的威胁。然而，生态规律的另一面表达则是对立面的存在对于双方来说都是互惠的（共生、互补与进化），它决定了在进化过程中物种的存在合理性取决于应该如何认知生存竞争的问题。这或许将消除人类对于生态系统的对立性认知。因为人类社会的生存毕竟依赖于生态系统的存在及其良性运行。

农业生产活动作为人类的生存行为，在原始农业时期就几乎是单纯地、互惠性地利用了自然条件以维持种群的演化。现代农业的技术性存在也必须进一步维护人类与生态系统的互惠性关系，才能使社会的存在得以维持和发展。

关于人类对于生态系统的认知，或许存在着两种认知基础：理性认知与道德认知。理性认知更多地符合了科学技术对于自然规律解读的需求，而道德认知更多地满足着社会伦理选择（判读）的需求。但在农业行为中，科学理性的解读与道德的认知同时并存于人类对自然界的认知与心理活动中。在人的认知行为里，理性与道德的认知行为无法截然、机械地被分离开，这在人们对现代技术形态对环境影响理解的表达中尤为重要。因为它反映了人对于自然界的愿意努力融入的情怀，也是一种生态的适应性表达，而科学技术要做的就是努力认知与促成这种适应性的实践行为。

在生态学意义上，生态平衡是一种自然界的平衡态表达，是一种运行平衡、趋势平衡、扰动平衡的模糊表达。自然界的有机构成是类似于网络状的平衡态与各子系统有效运行的综合体形态，它不仅是物理性的存在，也是一种状态存在。这种状态就是生存需求的普遍存在。在生存需求的状态存在中，生态系统内各要素的需求表达始终处于——或者说最完美的应该是——一种平衡状态。在人类的诸多行为中，农业活动始终处在这样一种生存需求的平衡状态中。具体地说，人类的农业行为必须尊重生态系统的运行规律，保持物种的生长与繁衍，只有这样才能维持农业生产所必需的物质条件；同时也必须满足物种生存所必需的自然气候、水源、土壤酸度等条件。在耕作方式上，例如，间作既体现着人类的生存选择，也平衡着物种之间的生长需求。在技术时代，技术的干扰也必须由技术的或者其他方式予以平衡（恢复），现阶段人们对于生态系统的平衡，仅仅限于恢复生态要素的初始物理性存在。

在哲学思维层面，人类的思维认知现象，既可以是人类挑战自然的武器，也可以是人类爱护自然的利器。某些人类主观的感知与感受性表达，在行为上则有利于环境意识的生成，或者说根本就是环境关爱的认知与行为的同一。例如，人天生的追求浪漫的情结。当人们身处自然界的时候，对于大自然美景的审美，或者道德评判，一方面是人类智慧的彰显，只有人类能够理解自然；另一方面也在抵触着任何毁坏自然界行为与意识的存在。有时候，人类与自然的关系就是如此矛盾与反复，一面挑战着自然，却在另一面极力地关照着自然。这是科学技术进化的内在动因之一，也是技术的道德形态与行为的多面性反映。人类社会在思维的建构上需要一种或者说需要建立起一种道德与理性的平衡；就如同生态系统的平衡一样；在人类的生态认知中，也需要建构一种观念层面的平衡，这也是一种生态平衡的存在与表达。

人类的生存需求及其行为范式，是一种道德平衡与生态平衡的综合体，只注意其中之一是有失偏颇的。人类的主观认知终归要回归自然，人类的情感世界也终归要回归自然。如果说人类始终要改变自然界，那么就首先要适应自然界；而对自然界的适应要求人们能够深入理解和认知人类的生存需求表达（农业行为就是很好的载体）。人类及其社会建构如同初始的生态系统一样，总是寻求从无序到有序的过程，对于宇宙的后续进程，人们无法预知。人类的进化也在一定程度上体现着感性与理性在思维范式上的竞争与平衡，思维的形态引导着人类朝着合理认知人与自然关系的方向迈进。我们或许可以说，人类对于自然界的关爱是一种情感，这种情感因素指引着人类的生存与发展，就看我们是否愿意将这种情感当作我们的生存依赖与情感寄托。

## 2.4 生存需求（农业）工业化下的价值对话

既然以科学技术为条件的人类社会的工业化已经成为人类的主要存在形态，那么从人类生存需求的视角看，以人类永续生存与发展为终极追求的、关于人与自然生态的价值层面的对话也就无可避免。

在生态系统与人类社会之间，存在着平衡各自建构内要素的生存需求的驱动与必要。这些驱动或者必要生成于生态系统和社会双方之间、各要素之间的对抗与矛盾的显现，以及对抗和矛盾的缓解与调整。在生态矛盾协调机制中，对话语境依然是一个常规而有效的方式，特别是在社会伦理层面的认知与选择权上。在对话中心词的限定上，有技术的限定、环境政策的限定、消费范畴的限定、权责统一的限定、文化差异的限定、势能最优化的限定，以及价值的限定等修饰语句。其中，价值层面的对话（语境）也是科学技术逻辑下，人类—生态系统关系认知的载体与主要认知方式之一。“价值”一词其本身，有时候既是生态关系认知与讨论的主体，也是生态关系认知与讨论的客体，以及对于实践结果的伦理评测依据。在诸多以“价值”作为语词、主词或者宾词的语句中，人类—生态系统关系表达呈现出的是复杂性与集成性的交互式关系。

在社会工业化架构下，由于技术的介入，人的价值与生态系统的价值同时出现了认知进程的转变与改变。在社会方面，科学技术形态与表达的出现，使人类及其社会充分意识到工具范式在改变生存环境作用中的强势表达的存在。工具范式中的核心由过去的民间传承的技艺，或者被动接受生产力需求而产生变革的技术更新，逐渐演变成可以在一定程度上根据社会或者个体的需求来设计、制造技术产品的观念—存在的形态。这种观念—存在的技术行为，在思维层面凸显了设计思维对于思维外化的表现力与主导性。大量科学技术实践与事实也在一个侧面验证了这些技术及其范式的优势表达。技术性优势表达的物化存在不仅改变着人类自身的生活需求，也改变着自然界的环境存在。

人类对于生态系统的改变和扰动，在其现实表达不为多数人（群）所察觉的情况下，是一个哲学问题；即使在生态问题得到公众普遍察觉与重视的时候，也存在着因为生态威胁的潜在性表达，而使得人们有可能忽视其存在的现实意义的现象。久而久之，社会似乎还是以追求技术的单向度进近作为工业化进程的主要考核指标与实践标准。在这个过程中，社会（或者群体）对于自我价值单向度认知的执着与欲望膨胀，进一步引发了人们对自我价值定位与价值能力表达的认知错位与扭曲。造成这一现状的原因，一方面是因为科学技术思维范式的实证表达；而另一方面恰恰也是由于科学技术的强大的实证表达使人们推导出了对于生态系统的理性认知分析与解构性的功能演绎。例如，多项科学研究指出生态系统中的物种等要素与周边环境存在自生的适应性，这种适应性同时与人类活动产生互动反应(Gonçalves et al, 2014; Pouzols et al, 2014)。诸多类似的科学研究是站在功能性结构原则平台上开展的,然而,问题在于解构之后能否达到恢复的状态,在此认知过程中,人们存在一种思维层面的认知可能:寄希望于生态系统的自我修复与生态功能的恢复。换句话说,在哲学层面,人类一方面注意到了科学技术对于生态系统的扰动;另一方面,科学的研究也揭示了生态系统的功能性的自我保护的现象及其存在。

在生态系统的价值理解方面,社会(群体意识)始终以人类思维为中心视角去建构关于生态价值的认知方式与框架。例如,人类中心主义、生物中心主义等。这类逻辑意义上的反身指称的价值对话框架或者对话语境,以换位思维的形态理解和表达生态系统原生态的存在理由与现实依据。多种生态伦理观点与环境保护主义的主张,都在不同的侧面提醒社会要注意人们对于生态系统价值表达的解读是不同的;这或将有利于社会约束技术行为在自然界的行进路径、方式与程度。

无论是现实地,还是抽象地判读人类在生态系统中的占位及其与生态系统的关系,在哲学思考上都缺乏一种适当的连接人类及其社会与生态系统的认知——科学技术形态是人类生存的方式之一,工业化是人类生存需求的技术反应结果。人类的生存需求寓于社会工业化进程中,并且在与工业化思维的不断对话之中取得人类对生态系统的认知更新。而这种努力的结果则是在技术进步的过程中给人类社会工业化的“外衣”不断地“涂抹”着浓重的生存(需求)意识色彩。

### 2.4.1 社会分工专业化与效率

假定人类及其社会的进化行为是一场竞争思维与行为的竭尽之举,那么,在人类的生存竞争中,农业行为不断吸收着技术进步的成果,并且身陷技术进步的哲学认知进程与实践中。

历史地解读,技术发展的很多形态随着技术的更新而遭遇淘汰,或者淡出历史。社会建构的形态也是如此,在技术的作用下,社会分工的专业化与生产效率的提高是社会形态转变的核心驱动力。而与此不同的是,农业活动与技术的进步始终相伴随,并且无论技术的负面作用如何凸显,农业行为也似乎无意摆脱技术的关照，或许是因为人类生存需求的现实需求与主观认知也在不断发生着变化。

社会劳动分工结构的分化与专业化，以及社会总劳动生产效率的提高是工业化得以存在的物质基础与观念基础。就生态伦理意义来说，农业行为整建制地与社会的工业化进程深度融合；同时，也在生态意识层面产生了伦理学的“涟漪”，暗示着农业活动因顺应了工业化的趋势而使人类生存需求的满足感得到了加强；而在另一方面，生态问题的出现也是由于农业生产对于工业化手段、哲学理念的吸收与采用的结果。

在人类的历史上，生存需求的满足依赖于农业的进化，生产效率的提高首先是借助于工具的使用与改良，因此可以认为“农业工具的历史是整个农业历史的一部分”（查尔斯·辛格等，技术史，第二卷，2004，59）。在农业活动中，工具是人类行为能力与效率的体现，农业工具的使用使自然界的某些物理存在出现了物理、化学、生物学意义的改变，例如，“为了得到适当的耕作深度，犁必须既能切开又能翻过生草土”（查尔斯·辛格等，技术史，第二卷，2004，62）。早期罗马人的犁就是这样，后来这种用于改变土壤层的功用一直延续下来。早期的人类通过观察直接注意到了土壤结构的表层的深度变化，它仍是物理改变之一。但是随着机器的大规模使用，以及工具效率的提高，仅就物理改变来说，其改变的程度与面积都大幅度提高。这也为后来的土壤被过度利用创造了物理基础。

化学品的出现则在物理变化的基础上叠加了进一步的生物、化学过程，并且通过生态循环体制将化学品特有的有机体残留问题引入整个生态系统，而人只是其中的受体之一。生物技术的普及使得人工干预的理念在行为和设计思想上完成了彻底的衔接。通过技术手段合成生物体已经部分地满足了人类的主宰欲和生存欲。在生物技术问世之初，人类似乎认定它将主宰人类的发展与生存。科幻小说也表达了类似的景象，甚至可以制造（克隆）物种与人类自身。当然，这在随后就引起了全球的争论和质疑。

技术对于满足人类需求来说，无疑具有积极的效应；与此同时，技术对于环境的影响及其带来的问题却不能使社会放弃技术的干预。尽管无法准确揭示人口的增长是否与技术带来的社会生产效率的提高有关，但是，生产效率的提高的确满足了人类物种数量增加带来的生存需求。另一方面，技术正在努力解决吃饭、生活的难题。面对人类的生存难题，寻求技术进化仍然是有效之举。因此，在农业行为的进化中，技术进步相对于其他技术部门来说，就更加需要重视技术与生态的对应关系，技术也必须具有更浓的生态保护的色彩。

在社会劳动分工的专业化问题上，由于机器生产效率的引入，使劳动分工与劳动力的社会结构更加容易出现专业化的结构。当代社会人才结构上就体现着职业专门化的特性。在西方国家资本主义工业化进程的100多年间，社会生产的主要部门归属于不同的专业化类别。以农业活动为基础的职业划分也已经出现，例如，食品加工业、化学品生产商、农业机械制造业、生物技术研发等；但在传统意义上的农业生产行为——田间的耕作这一生产形态是否作为职业专业化的归类，仍然是一个未知区域。在社会公众习惯性认知中，与田间耕作有关的劳动形式似乎不是一种工业化生产活动的存在，典型的农民似乎成了农业工业化社会的非职业人群。在广大发展中国家，农民依旧是社会成员的主体，他们承担着社会人口生存需求的最主要的支撑义务和工业化生产原料的供给任务。农民虽然在社会的结构圈层关系与结构中占有一席之地，但是在社会生活的某些方面又处于尴尬境地，比如，由职业划分带来的社会福利问题、社会阶层的认同等。

农民是土地的实际耕作者，工业化要素的渗透使得这些耕作者有可能脱离原始的工作形态，但是在根本上，农民依旧是一种工作与技术行为的施加者，他们负责将工业化的生产行为的表达以实践的形态转移给土地等农业生产活动的载体。因此，在这个层面进行解读，农民应该是工业化社会的一个职业分工的部分，也就是说，土地耕作者是一种职业类型。

历史地看，"农民"这个概念是一个身份概念，也是一个政治概念，它体现着人类社会结构中的一种依附关系——对于以土地为代表的经济关系，以及由此附加的政治关系。从生态伦理或者生态价值的感知角度看，农民是最直接的感受者，以及人与生态系统关系的转译者。土地耕作者在长期的生产实践中，体会着大自然的美丽与现实的运行规律，并遵从自然规律来进行食物生产。在工业化社会之前的很长时期中，农民还承担了农产品交换的大部分功能。因此，对于土地耕作者这个群体来说，他们不仅仅是人类生存资料的生产者与生活资料流通环节的实施者，也是人类生存需求观念的蕴藏者。今天，社会对于农业工业化所带来的环境问题的感知问题，从人群的划分角度，土地直接的耕作者也是最直接的，甚至是最权威的感知载体。他们观念体系中的有关当地生态环境的经验认知的留存是生态学研究最基本的环境状态的参照系。人们对土地的利用，不仅仅是一种生存性的、饱含功利主义色彩的经济利用，同时也是一种情感的付出与宣泄，是最人本主义的生态伦理实践与观念层面的表达。农民对于田间耕作的认知，也是一种人类情感的驱使，是人类一种先验的对于大地的热爱与尊重驱使着人类照顾好自己的土地及其周边的生态运行。

社会的工业化与职业专业化的分工，导致了人们更多地习惯于从理性认知的角度（例如，科学技术）去认知生态价值，而有可能忽视那些来自人类与生态系统价值及其关系接触最前沿的劳动者的认知表达与实践体验。他们（土地耕作者）是生态价值认知的初始状态的体会者，也是农业工业化的生态结果的接触者。在生态伦理认知层面，土地耕作者是社会中重要的生态价值与生态意识的实践层面的转译者。工业化生产效率的提高，以及生产部门分工专业化使得可能留在土地上进行耕作的人口越来越少，这在一定程度上减少了社会成员直接接触自然界的机会，也使得社会成员逐渐脱离了生态情感的触摸。在技术时代，人们对于生态价值的认知往往缺失来自对大地的直接接触，以及由此产生的自然情怀。

在现代技术社会，人们的生态认知是一种以技术产品为基础的生态断面式的价值截取。在这个生态断面中，人们在日常生活中体会更多的是审美的需求与满足。但是，自然界给人类社会提供的不仅仅是转录为诸如哲学审美取向的价值表达，其根本的价值意义在于人类的生存需求与满足。而这也是社会工业化进程中在生态伦理与实践在思维层面的回归与追求。

### 2.4.2　生态关怀的回归——从人类生存开始

进入21世纪，人类社会的物质消费以追求奢华和社会地位为中心，在人类消费与生态资源占有领域展开角逐。

人类社会在工业制造业、电子制造业等领域施行一种将消费—服务与社会地位进行等价通约的新经济、消费观念。它们首先表现在物质产品的拥有方面，人们以消费稀缺资源为原材料的生产制成品为时尚，例如，动物皮毛制品、贵重金属制品等；其次表现在娱乐性消费的增加，例如，汽车、电子产品等；最后，人们在消费心理上偏向于产品的更新换代，例如，很多电子产品在实用性功能尚可支持的情况下就会因生产商的服务升级而被动淘汰。

在社会心理层面，即使在廉价消费（品）层次，人们也开始追求以工业产品的更新与淘汰来显示人们的社会地位等价值表现。与传统社会生活习惯相比，人们不再过度追求制造物的耐用性与持久性。由于部分工业产品质量（寿命）标准有限的降低，使工业产品的生产成本有限度的降低。这样做的好处就是使更多的人有能力消费工业产品；另一方面，由于其使用寿命的时限，产品的硬件与增值服务等消费服务存在过度更新与换代的问题。从经济学角度看，它体现了经济学意义的伦理平等观念，这是一个巨大进步。至少在贫富层次之间谋求了一个合理的生态与社会的资源共享空间，并以此将落后地区的人们及其观念形态“拖进”了工业化的资本流转观念体系中。至此，人们并不能忽视工业化及其产品对人类社会群体意识观念层面的改变，以及对社会和个体的心理影响功能。人们需要重视由工业化产品的消费而带来的社会观念的改变与更替。

在工业化的生产过程中，几乎每一种产品都伴随着对自然资源的消耗与对环境的额外干扰。以智能化电子产品为例，普通消费者使用的便携式计算机、移动通信终端等产品，其内部包含有很多稀有金属成分与有害成分：印刷电路板、硬盘驱动器、光介质驱动器、液晶屏、外壳、键盘、电源适配器、外设连接口及线材、中央处理器、触摸板、扬声器、鼠标和电池等部件均含有有毒有害物质或元素（铅、汞、镉、六价铬、多溴联苯、多休二苯醚等）。以目前的技术水平，无法做到避免使用这些物质，只能说将其含量（或用量）控制在现行技术手段可以控制的范围内，并明确附加其使用年限以满足合理的健康标准。此类产品的生产与抛弃过程均涉及有限的资源消费与环境威胁问题的出现与处理。

在一定程度上看，社会工业化的生产是一种单向度的生态消费，这种生态消费有两方面的内容：资源性消费与观念性消费。前者是一种实在性的基础消费，是工业化活动得以存续的现实基础；后者则是一种观念的改变与重构——在生态伦理层面解读，二者都具有价值判读的结果表达性。可以认为：有什么样的生态观念就会导致什么样的生态消费，与此同时，一种消费行为与习惯的蔓延会逐渐形成一种关于整个生态系统的消费观念。人们往往在享受工业化带来的社会成果的时候，会逐渐忘却工业化生产行为对于土壤、海洋、大气、森林、动物、河流、山脉等自然存在与景观的影响、腐蚀与毁灭。这种“忘却”或者“漠视”是心理层面的，也是思维层面的“偷懒行为”。人类不是没有能力去感知和体会大自然的恩赐，而是在工业化条件下的生活便利与享乐过度地覆盖了人类内心对自然关爱的善良本性。

如果说原始农业的生产活动可以被认为是在很大程度上尊重自然界的结果，那么，工业化模式下的生产对于农业生态系统状态的维持已经产生了巨大的扰动效应。人类社会的工业化进程带来了人口的大幅流动与地理概念上人口的高度集中，这对于该地理区域内的生态物种多样性的平衡以及农业经济的发展都产生了巨大的影响（Bamford et al，2014）。机械化的农业耕作方式对土壤表层产生物理损坏，为了弥补土壤肥力的降低而使用的化学肥料对土壤和地下水都产生严重的污染，其中之一就是硝酸盐的污染（Brindha et al，2014）。在效率提升—利润追逐的经济运行模式下，人们将农业行为的本质视为与工厂机器化大生产一样，都是获取高额经济利润的生产方式之一。这就忽视了一个问题，即农业生产不仅依靠技术效率，最终必须依靠生态效率。农业工业化，甚至整个工业化的生产模式也必须依靠生态的自我维持功能得以实现。这就如同人体的自我免疫系统一样，医学的介入行为必须借助于免疫系统功能的发挥，如果人身体的免疫系统功能丧失了，就目前医学水平来说，任何医学手段都无济于事，例如，ADIS。也就是说，人类目前的科学技术行为都无法彻底摆脱自然界规律的作用，尽管人类希望科学与技术能够再造一个同样的宇宙规律。然而，在这个理想成为现实之前，人类已经开始着手改变自身那种对于原始自然的依赖之心与情感感知，人们开始“贬低”原始的生存冲动带来的欲望感觉及满足；转而朝着理性的大道“阔步前进”。这并不是诋毁科学及其思维，恰恰相反，这是在告知人类即使在工业化经济条件下的生存需求，也只有在维持生态系统状态、保持生物多样性、维护生态平等价值、经济与生态共存的前提下才能得到满足（Adams，2014）。

在现代社会，人们将物质财富的积累、对工业制造品的拥有及产品服务的更新作为生命的过程，或者生命价值的体现。这在社会中个体的日常生活中表现得非常明显。经济活动的伦理标识就是生产成本的降低，使得贫穷的人群也可以消费工业产品，它被视为工业化在平等主义层面的一个积极表达。如果这种需求能够被维持在一定的生态限定之下，它将是合理的、有益的。但是另一方面,在技术产品的鼓励性消费动机中,隐藏着生产商的过度牟利的动机,它造成了过度消费现象。表面上看,这是技术的进步引起的产品更新换代的速率加快,在本质上也体现了技术的进化能力与商业行为的适应性能力。但是从生态资源消费层面上理解,这却是一种资源的过度消费,进而导致了诸如重金属污染等环境问题。工业化的进程,原本应该是在生态承载力限制之下进行的,现在却变成了试图突破生态限定的行为。技术行为将人类原本是对自然界的和睦相处之心转变为社会或者个人对资源的占有之欲,并以此来彰显个体的社会阶层的差异。这使人类社会对生态伦理的认知进程进入荒芜的时代,人们对此充满着矛盾与困惑的心理与情绪。

科学理性与生态意识之间的一个显著区别就是:人类始终不愿意或者无法接受他们与自然界的其他物种一样,都需要向生态系统甚至整个宇宙寻求生存的机会和空间。在科学理性指引下的工业化进程,在人类生活的许多方面表现出了科学技术的主导作用,这使得人类更有信心坚信人类是自然界的主宰。即使在这种心理因素支配之下,人类还是具有自然的恻隐之心,表现出了人们对自然界与其他物种的关爱、照顾与思考。这种生态意识在工业化的思维逻辑下有时会显现出自相矛盾的一面。例如,动物关爱问题,看到动物被人类出于物质消费目的而杀戮的时候,人们都会觉得无法接受与痛心。然而,当人们被问及是否食用肉制品或者动物制品的时候,情况就显得无法自圆其说了,甚至动物保护者本人也会食用肉类制品。但是这能否作为评判一个人是否具有生态关怀意识的依据呢?其他诸如全球变化、核技术安全、空气污染等环境议题也缺乏某种逻辑意义上的伞状概念的核心表达与理解支撑。人类社会的生态伦理(意识)思考需要厘清的是我们需要在一个什么样的伦理关怀的逻辑前提下展开。

在技术范畴里,人们可以将不同的技术形态进行对比,来考量和选择何种技术更具有环境友好特征。在工业化与非工业化的道路选择上,人类社会似乎已经没有退路可选。一种广义的理解,即使今天的社会发展不是以工业化的形态出现,社会也会走入另一种发展之道,也势必在环境问题上面临责难和纠问。因为即使是人们所认为的传统农业活动也同样产生温室气体的排放问题。自然界的植物生长过程本身就是一个物理—生物—化学过程,而这一过程借助于农业活动而变得更加集中,其生态反应也变得更加突出。科学研究表明,农作物种植和土地的耕作都会导致温室气体排放的增加，例如，水稻栽培是主要的甲烷排放因素等。在工业化的调教下，农业的生产经营活动，从种子的培育环节开始，一直到农业产品的收获环节，严重依赖着石油工业等技术形态的实现结果。工业化不仅渗透到了人们日常生活层面，在一定程度上，工业化进程已经干扰了原生的人类生存环境与生存需求观念的改变。那么，人类在明知无法避免工业化干扰的情况之下，是否可以换个角度来认知人与生态系统的关系呢——以生存需求为起始点来认知技术进化与社会工业化进程，暂时抛开那些体现经济地位、政治阶层、文化背景差异、信仰差异、种族差异、技术层级的道德观念体系。

无论如何，人类势必处在与其他物种一同竞争的生存环境中，生存需求是基本的存在基础。人类及其社会不管以什么行为方式或者观念体系来认知生态伦理与实践，都无法也不应该舍弃最原始的人类对于自然界的情感与认知。如果人们不知道，也没有兴趣知道他们赖以生存的食物是从哪里生出的、从哪里获取的，他们的生存也就与自然界的存在没有任何道德及其认知层面的关联了。

当今世界的经济全球化与全球变化是科学与社会的认知与发展的一对矛盾结合体，其结果或将影响人类生存需求的满足。经济全球化必然对全球变化产生影响，反过来，全球变化的恶化趋势也势必阻止人类社会的进步。人类生存需求概念既是生态伦理意义的认知符号，也是人类行为的一个实践表达。因此，能否在人类生存需求的逻辑前提下，求得人类发展与生态维持的平衡将是生态伦理体系研究与自然科学进步需要共同面对的一个难题。

## 2.5　小结

本章为生态伦理的价值研究建构了一个逻辑层面上的“异体—同构—中心”框架，将有关生态价值的思考纳入这个逻辑建构内，目的在于更加清晰地认知人类社会对生态系统价值的标识与实践。它也成为本书的主导型框架结构。这样做的目的意在寻求一种合适的生态伦理及其实践，发挥使社会能够继续存在的主导性功能。接下来，在研究逻辑及论述逻辑的渲染上，以“同构”的概念构成与理解展开，主要表现在以下几个方面：价值认知的单向度问题、科学作为生态伦理认知的载体问题、在哲学一般意义上的自然价值与人类生存行为的连接关系、工业化形态下的价值对话。

通过论述与分析可以看出，无论人们将生态伦理作何种范畴的解读与理解，人类生存（包括其需求）始终是人类及其社会建构的中心——它既是物质性核心组件，也是生态伦理逻辑认知的核心议题；现实地看，它也是人类社会永续生存与发展的终极追求与目标。与此同时，“异体—同构—中心”生态伦理认知框架在逻辑—实践层面上也呈现出了显著的自洽性表达，从而为后续章节的研究奠定了基础。

# 第3章　生态(中心)多样性伦理和生命行为的固有价值

生态系统中的物种多样性是众所周知的生态特征之一，它构成了生态多样性的基础。在生态哲学的认知层面，生态多样性既是一个观念性的认知与理解基础，也是一个事实的存在基础。另一方面，可以认为，整个生态系统最大的普遍意义价值的表达就是多样性共存。

在生态多样性的问题上，人们印象最深、也最为关注的就是地球上物种的灭绝和减少，以及由此引发的动物保护、物种多样性的保持与环境保护区等问题。在逻辑上，即使没有人类的存在，自然界中物种多样性的维持也会出现曲线波动，这是自然的结果。

随着人类活动空间的扩展与人类社会工业化的进步，人类行为的包线(一种人类行为范围的限制性表达)越来越广阔，在人类聚居地理区域内形成了以人类群体为形态的，相对于本地区原住物种而言的“物种入侵”事件，以及由此生成的生态问题。从广义理解，物种入侵是认知主体与客体可以互换的逻辑占位表现。如果说科学技术考虑得更多的是人类对于自然界的征服，那么，生态伦理学在生态系统中的价值占位则更多地照顾到了来自双方的需求，以及人类社会对双方规律的理解、认知与妥协。

城市化(进程)是当代技术社会的一个典型的发展形态(趋势)。在这个过程中，生态系统也经受着社会的改变(人为的环境干扰与改变)。概括地说，人类生存环境干扰的存在，一方面改变着原有生态系统内物种的栖息地等要素；另一方面，由人类社会建构起来的新的环境也会成为物种入侵的诱因，并为其生存提供条件。这些人为的扰动与全球变化的主要因素产生关联（例如，土地利用的变化、外来物种的入侵、气候变化、生物地球化学循环的变化），因此，城市化（进程）也被视为“威胁生物多样性最有影响力的因素”（González-García et al，2014）。

人类作为一种社会属性的群居动物，同时也接受着生命进程的价值功能的约束。生命形式存在本身就是一个过程，是生命对于双方价值表达与转录的过程。理性认知人类与其他物种的关系是适当评测现代科学技术实践的逻辑基础，也是一种价值的体现——不仅是传统意义上的道德价值表达，而且是一种生命行为的价值体现。每个物种在生态系统中不仅占有生态位，同时也占有那些被人类社会视为价值的生态学意义的占位。戈茨·弗勒施克（Götz Froeschke）的研究表明，人为生境的使用（例如，农业行为）造成了物种自然栖息地的扰动，它增加了种间资源的竞争、寄生效应发生的概率等。这些效应除了具有生态效应的表现之外，也会在人类自身产生影响——疾病的增多。物种栖息地的人为扰动有可能使得啮齿类动物的数量激增，而它们也是很多病原体的携带者——病原体大多通过寄生生物转移至人类——显然，许多哺乳动物都是合适的宿主（Froeschke et al，2013）。这说明，虽然疾病是人类极力试图避免与消除的生物现象之一，但依然无法否认它也是一种生命进程的表达。致病性细菌与病毒，就其生存进程来说，只是在各自生存的竞争中争取机会；而另一方面，非人类的物种能否使人致病，又依赖于免疫系统功能的发挥——在人体内，免疫同样也是一种生命进程的表达。疾病在概念上，是生命进程的一种反映，是人们从医学角度对症状的评测结论，是一种价值判断——虽然人们不喜欢疾病，但是，它的确是生命价值在物种间的不同认知与价值评判。

大量科学的以及经验的事实说明，人类的生存离不开围绕在我们周围的其他物种的“贡献”，无论人类是否愿意去承认，或者是否愿意就此做出生态伦理层面的评价与取舍。

人们对于生态系统中其他物种的“贡献”存在着不同的伦理情感认识，比如，对于小动物，人们通常会将自身的情感转移给它们；对于濒临灭绝的物种，人们会积极想办法去保护；对于植被，人们通常会在景观层面给予评价等；但是，对于微生物，人们对它们似乎并不关心。除非细菌使人类生病，否则人们不会主动意识到它们在生态系统中的存在与功能。这似乎暗示着，生态多样性的存在与人类的生存息息相关，而我们对其认知却存在较大的不确定性与主观偏见。事实上，人们对于不同物种的"关爱之情"是建立于不同需求的利用之心上的。当人们主张素食主义的时候，人们是否想过，植物具有和动物一样的生物学属性呢。又比如，当人们设法保护热带雨林的时候，人们更加意识到的是——植物对于大气成分中氧与二氧化碳的平衡至关重要，可以说没有植物，地球上大部分的生物就将无法生存。

自然界是一个大舞台，那里上演着生存与死亡、争斗与征服、智慧与妥协、发生与灭失。自然界同时也是一个万物和谐的境界，其中的每个物种(与生态要素)在顺受自然规律的同时，也在孕育着对自然界运行的反抗与进化、演变。人类的生存与繁衍，以及人类社会的进化都蕴藏于自然生态的多样性表达之中。当我们面对自然生态的时候，人们更应当感受到宇宙给万物带来的生的机会，而不是充满暴力与残酷的图景。虽然人们可以质疑、争论那些有关自然界的价值问题，因为人们可以认为那些给自然界标定的所谓的原生的自然生态系统的价值，也依旧是人类自己思维的产物；但这是一个无解的困境——逻辑的平台必然是以认知主体在思维上的定位为导向的。另一方面，这不是生态伦理争论的关键所在。生态伦理的认知是一个过程，就犹如自然界的生命进程一样。人类思维的意义体现在认知进化中的进步与开明，它是挑战世俗愚昧的根本保证。人类一直在努力认知宇宙是什么，它既是纯粹自然科学研究的动力，也是哲学思维演进的动力。

## 3.1　生态伦理的物种边界能否跨越

关于物种边界的问题，在生态伦理层面看，它既是一个科学问题，同时也是一个经由科学事实(或者对科学实验方法的认知)而引发的观念性的评判与理解问题。

在科学实践的层面，由遗传学和分子生物学奠定的物种的性状表达和遗传，以及代际之间的差异存在表达，说明了在物种的宏观与微观层面都存在着不同物质的交换、复制与改变。当代的重组基因(rDNA)技术则在物质的物理存在意义上直接让人们认识到了物种屏障的脆弱，它也直接导致了社会对生物技术所产生的物种威胁与环境问题的争论与担忧。

在思维逻辑上，人的大脑发挥着人们对于自身和外界的认知与实践的指导功能。在人类的实践中，人类与其社会不断补充着意识对于外界的理解，其中就包含有某种类似于行为规范的义务感。义务的存在基础就是源于人类对自身所设定的认知与行为边界的严格遵守。

在技术条件下，行为、认知与道德的边界存在着表达的不确定性。交通工具的普及，使得人类涉足自然界的区域逐渐扩大，特种技术的应用使人类完全可以以现在的生物状态到达有悖于我们生命规律的极限之地。在社会的道德层面，技术应用的逐渐普及与应用层次的逐步深化，使得人们日常生活中的行为规范出现相对于传统意义的失范。手持智能移动终端的普及就是信息交流行为与通信技术应用深度化的典型代表，它们都在一定程度上改变着人们的社交习惯、道德关怀和道德评判的标准。与此相类似的许多人类现象与人类行为，从哲学层面看，都是人们哲学观念的一种表达。人类在由自身建构起来的观念形态体系中，开展人们对于周边存在的认知。这个周边存在既包括一般意义上的客观存在，也包括人们所说的主观存在。以哲学世界观的视角看，人类与生态系统的关系基本上受制于人类对于外在的看法，这或许是一种主观性的逻辑关联。

世界观的表达是一种综合的认知映像与认知—思维过程。在科学技术哲学看来，思维对于科学技术的把握，在于通过技术的思维与实践去区分外在世界的表象性规律及其之间的差别。其逻辑上成立的依据类似于佛教《杂阿含经》卷十二中的记载："世空相应缘起随顺法，所谓有是故是事有，是事有故是事起"（杂阿含经，卷十二，CBETA，T02，no. 99，p. 83，c5－6）。一般意义上理解，人们认为自然界的各种存在有其自身的规律与属性，事物的兴起与灭失往往与事物之间的联系有关，因为，自然界的存在本身就是普遍联系的表达与结果。另一方面，人们也必须注意到自然界中每个要素之间的差异性，差异性是规律的一种表达，同时也是各要素得以存在的某种阶梯势能。针对生态系统与人类关系解读意义的理解，自然界中各个要素之间享有规律的差异性，事物之间的普遍联系就是对这种差异性的认知过程，某种差异暗示或反映了认知范围的边界存在与认知定向。

在自然科学探索范式上，人类希望在宇宙演化进程中能够深度了解与认知生态系统乃至宇宙演进的趋势与规律。在此意义上，生态系统中的各种存在之间的边界仍然有希望被逐一打破，或者吸收、合并。边界，在生态伦理范畴内解读，是一种尚未被人类思维所认知的有关进程的包线。因此，在这个意义上看，宇宙对于人类的种种限定性界限终究处于逐渐被突破的进程之中。在生态意识进化的进程中，物种之间的物理性边界和认知性的边界正在逐渐被跨越，但是需要引起我们关注的是，这类跨越不是处于人类自私的利用之心使然，而更应该表达出人类对于生态系统的关爱与试图理解的意愿。

### 3.1.1　西方传统中的物种身份

如果站在科学技术哲学范畴看待生态伦理问题，从一定的历史进程看，可以说现当代的人们对于物种身份认知的起源与人类科学技术理性思维范式的形成之间有着逻辑上的关联。《圣经》告诉我们，在西方的文化传统中，天地万物由上帝赐予人，上帝教人来管理万物——“上帝就赐福给他们，又对他们说、要生养众多、遍满地面、治理这地，也要管理海里的鱼、空中的鸟和地上各样行动的活物”(《圣经·创世记》1：28)。这里面包含了两层含义：一是上帝的赐福，二是人的管理；逻辑上，人的管理在上帝赐福之后。西方在经过宗教改革、文艺复兴和科学技术的兴起等历史阶段之后，可以认为强调“人的管理”是现代西方的主流生态伦理意识的逻辑基础。

在哲学认知传统上，西方文化中对于人与自然界的关系定位可以追溯到古希腊哲学家亚里士多德(Aristotle)。他断言“植物的存在就是为了动物的利益，动物是为了人类的利益，低等级的人天然地是高等级人的奴隶。这个信条很自然地支持了这样一种理解：对自然界的利用无论如何都是为了人类的利益。这种理解在西方环境哲学史上一直发挥着影响”(Callicott et al，2009，357)。后来，这个观念又逐渐被人类社会视为一种“顺其自然”的态度，这在表面上听起来很合理，但却有可能忽视了一个问题，那就是有关顺其自然的标准的限定。我们知道，在认知逻辑上任何一种概念如果要获得与其所欲表达的原意相符合的理解，就需要先明确概念的前提，(若以科学技术的思维看)即是一种标准。在生态伦理层面的“顺其自然”更多地体现了人与生态系统之间的互相依存关系与人类思维体系对自然界的认知进化及其结果的表达。在社会生活的许多方面,“顺其自然”的结果往往体现着经济利益的获取、社会利益的分配、政治利益的平衡等;另一方面,人类意识对于“顺其自然”产生结果的判读也存在群体、个体和社会意识评测的不同与区别。在人们脑海中,凡事自然而然的态度似乎等价于其结果的良好性体现。这在人们对现代科学技术行为与其结果的伦理认知和选择上表现得尤为明显。虽然在技术事实上科学家们已经证明某些“自然而然的结果”并不一定符合人们的善良意愿,但是人们依然愿意相信自然而然的结果就是善良的道德选择。这也就为哲学家们在思维范式层面提供了一个可供探讨的话题:自然界的物种,作为一种客观存在,它们的身份处于何种境地,以及社会对于自然界物种身份发生认同的条件。

生态系统中的万物(包括动物、植物和自然界的其他存在,例如,山川、海洋等),它们是否具有感觉、是否有用、人类应该以何种态度对待它们等诸如此类的认知争论与反思,其认知的逻辑核心都指向一个方向——生态系统的身份界定(物种的身份问题只是其中的一个方面)。可以认为,在自然界历史进程的很多节点上,人类对于自然界物种身份意识的认知从来没有处在自相矛盾的思维困境。一方面,人类先验地设定了自身的道德身份;同时在另一方面,人类也将非人类的物种虚拟为人类的情感与道德表达,这在古代神话故事和艺术作品中经常遇见。人类之所以善于将自身定位于整个自然界的唯一道德主体,恐怕是因为人类对于“智慧”的尊崇。因为在我们看来,智慧只属于人类,智慧生物才是道德观念体系与实践体系的代表者。这个定位在早期人类科学技术的实践中也得到了证实。但在另一个概念——感觉——层面看,非人类物种具备感知,或者感觉,甚至一定的情感交流能力也正在逐渐为科学研究所证实,并得到一定程度的认识。例如,在动物陪伴疗法的研究上,科学实验就证明人与动物之间存在某种可以互相感知和心理应答的交流能力与机会;即使在植物之间的信息传递上,科学研究也证明了它们之间存在化学性信息的交流与反应。

道德作为人的思维与行为的一种范式,例如,康德(Immanuel Kant)的绝对命令及其范式思维,在一定程度上说是一个抽象的概念,它仍然存在着实践层面的不确定性表达。如果说我们完全认同人是唯一道德主体的表述,那么在人类社会共同体内部,以及在人与人之间谈道德就可以理解。而在人与生态系统的关系问题上，就有些令人不解——如果人类是唯一道德主体，人如何对非道德主体谈论道德呢？对一个被人类定位于非道德主体身份的物种来说，人类的道德体系起作用吗？如果起作用的话，在逻辑上岂不无法自洽。如果不起作用，人类道德的存在对于生态系统来说还具有实践和认知层面的意义吗？或者我们可以说，人类对于生态系统的道德体系的建构，是在换位逻辑之下的人类道德观念的镜像反映——人类是以自身能够预见的苦难，或者已经承受过的苦难的经历来反映人类对于生态系统中物种境遇的关注。这极大程度地依赖于人类自身主观建构层面的进步程度，以及人类从生态灾难中所遭受的折磨与痛苦的程度和范围。这或许可以解释，人类总是在遭遇重大灾难之后才变得有所顾忌与珍视自然界的存在。而这恰恰是人类科学技术进步过程中所要极力避免的。

接下来要讨论的就是，人类及其社会对自然界的物种身份发生认同的条件是什么——思维的理性和逐利的享乐。

何为"物种身份发生认同的条件"，这看起来似乎让人难以理解。如果在物种身份没有被大多数社会成员认同之前，物种的身份仅仅是一个存在于个体，或者人类群体意识中的一个思维层面的抽象感觉，甚至连概念的表达都未必成形。此时人类对于自然界的物种身份意识不具有实践意义，它只是一种类似于个体印象的道德感觉。这样的感觉还存在着个体、群体之间的差异。这时的人类对于自然界物种的感觉仍然停留在朴素的、善良的个体道德感觉之中，还无法将这种观念性的感觉(或者感知)转化为实践，从而对自然界中的要素施加有效的人类干预行为。换句话说，没有相对应的人类行为的发生，我们无法深刻体会到人类对于物种身份的理解与感受；也就无法获取在科学技术意义上的物种身份认同的完整表达。

一般认为，人类只有对自然界展开思维层面的认知行为，才有可能确立一种对于自然界以及万物身份的看法。因此，人类能否认知自然界，以及以何种方式进行认知，就成了哲学思考的关键起点。在中世纪，圣托马斯·阿奎那(St. Thomas Aquinas)将亚里士多德的逻辑形态整合进了自然神学的思维范式中，认为人类有能力去认知宇宙及其演变进程。人类思维的理性表达是人类思维的重要能力。在他的神学逻辑框架内，人类应怀有对上帝的感恩去认识上帝与上帝的创造(物)，这同时也被阿奎那赋予了道德的属性；而这种人类的道德感也通过人类的理性思维的结果得到了彰显。这虽然是一种宗教情感的宣扬，但却在西方文化传统中埋下了以道德感来评测理性的伏笔。人类对于科学技术理性行为的结果怀有某种生态道德层面的理解与认知是有其文化与信仰基础的。

在文化传统上，当人们习惯于认为只有人类能够以理性思维能力去解构与认知宇宙及其运行规律的同时，也就将人类自身置于认知的主体性地位，宇宙（包括地球的生态系统）随之成为人类思维的认知客体。自然界的物种身份认同问题也只能局限于人类给定的范围与认知立场。在哲学上，人们通常对自然界的物种赋予非道德意义的身份。在此逻辑之下，自然界的物种很显然只能为人类所利用，它们的身份就此定位于人类的可利用之物。不难设想，当自然界的万物处于"如此低下的身份中"，人类及其社会对于生态系统的穷尽其用之心便不难被体会，随之而来的功利主义与过度追求享乐的人类精神也就不奇怪了。过度的功利主义和物质生活享乐的追求，导致在有限的资源承载包线内的生态问题与科学技术的发展问题之间产生纠葛和争执。这也是在生态存在意义上的物种歧视态度，有了这种态度，人类的行为就会不顾及生态规律与生态伦理层面的情感感受。物种的身份（意识）也就在人类的科学技术行为中得到了某类极度表达与彻底彰显。

### 3.1.2 生态（物种身份）的道德边界

生态（物种身份）的道德边界问题，在哲学上，可以认为就是人类的伦理体系能否跨界到非人类的存在。进一步说，人们也更希望将来能够衍生出有利于生态系统的特殊的关系连接层面的认知体系。如何能够或者是否应该道德地对待他物，这是人类文化中的一个古老而又似乎是无解的话题。

在科学技术哲学的思维中，从西方文化传统看，理性的解构性图式的开展势必与感性的道德意义图式的运行有所区分。西方神学一整套思维体系的建构，将人类的心理要素及其功能架构于上帝之下，而与此同时，人类社会对于宗教性的神秘主义的东西也表达了自身的挣脱，甚至是反抗。在这个意义上说，人类的科学技术进化过程就是一部人类努力挣脱外在束缚的斗争史。在神学抑制人类心灵力量太久的历史进程中，人们表现出的理性思维取向就是一种可以被判读为推向极致的来自人类自身的感性追求与一种人类对于其感性被沉重压抑而发生的"思维形态"的宣泄。此时的人及其社会意识的主流，似乎是不顾一切地急于抛除宗教的神秘主义感情的统治，当然，这种观点不包括对人类社会伦理的认知与理解。科学因此被视为"没有感情的、绝对真理的客观判读方式"也就不足为奇了——进一步看，理性思维范式由此也远离了感性认知的范畴——至少在公众理解中，理性是去除感性认知的真理性表达与认知形态。但是，当人类在科学技术哲学的语境下去讨论以道德的情感来看待技术行为以及生态系统中的每个物种的时候，理性与感性的对立应该得到某种程度的化解。

人类思维的产生、形成与表达是一个异常复杂，同时也带有很浓重神秘色彩的领域。尽管科学的进化使人类越来越相信思维的能力与范围可以延伸至宇宙，但是在技术实践中，人们也时常对此产生怀疑与自相矛盾的感觉。一方面，人类当然希望我们的大脑可以认知一切；另一方面，这有些令人难以置信。在逻辑范式进化的历史中，一般认为，一旦某种逻辑陷入无法实证的虚无境地，它在瞬间将会被理解为主观臆想。在一定程度上，宗教的思维方式与论证方法就给人们留下了这样的感觉。宗教思维也因此带有神秘主义色彩。然而，在人类对于外在的感知层面，宗教思维的神秘方式在一定程度上也值得我们去分析，并体会蕴藏于其中的人类对于自然界万物的道德感受。

在日常生活中，人们通常将"心"定义为我们对外界进行认识的器官、方式与善恶的评测表达。虽然在现代科学的认知中，大脑作为意识的发生者已经获得比较一致的认同，但是科学仍然无法合理地解释意识的作用方式，以及由于吸收了人们意识结果而形成的道德尺度的评判。以佛教教义来解读，心或者人心，复合了思维与道德认知。人心是佛教宇宙论存在的精神与物质基础，有时候二者几乎可以等价——"一切法悉如是。是佛因果法也。此之十法逦迤浅深皆从心出。虽是大乘无量四谛所摄。犹是思议之境。非今止观所观也。不可思议境者。如华严云。心如工画师造种种五阴。一切世间中莫不从心造。"(摩诃止观，卷五)这里看出，人们在信仰的深处，将宇宙万物的发生与改变的任务交给了人类的心智。佛教的认知方式意在突出世界万物都是互相连接、互相转换的。一切事物都因另一事物的发生而生成，同时也因另一事物的转化而灭失。而这些现象与逻辑的支点就是人心——"三谛具足秪在一心"(摩诃止观，卷六)。佛教从其认识路径的本底出发，建构了一个由思维吸收的物质存在的精神—物质合体的假设前提。我们可以从中抽象出一种可能，那就是人类的思维具备与自然界的所有存在互相覆盖与吸收的可能。这为人类从自身的思维角度去认知与了解生态系统物种的主观性划界提供了道德层面的逻辑依靠。

自古以来，关于人类道德观念的理解就是一个复杂的问题：在人际社会中，道德涉及人类行为的理解与调整；在人类与自然界的关系中，道德存在的前提是人心能够调整万物的存在状态。若以科学的理性思维来看，这是似乎荒谬的；但在人类的精神世界，则是人类支持自身精神独立的一种内在动力与精神支撑——“夫一心具十法界。一法界又具十法界百法界。一界具三十种世间。百法界即具三千种世间。此三千在一念心。若无心而已。介尔有心即具三千。亦不言一心在前一切法在后。亦不言一切法在前一心在后”(摩诃止观，卷五)。从现代认知科学意义上理解，过去人们将自然界的存在设定为人类精神世界的逻辑假定符合由人类的生存欲望所导致的现状。因为在远古时代，即使没有人类对自然界的依赖感，也会由于自然界的神秘感而在人们脑海中发生对自然界各种现象的种种假定映像。另一方面，人类的思维活动具有不确定性。除了在逻辑环节的假定失效情况以外，也存在人们心理作用的影响，诸如情绪等。在日常生活中，人们也经常会体会到自身的主观认识或者行为往往受到环境等多种因素的影响而飘忽不定。即使在科学的理性思维框架下，人类思维层面的活动是否具备认知的确定性仍然是一个哲学与科学难题。人们一直试图摆脱理性思维的不确定性，或者有效控制理性功能的发生与结果的显现。人们对于科学理性总是希望它处在“绝对真理”的层面，尽管在哲学上这是一种自相矛盾的心理。然而，无论如何，这在人类的宗教体悟中也逐渐陷入神秘主义“尾旋”——“今心亦如是。若从一心生一切法者。此则是纵。若心一时含一切法者。此即是横。纵亦不可横亦不可。秖心是一切法。一切法是心故。非纵非横非一非异玄妙深绝。非识所识。非言所言。所以称为不可思议境意在于此(云云)”(摩诃止观，卷五)。但这并未丝毫衰减人类对于自身精神境界动能的崇拜与依赖，反而由此更加强化了人们对心的敬畏与崇拜——“大乘亦明心生一切法。谓十法界也”(摩诃止观，卷五)。

佛教的思辨性描写并非一直夸大了思维(心思)的神秘主义性及其表现，而是在万物的因缘联系中设定了宇宙中万物存在与表达的转化(转换)，例如，六道轮回、十二因缘等。这在客观上设定了一个假定的轮回,使得人类的道德感知与伦理行为受制于环境的制约,尽管这种制约是神秘主义色彩的描写。但它的确起到了约束人类自身道德可能出现的肆意妄为的主观念想,虽然这类约束主要表现在人类社会的伦理关系调整中。这似乎又体现了人类的另一种担忧:人类希望自身的道德认知能够转移至世间万物,但同时又害怕人类道德的泛滥,特别是那些固守某种道德边界的极端主义的道德倾向。

从思维的假定来看,生态系统有其自身的善恶属性吗?或者说,自然界有"性情"吗?在中国佛教看来,佛性和人性之间可以相通,虽然这在更多的层面说的是社会的行为规范,但也在一个侧面指示了人与自然界的沟通形态——以性(情)示理。《性善恶论》中记载"盖台宗之言性也。则善恶具。言修也。而后善恶分。乃以本具佛界为性善。本具九界为性恶。修成佛界为修善。修成九界为修恶。他宗既但知性具善。而不知性具恶"(性善恶论,卷一)。此处的性有本真、本体的含义。中国佛教的天台宗将善与恶的本体属性归属同时加载于佛教的宇宙观上——性具善恶;而人的修行就成为趋善避恶的转化方式与现实实践的观念指引。虽然天台宗的教义所主张的善、恶并不是严格意义上人类社会生活中的道德内容,但是性具善恶的规定却在人与自然关系的互通逻辑上打开了一个缺口,即人类很自然地可以将自身的道德感受等同并转嫁于物质世界的存在与运行。这样的理解也许不具备科学实证的特征,但是不可否认的是,它的确反映了人们在日常生活中对于人或他物的一种认知与行为之间的关系。湛然的"无情有性"说则将这一观念推向极致。

在另一方面(佛性与人性的接驳),如果说生、佛无碍,一切众生皆有佛性,那么人类能够在行为的控制与方式的演进过程中,逐渐达到对生态系统的感知与理解也就具备了一定的文化形态表达的基础。亦即人类无论处于什么程度的工业化进程中,都具有天然地与自然界进行感知与沟通的基础,因为人类与自然界的关系本来就是互相依赖的关系。这种基础是以人类文化表达为特征的,同时也是人类文化存在与生态系统存在之间互相适应的条件和基础。在这个意义上,人类的道德边界从来就是跨界的,生态(物种)的道德身份与人类的道德边界是重合的。现实的情况是,工业化进程逐渐改变了、扭曲了、抹杀了人类与生态系统和睦相处的初心,而生态伦理的研究就是要使人类及其社会回归人之初的境界。这里并不是说人人都要回归农耕时代或者原始社会。

在人类行为由于环境意识的虚无而肆意妄为的时代，面对环境问题与科学技术发展的对抗与争论，人类社会以及个体都需要重新思考物种的道德界限究竟在哪里。在理性思维的技术实践层面，人类所认定的物种的道德边界也是人类自身道德的能力范围。技术实践应当被一定的人类道德约束能力所覆盖，这个道德范畴就是属于生态伦理体系的内容。

人，终归是一个感情动物，当人类能以情感作为认知生态系统及其要素的时候，就是最有可能将一种伦理观念带进自然界的时刻。在现实生活中，当人们把最不好且令人难以理解的问题化为情感的交流之后，问题也就会朝着有利于缓和与和睦的趋势发展。近现代环境保护运动的发展以及环境意识的成熟都在不同程度上表明了情感的感知与认同功能在唤起与培育人类环境(生态)意识方面的作用。在工业化发展的时代，人们对于由技术带来的生态胁迫的反思也更多地表达出一种人类曾经拥有过的对待大自然的朴素情感的怀念和皈依。这些都在人类行为、技术实践与人类认知领域强调着物种道德身份与人类思维的跨界思考，以及生态意识(伦理)范式的重构问题。

## 3.2 物种(生物)多样性的伦理暗示

生态多样性是一个复合型的认知表述，它既可能存在于生态学领域，也可能存在于哲学、社会学等领域中。因此人们对于生态多样性的理解就会与人类社会生活的方方面面产生关联，无论人们是否愿意，以及是否感知到。按照牛津生态学大辞典的解释，生态多样性的定义为："一个复合型的术语，于 20 世纪晚期开始流行，它被用来描述生物多样性的所有方面，特别包括物种丰富度、生态系统的复杂性和遗传变异。"这个词条揭示了这样一个历史与逻辑进程：生态多样性作为一个科学术语为社会所普遍认知的时间开端并不早，物种的丰富程度与生态系统的复杂性以及由遗传变异带来的物种多样性同属于生态多样性的范畴。

在一般意义上，人们更多地将物种的丰富程度视为生态多样性的集中表达，从而将物种多样性赋予更多的人类关注。事实上，随着人类科学技术理念在实践中的不断转化,生态系统的复杂性已经越来越与科学研究及实践行为发生关联。分子生物学、合成生物学等领域的科学研究与实践逐步侵入着原本由自然界主导的遗传变异的发生过程。与此同时,在哲学与社会学视角下,生态系统的复杂性表达也逐渐由于引入了人类的社会形态而有所丰富,这在一方面增加了生态多样性的复杂程度与理解难度。在当代,每当人们谈起生态多样性的时候,根本无法回避人类行为与人类社会对于生态多样性的影响与扰动。而生态多样性的概念也包括人类群体建构及其行为。

在科学技术哲学视角下,生态多样性不仅仅反映了物种种群、遗传变异、生态系统复杂性等数量上的表达,同时也是生态系统各个要素之间互相作用的反映。人类生存于原生的生态系统中,人既是生态占位物种之一,也是产生生态功能的要素之一。单纯地看待物种占位,它是一个纯粹的自然科学研究主题,但由于人类的生存依赖于群体的建构(社会),因此人类在生态系统中的占位也就随之相应地表现为某种群体建构的占位及其表现。生态系统的多样性体现是一个综合进程,生态系统中的各个要素通过互相之间的作用影响着整个系统多样性的进程及其体现。

在自然界中,物种的数量、生存区域、生存演化的实现都受到其他生态要素功能或者行为的影响。人类毫无疑问地位于生态系统中其他要素的围绕之中,人类对生态系统其他物种或要素的影响也都必然地带有一定的社会建构的色彩。例如,自然界中的火灾就是构成生态系统的要素之一。火灾在生态多样性意义上影响着自然界物种的存在与繁衍,同时也对人类的社会存在,以及社会演化生存产生制约性要素与要件。人类对于火灾的认知因此同时具有生态物理学和社会学的属性(Ager et al, 2015)。自然界中火灾的存在既是物种生存的风险之一,也是物种生存的一种机会。原始人类的生存以及后来人类文明的延续就是从学习利用“火”开始的——“人类最早的火无疑属于营火,每一堆营火都形成一个家族团体的集会焦点。这些火迟早会被发现能保护原始人免受那些比原始人更强健、更顽固的食肉野兽的侵袭”(查尔斯·辛格等,技术史,第一卷,2004,152)。不难看出,生态系统中单一或者多个要素功能的发挥都在不同层面对人类生存与社会行为产生影响,人类社会的存续就是其与生态多样性表达的共存。由此引申出,生态多样性的显现也逐渐渗透,并改变着人类对人与自然界关系的理解与行为指引。

### 3.2.1 生态伦理的认知偏离

随着全球变化研究进程的持续，社会在科学技术与情感交流领域开始反思人类与生态系统之间的关系。生态多样性的维持与物种丰富度的维持逐渐成为人们公认的生态伦理表达之一。人类生存在这个生态系统中，人类的认知也触及土地、海洋、动物、植物等，并且在人类与它们的相处中时刻映射着人类对自然界的感受与理解。当科学技术以技术实践的形态进入生态伦理实践的时候，也预示着人类拥有了更为强大的生态干预能力与意志。这是因为，某种生态认知逐渐渗透到了人类对技术行为的预期中。在通常情况下，人们容易将人类情感转嫁到生态系统要素上，会很自然地将生态要素变化中那些符合人类朴素道德良知的部分视为生态要素所必须被维持的表达。例如，人们经常会考虑到物种濒临灭绝等问题。这些道德良知的逻辑与内涵是模糊的，因人而异；人们可以认为它们是善良的，却很难证明其究竟为何，以及是否应当如此。在一定程度上，尤其是人们会认为在科学技术理性的范畴中，我们可以忽略这些主观性因素的影响；但是我们也应当注意到，生态多样性从来都是集合于人类的文化根基和信仰根基中的。人类对于生态多样性的关注，实质上是将人与人以外的生态要素置于同一个圈层关系中来加以认知。在这种逻辑下，生态多样性的表达聚集了人类—自然界与自然界—人类的双向逻辑进路。如果只是过度地注意到人类对于生态系统的干预，就会造成一定程度的认知偏离，尤其是生态伦理的认知偏离。

在理想的条件下，社会与生态系统实现着物种生态学意义上的多样性共存，以及伦理关系意义上的道德和谐。它将包括环境伦理、动物伦理、技术伦理等，也许这里面还将存在一个认知伦理——人类在认知人与外在关系的时候应当以什么样的逻辑形态与思维表达来实现对人类—生态系统关系的认知与体验。这样的认知伦理可以形象地比喻为生态伦理实践的指引，或者方向的定向。之所以将这样的认知进程称为伦理，是因为它不仅实现着人类对于生态系统的认知，而且它本身就是人类与生态系统关系的表述。这样的认知伦理规范决定的是原则上的生态关系的定位与理解，它的作用类似于宪法，一种人类与生态系统关系

(认知意义上)的总则。我们需要去界定或者规范人类应当站在何种理解层面去认知和实践环境伦理、动物伦理、技术伦理等规范,以保证生态伦理的认知走向与行为进程不会偏离预定的结果(在生态伦理实践中,事件的结果或许比目标更为现实,也更为重要)。

人类及其社会对于生态系统构成要素的理解与影响,是一个多种因素(背景)综合表达的事件,例如,人类(民族)植物学(ethnobotany)。人类从生存行为发生的伊始,就与植物产生关联,这种关联包含生态学、信仰、文化适应、经济需求、食物获取、艺术表达、农业行为、思想活动等方面。单纯从传统意义上的植物种群数量与分布等视角,已经不能深刻、全面地认知人类与物种演化之间的关系了。佛拉斯卡洛里(Frascaroli)的研究表明,人类植物学对于深刻解读人类文化、宗教、生活、传统习俗、经济活动、农业生产等方面与生态多样性的关系具有启发意义,它能揭示人类生存与物种演化之间存在的基于文化背景的特殊过程及其互相作用。他指出:"古老的与巨大的树时常发挥着巨大的魅力,这种魅力超越了文化的障碍,而具有跨越单纯功利主义动机的精神的、象征的和审美的欣赏(作用)"(Frascaroli et al, 2014)。植物作为生态系统中的一个物种,同时满足着生态学和伦理学的需求,并且也对人类群体与个体的生存行为施加着一定的反作用。这在原始农业时期表达得尤其明显。

在当代,人们所熟知的自然保护区等生态意识的实施客体,既实践着人类保护生态系统的合理假设,同时也在制造着新的外源(输入)性干扰,并且对人类的现实生存产生影响。贝尔德(Baird)的研究认为,生态学家们已经发现,在坦桑尼亚北部的塔兰吉尔国家公园(Tarangire National Park)及其周边地域,人们努力降低人类活动对生态系统干扰的行为却生成了新的对于生态系统的扰动,例如,火灾。这些人类行为相对于生态系统而言是一种动态的要素,会形成一种长期的对生态系统和人类社会经济体制的不确定性干扰,这有可能对环境保护区周边人群生计的多样性产生影响,其中就涉及农业行为的实施与农业技术的应用(Baird et al, 2013)。

在技术社会,人类对于自然界的认知,已经逐步跳出单一的生态学要素属性的认知与解读,转而开始考虑诸如文化、信仰、地域、民族,以及生态伦理认知得以存在的前提等综合性背景对生态关系理解的干预和影响。早期的环境保护主义存在着不同程度的极端的平等主义的议程设置特征，在这个框架内，人类站在完全与生态系统对立的地位，而人类对于生态系统维持的主观意愿也被极端地表现为对物种单向度的庇护与隔离。这对人类生态意识启蒙过程中的重要作用不可否认。但是另一方面，随着技术的进步与人类生活需求标准的不断提升，人们也逐渐意识到在单一的人与自然界对立的逻辑前提下，无法理性认知与解决现存的环境问题，从而造成在生态伦理认知上的认知偏离，即偏离了人类的生存需求，以及生态要素之间的互相作用与互相影响（就是说，单独指责人类或者其他物种的任何一方都不合乎道德的要求）。如何在维持人类科学技术进化的前提下，理性维护生态伦理认知与生态伦理实践包线仍然是一项有待进一步深化的研究。

### 3.2.2 生态伦理实践的悖论

生态伦理与生态科学越来越关注物种的数量、变迁、进化、栖居地等问题，但是人类或者技术的善意的干预往往又会带来新的伦理问题，进而引发新的哲学思考。例如，“在嘉德兰（Kirtland）实施的对刺嘴鹰（warbler）的保护计划，以使它们免于灭绝。人们为此捕杀了成千上万只牛鹂（cowbird），因为牛鹂常常寄生在刺嘴鹰的巢穴，并且破坏它们的卵。牛鹂看来是被捕杀了，而它们的卵或许并没有被破坏，在这种情况下，刺嘴鹰会继续孵化牛鹂的卵直至幼鸟出生。”这时，科学家和哲学家的困惑出现了，我们保护了什么？在人工干预的同时带来了怎么样的伦理转变？显然，人类忽略了生物多样性的内涵，并没有真正了解它的本质；另一方面，在生态伦理上同样引发了关于自然界中物种“痛苦”和“权利”的争论。现实的生态伦理实践往往带有物种间的生态权利歧视：刺嘴鹰的保护计划，反映了在人类的生态伦理观念里，“对稀有物种免于灭绝的关注多于对数量丰富物种进行杀戮的关注”（Fraser，2012）。在人类的道德观念中，这种行为能否被界定为善，仍然存在不同的意见，由此也导致了人们对道德内涵理解的自我矛盾。

在人类思维中，人们将自身认知与理解自然界的逻辑出发点设定成为一种观念体系的发生中心，即人类将生态系统作为人类认知自然界的思维意义上的动机来源。人们认为要合理地了解自然界，就要以自然界作为认知发生的逻辑意义的中心。但是,这里或许存在一个不严谨的逻辑疏漏:逻辑中心的假定不一定等同于合理的认知结果的发生。就好像在人们的日常生活中,人们都希望人与人之间存在互相了解的意愿,并且人们也愿意以对方为思考中心来换位思考问题,似乎只要为别人考虑了,那么其考虑的结果也一定满足别人的实际状态。生活实践中经常发生的"好心办坏事"情况就说明逻辑中心的确立与认知结果之间不一定具有必然的等价关系。类似情况在人类对于生态系统的认知中也依然存在。

在技术时代的背景下,社会的群体意识似乎在极力寻找人们对于自然界的关爱之情。这种人类情怀在认知形态上也更多地将人类自身的情感、道德的感受转移到了人类对自然界的触摸当中。此类情形或许更像是一种人类的善良愿望,而非人类对待自然界应有的行为规范。人类自身的善良愿望可能受到个体因素的干扰,例如,文化、教育背景、科学常识、民族信仰等,从而导致某些并不符合生态运行规律却满足人类主观意愿的生态伦理实践结果。这就在一个侧面提醒我们,善良的道德意愿不能简单归类到生态伦理实践的规定中去;但这并不能被用来否定人类善良的生态道德意愿所具有的积极的社会价值与生态认知的进步意义。

在生态伦理的实践层面,人类道德的善良意愿与人类对生态系统的善良关照(实践)是两个范畴的问题。二者之间存在相通的一面,也存在有差异的一面。如果人类只去理解其中的一面,就会在某些特定的条件下产生违背人类与生态系统良好关系的行为结果。从二者存在相通的一面看,人类以及人类社会开始有意识地认识到自然界(包括其他物种)对人类生存的意义,就是人类对自然界态度趋向善意理解的开端。这有助于缓和极端科学主义思维可能导致的在认知上割裂人与生态系统之间生态学意义上的关联,以及在技术行为中可能产生环境胁迫的动机趋向。同时有助于人类在其社会建构中逐渐恢复人与自然界的某类合乎伦理认知的关系。从二者具有差异的层面看,人类社会与生态系统存在差异,这种差异随着社会建构的进化而越发显得明显。一方面,自然界中的每一物种相对于外界来说,都是一种先天的差异性的现实存在;另一方面,人类社会的逐渐成型则进一步显示了人这一物种群体与外界(生态系统)的差异。技术形态对于人类社会的浸润,使得人类在整体上产生急于脱离或者居高于生态系统的优越感。社会的工业化进程对社会意识改造的结果之一就是人类群体意识中对自然界物种的漠视态度得到了强化，虽然这大部分仅仅存在于人们的道德观念中。因此，人类在对生态系统的认知进程中就需要清醒地认识到这些问题的存在。在生态伦理认知进程的逻辑路径选择上，首先应当承认并面对人与自然界的差异，它是现实存在的；其次才是在认同差异的基础上去考虑如何将人类思维层面的道德观念“转嫁”给外在的事物。

在环境保护的实践中，社会或许过于自信自身的认知能力与道德的感染力，以至于在多数情况下，人类非常自然地擦除了人与自然界的不同。（在承认人类对自然界的道德关注的积极作用的前提下）人类社会应当对此做出适当的反思。当人类过度自信自身的思维能力的时候，那种类似于“一厢情愿式的”生态意识是否也是一种人类中心主义的表达呢？因为，在生态伦理传统上，人们之所以觉得有必要在逻辑中心层面做出是否列于人类中心主义位置的规定性的划分，其主要原因就在于：人类社会需要极力避免一种人类行为对于生态系统的主动干预。在人们的观念层面看，那些能够被列于“主动干预”范畴的人类行为及其结果，通常是应当产生所谓环境影响的消极性要素。然而，人们可能由此忽视了那些“善良的环境关注行为”也是一种人类干预性表达。当人们的善良缺乏合理的认知和判断依据的时候，善同样会发生趋向于恶的转化。因此，我们甚至可以认为，当道德被赋予极端的一厢情愿色彩的时候，人类行为的结果也是一种人类中心主义消极的具体表现之一。

生态伦理学在哲学意义上的存在就是要努力建立一种人类及其社会对于生态系统的态度，一种用以表达和指导人类行为的原则或者观念。人们总是希望这样一种生态意义上的人类行为的指引可以被自然界所接受，或者说使其成为自然法则的一个部分。这样做的好处之一就是：人类行为的实施及其结果的显现不再受到来自人类群体意识中那些关于生态道德的思维抵触，以及由此产生的人类行为意义上的对抗。这就需要为自然界乃至整个宇宙的客观存在建立一种哲学意义上的性质描述——自然界是善的，还是恶的，或者是中立的。哲学家们对于这个问题的研究、解释与回答，就是试图为人类的行为提供可供参照的标准。这同时也顺理成章地赋予了生态伦理的特殊实践意义。那么，人类应该如何看待自然界的本来面目呢？将传统意义上的善与恶的道德表达覆盖在宇宙万物身上，提供的是一种人类思维自立的假定，这种假定的背后可以引申出一种处于利用之心的事实判断及其思维依据。或许人类可以换个角度来认知宇宙（自然界）——它亦善亦恶。

自古以来，善恶之分始终是人类社会行为道德观念的立论。人类对于行为或者观念的道德评测结果，难免掺杂各种功利主义的要素，这对人类社会现实的行为取舍或许是合适的，但对认知生态系统的本来面目则是有争议的。

在科学技术哲学语境中，人类对生态系统万物的善与恶的表达、理解与科学技术进化的层次有着密切联系。例如，疫苗。疫苗就是利用了生物体（细菌、病毒）的自然行为（功能）的发挥，经过人工物理、化学技术的抑制（减毒、灭活）之后，在人体内刺激免疫系统产生免疫反应。如果脱离科学技术语境来看待病毒，显然人们会将其视为邪恶的生物。在技术条件下，人类却正是利用了病毒这种邪恶的一面，将其恶的表达转化为有利于人类健康的善的表达。技术手段在拓展人类行为对生态系统实施扰动范围的同时，也在一个方面改变着人类认知意义上的直觉。技术行为对这种人类直觉的改变，需要站在理性的科学思维下认知，因为人们依然会在享受着技术行为带来的益处的同时保持着对于生态系统中某些要素的偏执看法。在哲学上相应地衍生出一种人类认知的矛盾——一方面，病毒依旧是一种邪恶的生物，科学技术也或许是邪恶的；在另一方面，我们仍然在争论它们的善恶属性：病毒是善的吗？科学技术是善的吗？就目前的技术阶段，究竟是应该由人类直接给自然界与科学技术定性，还是应该适当地宽容地对待二者，为今后科学技术与生态伦理的进化留出了认知进化的空间，这将不仅仅是人类对于生态系统认知的态度，更是人类对于自身思维的态度；后者将更是人类道德境界的一种表达。

### 3.2.3　物种多样性对于人类生存危机的暗示

自古以来人类就在生存需求与生活乐趣的索取上更多地依赖自然界的物种丰富程度。当人们漫步在乡间，与自然界相接触的时候，人们心中所产生的那些对于生态世界的欣赏与怜悯之情也多来自我们对于小动物、鲜花、树木等物种丰富程度的感性认知与心理接受。可以说，生态系统中的物种及其多样性不仅给人类提供了生存资料，也给人类提供了在心理层面享受愉悦的基础。在这种情况下，人类对于自身个体存在及其生存质量的关注，也就无可避免地与自然界中的某些物种产生联系。

在现代科学技术哲学中，对生态伦理关系的认知越来越多地复合着生态学的研究范畴与研究意义，其中的物种与物种多样性具有重要的思维价值与哲学地位。在生态学层面，人类与自然界的其他物种一样，共享着生态系统，并在自己的生活领地建立起自适应的小生境，“物种无可避免地存在于、并适应于其所存在的小生境”(Rolston Ⅲ，1988,153)。因此生态系统体现出的物种多样性的关系及其表现，在一定程度上，就是人类主要的生存“痕迹”之一。在环境问题凸显的现时代，这个“痕迹”(物种多样性)已经逐步从具有一般科学的意义转移到具有哲学认知的意义上了，即物种多样性对人类的生存危机暗示。

在人类社会的习惯性认知中，物种对于生态系统在建构意义上的作用或许就是物种丰富程度层面上的贡献。物种的多样性存在就是生态系统集成的具体表达之一。人类社会的科学技术化使得自然界的物种在生存条件上不断滑向生态限制的边界。这是一种对科学技术后果的理性表达——人类或许并没有有意识地欲将物种置于灭绝或者死亡的环境中，但的确是使物种的生存条件处于日益恶化的环境之下。全球变化的科学研究表明，人类活动，例如城市化、农业活动等，正在逐步影响着物种多样性的波动。人类行为也造成了气候参数的变化，而这种气候参数的波动效应直接对物种的生存环境构成威胁。与此同时，物种在环境参数的变化过程中，也在不断地调整着自身的环境适应性(Revathy et al, 2014)。从表面看，人类行为对物种多样性的维持产生了干扰，同时也不能排除与忽视自然条件对物种栖息地、数量等要素的扰动。人类生存与技术行为要在人工与自然二者之间谋求妥协，以维持物种间的生存竞争与平衡态。物种获得生存的外部条件与物种生存的内在需求之间有一种同一性的连接，二者得以互相支持的状态就是一种平衡态，在哲学上，这是一种互为条件的逻辑关系表达。

相应地，科学技术思维总是试图在人类分析的结果条件下，寻求一种适合物种生存的外在条件。当这种外在条件出现人为的改变时，人类就需要在限定的框架内进行有效的人类行为抑制。对这种人类行为抑制规范的分析与选择就是生态伦理分析及其应用实践之一。在人类社会的环境保护实践中，社会不断地向科学思维与技术行为寻求帮助，技术实践则以科学的实证性原则给定了生态关系在人类行为层面的实践依据与风险边界。这似乎逐渐成了一种具有普适性的生态世界观。科学技术在人类的思维传统中，似乎就是善于解构生态系统的一种思维工具与行为(实践)体系。当科学技术行为给出某种结论的时候，人们更习惯于站在价值链条的认知层面来看待技术结论与解决方案。长久以来，人类及其社会一直习惯于将价值的表达与利益的得失当作生态系统及其中要素得以被人类承认其存在的必要前提，例如物种多样性。因此，我们可以认为，在一个侧面，人类对于生态系统的维持就是对人类生存的维持，就是努力修复破损的人类—生态系统的价值链条。

对于价值及其体系的认知，我们无法以“某物是否可被利用”作为一种单独成立的评测标准。价值的存在始终以一种能够表达双方的关系认知为前提。在生态系统中，物种多样性对于人类及其社会获得永续存在的价值表达也存在于我们对物种与人类关系的认知当中。有关人类与其他物种关系的解读与认知，往往由于受到生存本能、道德意识、经济利益、社会治理等因素的影响而显得日趋复杂。站在生存本能驱使的角度，人类对于大型食肉动物等能够威胁人类生存与生活的物种，大多怀有敌意。在道德层面看，由于这些动物或者物种的生活习性、猎食方式，以及它们对人类的生命保全所构成的威胁，人类及人类社会通常也将它们视为残忍与邪恶的代名词。这在生态关系的理解上无形中就定位了某些物种与人类的关系——它们无法与人类共同存在。在这种生态关系认知的基础上，某些物种对于人类的价值就属于可以被利用而无须怜悯的伦理阶位。然而，现代科学研究也在一个侧面证明了诸如棕熊、灰狼等大型食肉动物能够在一定的限定条件下与人类共享生存境地(Chapron et al, 2014)。另一方面，这项研究还表明，科学数据或者实验数据不仅可以给出对生态要素的客观存在进行描写的数理逻辑意义上的量化规定性，而且可以支撑或者表达出那些过去人们认为数据无法表达的伦理关系。这也是科学思维在针对物种多样性研究中的一种有关人类主观层面要素的特异性表达。

很明显，物种多样性所遭受的由人类行为导致的波动与破坏，势必产生对人类整体生存构成威胁的要素与作用。物种多样性的波动，不仅会产生直接的事件结果，也会产生生态要素构成体制的波动与改变；后者通常不为人类所明显地感觉到。从现实利益原则驱动的角度看，自然界的物种多样性给人类及其社会提供了丰富的生存、生活、生产资料，因此，生态多样性波动所带来的影响也是显而易见的。这是物种多样性在现实世界中给人类投射出的真实影像。而在人类的思维层面，物种多样性的波动则暗示了人类社会对于价值链认知的缺位、人与生态关系理解的扭曲，以及对科学思维认识的主观随意性——这些是人类生存危机“要素分散”的表达。目前物种多样性的影响并没有在人类及其社会意识的主观层面形成完整而清晰的生存威胁映像，只是呈现出其对人类生存构成要素发生影响的映像。这部分是因为社会对人类生存的要素在整体上尚未达成认知意义的定论与共识，同时，科学技术思维的进化也仍然处于对客观世界构成要素的解构性的认知进化过程中。但是，我们依旧不能忽视物种多样性对人类生存在认知层面的暗示，因为这些生存要素恶化进程的不确定性发展或许终究会在将来的某一时刻明确地表达为人类生存条件的丧失。

## 3.3 土地伦理的多样性体验

自从人类的起源开始，我们就一直与地球的这个特殊的“表层”在“打交道”。在科学意义上“她”被称为“土壤”；在人们的道德观念里，“她”被称为“土地”（或者“大地”）。土地为人类的生存提供着基础的食物来源；同时，在土地之上，人类建立起了自己的社会建构，展开了人类生存的历史。当我们在思考、谈论文化形态的时候，我们已经习惯于将思维的表达独立于物质基础的存在，似乎人类的思维可以脱离人类的生存而存在，以及被表达。现实的人类及其社会建构已经深陷经济获利驱动的思维之中，几乎任何事情都须要、同时也只有能够被解读成利益可以被分割的时候才具有社会意义。在哲学上，这是一种对待自然界的人类世界观的表达——“人类对自然界享有绝对的控制权”，这种思维定势已经成为人类认知和利用自然的标定身份及意识，人们甚至可以从小学课本中随处找到这样的内容（Korfiatis et al, 2004）。

地球上的陆地物种都根植于土地中才能存在，而人类对于土地的依赖则超出其他一切物种。然而，另一方面，人类对于土地的构成、对于土地的道德描写、对于土地的文化认知等方面却显得一无所知。虽然在历史上，人类群居与后来的社会结构中，都曾经出现很多有关于土地的情感描写，例如，中国古代的土地公公的形象等，但仍然缺乏对于土地的一种理性认知形态。在当代工业化进程中，社会的思维进化在经济、技术、文化等范畴取得了很大的进步；与此相适应的是，土壤科学作为自然科学研究的一个部门，将理性的解构—分析思维贯彻到了科学对土地的研究与认知探索中。而在社会生活的另一方面，民间许多原本就已存在关于土地的传说、神话故事、道德崇拜等社会意识已经逐渐灭失，至少已经不是人类生存所依赖的精神支撑。

农业生产在很大程度上依赖于土地。我们甚至可以毫不夸张地描述：没有土地就没有农业，也就没有人类及其社会的诞生与延续。在农业工业化的今天，人们普遍关注到了有关土地的一系列的科学问题，例如土壤退化、化肥残留、土壤污染、耕地生态功能的退化等，因为这些问题将直接威胁到人类的物种存活。毫无疑问，它们当然是科学理性的认知及其结果。那么，造成这些问题的动机是人类道德驱动的吗？之所以这么理解，那是因为，经济利益的获取可以被视为一种人类的道德原则。换句话表达，(现在的)人类还需要有感情地对待土地吗，还需要有感情地去耕作吗？对此，奥尔多·利奥波德(Aldo Leopold)曾经给出过回答："土地是一个共同体的概念，是生态学的基本概念，但是，土地应该被热爱和被尊敬，却是一种伦理观念的延伸。土地产生了文化结果，这是长期以来众所周知的事实，但却总是被人所忘却……这样一种关于土地和人的观点是容易由于个人的经验和偏见而被混淆和歪曲的"(奥尔多·利奥波德，英文版序，1997，6-7)。就是说，土地无论在自然科学的研究中，还是在人类思维领域的认知中都表现出了多样性的综合，并且这种多元化共存的状态是人类生存的根本性存在。

站在生态伦理的立场解读，人类及其社会意识对于土地以及与土地相关联的各个要素的哲学认知与技术理解都将在人类与自然界的共生行为中取得认知—技术行为的指引地位。很显然，人及其社会对土地的科学的或者哲学的认知，再或者说人类以何种视角、情感与思维形态展开人们对于土地的认识将变得十分重要。

### 3.3.1　利奥波德——土地是生态的缩影

美国环境哲学家、科学家奥尔多·利奥波德曾用另一种方式提问：为何"有些人在没有野生的东西的情况之下也可以生活，而有些人就不行"(奥尔多·利奥波德,英文版序,1997,5)。他用简约的语词和逻辑表达了人类对于自身存在以及继续存在下去的愿望与担忧,而这一切的物质载体就是土地。

利奥波德眼中的土地,不仅指狭义的土地,或者土壤、尘土的物理存在,而是指基于土地而存在的一种生态关系。这种生态关系与人类的生存与生活是紧密相连的,哪怕人们并未清楚地意识到这种联系的存在。利奥波德在他的农场生活中,细心地观察着物种之间的互利关系,在《沙乡年鉴》(*A Sand County Almanac*)中,他写道:“如果没有疾病和害虫,在这些树中可能就没有吃的,这样,在冬天,就没有黑头山雀来为我们的树林增添欢乐。许多其他种类的野生动物也靠树的疾病生活。我的黑啄木鸟雕凿着活的松树,从它得病的树心中抽出肥大的蛴螬……所有的松鼠,就其住所而言,是依靠一个烂掉的树洞与这棵树企图使其伤口得以愈合的伤痕组织之间的斗争的均势而生活的。”(奥尔多·利奥波德,1997,72)在现代生态学领域,这种自然界的关系表达涉及能量转移、气候变化、土壤、植物群落等要素的整合与新陈代谢。利奥波德所理解的人类的生存空间不仅是一个物理与生物化学的反应空间,而是一个物种与生态系统各个要素共同进行新陈代谢的群体概念。在他的晚年,利奥波德将这种聚集称为“生态共同体(biotic community)”,“或者简单地说,‘土地’(the land)”(Callicott et al, 2009, 21)。

在利奥波德建构的人类—生态的生存共同体中,生态学意义的功能与物种关系的表达(及其行为)非常突出。这就使得人类的科学技术理性的认知路径直接进入了人类社会及其衍生的环境意识(环境保护行为)。在这种生态意识逻辑前提下,人类及其社会对于生态要素的评价就需要与科学技术范式思维—价值的综合体进行一定程度的平衡,只有这样才能使生态意识在遵循社会需求的条件下尽可能地符合生态系统的运行需求。这种生态平衡的语言表达就是“土地健康”“反映了一种对于土地健康的个体责任的坚持”(Callicott et al, 2009, 21)。虽然在一定程度上,利奥波德的土地健康理念可以被看作是有关物质资料生产、生态系统的自我更新、生态管理等人类现实的社会—生态体制的评价指标与观念体系(Berkes et al, 2012),但从利奥波德的土地管理理念来看,他的土地伦理仍具有维持生态正义的特征。生态正义,在一定程度上可以被引申为人类的一种道德范式。所不同的是,这种道德范式超越了人类及其社会,覆盖到了生态系统的每个要素及其互相之间关系的表达。

因此,可以认为,利奥波德的土地伦理在道德范式上强调了人类对于生态系统的责任与义务;在认知方式上(或者思维形态上)具备了生态学的解构主义形态与技术实践融合的超越性表达。

### 3.3.2　汤普森——土地是生存的超越

逻辑地假设,土地及其生态要素的综合使人类产生了食物生产与收获的动机或者行为;而人类群体对这种类型的食物获取与行为所采取的群体性建构的实施与演进则造就了人类赖以生存的农业活动及其技术的进步。农业行为及其副产品的生态发生载体是土地,现代农业科学技术的研究与应用,也是在尽量模拟土地与生态系统的功能与能量、生物—化学的反应过程,例如,无土栽培技术。因此,从人类生存(包括文化的诞生)的历史事实和科学技术的现实进化状态来看,土地仍然是人类最根本的生存保障和精神寄托之一。

按照一般的理解,土地是一种可以独立存在的自然界的客观存在,基于土地而发生的事实或者行为是极其复杂的;而且,这些事实与行为也很难与土地产生认知意义上的关联或情感交流。人们通常将土地作为一种可供利用的自然资源,在思维上也是如此,但另一方面,人们似乎也明白,并且感受着土地的恩赐。例如,人们在乘坐飞机时,会有这种感觉——每当飞机安全落地之后,人们就会放心了。这是一种心理层面的主观体验,还是一种出自科学理性的技术认知的思维过程呢?我们似乎没有必要去深究这个主观体验的思维发端,我们只需要认同一点,那就是:土地对人类具有承载之恩;人类对大地也有感受其承托之心理动因(寻求安全感的欲望)。这只是土地与人类情感交互表达的一个例子。然而,在土地与人类的关系中,最为重要的一个感受与认知就是人类的生存寄托——既是一种物质寄托,也是精神寄托——人类的农业及其行为就是典型的表达。

在农业行为的现实意义上,如何将土地与人类生存、哲学认知、社会—经济、环境伦理、人类(物种)社会的永续发展进行关联呢?美国哲学家保罗·汤普森(Paul B. Thompson)的农业哲学思想体系就在试图进行这样的研究与阐述,并且对土地的伦理观念进行了具有生态意识的超越性阐述,使其具有社会—经济的现实意义与环境伦理认识的哲学意义的双重表达。

保罗·汤普森认为：正是由于人类的耕种活动，才使得人类能够作为一个物种而存在于这个星球的生态系统中，“耕种是土地的真实本质”。(Thompson，1995，3)土地是人类生存的物质依靠，同时，土地也承受着人类的“反馈”——通过耕种行为得以实现。现代农业的生产活动得到了科学技术的助力，技术形态对于土地的物理和生物化学特性的改变使耕种行为脱离了传统意义的表现形式，而具有更加复合属性的人类干预特征。这同样是人类及其行为(活动)对土地的反馈。汤普森指出，“在某种意义上，没有东西能够超越农业对于环境质量的重要性”(Thompson，1995，1)。这说明农业行为与环境质量之间产生直接的关联，它有可能使人类的农业行为在生态伦理范畴内占据一定的位置。这在逻辑上似乎是合理的。然而，汤普森也注意到，在哲学的范畴内，人类对于农业行为的兴趣不大，但是人们对于农业行为的环境争论与批评却并不少见。在近现代，这主要是由于工业化的进程逐渐深入农业生产领域而导致的。那些针对农业生产活动产生的争论主要集中在化学与生物技术对于环境和人类健康的影响问题上。对此，他指出这些争论至少也给出了如下三种暗示：“首先，此类批评的模式没有给出对人类、动物及生态系统完整性风险的哲学区分。在这个意义上，环境伦理学的标准存在一定程度的倒退。其次，通过强调负面结果，那些批评者无意中强化了现代工业化农业的哲学方向的主导地位。最后，这个模式要求耕种者和农业生产企业改善其做法，而不是去做基础性的改革”(Thompson，1995，21)。汤普森意在指出农业生产的技术表达与人类及其生存环境之间的联系存在着哲学与社会—经济建构意义上的认知区别与实践差异，而对于这些问题的选择及其评测过程则预示着人类及其社会的存在和发展的时间接续能否维持。可以发现，在汤普森的观念里，技术与风险是工业化条件下的人类生存的现实与哲学的概念，对二者的解读与社会管理行为也是人类与生态系统互相妥协而寻求永续生存的路径之一。

另一方面，保罗·汤普森既承认非人类物种在人类工业化生产中的现实地位，它们支撑着人类社会的生产与生活，也关注它们的道德地位，例如，养殖业中的动物福利问题和生物技术产品及其技术应用的伦理价值和争论。他将这些物种在人类社会经历的现实问题以及人类社会应该予以的道德关注，转化为在生产环节中的人类理念，进而将人类与非人类物种的关系升华为人类对自然界的感恩之情。这并非是汤普森纯粹的、抽象的个人情结，而是一种在人类生活实践中需要注入的伦理观念，以及在技术实践与伦理实践中升华人类思维的哲学思维的认知导向与行为指引。

在保罗·汤普森的哲学视野中，环境伦理—农业生产—人—工业化—永续生存是一个有机整体，其核心价值与生产实践的载体是土地。人类的认知程度是能否实现物种繁衍的关键性因素。他认为人类的农业生产活动既是现实的，也是抽象的。在工业化时代，生产主义的哲学观点也是农业生产的实践指引，它同时也给农业生产活动带来了如同其他领域一样的工业化弊端，其中就包括大量的环境问题。甚至可以说，农业生产中的技术负面效应对于生态系统的胁迫更加明显、更加具有生态超越思考的哲学价值和意义。因为农业活动所产生的环境问题最终还是要由人类自身及其社会来吸收；而且这种生态胁迫的进程无法被中断、无法被抛弃。人类必须一边品尝着苦果，一边寻求着生存的另类之道。人类对此别无选择。

可以认为，保罗·汤普森的土地伦理观念既包括了现实的农业工业化及其生产问题，同时也强调了以土地为代表的生态系统及其构成要素的道德归属问题。汤普森认为在人类社会的现实生存活动中，同样内含着各种伦理道德规范和情感交流与认识(例如，食品伦理)，而这些东西共同构成了人类与自然界的关系及其表达。

人类在生存的现实需求中同样有可能、也应该从中领悟到人与自然界的和谐的伦理关系，进而将这类伦理范畴定义为人类社会的永续生存与发展的合理性规范之一。在生态伦理的现实性实践中领悟具有一定生态超越意识的伦理规范是指引人类寻求永续生存与发展的哲学路径之一，这也是保罗·汤普森土地伦理观念的逻辑通道。

### 3.3.3　生态伦理与人类生存行为(农业)

生态关系作为一个具备共生特征的特殊概念与人类的生存需求及社会的进化息息相关。在地球上生存的任何一个物种，无论其生物形态如何、生存领地在哪里都必须和其所处的环境发生联系。这种联系既是物种自身的一种主动适应的表达，也是一种被迫妥协的表达。其原因就在于物种外部的生存环境究其根本来说是不同于物种自身需求的客观存在，并且这个客观存在所能够容忍的生态承载包线范围是有限的、不可逆转的。这就导致了物种如果想继续生存、繁衍，就必须适应其与环境之间、他类物种之间的互相关系。这在动物的行为中经常可以被发现。人类也是如此，所不同的是，人类的智慧及其社会活动需要去主动适应与调整我们与自然界的关系，其目的同样是谋求生存。

技术史的研究表明：当人类的社会组织开始形成的时候，人类的生存资料的获取性行为就是农业生产——一种具有群体性质的物种生存行为，并据此形成了一定的生存范式结构性表达——在不同的历史时期，表现为不同的社会形态。虽然今天的科学技术拓展了人类的活动空间，也在一定程度上丰富了人工干预的手段和方式；但是在人类生存的范式结构上，其生存的基础性结构仍然是耕种、种植、畜牧、渔业等活动及其相关的经济和工业化的行为，以及技术进步。

技术的进步使人类生存资料的生产效率得到大幅度提高，同时，社会对于生态系统的认识和管理理念的更新也取得了长足的进步。但是在情感关注层面，科学技术的进步并没有增强人类对于自然界及其构成要素的情感认知能力与兴趣。科学技术的理性思维能力的进化，使得人类乐于享受着去做那些他们自己认为的所谓的“思考的兴趣和爱好”。这些思维能力的客体直接指向了自然界和整个宇宙。这种人类的爱好（或者兴趣）看上去并非是一种对于宇宙万物的道德关怀与注视，似乎仅仅是满足人类自身的好奇心——它的背后是对于结果的无视。这会伤害到人类与自然界的关系。当人类充满好奇心而愿意去了解自然界的时候，大自然也会对你敞开心扉；但是当你仅仅为了满足好奇心而不是去热爱她的时候，人类—自然界关系的“疏远”就会到来，而这似乎又足以构成对人类的毁灭。

在古人眼中，宇宙及其自身的存在是“天圆地方”，“地”就是土地，就是地球。现代科学的解构性新思维在分析自然界的物质构成的同时，也在无意之中将人们心灵中的地球及其表层弄得支离破碎。在机械式的人类感官视野中，土地就是陆地，陆地上的山川河流、飞禽走兽、植物植被、村庄等，所有的事物都可以被分析和研究。同时，海洋与海底似乎与土地毫不相关，它只是地球的一部分。如果换个角度理解，土地及其物质性的构成与存在等同于地球，海洋等表面性的覆盖是土地的另类表征与科学描写。

另一方面,由土地可以引申出吸收整个地球的生态伦理认知的情感渊源。这并不是因为在科学意义上陆地具有生态系统特征的集合性,而是因为人类的生存空间在陆地。目前,宇宙运行变化中的大部分只有反映在陆地及其生态要素上才具有被视为人类生存的认知意义。农业及其行为范式就是这样一个主要的陆地生态系统。

广义地理解,人类与土地的关系具有科学意义的生态多样性的理解,也具有道德意义的多元化的伦理学的理解。这使得人类及其社会对于土地的认知发生多种基于不同需求的认知和利用结果。在诸多对于土地的认知与理解中,人类的生存是人类与土地关系的核心,是科学技术思维的认知归宿。

如果结合利奥波德和汤普森的土地伦理观念,就会发现土地伦理集合了科学与哲学的认知;土地伦理既是现实生态伦理实践,也是生态意识的一种超越。当生态伦理及其实践在人类生存意义上显得过于空泛和虚无的时候,农业行为就是极其现实的一个生态伦理视角。而其中的人与土地的伦理认知与实践就是生态伦理与人类生存在哲学认知与生态实践之间的一种结合。这种思维似乎符合古希腊哲学意义上的一种生态隐喻。在现实的科学技术哲学语境下,哲学隐喻不能更多地被忽视,因为人类对于宇宙的某种理解与认知或许与生俱来的就具有隐喻的特质与反映。

## 3.4 生命行为的固有价值——动物伦理

现代社会中的人对于自然界中的动物怀有怎样一种感情与态度呢?彼德·辛格(Peter Singer)在《动物解放》(*Animal Liberation*)一书中写道:“对大多数人来说,特别是那些生活在现代都市与郊区社区的人们,与非人类的动物最直接的接触是在用餐时:我们吃它们。这个简单的事实就是我们对待其他动物态度的关键,也是我们每个人可以做到的改变态度的关键。对作为食物的圈养动物的食用和虐待在数量上已经大大超过对其他动物的虐待”(Singer,2009,95)。这段描述折射出这样一个现实:人类对于动物的认知已经过多地被局限于人们的日常生活中,人们已经习惯于站在利用的视角来观察动物的价值及其存在,并且人们已经无法区别利用与虐待。这似乎是人类与动物伦理的一个缩影——人类生存与动物权利之间的对话是对抗，还是和解？

人类与动物都属于动物；但在另一个层面看，人类又不是动物。作为自然界的一员，人类无法绕开自身与动物的关系。

在现代社会生活中，人们的宠物情节和动物陪伴疗法似乎都在暗示人类与动物之间的心灵沟通是一种客观存在，并且人类的道德评价存在被转移的可能。在世界范围内，各种动物保护行为都在提倡一种"平等—对待"的理念与道德操守，这更多的是在给我们自己提出要求，因为，人类是地球上"唯一的道德主体"。动物保护主义者通过人类对动物的虐待与杀戮揭露了人之本性中残暴的一面，并且希望借此唤起人性中善良、平等的一面。如果说人类对待动物的态度是如此的残暴，那么人类对待人类同种的态度同样引起争论。在人类社会的争斗中，酷刑审讯和虐囚事件是一个历史性的现象，其表现形式包括肢体伤害、人格侮辱、性侵害、社会道德的压制等(Arrigo, 2004)。在人类社会规范体系中，诸如恐怖分子一类的社会规范的违背者被视为可以被任意处置的对象。即使在法律层面看，这种处置行为的道德规范与社会矫治之间的界限也并不十分清晰，并且时常与道德判断产生关联。仅在道德层面讨论，这些人是没有道德地位的，他们是社会包袱，同时也是社会的附属物，谁都无法在社会整体建构意义上消除他们的存在。那么，这里就存在如何对待这些人的问题。站在抽象的立场看，就是人类如何对待那些处于道德下位一方的同类物种的问题。如果直接将此与人类—动物的道德对待进行类比，也许并不合适；但另一方面，它们同样处于道德的下位一方，这点又是非常类似的。对待动物，人们可以说那是纯粹利用的原则使然；对待同类，人们可以说是道德原则使然(因为他们做了不道德的事，并且违背了社会整体的道德原则)。这是否意味着人类具有天生的虐待物种(包括动物)的本性。

人类与动物之间的关系可以追溯到早期的动物驯化阶段。可以说，人类与动物关系的最早发生就是在社会结构开始形成的时候，因为"没有证据表明，人类在达到一定规模的社会单元进行生活的阶段之前，就已经养成了以圈养或者驯化的方式保存动物的习惯"(查尔斯·辛格等，技术史，第一卷，2004，219)。因此，可以认为，人类与动物之间的关系就是人类初始社会性的生存方式的一种表达。

历史地看,无论是出于人类的生存需求(例如,食物的获取与安全保障等),还是出于物种之间的共生及进化需求,动物的保有和繁衍是人类与自然界关系的一种体现。那么,这种人类与非人类物种之间的生态关系应该处于何种状态呢?按照今天的观点,人类能力作用的范围似乎可以超越某些自然法则,这些自然法则可以被科学技术的某些形态有所改变。人类的这种能力已经不是单纯的生存本能,而是一种对于人类—物种关系的观念体系与行为的理解。在动物驯化阶段的早期,人们认为,如果"人类是自然生物环境整体中的组成部分要有益得多。显而易见,人类的习惯和某些动物种类的习性,共同使驯化几乎不可避免。驯化的社会关系并没有约束人类和人类所控制的动物"(查尔斯·辛格等,技术史,第一卷,2004,219)。另外一个事例也证明,人类与动物的关系在理性认知与情感依赖之间很难做出判断和选择,同时,人类与动物的生活范围能够存在一定程度的互相依存或者重合,"在尼日利亚南部的加拉巴的非洲人在营火前讲述的故事说:一个小男孩渐渐喜欢野狗的幼崽,在村庄里把它养大,尽管小狗妈妈试图把它救出去。小狗长大以后,又勾引了一只母狗在一起,它们生的小狗习惯了营地环境,同它们的人类朋友一起出去狩猎远征。当然这个民间故事并不是古代传统,但是的确表达了那些仍然贴近其自然环境的人们的想法"(查尔斯·辛格等,技术史,第一卷,2004,221)。

从人类驯化动物的实践中,我们不难抽象出一种认识:人类与动物共同处于一种生态环境中,这既是客观生存的需求,也是一种先验的观念。这种人类与自然界互相依存、互为精神寄托的表达与其他物种之间的共生社会行为基本一致,"这种相依性是那些已经发展了某种社会环境的高等动物的特性,而且不是相互敌视"(查尔斯·辛格等,技术史,第一卷,2004,221)。这种情感的需求,在今天社会生活中人们对于动物宠物的需求中有所体现。但是,我们也可能将这种主观体验视为社会生活中一部分人的主观需求,例如,孤独的人群与老人等,从而说明了人类与动物之间的关系似乎不具有人性使然的一面。

虽然,考古学和科学实验并没有给我们提供一个明确的具有实证意义的事实来解释人类驯化动物的内在原因,但是有一种观点认为在动物驯化过程中"妇女的母性本能可能起了一些作用"(查尔斯·辛格等,技术史,第一卷,2004,

221)。这虽然没有能够清楚地解释人类与动物能够和睦相处的原因，然而，它在另一方面提醒了人们——人类与动物的关系只是一个视角的问题。

### 3.4.1 动物伦理观的争论

应该如何来讨论有关动物的伦理问题呢？人们通常会设定一个评价的标准或者行为框架，并对其赋予一定的主观含义，这些主观含义大多来自社会的日常生活与个体的生活经验。在人类的道德观念体系中，善与恶的划分是一对基本概念。善与恶是一对抽象的思维存在，它们可以被视为人类的一种感觉，而感觉又是因人而异的。另一方面，利益却是人类共同的一类认识。

广义地理解，动物以及其他非人类的物种对于人类来说，都是一种需要互相伴生在这个地球上的利益共同体。狭义地理解，动物如果能满足人们实际生活的需求，包括食物需求、工业生产需求、日常生活需求、科学研究的实验需求等，就会被认为是有价值的。因此，对于那些具有利用价值的动物来说，人类应该如何对待它们就成为具有伦理学意义的话题了。

在公众理解的层面，人类与动物的相处及其关系的标定与反映更多地集中于宠物情结和动物受虐的事实。这似乎是一种"人之常情"，然而，另一方面又很难将其进行某类科学的或者伦理学的分析与归类。换句话说，人们的某些情感表达与实践是否符合科学的要求，或者是否符合伦理原则以及"利益"的实用主义标准仍具有一定的争议。这并非要诋毁或者否定人类的某些行为与情感动机，只是试图表明人类与动物关系在人类行为中的表达及其与科学、伦理学研究的关系。

人们日常生活中的某些行为具有一定的伦理学或者科学意义上的形态或者表达，这是毋庸置疑的事实。尽管动物心理的现实表达仍然不被某些人接受与认可，在科学研究层面也没有得出确定的结论来支持动物与人类的心灵沟通与理解；但宠物饲养问题的确反映了一些伦理层面的行为与道德失范。人们在日常生活中，将猫、狗、鸟等动物视为宠物而饲养，在心理层面，人类与动物之间存在着心理与意志的沟通及行为反馈。从人类的道德观察角度，这被视为人具有爱心和人性的一种体现，它或许是一种朴素的情感表露与道德回归。在对待人类家养动物的责任与义务层面，关爱动物的人们强调人类对于自己宠物的照顾与善待，并将其视为人类与动物之间存在的责任与义务的具体体现。有些人类行为却具有一定的宗教色彩，例如，佛教的放生活动。如果仅仅站在这个角度看问题，一切似乎并无不妥，也很合乎道德的要求。如果我们以物种多样性维持的视角来看的话，就会发现问题似乎已经超出人们的主观意愿，而更为糟糕的是，人们对此陷入了无法自拔的心理—生态伦理悖论的泥潭——一方面，人类努力表达自身对于物种的关爱；另一方面，人类却扮演着物种灭绝的"杀手"。当人们饲养的动物数量在特定的人类聚居区达到一定数量的时候，就会对小生境中的其他物种的生存构成威胁，例如，城市中的猫，以及那些被人们抛弃的流浪动物等就对周围环境中的其他物种生存构成威胁。人类放生动物也会造成物种入侵，对当地原有的物种构成新的干扰。事实上，人类的类似行为产生了伦理与科学思维之间的失衡，人们凭着自身的感觉来道德地对待动物，却没意识到在生态多样性上施加的是借由人类行为可能发生的不可控的干扰。在人类的情感认知上，有时候也难于接受这样的伦理选择——处于科学理性的认知结果之中，人类是否需要适当地约束某些原本属于人们朴素、善良的道德行为及其主观认识——这是在生态伦理实践与生态意识的进化进程中经常遇到或者发生的伦理学意义上的两难困境与争论之一。

另一方面，即使在科学事实的视阈之下，人类与动物之间的关系只是整个地球生态系统多样性表达的伦理观念体系的映射之一，在一定程度上可以认为是人们的道德观察的表象之一。在科学研究的范式下，动物只是物种之一，动物与人类的关系也只是生态多样的一种表达。人类与动物的关系应该延展至人类与生态多样性的关系上。人类的生存行为不仅仅单纯地从自然界获取生活与生产资料，而且也通过有意识的技术行为去修改着自然界的物质存在形态或方式；这些人工的扰动都会对物种多样性的变化产生影响。例如，地球表面的河流与水资源。从古至今，人类与地球上大多数的物种都离不开水。河流作为地球表面淡水资源的形态之一，在人类社会的生产方式与生活方式的进化与演变过程中起着重要的支撑和维持作用。人类运用技术手段对自然界的河流系统进行管理，其目的主要有公共用水供给、灌溉、航运、防洪和发电，全球有超过60%的河流系统受到了流域改道的影响，并由此造成了物种丰富度降低超过50%、物种多样性的损失超过25%的生态胁迫后果(Kuiper et al, 2014)。研究说明，技术行为在满足人类自身的利益需求的同时也对其他物种的生存产生影响，其中就包括许多动物。这实际上就是人类与其他物种伦理关系的一种认知状态，但是此类人与其他物种的伦理关注并未获得与动物宠物相类似的人群情感在心理与社会公共意识层面的共鸣与共识。人们或许认为这是科学问题与人类生存—生计事情；人类在面对这些技术工程（行为）的时候，技术的成就感超越了物种间的伦理感受与认同。

某些科学研究表明，生境与栖居于此的不同物种之间的关系比人们预想的要复杂得多。物种间的关系转化是利益的需求，也是生存的驱使，甚至可以说，每一个物种都可以以其自身为小生境的核心而构建一个生态体系。这就给人类对生物之间关系的认识增加了难度与理解的障碍。在小生境中，每个物种及其附带的关系结构与其他物种关系之间是一种互为对照的关系，或者说是一种互为参照的关系。例如，在森林生态学的范畴内，森林残留物是一个研究范畴。对于森林残留物的研究涉及营养分解的模型等，它又与腐食动物和微生物的生存及其食物链相关联；营养元素与能量流动的研究涉及土壤结构的问题；不同植物种群的凋谢物又与气候类型有关；同时，森林残留物在其形成过程中的新陈代谢作用又会涉及人类干扰造成的影响。这些因素既可以是独立的研究领域，也可以是某一研究的参照指标，最后都可以反映出森林生态学的研究范畴。同样，在森林残留物的研究中也反映了动物之间的生态关系，例如，寄生关系。寄生关系是动物种群关系中非常普遍的一种生存关系，寄生行为与关系也影响着植物种群的繁衍——授粉。在人类的农业活动中，动物或者昆虫的寄生关系还影响着植物的健康问题——天敌的相克等（Rossetti et al, 2013）。当人类不断开拓自己的行为空间的时候，不同程度上借助于生态系统的网格关系结构与不同物种发生不同的关系，人类与动物的伦理关系在人类行为、物种间的关系等方面存在着直接的或者间接的表达，有时候甚至是一种曲折的表现与认识。

面对种种复杂而且细微的人类与动物或者生物之间的关系，人类努力在思维层面进行区分、判断、评测与取舍。平等主义是人类及其社会意识对待动物的一个基本原则，彼德·辛格等哲学家甚至将平等对待动物的原则与理念用来理解生态女权主义。生态女权主义理念的一个重要指标就是物种间的平等，这个指标适用于几乎整个自然界的生物。生态女权主义的一个积极的抽象就是以女性为代表去揭示人类与其他物种间的平等关系，而母性作为人性的象征意义是地球万物伦理关系可以通约的纽带。反过来，人性的善良一面似乎是善待万物的本性基础。倡导动物伦理平等原则的积极意义不可否认，但是在技术社会下结合着利益驱动的评判，对动物伦理的认识就是一场人类的技术化的生活与物种间的道德约束发生对抗，以及对其进行哲学反思的进程。

在工业化进程中，人们无法确知利益作为一种伦理的评价指标在人类与动物关系的问题上能否继续走下去，或者显得更为理性与道德(合理)。工业化进程中造就的“效率和效益第一”的标准，不仅成为经济领域的信条，也成为工业化语境下的哲学的理念标杆。在这个利益驱使的思维“本底噪声”中，道德以及人类的其他情感似乎显得不那么重要了。这或许也是因为科学技术的形态无法以情感指标来表达人类与动物之间伦理关系的缘故。诚然，即使在人类的道德体系中，“利益”或者“功利主义”也是一类敏感词汇。利益及其获得结果的最优化，无论在数量还是感知上的表现都是因人、因条件而有所差异的，在一定条件下甚至是自相矛盾的。例如，现代城市人群的宠物情怀，在个体看来，这是对动物的关怀与人类情感的寄托；但是在动物保护主义者们看来，情况则有些不同——将动物进行圈养，或者为了满足人类的喜好而培育特定的动物品种，是不道德的，因为这违背了自然选择法则的指引。如果再考虑到生态学层面的物种入侵及其带来生物多样的毁坏，那么，这种最普通的、也是最为常见的人类习惯(行为)在动物伦理层面也是值得商榷与反思的。

人类社会的食物供给与食物链的进化是人类生存行为发展过程的重要支柱与基本保障(这在工业化进程中直接与农业生产和农业技术相关)。食物链的进化也是反映人类社会文明程度的指标之一。在人类食物链的进化上，动物是肉类食物营养不可缺少的提供者。在现代农业生产中，人们对于动物的大量屠宰也引起了社会对于动物权利的争论与认知兴趣；技术的进步及其应用进一步加剧了这种伦理学意义上的争论与动物伦理实践的激烈程度。以实验动物的伦理争论为例，在科学实验层面，动物作为人类某些实验的必需物或替代物正在参与人类的生存竞争试验。人们因此关注到动物的饲养条件与实验手段的合理性。据统计，全世界每年有 7 500 万—1 亿只脊椎动物被用于各种目的的科学实验与研究，它们被饲养在“破败的笼子里，食用着随意提供的食物，这些都对动物的行为和心理产生不良影响，导致了由于过量喂食和不活动而产生的寿命缩短的结果”。人们即使仅从实验效果的角度来考虑动物福利的话，也能看出“标准化的（饲养）环境条件有助于降低实验动物分组内的个体差异，最终将有助于对治疗效果的检测”(Baumans et al, 2013)。面对这种情形，人们应该如何解释动物权利呢？即使在利益语境下，动物的利益与人类健康等利益如何平衡与取舍就成了动物伦理意义认知的分水岭。即使考虑到平等的伦理原则，人们在此类问题上也是左右为难。如果我们进行进一步的分析就会发现，人们之所以会左右为难或许是因为在动物的自然利益范畴中夹杂了“痛苦”，或者“遭受痛苦的可能性”。人们对于动物权利的保护与认识受到了来自“动物们必须被迫遭受与忍受各种痛苦”的道德谴责与伦理追问。这说明，在理性的利益概念中分裂出了痛苦及其承担者的道德内涵。因此，“遭受痛苦”和“承受痛苦”成为人类对于动物伦理理解的关键性要件之一。而在另一方面，这也促成了人类社会对于技术行为下的动物利益理解的分裂——大利益与小利益的区别。大利益是指人类及其社会的整体利益；小利益是指仅局限于动物自身的权利。一般认为，人类社会（包括个体）都会倾向于这样的伦理选择，即为了实现人类及其社会的整体利益的最优化结果，对于动物权利（小利益）的侵犯是值得的，也是有价值的，在某种条件下甚至是必须的。

因此，对于利益的不同维度的理解与转换构成了人们对动物伦理认知与争论的一个层面；而对于动物伦理范畴中“痛苦及其承受”的认识进一步加剧了此类争论。

彼德·辛格指出，许多哲学家都知道将利益作为一种哲学原则，并将其应用于人类—动物的伦理实践中，但是，很少有哲学家意识到这种哲学原则也会被应用于人类自身。边沁(Jeremy Bentham)就是其中之一——“这一天会到来的，动物会主张它们的权利，它们的权利被暴虐之手压制了。法国人已经意识到皮肤的黑色不是一个人可以被抛弃，而对施虐者的任性不加矫治的理由。总有一天我们会认识到凭脚的数量、皮肤的毛色或骶骨的退化去遗弃一个有感觉的动物是没有道理的。还有其他办法来描述这个无法逾越的习惯么？是思考还是争论？人们通常认为和一个一天大的或一周大的，甚至一个月大的婴儿相比，一匹成熟的马或一只狗不会思考，也是不会与人交谈的。但是在另一方面假设一下，他们有权利么？问题不在于他们能否思考或者能否说话，而在于他们能否忍受痛苦”(Singer，2009,7)。在这里，边沁指出了一个问题：人类与动物的根本区别是否仅限于“理性(的思维能力)”。如果说人类因为具有智慧并由此获得了在地球上的物种的道德权利的话，那么动物则可能因其可能承受痛苦而同样获取(某种)道德的(权利)支持。彼德·辛格也主张物种是否具有“承受”与“享受”的能力是人们谈及利益原则的前提，他写道：“承受痛苦与享受快乐的能力是具有利益的根本前提，是一个我们以一种有意义的方式谈及利益的时候所必须满足的条件。当我们去说一块被一个男生沿着马路踢的石头是没有利益的，这是荒唐的。一块石头没有利益是因为它不能感知痛苦。我们做什么都可能改变不了它的权利地位。承受痛苦与享受快乐的能力对我们判断动物权利(利益)来说不仅是必须的，也是非常充分的标准；至少动物有权不去遭受痛苦。例如，一只老鼠就有权利不被沿着马路踢行，因为它会感受到痛苦”(Singer，2009,7－8)。在辛格看来，“能够感知痛苦”是具备道德争议的先决条件之一，但与此同时，他也意识到另外一点，“我们无法对不同的物种进行精确的承受痛苦的能力的比较，但是精确性也并不是必要的”。(Singer，2009,16)辛格将感知对比的精确性排除在对物种之间的承受能力的认知范围，至少不是必需的前提条件，就使得人类的道德原则在推及彼物的应用上变得更加灵活与有效。因为辛格清楚，人类个体在某些特殊条件下的心智能力仍然无法确切感知痛苦或者不利，并且无法经由理性思考做出选择，例如，婴儿。如果将其理性思维的确定性，即感知精确性的思维范畴，作为动物权利认同的必要条件之一，势必会造成不必要的困扰与争论。这并非否认争论的意义与合理性。彼德·辛格认为，如果过分强调物种理性思维及其思维结果的确定表达，就有可能在逻辑上抹杀婴儿、智障人与动物的区别。这实际上就容易进一步混淆动物伦理与人类道德界限及其不同，动物伦理的存在前提就是动物与人类在物种范畴与社会生活的不同。

关于痛苦及其感知与承受的问题是一个复杂的动物伦理认知与实践问题，它涉及神经学、社会学、心理学、哲学等领域的研究。这些领域的研究进展以及成果都有可能深化有关动物权利的理解，也可能使动物伦理的认识变得更加多元化。动物伦理及其有关认识，就其本身来说，是一种道德意识(与原则)的跨界认知与实践。

一种思维的跨界认知，在伦理学意义上，可以说是哲学思维的反身思维表达。思维的反身表达既是人类思维的能力的一种体现，也是伦理关怀得以存在的客观基础。另一方面，这种思维的反身形态也容易造成思维主体与客体之间在思维内容与形式上的不平衡，其后果就是人们容易把自身的思维形态与内容强加给客体，尽管这可能是无意识的；其结果是容易导致人类的伦理认知偏离。例如，痛苦是什么，动物的痛苦又是什么。

关于痛苦，在概念上，它是一个因人而异的感觉，人们对于何为痛苦以及所能体察到的、所能承受的痛苦的程度都有不同的感觉与认识。在特定条件下，某些痛苦可以被稍后即将出现的某些结果而有所掩盖：人们在经受医学治疗过程之后就有可能出于对愈后的期盼而缓解由于症候和治疗手段所产生的痛苦的感觉；注射疫苗所带来的抗体免疫功能会抵消人们在注射时产生的疼痛感，以及激励人们去容忍不良反应的危险等。在社会条件中，人类的某些痛苦又容易与利益的获得发生交换，这样一来，原本是痛苦的感觉或者经历就会悄然转换为利益的现实获取。有时候，人们所说的痛苦经常与"残忍""鲜血淋漓"等程度描述相关联，这些看起来是人之常情，似乎无可争议。然而，事实有时也并非如此，例如手术中的场景不可谓不"残忍"、不"鲜血淋漓"，但是人们依然接受之，其原因在于它是可以被接受的(人们为了健康而愿意去承受这种痛苦)。这似乎又在论证人类为了更大的利益而甘愿承受痛苦。

那么，人类如何将对痛苦的感知与实践应用在动物身上呢？在现时代，人类如何判断与感知动物或者其他物种的痛苦显然是一个与科学和哲学都有关的问题。技术进步加大了人类行为对于动物的迫害程度，也同时加深了人类对于物种权利的思考与反思。

如果我们将利益的获取作为痛苦的一种吸收剂，这显然不符合动物权利中平等主义的原则规定，因为，到目前为止，人类社会都以自身的生存作为最高的利益。也就是说，人类有权利按照自身的需求去对待其他物种与自然界的其他存在。这样极有可能使得人类的行为不受任何伦理约束，从而加剧物种遭受不道德对待的程度。工业化的哲学理念加强了人类社会对于利益获取及其行为的依赖，人类在激烈的社会生活的竞争中不断地遭受着压抑性精神挤压，以至于人类对于动物权利的维护或许正在演变为一种新的禁锢与侵犯。在道德主体地位上看，这种人类对动物权利的禁锢与侵犯或许其根源就是人类自身所遭受痛苦的经历在思维中的映射与反应。从一个侧面，在一定程度上看，社会中的人类群体或个体对于动物权利的争取，以及人们对谋求动物获得（类似）道德主体地位的向往，实际上是在满足人类自身的精神与情感伤口的愈合感，其主要实现手段就是对其他物种道德主体身份的追加与认可。

当人们努力寻求保障动物权利及福祉的时候，人们习惯性地将动物的身份设定在道德主体的位置。这样一来，人们有理由要求整个人类社会包括其中的个体在我们的心灵深处感觉到一种对于动物（推及至生态系统）的天赋的平等义务。如前所述，这种由己及彼的反身性思维导致的反身义务观，在一定程度上，容易导致由己发出的义务反而成为侵犯对方权利的理由。人类容易依照自身的道德尺度来要求和对待动物，这反而构成了对动物权利的侵犯。此时的人类道德转变为惩罚他物的原则与规定。举一个在日常生活中经常出现的简单事例来说明这个问题：人们对宠物的驯养，使其符合人类的生活习惯与道德要求，否则就会受到一定的惩罚。也就是说，人类或许更希望的是动物权利更加符合人类的道德要求，这是一种基于人类社会实用主义利益观的道德表达。

人们习惯于评测动物的行为，客观地说，这或许是个自相矛盾的提问，其矛盾之处在于人类或许过高地估计了自身的思维的力量，把原本不属于我们的动物拉进了人类的思维框架，痛苦成了道德义务在人类心灵深处的激发点，与此同时，人们却可能忽略了动物的快乐权利。

快乐以及动物对于快乐的享受（行为）可能是出于对痛苦的逃脱，也可能是出于动物的社会性行为。对于动物是否具备感知快乐的能力与智慧始终是一个难以解释和证明的问题。虽然在科学研究与实验中人们证实了动物对于痛觉等环境刺激有所反应，但是，在通常情况之下，人们将其视作本能的生理活动与应激反应。乔纳森·贝尔康（Jonathan Balcombe）从动物行为与感知的角度出发，指出动物存在感知快乐的可能，例如，玩耍、食物、交配、触摸等。在对这些动物行为所做的科学研究与实验表明：它们不仅仅是一种本能的生理反应，其间也夹杂了非本能、目的性的行为，在这些行为中，动物之间增进了某种联系。贝尔康认为对于这些联系与动物行为道德层面的认识与解读有助于重新理解与建构人类与动物的关系模式（Balcombe，2009）。

一般认为，人类作为地球上唯一能够运用智慧去思考的动物，为了满足自身的娱乐、饮食、生活去猎获动物、圈养动物、屠杀动物，这些行为可以被解释为人类基于快乐权利的要求。此时的一种伦理意义的权利成为伦理实践对象的痛苦，而利益则成了人类发出动作的驱动理念。因为对多数人来说，权利是虚无的，只有利益——现实的利益，是看得见、摸得着的。或许当权利能够被利益所表达的时候，权利以及社会对权利的争取与维持才是有形的。这似乎是说，人类就是一种天生的利益驱动者及其产物。利益及其获取在动物伦理的道德评测体系中很容易被翻译为"邪恶"。换句话说，无论是人类还是动物，快乐及其权利的享有最好与利益划清界限。这种观念似乎是受到了工业化以来的巨额经济利益获取的干扰，人们通常简单化地将利益的最优化等同于经济利益。另一方面，资本主义的发展史在资本的原始积累阶段的历史事实更加血腥化了利益的邪恶映像，特别是在动物伦理层面。

我们能够设想乔纳森・贝尔康的观点会遭到人们的批评：有些人认为除了人类之外，动物能够体会到快乐并且主动寻求快乐吗？很多诸如此类的争论，其结果最后仍然可能归结到"利益"二字。即使人们承认动物享有追求—体验快乐的权利，但是面对人类的生存需求，二者的利益应该如何取舍则是一个生态伦理学的永恒研究课题。关于这一点，利益的最优化与利益的获取，始终是一个哲学意义上的传统观念。从边沁到彼德・辛格，再到汤姆・雷根(Tom Regan)等哲学家都没有回避利益、利益最大化的问题，但是我们也应该注意到，无论是谁也都没有严格区分痛苦、快乐与利益的对立与分离。人们也都认为利益既包括消除痛苦，也包括寻求快乐；只是社会在争论动物伦理的时候，将注意力更多地放在了动物对自身痛苦的承受问题上。

无论是边沁、辛格基于功利主义的动物伦理观，还是雷根出于道德色彩的动物主体的道德身份意识，都将动物承受的痛苦及其痛苦的程度作为人类对动物快乐权利的侵害来加以立论与阐述。客观地理解，利益作为一种概念及体系是指一种处于最优化状态的某种存在，它可以是主观的，也可以是客观的。在哲学传统上，人们对于利益的争论与质疑，往往集中在利益的形态表达上——利益是以金钱为其表达，还是以精神为其表达。前者是人类进入工业社会以来的社会意识认同点，而后者则存在于人类的道德意识之中。在现代科学技术的形态中，人类及其社会更加关注利益行为对于环境和生物的远期影响,人类可以在一定程度上接受技术的利益驱动,但是也要考虑技术行为(及其所代表的人类行为)造成的生态后果与生态恢复的可能。

因此,人类对于动物权利内容的定义与其包线的限定就成为动物伦理研究的关键性环节之一。

### 3.4.2 生命行为的价值界限

自古以来,人类与动物之间的关系就是十分微妙而又融洽的。在世界各国和不同地区的很多文化形态中,动物或者植物被视为人类与自然界沟通的使者,以及人类与自然界关系的表达者。人类在其生存进程中,在历史上的某个阶段,在人类的认识里,动物是通灵的生物,某些动物的超能力是人类获得庇佑的精神源泉,例如,动物图腾。虽然考古学并未提供确凿的证据来说明人类与动物的关系是不是处于直接的利益驱动之下,例如,为了获取肉类食品;但当人类及其社会发展进入工业化阶段之后,工业化的哲学理念与社会行为便一直与动物的使用价值与现实利益表达产生直接关联。

在哲学传统上,人类将自然界及其构成要素都视为具有一定的价值与利益的表现载体,这也是动物伦理研究的逻辑根据之一。这种逻辑认知与生态哲学理念中生态系统的整体价值规定是相一致的,即动物是生态系统的一个有机构成,其价值的表达同样具有生态系统建构意义与人类及其社会组织生存的现实(行为)表达性。很显然,前者可以用生态学以及生物多样性的科学范畴加以覆盖,后者则更多地涉及人类社会的生存需求与生存行为——农业行为与农业技术的进化。

整个宇宙的生成与运行都依赖于某种运动与行为的表达,这已经不是物理学可以解释与吸收的了。众所周知的事实是,生态系统的存在与维持是一个复杂的物理、生物化学过程与人类社会存在过程的互动需求及结果。人类不去设想人类消失之后的地球是一个什么形态,这在表面上看来似乎与人类无关;但在哲学家那里,这是一个以未来虚构为逻辑前提的警醒表达,其目的在于规范人类的现实行为。在人类的语词体系中,人们擅长将整个宇宙的存在与发展比喻为一个生命进程,人们认为几乎地球的每一个存在(或者每一件事)都是一个类似于生命进程的表达。这种思维的逻辑起因或许是因为生命形式的进程都必定经历着从发生到灭失的过程及其各个阶段不同形态的存在。现代天文学的研究表明,即使是宇宙这个人类过去曾经寄托着无限延续的客观存在,依旧逐渐在走向死亡。当死亡成为人们思维中不可逆转的逻辑结果(指向)的时候,生态系统的一切都可以归于生命进程。而在这个进程中充斥着各类运动与变化,作为生命的个体而言,这可以被转译为生命的行为。思维对于行为的指引作用是不言而喻的,因此,人类对于行为的研究就在于揭示、解释与建构一种足以影响行为的关系。在生态伦理学意义上,一种关系与一种行为是密不可分的,哲学分析寄希望于对关系与行为的研究来找出生态系统与人类社会正常运行的思维方式,并进一步建构出一个可供人类进行行为选择的路径。科学技术的出现与发展在更大程度上强化了人类对于生态系统要素之间关系的认知与行为的相互作用;同时也将人类对某种关系的认知与行为结果的预测、选择紧密结合在一起。随着技术进步导致的技术行为效率的大幅度提升,人类发出错误认知指令的可能性比以往任何时期都要大,而且其可能性得以实现的概率也越来越高。可以预计,整个社会行为会变得不可思议,这些让社会学家们的研究愈发困难,也让哲学家们感到了前所未有的行为危机意识。因此,在整个社会行为、包括个体行为的研究上,哲学家们要深入思考:考察行为的动因是否还要孤立地依靠利益(优先)原则,或者对人类与外在世界的关系是否应该谨慎反思与重构。另一方面,工业化技术哲学范畴内的研究则需要进一步将行为与关系的驱动因素与技术行为可能产生的结果相连接,从而对技术哲学的范畴做出相应的重构与解读。同时,随着公众意识的不断提高与社会参与度的提升,人们对于技术行为与思维的解读也日趋多元化,当公众聚焦于生态问题的时候,伦理学意义的研究就显得尤为重要。技术行为的现实(功利)性需要人们做出现实的选择,而这种选择也需要合乎一定的伦理约束。在生态伦理思维与实践的层面上看,它似乎有些两难——其一,人类行为如何兼顾道德与现实;其二,人类应该以何种行为作为生态关系认知的伦理思维实践化的立足点。可以说,在一定程度上,人们对于这些困难的不同理解与解读,成就了生态哲学与生态伦理学的进步与发展。

谈到生命行为就无法回避生态或者环境意义上的价值与功用,在科学技术哲学语境下更是如此。

一般认为，在生态哲学（或者环境哲学）语境下，整个生态系统都被赋予工具价值与内在价值集合体的色彩。在科学技术哲学的语境下，工具价值可以被理解为一种功用——满足人类现实生存需求的技术行为及其结果；与此同时，内在价值似乎不在技术哲学关注的主要范畴中。这也符合一般意义上的理解——科学技术就是现实的功利主义的实践。内在价值与工具价值的概念同样适用于人们对于动物伦理及其社会实践的探讨与争论。人们通常认为，动物具有内在的天赋价值，这是一种万物平等的道德外衣；另一方面，人类对于动物具有的所谓的"工具价值"界限的突破则刺激了人类对于生态平等主义的追求与实践。人类基于动物内在价值的体验来指导其工具价值的实现似乎是社会对于道德与利益纠缠的一种折中的解决方案。

人与动物，各自作为生态系统中的一员，都具有生物和社会特征的行为范式（范畴），并且都通过各自的行为及其结果与外在存在发生、维持、转换着某种联系。史蒂芬·安德雷德（Stefan B. Andrade）和英格·安伯格（Inger Anneberg）的研究（Andrade et al, 2014）显示，人类社会意识对于动物福利关注的谨慎程度与范围之广已经超出人们的想象。在英国、丹麦与荷兰的媒体头条出现了许多诸如"农民因为虐待动物而被禁赛、农民因为对猪的忽视而被判 30 天缓刑"等新闻。今天的农民越来越多地受到公众的质疑与社会规范的约束，其部分原因就是农民群体对动物福利的忽视。该项研究指出，农业工业化进程提高了生产效率，加剧了农民的竞争压力，这些都成为农民忽视动物福利的基本动因。在发达国家的农业生产中，由于技术的进步与介入，一方面，动物的医疗条件得到提高，食物变得丰富，圈养条件得到改善；另一方面，来自高生产率的需求也导致圈养数量过大、对动物自然习性的压抑等问题。面对这些问题，该项研究指出，人们（主要是农民）迫于农业生产中经济环境的压力、全球经济一体化的压力、政府指令与政策的限制、工业化生产标准的限制等无法更多地关注到动物的福利问题。同时，研究也指出另一个方面的问题也不能被忽视——第二次世界大战之后，西方国家工业化实施的强度也给农民与他们的家庭带来了一定的压力与影响，例如，高离婚率、工伤、自杀、精神问题等。这些压力在特定情况下有可能转化为人类对动物的虐待或者忽视，而这或许可以被解释为人对于压力的某种发泄。史蒂芬·安德雷德和英格·安伯格的研究揭示了技术进步产生的社会行为压力同人类行为及动物伦理之间的联系以及对后者的潜在风险问题。虽然这只是人类与动物关系的一个侧面,但却将人类农业行为的社会—生态伦理共架的关系、特征与矛盾表达了出来。

另一方面,现代科学技术研究极大地丰富与扩大了动物福利研究的范围,将人们以前没有认识到的许多物种都纳入了动物福利及其与生态系统关系的范畴。例如,生物学研究发现鱼类也是一种有知觉的动物。生物学的这些研究发现促使人们去关注鱼类养殖过程中的伦理问题,主要集中在四个方面:产卵期、成长期、捕获—处理和屠宰,以及鱼类的身体、智力水平和相应的适应性行为。同时人们也在逐渐关注野生鱼类种群的减少、废物及化学物排放、栖息地减少、疾病的传播与外来物种入侵等环境问题。生物学与动物伦理学研究的结合使得人类的鱼类养殖行为及其面临的环境问题与鱼类在生物学意义上的知觉特征、福利观念连接在了一起(Bergqvist et al, 2013)。很多此类研究逐渐引导人们去了解动物福利与人类环境伦理之间的某种关系及其互相影响。

在现代科学技术的社会建构之下,人们对于动物福利的争论与质疑,可以在一个侧面被理解为是人类对于自身价值界限的思考。正如戴维·弗雷泽(David Fraser)所说:“在工业革命时期那些对于人类福祉的争论,很显然是伴随着因畜牧业高速发展而引发的动物福利争论而存在的。事实上,各种针对动物福利的异议也可能是不同思维模式的持续影响的反映。”不仅如此,他进一步指出,在工业化环境中,“工厂体制”已经逐渐脱离单一的物质生产范畴,而进入哲学思维层面,甚至可以说工业化建构起了一种世界观。工业化的哲学理念在现代社会意识运行中扮演了思维参照物的角色,并以此为对照激发了人类关于生态关系的不同理解与思考。在现实生活中,关于动物伦理的认知,弗雷泽认为事实上是两类世界观的冲撞。戴维·弗雷泽将两类世界观分为:Rational/Industrial world-view 与 Romantic/Agrarian world-view,即理性/工业化世界观和浪漫主义/农业化世界观。前者崇尚理性与科学,其结果是效率与社会的进步;后者主张自然与自由,其结果是追求人类—自然界的和谐。那么,持有不同世界观的人们对于动物福利的观念又是什么样的呢?戴维·弗雷泽写道:“那些倾向于浪漫主义/农业化世界观的人认为对动物来说好的生活(主要)是自然的生活,通过散养环境与放归户外来模仿自然以实现动物的自然生活状态。他们强调动物的情感(它们痛苦么？它们快乐么?)，重视动物自由的重要性。他们可能认为封闭的环境与高水平的动物福利是不兼容的，他们认为过去传统的、非封闭的环境才是理想的境界，并且认为我们也应该努力回到过去。与之相反，偏向理性/工业化世界观的人倾向认为美好生活应该避免大自然的无常。相对于动物个体的自由，他们强调环境的理性及科学基础(疫苗、科学饮食)，他们将高水平的生产效率视为动物过得很好的证据。因此，这些人可能将现代化的、工业化的生产体制视为进步的模式并最终导致更好的动物与人类福祉……”(Fraser，2008)。由此，我们不难看出，人们由于世界观的差异而导致了在对待动物福利问题上的行为以及认知的差异。不同的人对于价值、利益、理性、感性的理解也是不同的。在浪漫主义者看来，动物的自然状态是最佳的，一种自然而然的自由是动物福利的最优化表达，人类的生活也应该追寻原始、传统的形态。在理性主义者眼中，技术行为对物种行为的介入是一种旨在避免自然进程的残酷与痛苦的现实行为或者最佳选择，在他们看来，技术的介入意味着疾病能够得到有效治疗、食物能够得到充分供给，这对人类或者动物的生存都是有利的。

概括地说，人类希望自身的生存利益得到保障，希望自身的生存利益能够取得最优化的表现。而问题似乎在于人类所秉持的价值或者利益的概念界定上，例如，动物保护主义者会对野外生活的患病动物实施医疗救助。人们似乎不认为将它们直接放归自然界是一种善的行为，此时的人类行为标准与原生态的行为标准或许并不一致。同样的问题也会出现在技术实践中，很多现代科学技术都被用来挽救濒危物种与恢复生态，此刻蕴藏于技术中的人类理性与生态自然属性的表达并无矛盾。这样看来，理性与生态维持并不矛盾。

人类存在于生态系统之中，人类的社会性生存需要并且借助于人类自身价值或者利益的表达与实现来完成物种的生存与社会的演化。人类需要衣、食、住、行等基本生存需求，在此基础之上，现代社会中的人们已经附加了许多高于基本生存需要的需求，人们愿意将文化、精神、修养、健康等观念纳入人类的基本生存需求中；逐渐地，这种价值或者利益的复合表达演化为现代社会的人的基本生存标准。可以认为，今天社会生活中的人类已经自觉地将生态意识中有关物种价值的一部分融入了人类的社会生存需求中，而不仅仅是人们的一种精神层面的畅想了。

在技术时代，人类行为的价值体现，除了人类自身的表达之外，人类以外的要素的价值的表达也成为人类价值表达的载体。动物价值的表现形式已经与人类自身的价值表达融为一体。我们无法彻底地、明确地分立人与动物福利的存在与发展。这种情形在农业活动中表现得尤为突出。作为一种生存行为，食物的获取十分重要，对于食物的来源与加工是人类福利与动物福利冲突的交叉点。从一个角度观察，人类对于动物的价值的界定就是满足人类的基本食物链的构成，再引申一点，可以扩充到人类的生活质量的需求上，例如，动物皮毛制品。在这个层面看，动物福利与人类福利之间的关系是明确的，即动物的一切福利完全取决于人类的生存需求与生活质量提高的要求。这是一个经得起人类社会认知考验的观点，也是一个物种生存的基本功利主义的实践。从另一角度看，人类与动物福利之间的冲突有必要适当调和与吸收，尤其在农业生产领域。今天，公众的某些观念就推动了人类的价值表达与动物福利关系的融合。以北美为例，据不完全统计，有 40％的人关注农业生产中动物的圈养条件、硬件建设、动物的痛苦等精神方面的问题，约 46％的人认为人类应当让动物尽可能在自然条件下存在与生活（Thompson，2010a）。公众的积极参与表现了人类社会群体意识正逐渐将动物价值的体现与人类自身的利益获取相结合，并且在一定程度上认识到了人类的价值表达或许取决于人类与动物在价值界限上的限定。因此，二者价值表达的界限应该受制于何种规定性的约束，这成了科学技术哲学需要研究的一个方面。

科学技术进化的一个主要原则就是支撑人类的永续存在与发展。在农业生产领域（养殖业、畜牧业）也不例外，甚至更为重要。单纯地看，农业生产所提供的产品是食物与工业生产原料，这可以被视为单纯的经济利益而加以价值体系层面的评测。但是在当代地球资源的限制以及环境维持与工业发展需求的制约下，纯粹的经济的价值视角已经难以维持人类与生态系统的基本关系。在技术—经济（价值）的语境下，一切可以以资本进行运作的要素都可以构成商品，或者商品化。这种工业哲学或者经济哲学的观点可以用来解释经济领域的社会生活与社会行为，但是却无力进一步解释作为生态整体一员的要素存在的道德与伦理行为及其思维发端。或许在理想状态下，地球上的一切都可以被囊括进资本与经济的哲学范畴中，但这是否可行、是否合适仍旧存有争议。在现阶段，那些无法被经济哲学观点覆盖的自然界的某些客观存在足以被生态哲学与生态伦理吸收，这一点似乎毫无疑问。属于这些范畴的存在，大概是那些人类目前在经济领域用不到，或者尚无力支配的生态要素(我们可以将其称为某些自然资源)，例如山川、河流、海洋等自然景观。在这里，我们不过多地讨论哪些客观存在可以被经济化的语言及其哲学体系予以描述，我们需要认识到某些被商品化的东西，可能因此消失于生态伦理关注的视线内。雷蒙德·安东尼(Raymond Anthony)等人认为，当动物进入农业工业化的技术加工范畴之后，动物作为商品，或者商品化的产物，就丧失了汤姆·雷根(Tom Regan)所说的生命的主体资格。人们以加工、效率、价格，以及技术哲学的道德观念来看待动物，而不去思考动物的自然价值(Anthony, 2012,129 - 130)。这引发一个问题——科学技术的哲学范式是否遮蔽了人类的道德范式，或者说人类的某种价值被技术行为的利益所吸收。价值的界限由道德的评测转换成了技术行为的伦理范畴——技术行为本身的价值界限是什么；同时，人类及其社会能在多大程度上容忍技术行为对于人类道德感知的突破。

很显然，对于这类问题的思考涉及价值的界限以及人们对价值界限的哲学探讨。假定人与动物都具有各自的价值，包括工具价值与内在价值等形态，那么在技术行为范式下，价值的界限(或者边界)会出现转换与漂移。例如，生活中的人们对于动物的关心与爱护是一种纯粹情感意义上的心理反应及其行为表现；但在技术行为中，这种感觉可能被技术效率等某些技术伦理范畴所取代。人们有可能将技术的进步视作动物福利得到改善的路径，并由此强化了一种认识——技术行为表现了动物的价值——例如，农场中动物产品的质量。这种情况也同样会出现在人类的生活中。人们会以能够获得以及消费某些先进技术的产品作为自身价值的一种体现。例如，高档住宅对于人们社会身份的象征意义。这样一来，处在技术社会中的人是否与那些农场动物一样，成为技术的价值体现的载体？美国哲学家保罗·汤普森(Paul B. Thompson)认为，在资本运作模式下的技术社会里，商品化几乎成为一切事物的代理人。他将商品化的形态分为两种：体制商品化(structural commodifiaction)和技术商品化(technological commodifiaction)。体制商品化的发生与存在是将转让、竞争、异化、标准化等合法化，以此作为社会实践的一种范式。技术商品化则是将转让、竞争、异化、观念等通过技术表达内嵌于事物中，例如，录音技术。汤普森指出，录音技术使得音乐成为一种商品，录音技术同时能够允许作者实施转让行为（Veak，2006）。动物伦理的技术化社会的实践与动物产品的内在价值表达与上述两类商品化的规定相类似。一方面，在技术社会中，社会将技术的规定性原则上升为国家意识，以法律、规定、标准等形式出现，使之成为社会行为的规范。商品社会的体制建构的功能同时也会在社会心理与认知层面产生影响。另一方面，技术的介入使得动物作为一种特殊的商品参与流通并进入经济领域的规定性范畴；动物（产品）本身脱离了生物学意义的生物体的存在，转换为一种内含技术哲学表达因子的存在——肉质、口感、绿色、价格、生产效率等。在此刻，生活于技术社会中的人，作为个体而言，当他看到动物产品的时候，会想到什么，这或许将受制于社会中人类个体的主观感知、认知层级与社会整体意识的水平。

如果人受制于狭隘的科学技术价值体系的束缚，人类与动物就处在相等的价值地位，人类就需要逃离这种价值认知的困境。反之，如果人类是技术行为所产生的价值的实施者或者授予方，人类就需要深度反思人与动物的价值界限问题。表面上看，人类无论出于何种价值境地都要做出哲学思考，而有所不同的是，前者是由结果导致的被动思考，后者则强调主体的主动思考。显然，科学技术哲学要求人类主动应对可能出现的价值危机与误解，这是人们对于价值界限进行深度哲学思考的积极意义。因为“生命的保护不可避免的会导致暴力，其根源在于我们自身或者其他动物都在某个责任体系内（得以存在），但是它应该被限制在严格的必要性之中”（Burgat，2004）。

### 3.4.3 动物伦理与现代农业生物技术进化

在当代，技术产品以及与其有关的头衔都是一个相当时髦的东西，例如，工程师、科学家、智能手机、超极本、闪存技术、固态硬盘等。人们可以毫无悬念地认为技术进化在不断引领着人类的生活，人们在公众意识中保持着对于技术的崇敬与憧憬。因此，人们无须对于技术的时代表达予以更多地脚注与旁白。

如果仅仅从这个视角，人们似乎看不出、也没有理由对技术行为与技术行为的动机产生怀疑和担忧。人类社会向来被认为是理性的社会，人作为群体意识的规定性来说，也可以说是理性主体的代言者。从另一个角度看问题，当科学家告诉人们技术的某种行为及其结果会有害于环境、人类健康的时候，毫无疑问，人们会采取拒绝的态度。人们可以认为自己能够分辨清楚利与弊的界限。在原始时代，由于人类的行为及其结果的表达基本处在宏观形态的视界之中，这或许成立。在人类的一种朴素的、原始的意识形态下，对于那些显而易见的事实或者结果，人们尚能判断。在技术时代，这是否仍然可行？

在现实生活中，很多新技术的研究与应用正在引起人们的关注与争论。一项科学研究指出，对于肌肉数量性状位点(quantitative trait loci-QTLs)的确定将对动物养殖产生影响，能够改变肉的质量与产量，它将带来农业生产的经济利益的改变。对于人类肌肉的 QTIs 的研究则有助于针对二型糖尿病的医学研究，包括胰岛素抗性的发展、代谢设定点的确定等。该研究认为，人类及其社会对于发生在基因、细胞层面的变异及其结果的认知正在改变，这种变化涉及了社会、环境、人种变异，以及人类与环境关系的层面。几千年前的人类，仅凭直观的、功能性的判断进行动物饲养的杂交与育种，这显然是现代分子生物学领域的应用。基因变异的表达同样会发生在人类身上，但是人类及其社会对于基因选择与变异的认知态度却越来越复杂。人类在繁衍后代的时候通常也会挑选对象，其标准是身高、眼睛的颜色、宗教信仰等。在关乎人类身体健康的基因表达与选择上却陷入科学与伦理的自相矛盾之中，例如，19 世纪的欧洲霍乱流行，什么样的基因选择更适合个体去抵抗霍乱呢？通过今天的遗传学研究，人们知道那些耐霍乱的个体通常都是囊性纤维化的载体——一种高加索人种(白种人)中最常见的隐性遗传疾病(Gordon et al, 2005)。这是人类以今天理性、科学的思维与知识体系去对过去的历史事实进行的解读，但是其思维的逻辑却是混乱的。人类如何界定利益的范围及其表达？在科学上，它似乎也是矛盾的——利用人类的一种隐性遗传疾病去对抗另一种疾病。在人类与生态系统的关系上，它是令人困惑的——人类是否应该在技术条件下实施基因选择或编辑。

在生态系统中，物种的微观层面时刻发生着变化，并且这种变化或者改变与环境因素密不可分。正因如此，人们尚不清楚生物技术在技术行为的实施过程中及其之后，技术的后果是否会与某些环境改变发生因果联系。如果说某些生物技术尚处在实验室阶段的话，现代农业生物技术的某些人工技术行为已经商业化，现代农业生物技术行为已经无法避免人类及其社会某些现实的伦理争论与质疑了。分子生物学将动物作为生命体来开展其微观层面的结构性研究，这已经与人们所熟知的、传统意义上的动物形态有所不同，甚至在肉眼看不见的微观视界中也已经显得大为不同了。

在传统上，动物福利的实现客体是看得见、摸得着的生命体，它们的福利条件的表达式是一种宏观意义上的存在。人们可以通过直觉、触觉、嗅觉等进行感知与认识。例如，农场的动物饲养行为、其圈舍条件，以及动物受到的伤害等。在遗传学的基因层面，人类技术行为的实施已经不是传统意义上的农民可以发出的了，其结果也已经脱离了直观感知的层次。在这种条件下，人类的动物伦理研究也随之进化——对技术行为及事件的结果的逻辑推理，社会整体意识层面的建构。

在技术层面解读，基因技术的一个特点与缺陷就是其技术结果的不确定性，这构成了所谓的潜在风险存在。对这一类技术行为的判读，更多地依靠技术原理等逻辑层面的认知与推理。而这也构成了现代农业生态伦理实践的一大障碍与难题，同时也是公众争论与质疑的根本原因之一。我们知道，几乎任何一项农业技术争论的理由，就是因为农业技术及其产品与人类物种的健康和生存环境的安全有关。

在分子生物学的视野下，现代农业生物技术的主要形态就是重组基因技术（rDNA）与克隆技术（CLONE）。这些技术与医学研究、食物生产、动物制品的生产、药物生产的应用等领域产生直接的技术关联，进而针对动物的福利、环境的风险显现、人类健康、人与动物的道德地位、人类与环境维持的认知等产生伦理学意义上的联系。例如，GMOs 与 rBST（Thompson，2007，121－195）。

在社会整体意识层面，公众无法直接与食物生产者发生接触，也无从知晓生物生产环节的技术原理及其过程；因此，人们对于食品生产方面的伦理更多的要求是一个整体的社会建构式的评测。公众认为，一个善良的、道德的社会是不会发生食品安全事件的，也不会发生虐待动物事件的（Brom，2000）。

在技术时代，人类需要以整个社会的价值体系作为人类与生态系统中每个物种关系的评价介质，其评价标准是全人类的永续发展的表达。动物伦理在分子生物学层面的表达，既是人类现实利益的表达与索取，也是生命行为的价值表达由微观走向宏观（现实感知）的过程，这个过程本身就是一种生命行为的进程，也是一种生命行为伦理价值的进程。生命行为与生命进程是极其复杂的表达，在人类与外在世界的互相关系的存续进程中，我们充满着无奈与期望。对此，彼德·辛格这样描述："……我们将不得不彻底改变我们对待动物的态度，这将涉及我们的饮食、耕种方式以及许多科学研究领域的实验过程。此外，我们对待野生动物的方式也将改变，比如狩猎、诱捕、使用皮草，还有娱乐领域诸如马戏团、牛仔竞技和动物园。其结果将是大量的痛苦得以避免。"在动物伦理进化与人类生存之间的博弈中，人类也只是在尽力避免互相伤害而已。(Singer，2009，16－17)

## 3.5　小结

在人类生存需求的伦理架构中，土地既是生态关系承载的主体，也是人类生存行为(农业行为)的实施客体。基于土地而表达出的生态关系最终都将在人类的农业行为中以人类生存为价值表达而有所体现，同时也是生态多样性—人类生存伦理表达的核心。另一方面，动物伦理作为人类福祉表达的对立统一面，其价值在人类社会中的表达也在一定程度上反映了包括人在内的生命形式的固有价值及其表达，以及人类与生态系统的关系。技术范式及其行为在土地与动物的伦理学范畴的反映与表达，体现着人类对于物种永续生存的追求。可以认为，技术的进化必然催生着生态伦理实践与思维的争议，也引发了人类对各类生命形式的行为与价值的思考。

本章所论述的内容是人类生存行为(农业行为)中的主要生态要素，对物种(生物多样性)、土地、动物以及它们与技术之间关系的论述，比较合理地完成了由生态价值及其建构向人类生存实践及其伦理阐述的逻辑过渡。

# 第4章　生存需求(农业行为)与生态伦理的容摄

自古以来,无论是东方文明还是西方文明,都没有将人类生存行为——农业活动看作与传统意义上的伦理规范相违背的一种人类行为。人类的生存行为与对自然界或者生态系统的掠夺、利用等,似乎顺理成章地融入了人类的社会伦理观念体系。在科学技术高度发展的现代,人类及其所处的社会不断对科学技术及其对自然的影响做出评估与约束,生态伦理及其范式(规则)成为公认的维持与约束人类与生态系统关系的准则与尺度体系之一。在这个体系中,包括价值、文化、技术、风险、伦理、社会、政治、宗教、种族等要件,就具体的客观存在形态来说,也包括人们常见的环境问题、技术产品风险、气候变化、资源匮乏、污染治理等。然而,对于农业这个人类生存行为的根本性表达,在现代生态伦理体系之中似乎难觅其踪。

## 4.1　主流生态伦理对农业行为的排斥

一般认为,农业活动是人类的生产行为,其内容或者要素往往涉及生活资料生产领域和食品加工过程。这种性质的人类行为在生态关系整体形态上通常没有被赋予更多的、更深刻的哲学色彩,并对此展开深入的思维领域的研究与探索。

传统上,生态伦理往往会形成一种范式,用来调整人类与环境、物种之间的认知联系。哲学家们从思维以及思维现象的本质出发，试图解释或者揭示出生态系统及其构成要件是如何为人们的思维所反映的。通过对这个反映的研究，就可以剖析出人类如何嵌入生态环境之中。这个过程就是人类以自身为逻辑中心和出发点去认知自然界。科学技术的理性思维通常也是如此。在环境保护主义者或者部分生态（哲学）学家眼中，这样的思维方式或许会导致以人类为逻辑中心来看待和解决问题的思维习惯。这种思维习惯会产生两种现象：熟知自身的差异；对差异产生模糊认知（这里所说的差异，是指思维客体所具有的区别于周围环境而显示出的相对独立性。例如，当我们能够清楚地认知某一事物时，该事物的独立性是相对明晰的。但在思维认知的过程中也会存在另外一种情况，我们习惯地认为，或者自以为熟知某事物，但事实上却并非真知。这样，我们就会忽略其差异或者存在）。在我们对农业行为的认知上就存在这两种现象。一方面，人类的农业行为自距今 10500—10100 年前（地质校正年代），在西南亚洲的村落就出现了，在古埃及的金字塔中也发现了大蒜、洋葱、韭菜、莴苣等蔬菜（Zohary et al, 2013，1 - 8）。在纯粹器具范式（技术/技艺）的进化过程中，农业技术得到了较快的发展，同时在社会结构中规范了人与人之间的伦理行为，例如，农产品买卖，对农产品的占有进一步加剧了社会阶层分化的进程。不难看出，至少在原始农业时代，人类对于农业活动的依赖是明确的；由此可以理解：农业活动的映像在思维认知上是较为清晰的。而另一方面，随着技术的进步，尤其是进入现代科学技术高速发展的时代，人们似乎逐渐淡忘了人类的农业活动；仅仅将其当作人类获取食物的手段，而逐渐灭失了对农业活动中所蕴含的人类与生态系统关系（范式）的科学技术哲学（生态伦理）思考。

随着科学技术的迅速发展，人类及其社会对科学技术的积极与消极作用展开反思，突出表现在对生态（环境）问题的关注。这类关注无论是范式还是技术方法论都依托具体技术为平台展开。其中恢复生态学可以被视为这种思维的代表及产物。科学家试图以技术的手段与方式对已被人类破坏的自然生态系统进行修复。这里，我们仍然需要明晰：技术的方法论需要以一定的认知为前提。似乎不难发现，农业行为（或者农业活动、实践）逐渐淡出哲学思考的范围。美国哲学家保罗·汤普森（Paul B. Thompson）认为“尽管哲学家们很少谈及农业，但是对（有关由农业造成的）环境问题的批评却并不少见”（Thompson, 1995, 21）。

例如，杀虫剂、化肥、转基因等问题。这类批评更多地体现着技术方法层面与环境胁迫之间的相关性认知，从一个侧面理解，也是思维的生态反思折射。所以，集中于方法论层面或者实验方法的思考，可能抽象出某些具有认识论或者伦理意义的范式思考。如果说可能从技术方法角度抽象出哲学意义的思考（对于农业），那么问题就在于农业行为的演化或者进化，是不是以技术进步为载体的——人类农业行为的进化以何种外在表现为路径。

一般认为，人类的行为在许多历史时期都是方法与认识的复合，受制于既是方法论也是认识论的统一。

从原始农业时期开始，农业活动既有纯粹技艺（技术方法论意义）的进步，也有认知的规定性的进步（很多时候表现为社会建构、社会体制等的进步）；甚至是二者合力的结果。农耕技艺的进步使得农业生产活动的生产效率大为提升，这些得益于技术及其方法的改进，例如，犁等农业生产工具的出现与进化。同样，社会及其某些内在规定（体制或规定）同样会提高农业生产效率及产出（即便使用相同的生产工具），并促进社会的稳定发展。这使得农业活动在此时具有一定的范式意义，至少是社会意义上的范式表达。从欧洲城邦制、中国井田制到美国西部开发等，都具有以相应的生产方式、社会关系、政治权力来调整社会结构的范式特征。可以认为，这种范式是一定社会学或政治学意义的范式。那么在科学技术高速发展的近现代，站在科学技术哲学的思维体系中，人类的农业行为是否可以被认为是技术发展的结果，并以技术进化作为农业行为进化的路径呢？也就是说，技术范式能否作为考察农业行为的哲学逻辑起点呢？如果认为现代农业的发展也是科学技术进步的结果，那么人们对于技术的解读（认知）也反映着一定技术范式与思维范式的协同与进化，以及它们与人类生存行为范式之间的关系。保罗·汤普森就认为，现代农业的进化就是技术的变化过程，在工业化国家，农业的发展与国家技术变化进程相互重合。农业机械、化工产品以及遗传技术的优先发展，使得这些技术（或者说技术的一部分）得以进入农业从业者的活动中，包括对技术及其产品的采用、市场资源的分配、生产效率的提高等。这一时期农业的发展受到来自不同利益集团的驱动，有技术共同体、政治决策意志、经济共同体等。20世纪60年代的绿色革命（the Green Revolution）让新的技术转移到发展中国家，通过技术与机械工具的革新来促进农业行为的革命。尽管是源于技术的进步,但在社会结构层面首先出现改变的却是农业经营方式的调整,大量农业技术实体开始出现。接踵而来的就是社会生产率、生产方式、公平意识、利益分配等要素的变革,甚至包括科学技术研究范畴的变化。例如,美国农业部(USDA)的捐地体制(land grant system),大学由此成为农业活动研究的主导者,尽管这种研究更多地集中于技术领域(Thompson, 1995, 22 - 23)。

人类技术行为的构成、发展与特定范式的形成是一个复杂过程,农业行为作为技术活动范式也是如此。农业行为的构成涉及食物链的维持与人类食物的再生产、工业原材料生产领域、技术及其风险的评价、人类与生态系统的关系表达、文化与技术—生态的关联、人类的劳作方式、为获得生存所需物质资料的获取方式、农业产品的商业流通(经济要素)行为、政府政策的影响等。可以发现,农业行为的复杂性使得社会对农业活动范式的研究聚焦点过多。这也会出现一个疑问,以技术为切入点来考察农业活动的范式构成,或者说以技术反应表象作为哲学意义的思维是否合适? 按照保罗·汤普森的观点,我们可以认为在全球科学技术化的背景下,科学技术哲学的思维范式可以揭示一定的人类思维范式作用及其构成,从而为我们寻求一个合乎逻辑理解的思维模式。

综合地考虑,以技术及其逻辑为进路考察农业行为生态伦理思维的发展,也会涉及社会的、政治的、宗教的、文化的因素,并且各要素之间的关系也值得深入研究。

如果将科学技术作为一种哲学思维形态来看待的话,人们对它的解读与依赖向来是各有权重。在当代,人类对技术的消极作用,尤其是对生态系统的破坏作用,总有批评的声音与反对的行为。对农业行为的关注也是如此,人们首先察觉到的就是技术的消极影响,例如生物技术、农药等。技术进步势必提高农业生产领域的整体生产效率,这个生产模式的变化受制于农业技术所能提供的器具和规则。科学技术产物(机械器具)的应用,在自然物种留存层面上产生了意想不到的毁坏,很久以来这些现象及问题已经引起人们的注意、反思以及批评。奥尔多·利奥波德(Aldo Leopold)在《沙乡年鉴》(*A Sand County Almanac*)中有过这样的描述,人们因为修路而割草,在他看来这是一次当地植物区系的葬礼,在工具机械化的时代,人们清除了植物群落,焚烧了历史书;面对指责,人类质疑“一种杂草怎么会是一本书?”(奥尔多·利奥波德,1997,42 - 44)这或许是有人第一次在现代科学技术层面将机械器具的进步与其带来的对于生态关系范式的矛盾表达出来。农业活动中有许多类似割草的破坏性行为，例如犁地、施用化肥、喷洒农药等。我们在催促技术进步的同时也在对生态造成影响，这也遭到了科学家、哲学家，以及公众的批评并引起社会的担忧。我们进一步思考：此类批评是否能够，或者应该转移到生态（伦理）哲学范式层面的思考，而非仅仅停留于技术或者科学技术方法论的层面。在奥尔多·利奥波德的视角下，“每个农场都是一本动物生态学的教科书，熟知森林的人的知识是这本书的说明”（奥尔多·利奥波德，1997，75）。显然，我们不难看出，他把农场——农业活动的社会结构之一——归为生态学研究的范畴。同时，奥尔多·利奥波德也注意到，纯粹的科学范式无法解释作为人类与自然相处的关系，“科学对这种家园的了解极少，几乎不知道在各种不同的季节里它有多大，在它的疆界内必须包括怎样的食物和住所，它在什么时候和怎样抵制侵犯者，它的拥有权是属于个人的，家庭的，还是群体的。在那里有着动物经济学，或者说是生态学的基本原则”（奥尔多·利奥波德，1997，75）。农业行为的领域与人类生存行为的作用范围是重合的，而且农业活动是人类得以继续展开其他一切活动的基础。它既是物质的基础，也是社会建构的基础，当然也是生态哲学思维存在的基础。这并非简单地说农业是生存基础，所以它是人类活动的基础；而是说，农业行为本身就包含了人类思维的范式效应与选择结果。在农业的家园里，包含着人类作为物种之一的栖息条件，其中也包括类的所有权的划分（涉及社会的属性）。按照利奥波德的观点，人类栖息地，以及其中的生存行为（农业），必然是生态的，或者生态学的。这就导出：农业（至少作为人类生存行为而言）不仅仅是现实的、技术的，同时更是生态的，它体现着人类与外在世界的联系，即是生态哲学范畴的一种存在。

但这种思维层面对农业活动的认知与理解，在现代科学技术时代似乎被弱化了。农业被冠以“技术的附庸”而受到批评和质疑。虽然，这种质疑与探讨并非全是坏事，对我们理解农业活动也起到了深化认知的作用，却依然无法在生态学、生态哲学的思维层面凸显农业的生态伦理属性。技术进步对于农业的贡献首先在于效率（经济利益）的提高，以及掌握技术而具有的针对各类资源、社会地位等的支配优先权，例如，经营权、所有权与收益权。通过仔细观察社会政治学意义上的农业活动，我们发现，如果作为一种思维范式（哲学），农业工业化的成功是人类自原始农业以来无法比拟的。若以社会公平与效益之间的权衡来考察农业工业化的伦理意义的结果(现实),就会陷入矛盾境地:农业技术提高了这个人类行为范式在社会意义的整体生产效率,但在世界不同国家之间却引起效率—公平的倒挂。例如,在发展中国家,工业化进程使得社会总生产效率得到提高,同时,农业生产的某些领域依旧保持着原始的、古老的传统与技艺。这样做的好处就是农业人口的生活成本能够保持在较低水平,但是他们的文化适应能力也相对较低。在生活中,农业人口的生活状况也处在社会文化的较低阶层,保持着较低的生活水平。另一方面,农业人口在农业耕种领域似乎不具有工业化职业结构的占位。在发达国家,由于政府在技术应用与农业产品的生产、销售方面给予补贴,使得本国农业人口的生活成本与生产成本进一步降低。它导致了农业技术与产品在出口上对其他国家与地区构成不平等的竞争。这些都在社会、文化、经济、政治层面影响着人类的生存、生活状况与伦理调适进程。通过社会层面的观察,我们发现效率—公平的改变内含着人类生存方式的变革。对于以农业为职业,或者谋生手段(或者家庭农业的生产经营方式)的人来说,人与自然资源提供者之间关系的认知与处置权利也同样发生着改变。我们无法剔除(或忽视)农业及其产品经由时间——物理学意义的条件——对人类历史,以及文化、思维范式、社会所起到的影响。

在对科学技术的认知上,人们在思维上存在这样一个假设:技术及其存在(形态)似乎是独立的,可以不受制于社会的影响、文化的管束、信仰的约定俗成等(一般意义上,我们将它们划归为主观性因素)的影响。在农业技术的许多领域,科学家可以针对技术形态做出评测,公众可以对技术形态的现实表象做出回应与思考,但是我们依然无法彻底回避或者摆脱这样一个事实——农业活动的历史既是技术发展的历史,也是人类文化(思维范式进化)永续存在、发展的历史前提与载体。现时代许多关于农业技术及其产物的批评或者争议过多地集中于技术或者技术形态核心的外延层面(例如,技术风险的现实表达),而忽视了农业行为作为一种文化或者思维形态的延续与影响。关于食品添加剂的争论就表现出了这样的状态。社会群体、科学家与决策者对食品添加剂的关注,使得人们对这一事实(即食品中是否有必要加入添加剂,以及由此带来的危害)的认知着力于技术风险的显现,以及规避风险。而在事实上,与许多食品加工中的技术要素一样，食品添加剂的使用早在人类史前时期就存在了：那时的人类用盐来制作腌肉，从味觉意义说，腌肉的制作方法改善了人类食物的口感；从技术层面说，盐起到了防腐剂的作用。与此相类似，烟草也曾经作为食品添加剂(防腐剂)来使用。随着时间的延续，我们对于食品技术形态的思考必须考虑饮食习惯、口味偏好与社会文化的发展(Allen et al, 2003)。

技术的进化离不开文化的约束，农业行为既然是人类的生存行为(活动)，那它必然依附于人类的生存范式要素运行并接受其制约，这些都体现着人类生存的需求。一定程度上，可以认为，迄今为止的所有人类活动都是生存行为的衍生物。我们在考察农业行为、批评农业活动及其技术形态与结果的时候也势必接触到不为人注意的生态伦理内核。很早就有科学家意识到，农业的发展没有在经济发展与人类的文化发展之间找到平衡点(DeWalt, 1991)。人们意识到对于农业活动的争论没有被纳入技术—生态哲学思维范式之中，农业远离了人类的思维认知范畴。这种现象对于公众来说是不易被察觉的，甚至在科学研究(报告)中也显得含糊不清，使人们很难区分科学研究中的科学理性动机的比例究竟占多少。科学研究报告(例如，世界各国科学院研究报告)强调量化指标与科学研究逻辑假设的自洽性，但是现代科学技术也是一个高度整合的系统体制，内容包括科学研究优先采用的方法、影响因子、研究动机等方面。独立追求量化的精确性，是标准的科学手段，但它尚不足以量化并充分反映存在于思维逻辑意义上的实验方法论影响及后果，例如，农业研究的利益驱使、地域性特征等因素。这也使科学研究报告所呈现的哲学思考与影响力有所不足。从另一个角度看，社会主流思维领域的研究缺失了关于农业行为的考量，尤其是农业之于生态伦理的范式研究。人类技术形态的进化离不开社会因素描写功能的表达，例如，价值观。伴随着生物技术的出现与发展，对人类农业行为的研究(包括科学技术研究)已经无法局限于纯粹技术的领域，它包括生态的、伦理的、环境的、技术的与社会的要素及其整合效应研究。特别是对于全球贫困人口的食物供给，将进一步使农业行为的伦理关系与技术取舍之间的相关性表达与实践变得异常复杂和敏感(Committee on Environmental Impacts Associated with Commercialization of Transgenic Plants-National Research Council, 2002, 220 - 259)。

鉴于农业(活动)与人类生存关系的复杂性，对农业给自然(生态/环境)造成影响的研究，需要一种评价/评测体系，它既包括利益、技术形态，也包括生态思维(伦理/哲学)的判断。人们对农业的批评反映了人类对生存状态的关注，这个认知的主体动作初始者是思维，然而认知客体却过多地局限于技术层面而忽略了思维层面；这实际上也反映了农业行为的复合性。如果仅就农业技术评测来说，科学家需要了解的也是一种权衡、取舍判断，本质上看，它是一种选择，没有脱离伦理学的范畴。今天，人类对于转基因技术风险等农业技术的讨论，也更多地关注其与人类健康之间的关系，即使是有关环境的危害，也多是出于对健康的考量，依然缺乏在生态伦理层面的深入思考。这将是生态伦理有待深入思考的问题之一。

### 4.1.1　对杀虫剂的排斥

在现代农业生产领域被广泛使用的杀虫剂(农药)，恐怕是"罪大恶极"的科学技术进步成果之一了。然而，虫灾并不是什么新鲜事，《圣经》中早有记载："蝗虫上来，落在埃及的四境，甚是厉害，以前没有这样的，以后也没有。因为这蝗虫遮满地面，甚至地都黑暗了，又吃地上一切的菜蔬和冰雹灾后所剩树上的果子。埃及遍地、无论是树木，是田间的菜蔬连一点青的也没有留下"(《圣经・出埃及记》10：14－15)。1962年，美国海洋生物学家蕾切尔・卡逊(Rachel Carson)的《寂静的春天》出版，第一次把"环境保护"一词带入了人类的工业化哲学思维(至少在政策意义上是第一次)和人们的日常生活观念中。

在1850年之前，人们就已经学会使用植物提取物来消灭害虫，例如鱼藤酮(rotenone)、除虫菊(pyrethrum)和尼古丁(nicotine)(Perkins et al，2008)。现代社会对杀虫剂的批评与抵制，在哲学层面的理解上实际上控制着三个环节的认知及其联系：化学(技术进步)—生态危害(生态恢复)—利益集团。从生态伦理或者生态学(哲学)的视角，杀虫剂的使用关系到人类对其他物种的消灭，以及对我们健康的影响，此外还涉及对环境的影响。孤立地看待杀虫剂的问题，应该说没有太大争议，也没有人会反对针对杀虫剂适用原则的规定。但如果我们将杀虫剂的施用、人类(科学)化学的进化，以及社会结构中利益集团的纠缠结合起来考虑，问题似乎并非想象的那么单一、容易认知了。这些问题也包括在社会实践的操作层面所面临的困境。

工业化时代，科学技术能否控制自然界的所有变化是生态认知的一个重要核心之一。在逻辑的进程中，人们对杀虫剂的排斥，首先受制于对化学及其发展、演变的认知。人们熟知的 DDT，作为一种人工合成的化学物质，于 1874 年由奥地利化学家奥特马·蔡德勒（Othmar Zeidler）首先人工成功合成；其杀虫特性则于 1939 年被瑞士化学家保罗·米勒（Paul Müller）在瑞士盖吉（J. R. Geigy S. A.）实验室发现（特雷弗·I.威廉斯，技术史，第六卷，2004，196）。

与几乎所有人类发明的科学技术一样，对于物质化学反应的认识与利用，也是来自远古时代人类的日常生活，例如，颜料。有分析数据表明，古代近东文明就使用过颜料。人们在基色（Gezer）的墓中找到过水合三价铁氧化物；在图坦卡蒙（Tutankhamen）的墓中找到过天然硫化砷；在公元前 400 年的古埃及一个画匠的调色板上发现过黄色氧化铅（查尔斯·辛格等，技术史，第一卷，2004，157）。含有化学技术意义的生活实践和技术（技艺）实践经过漫长发展，使我们对自然界以及人工化学反应的应用和掌握不断变得成熟与深化。

化学工业的部门与研究分类繁多，从有机化合物、无机化合物到生活中的塑料、肥皂、肥料、药物、颜料、油漆、人造纤维、橡胶等。通过对史料的分析，我们发现化学技术的进化（或者进步）始终与人类活动相关，并带有相当强的目的性。人类的活动造就了化学工业的部门分离，催生了化工体系的建立。例如，“由于战争的需要而促成的合成法和代用品无疑是最引人注目和最直接的结果”（特雷弗·I.威廉斯，技术史，第六卷，2004，314）。在农业的生产部门划分上，农业化学药品作为一个重要的化学工业分支，是对农业生产活动的直接工业响应。其中就有早期杀虫剂的生产。例如，葡萄种植业在培育新品种时，为了防止木虱的侵害，需要不断喷洒硫酸铜，以保护葡萄植株健康生长等（特雷弗·I.威廉斯，技术史，第六卷，2004，314－319）。

在对技术的早期认知上，人们通常不注意区分杀虫剂与除草剂的功用，控制昆虫（杀虫剂）、杂草（除草剂）等往往被理解为是一回事，使用的化学制剂也通常很相似，或者是一类物质。在早期，铜盐、硫、氯化钠等无机化合物就被当作除草剂和杀虫剂使用。另外，在某些除草剂的研发过程中，科学家们注意到了此类化学物质在战争中的潜在作用，“因而将它作为生物战计划的一部分继续对这些物质进行研究”，例如，苯氧基乙酸（2，4－D）。这里不去探讨在政治决策层面的驱动力,仅就化学技术的进步而言,除草剂、杀虫剂的合成体现着化学合成技术的发展。蕾切尔·卡逊《寂静的春天》中的"主角"——DDT——就是最早、也是最出名的氯化烃杀虫剂。在DDT出现的早期,人们对它的兴趣或许不仅来自科学家的研究,同时也来自它的种种好处。在DDT的实验过程里,就包括针对各种昆虫的实验。1944年,意大利那不勒斯爆发斑疹伤寒,当地居民用DDT来消灭虱子,效果很好。随后,参战军队又用DDT来消灭携带疟原虫的蚊子,很好地控制了部队中流行的疟疾。这些实例极大地刺激了公众对DDT的关注,或许由此导致战后DDT的大量使用。在战时德国神经毒气研究的基础上,对硫磷等有机磷杀虫剂也于1945年投入使用。(特雷弗·I.威廉斯,技术史,第六卷,2004,196)因此,对于杀虫剂的认知,我们应该首先着眼于科学技术(尤其是农业科学技术)的发展及其演变;这是我们理性看待科学技术与生态关系的一个重要前提。如果我们极端地把一切科学技术产物的消极影响扩大化,那么,恐怕只有消灭,或者取消人类的科学技术追求才能"抚平伤痛",显然这不现实、也不可能。《寂静的春天》提醒我们正是要不断深化人类对于科学技术(特别是化学工业)进化的认知与理性理解。

目前,世界各国对杀虫剂(农业科学技术的发展/农业生产方式的进化)的批评与抵制,已经不仅仅停留在20世纪60年代的认知水平:从对化学品生产商与政府的利益交换、人类健康、环境危害、国家政策上升到人类与生态系统的关系。

谈到人与自然界的关系,人类习惯于控制与管制。人类具有依托科学技术来"拯救世界"的信念,这个思维范式无可非议,或许也是目前可行的方式之一。关键是这种思维范式的包线如何界定。

自然生态系统中蕴存着各种纷繁复杂的"小生境"及其衍生物,它们之间的关系一直以来都是人类理性思维试图窥探的神秘之一。无独有偶,今天人们极力排斥的害虫——用专业术语表达——昆虫也是早期人们借以了解自然生态运行状况的助手之一。18世纪塞尔波恩的牧师吉尔伯特·怀特(Gilbert White)的《塞尔波恩的自然史》中就有这样的描述:"最不起眼的昆虫和小爬行动物,在自然经济体系里的位置和影响要比人们能意识到的多得多,它们的作用是极其巨大的"(唐纳德·沃斯特,2007,26)。在吉尔伯特·怀特心中,神定秩序是至高无上的,也是自然选择的最佳安排。在此时代背景中,那种虔诚的基督教伦理意识无疑占据人类思维的深处。如果说上帝对自然生态秩序的安排追求的是一种自然式的、充满田园牧歌浪漫主义情怀的自然和谐的话;那么对基于人类生存视野观察下的物种竞争与互相抑制也是神祇的安排。这类物种之间的竞争就包括农业生产意义上的对害虫的控制:“害虫是一个让人讨厌的例外情况,怀特认为,如果人们领会了上帝的意图,他肯定需要人助一臂之力”(唐纳德·沃斯特,2007,27)。这实际上道出了科学的理性思维对于生态观念的启蒙认知是以人-生态自然(上帝创造物的指代)互为相融为基础。这种神定自然秩序的生态情怀,在科学技术高度发达的今天也是有着直接的回应:“对昆虫真正有效的控制是由自然完成的,而不是人类。昆虫的繁殖数量受到限制是由于存在一种被生态学家们称为环境防御作用的东西,这种作用从第一个生命出现以来就一直存在着,可利用的食物数量、气候和天气情况、竞争生物或捕食性生物的存在,这一切都是极为重要的”(蕾切尔·卡逊,2014,243)。但这种看似朦胧的生态理想主义的回归,本质上依旧深深刻有科学技术的印迹。科学家们在追求对自然生态的原始状态的回归诉求之时,不自觉地运用科学实证原则对自然生态系统进行解构与分析,并试图重组生态系统各要素,将其重构。它可以被解读为当代生态科学的技术存在基础。今天的人类在回归原始生态的进程中依旧无法摆脱科学技术的诱惑与束缚。生态学(生态思想史)的发展已经向人类证明“上帝在赐予,上帝也在索取,不过他不再是唯一的一个这样的人了。当我们的某个远古的祖先发明了铲子,他就成了一个赐予者:他能够种一棵树。当斧子被发明出来的时候,他就成了一个索取者:他能把那棵树砍倒。任何一个拥有土地的人都如此设想这种创造和毁灭植物的神圣功能,不论他明白或者不明白”(奥尔多·利奥波德,1997,64)。经过漫长的时代变迁,科学技术的魅影在人类灵魂深处扎根,人类一次次地试图扮演着“上帝之手”,试图用理性思维范式解构整个宇宙。至少到目前为止,我们的确取得了巨大成绩,这点不容否认。

在农业行为的发展进程中,同样也体现了技术对于人类生存、生活、生产方式的某种改变与美化,甚至是人与自然生态关系的改变。例如,园艺学。考古学的确凿证据表明,农业生产领域里的园艺学最早出现在距今6800—6300年(石器时代)的地中海沿岸(Zohary et al, 2013, 5-6)。园艺作为农业技术领域的术语,可以是一种人们业余的对生活环境的修饰与美化;也可以指代农业生产中,对园地植物的栽培、繁育技术等(在工业化时代,也特指一种农业生产经营方式)。从单纯技术角度说,有考古学证据表明园艺是在粮食农业稳固建立其体系之后才得到发展的,而果树的培育则是在无性繁殖技术(vegetative propagation)出现之后才得以施行。从改变生态物种的角度看,农业行为也对人类与生态系统的关系认知上产生了影响,尽管在当时没有生态学的概念,但实际上地球生态系统已经悄然发生着改变。人类只要生存一天,农业行为,无论是田园牧歌式的理想主义还是工业化时代,在其技术的演变同时也演绎着人类与生态关系认知的进化。杀虫剂的问题或许只是人类与生态关系认知过程的一隅而已。

从认识根源上说,人类的一切行为、思维活动都是认知主体的思维印象。环境伦理学所说的人类中心主义与非人类中心主义的区别仅存在于价值判断与取舍的异同。20世纪60年代掀起的对杀虫剂的批评,从根本上说有以下两个方面的原因:一是出自人类对自身健康的关注;二是社会结构中不同利益集团的纠葛。对生态系统的关怀,在根本上说,也是来自人类对自身生存环境与健康的焦虑。因为人们很难以专业(生态学/生态伦理)角度审视人以外的自然界。从生理现象与本能反应来看,这似乎不现实,也无法彻底做到抛开自我。因为即使是科学,都是人类基于自身思维假设而发明的一种思维体系。所以,我们在谈论杀虫剂问题时,不能够、也不可能追求纯粹意义上的生态维护理念,这也是蕾切尔·卡逊在《寂静的春天》一书中所要告诉世人的重要一点。

杀虫剂的滥用使得特定地域的物种繁衍出现突变,由于化学制品的体内残留特性,杀虫剂的生理毒性及其影响会随着种族(种族间)代际遗传持续演变。这也是科学家关注的首要问题。整体来看,杀虫剂滥用的后果不仅是反应在人类种族自身,而且深刻地影响着人类赖以生存的生态系统。

自工业革命以来,随着人类科学技术的不断进步,人类的生存空间坐标似乎可以无限延展;但同时随之而来的对生态系统的胁迫也越来越严重(其中之一就是农业行为所具有的多重复合性的对生态系统的影响)。全球人口已达60亿,并且以每年900多万的速度继续增长。科学家面临的难题就是农业行为的承载力是否充裕,它涉及粮食安全、生物能源开发、工业化进路的后现代意识形成、工业化前行当中的生存基础、人口居住地系统的转变、社会生产方式以及效率、利益再分配等方面。工业化在通过技术进步提高农业行为承载力的同时,农业活动在人类与自然生态对抗意义上的影响也逐渐显露。这使得一种人类生存行为——农业活动——经由人们对农业工业化产生的对生态系统胁迫的批评而逐渐进入人类生态关注的思维范式成为可能。但是,目前这还不是生态伦理思维(范式)的主流倾向或者趋势。

在工业化对生态产生威胁的声讨之中,无论是1971年成立的绿色和平组织(Greenpeace)、当代诸多的环保NGO,还是各国环保决策等,我们发现科学家仍然在借力科学技术的范式来实现生态思维范式的理想。例如,出现于20世纪80年代后的恢复生态学(restoration ecology)就是要运用现代科学的认知与手段试图恢复被人类活动破坏的原有的生态系统。从另一方面解读,农业活动如果得到适当的认知和理解,完全可以作为一种范式进入对人与自然生态的良性循环之中。我们可以认为,农业行为符合国际恢复生态学会(SER)规定的9条标准,[①]农业行为也是一种恢复生态的人类行为。

这里我们要稍微探讨一下"纯粹"科学主义下的技术行为问题。

人类科学技术的高度进化在某些方面呈现出一种"进近悖论",科学家"试图解决某个问题但随之却带来一系列灾难……(杀虫剂的使用)取得了有限的胜利,但它却给试图要改善的状况带来了更大威胁"(蕾切尔·卡逊,2014,9-10)。为了应对这些新的(生态)问题,科学家要继续寻找解决办法。以此类推,这会不会形成周而复始的无限循环呢?在害虫控制的问题上,抛开科学技术思维会是怎样的图景?生态学的物种共生理论很好地表达了生态系统中物种之间的共生和谐(偏利共生与互利共生)。在现代科学技术产生前的时代,多数自然界的物种是一种共生关系,它们的生态位存在交叉,共生使得各自的利弊得到一定抑制

---

① 国际恢复生态学会(SER)列出了9个特征性指标,将其视为生态系统是否得到有效恢复的评测表征:(1)生态系统恢复后的特征应该与参照系统类似,同时具有适当的群落结构;(2)生态系统恢复后有尽可能多的乡土种,在其文化生态系统中,允许外来驯化种、非入侵性杂草和作物的协同进化种存在;(3)生态系统恢复后,维持生态系统持续演化或者稳定所必需的功能群出现,如果它们没有出现,在自然条件下应该具有重新定居的可能性;(4)生态系统恢复后,应该保证那些有助于维持生态系统稳定及其演化的关键物种的正常繁殖;(5)生态系统恢复后,其所处于的演化阶段的生态功能正常;(6)生态系统恢复后,应该能够顺利融入生态系统组群中,并通过生物与非生物以及其他系统互相作用;(7)周围景观中对恢复生态系统构成的潜在性威胁因素得到消除,或者削弱其功能作用的可能性;(8)恢复后的生态系统应该能够适应正常的,或者周期性的环境压力;(9)与参照物生态系统具有同等的生态自持力,并且具备无限自持力的潜能。

或者获得。这种生态位与共生复合的关系同样体现在人类的农业活动中,其中就包括昆虫与其他物种的生态位与共生关系。蕾切尔·卡逊在《寂静的春天》一书中突出地表达了这样的图景与观点:“在农业的原始时期,农夫很少遇到昆虫问题。这些昆虫问题的产生是随着农业的发展而产生的——在大面积土地上仅种一种谷物,这样的种植方法为某些昆虫数量的猛增提供了有利条件……人们毁掉了自然界的格局和平衡……很明显,一种食麦昆虫在专种麦子的农田里比在麦子和这种昆虫所不适应的其他谷物掺杂混种的农田里繁殖起来要快得多。”(蕾切尔·卡逊,2014,10)这里并不是在过分指责科学技术发展的失误,而是阐述科学技术所代表的理性思维是否也应该更多地内含对生态系统认知的生态思维(理解)及其范式。从生态伦理思维范式考虑,杀虫剂的问题是人类运用科学技术对原有生态系统物种之间共生关系的扰动。科学技术哲学争论的问题在于,我们应该采用何种方式进行扰动,以及是否应该人为地扰动。这种人为的扰动在科学家从实验室里合成杀虫剂开始,再到生物体内线粒体 ATP(腺苷三磷酸)的非偶合化,直到自然界的各种生物化学反应的消极作用与结果。造成这一切的原因的典型代表之一就是杀虫剂和除草剂。尽管蕾切尔·卡逊非常反感和抵制科学家(甚至人类)使用“控制自然”这样的表述,因为这是“当生物学和哲学还处于低级幼稚阶段时的产物”;(蕾切尔·卡逊,2014,198-200,295)但即便是人们习以为常地认为是最原始的、最接近自然的农业生产行为,也被化学武器武装了起来——杀虫剂——反过来威胁着我们的生态环境。

人们对于杀虫剂问题的研究与争论包括生物/科学技术层面、生态学层面、生态伦理/哲学层面、农业行为/发展层面、化学工业及其部门分支等。此外,在社会(经济)结构中的技术产品生产者——化学制造商——是化学品危害的重要实现者。如果我们可以把前述其他层面的要素称为远端的影响因素的话,那么化学品生产商则是表达科学技术危害的近端之一。在社会结构中,经济领域的生产实体是科学技术转化为实际产物的工具,也是政府得以有效管控的要素之一。在科研领域,化学的研究与发展不会受到太大的束缚与批评。这一方面是因为从人类进化的角度,科学技术的发展是必要的;另一方面,普通公众无法直接接触到科学研究的实验前沿,并且在不具备专业知识的前提下也无法做出判断,进而甚至无法感知化学工业造成的生态威胁。在人们日常生活的社会经济领域的认知情况则有些不同:“化学制造商是环境破坏者,直到现在,他们依然忽视城市烟尘和水污染问题”(特雷弗·I.威廉斯,技术史,第六卷,2004,320)。回顾历史,我们发现,从《寂静的春天》出版的那一刻开始,就遭到了美国化学品生产商的坚决抵制;而在今日,农业/食品生产商则以“农药残留为零”作为促销手段。这说明作为技术转化载体的经济生产实体在技术与公众的认知接触中具有重要地位与作用。

化学制造商,如农药、化肥生产实体,是化学工业部门分工对农业行为响应的承担者。它将科学技术的发展转化为现实的农业生产力,同时接受来自生态系统与社会的反馈。杀虫剂、除草剂、化肥等农业化工产品的使用,提高了人类有史以来农业生产方式的生产效率,解决了全球人口的生存问题,同时造就了更多的就业机会,转变了农业人口的就业性质与生活方式。在经济社会中,这些转变背后的驱动是利益的再分配。农业生产的从业者购买杀虫剂等化学品,有效地提高了作物产量,在整体上降低了农业生产的成本支出,进一步使农村家庭人口在纯粹农业耕作上有所减少。富余人口可以进入工业化体系谋求再一次的劳动力收入,而并没有降低原先耗费在农业耕作行为上的效率与农业产出总量。在这种情况下,除非来自化学品导致的生态威胁直接作用到人类个体,并且具有实时效应,否则很难被人们察觉,也不会产生对杀虫剂等化学制品的争论与研究。在科学研究中,通过产品的实际使用获得实验室条件下难以进行的测试,而产品的改良也是科学技术发展的路径之一。化学生产商就承担了这样的使命并提供稳定的就业机会。因此,化学生产商很难推动基于生态伦理思考的科学技术的反思与争论。在人类社会结构中,决策者处于顶层,作为顶层设计的结果——政策,其影响必然波及化学生产商的利益生产与再分配,这也就是公众理解的政府与化学生产商的利益勾结。一旦出现这样的状况,原本针对杀虫剂在科学技术与生态伦理思维层面的争论就有可能转移到对生产商与决策者的利益交换上。但这也并非全是坏事,通过对社会各利益集团的利益杠杆的撬动,来刺激社会结构中公众对生态问题的理解也是一种讨论问题的方法。化学生产商承受着公众责难与科学技术进步的双重压力,是降低化学品对生态系统威胁的重要行为者之一。

在世界范围内,由化学生产商主导的杀虫剂技术进步,也在一个侧面、一定程度上转移着杀虫剂带来的生态威胁,从而使生态威胁的范围出现部分区域性的转移。例如,发达国家掌握着化学研究与制造的尖端技术,以及在生态维护方面的环境保护意识。然而在经济全球化背景下,受到资本运作逐利性的驱使,低端或者下游技术及产品输出到欠发达国家与发展中国家或地区已是不争的事实。这将有可能使得某些在发达国家被禁止使用的杀虫剂重新在贫穷落后地区再次获得使用,其结果不仅对当地的生态系统造成威胁,更重要的是:通过生态系统中各要素交换(如食物链),杀虫剂(化学制品)造成的潜在生态威胁会重新流转,进一步扩大原本应该进行有效抑制的生态危害趋势与后果。例如,许多在美国被禁止使用的杀虫剂却继续在发展中国家被应用,对此,有些科学家已经意识到,并提出警告,这样的技术迁移将使那些国家的农业从业人口持续遭受化学品的毒害,带来巨大的健康风险;与此同时,健康风险也会通过农产品的出口回流到发达国家(Thompson, 1995, 29)。

蕾切尔·卡逊以严谨的科学实证态度与精确的科学数据,给出了DDT对于人类和生态系统产生严重威胁的现实主义描绘。但这不仅仅是对DDT本身的批评与争论,而是对以杀虫剂为代表的化学工业(乃至人类科学技术思维范式与生态伦理思维范式对抗)的争论与选择。我们对此展开深入研究,并非旨在以经济利益的得失为标准来衡量农业技术发展的水平,或者技术发展趋势,也不是由此希望给出在用量与类型上合理的、安全的使用建议;而是要在生态伦理层面(哲学层面/思维范式)深入理解和研究人类应该以何种范式与生态系统共生。杀虫剂的问题只是以科学的、最基本的实证原则为人类揭示了某种可能发生的生态灾难。如果对杀虫剂的排斥能够唤起人类社会及其成员对生态系统运行的某种道德义务与科学技术的谨慎态度,那么它们也就不再具有生态伦理争论的特殊性了。

### 4.1.2　对生物技术的排斥

从技术发展史的角度说,重组DNA技术的成功应用,使人类可以对细胞、动物或植物进行基因层面的改造或者修饰;另一项技术则是通过对哺乳动物体细胞的复制,成功实现哺乳动物的无性繁殖——克隆技术。随后,这些技术的使用引起了人们的关注与争论。最初这些争论并没有将生物技术与农业行为及其产品的安全性相关联。从争论的学科（研究）领域来看，科学家（包括哲学家）主要就这些技术在科学研究以及医学（药物）生产方面展开探讨。直到1973年，有科学家在大肠杆菌中表达了一个来自沙门氏菌的基因，“从而首次在科学界引发了关于转基因安全性的深入思考”（农业部农业转基因生物安全管理办公室等，2012，4）。当转基因生物（基因修饰生物）GMOs以食物形式进入人类的食物生产、消费环节之后，才在更广泛的意义上掀起争论，此时争论的焦点也逐渐集中到了农业与生物技术的应用、潜在的环境与社会结果，以及二者与生态伦理的关系上（Lassen et al，2002）。从社会建构角度上看，直到1980年美国最高法院的一则判例生效——Diamond v. Chakrabarty，才使公众关注的焦点集中在转基因技术问题上，也使生物技术（生物体的功能表达）作为一类决策意识开始渗入政府政策制定体系中。此时对于生物技术的哲学认识在公众理解—科学伦理—政府决策定位三者之间还存在交叉和认知模糊的情况（Callicott et al，2009，453）。

历史地看，人们对生物技术的概念认知认同度存在较大差异。公众对生物技术产生争论与排斥，但事实上，人们对技术本身及其演变与应用仍存在一定认识上的争议。具体可以归纳为以下方面：何为生物技术、生物技术能否对环境与物种生存产生影响、在日常生活中是否能够接触到或者使用到生物技术、生物技术的渊源及其应用、生物技术与科学技术门类的关系、生物技术与人类社会经济部门之间的关系等。

纵观技术发展的历史，在尚未出现现代科学技术的时代，甚至远古时期的某些人类行为已经具备生物技术属性，例如小麦的种植。考古研究表明，小麦作为人类农业生产行为的结果，更具有社会结构基础性的意义（虽然植物的栽培比动物驯化出现的要晚）。小麦的栽培行为本身就具有生态学（生物技术）行为范式的特征，因此，可以认为，以小麦为代表的人类农业行为很早就是以生物技术（生态学）行为展开的。这种人类行为在当时不是以现代科学理性思维范式展开的，而是以人类生存需求为驱动力。但是这种行为的本质是生态学物种入侵，在物种入侵的过程中，物种的生物属性或有一定改变，其结果选择的动力有自然因素，也有人为因素。研究表明，一粒小麦作为一种农作物，是因为它作为一种“杂草侵入了二粒小麦田的结果”。生长在田地里的小麦具有较坚韧的花序轴，因此容易被人们收割和播种，而生长在野外的小麦的花序轴则相对较为脆弱（查尔斯·辛格等,技术史,第一卷,2004,244)。其中的生物生长反应机理尚不清楚,但的确存在着某种生物技术意义的行为(生物学意义的改变)。它是一种自然的生物技术行为。与此类似的这种自然选择能力(或者现象)被人类所逐渐认识与利用(农业行为)。科学实验已经多次证明黑麦是由于在恶劣天气条件下依靠自然界—人类的无意识选择而成为人类的农作物的,随后人们开始利用这种选择进行黑麦栽培。例如,土耳其的农民会有意识地等到黑麦成熟之后再去收割小麦,这是有意识利用小麦进行物种入侵,以换得黑麦种子(查尔斯·辛格等,技术史,第一卷,2004,246)。对于果树的栽培更加显示出农业行为中的生物改良表达:人们将有性繁殖变为无性繁殖,依靠这种技术(园艺)完成了对果树品种的改良,这在本质上类似于现代克隆技术。它违反了生物体异体受精的自然规律(Zohary et al, 2013,114-152)。

在人类社会结构形成之后,人类对动物的驯化要早于农业栽培技术的萌芽。有研究表明动物的驯化可能"在旧石器时代早期就已出现"。马格达林时期的人可能通过驯养鹿去引诱其他动物,为人类狩猎创造时机(查尔斯·辛格等,技术史,第一卷,2004,233)。动物驯化过程改变了野生动物原有的生存模式,包括群居性(猫是明显的例外)、攻击性、饮食特性等,驯化培育的新特征符合人类社会结构以及生活行为模式的需要。甚至有些进攻性很强的动物的野生习性通过驯化也正在消退,例如,驼鹿、野牛、鳄鱼、巨蟒、蝮蛇等(Roots, 2007,13,xiii)。驯化同时也改变着动物的生理特性,新的遗传性状是人类对已有性状加以修整和选择的结果,同时,驯化也影响着动物的生长速率。科学研究表明,人类对动物的驯化行为在动物体型、颜色、颅骨、肢体、骨骼、软组织等方面都产生了驯化形态学意义的改变,同时也包括了生物学的改变。科学研究还表明,人类不是唯一具有驯化动物能力与经历的物种,动物界早已存在驯养其他动物的例子,有很多物种都在驯养其他物种,例如,蚁类(查尔斯·辛格等,技术史,第一卷,2004,219-232)。很多类似的证据都说明,自古以来,自然界的物种,包括人类,通过物种驯化(养)行为不经意地改变着物种的遗传特性,经历着不同时期的、适应不同物种要求的"遗传特性的改良"。与此同时,这些行为也在改变着物种间的主—客地位关系的表达。

在人类的日常生活中,饮食中的食物和饮料(酒类)的生产可以追溯到很遥远的时代。面包最早出现在罗马时代;而面粉的发酵过程就是生物化学过程(查尔斯·辛格等,技术史,第二卷,2004,75-76)。考古学证明,公元前3000年在美索不达米亚的人类已经认识了麦芽糖和发酵酿酒技术(查尔斯·辛格等,技术史,第一卷,2004,184)。而酿酒的过程就是利用"酵母菌将食物中的糖分解到酒精分子中去"(McGee, 2004, 714)。在感性认知层面,人类日常生活的表现是一种技艺或者习惯,而在微观世界,分子生物学的定律正在时刻发挥着作用。以生物技术(生态学思维)解读——考古学的证据——即使在人类生活的早期,生物技术对人类(生活)以及生态系统(物种)的改变已经开始。只是当现代科学技术出现之后,人们才有可能将生物化学现象用语言(术语)表达出来,上升到科学理性并用逻辑加以归纳和总结。

一般认为,当代生物技术主要包括发酵技术和现代生物技术。现代生物技术以生物学的发展为基础,综合了细胞学、遗传学、微生物学、生理学、生物化学、免疫学、物理化学、分子生物学、基因工程等学科。其中,基因工程(转基因技术及其产物)是在分子生物学基础上逐步发展并独立出来的一门新兴生物技术门类。大多数的科学家认为人类发展的生物技术功能的主要表现就是基因工程,特别是转基因工程。可认为,转基因技术成为现代生物技术的代名词(摩尔根,2007)。在农业科学技术范畴内,人们争论的由转基因技术所产生的食品安全、健康问题、生态威胁等便逐步影射至生物技术范畴。

进入20世纪,人类越来越意识到,科学技术及其成果可能会对生态系统造成无法预测的影响。这类影响同时也作用与反映在人类的社会结构中。对于此类问题的探讨与关注也引起了科学家和哲学家的研究兴趣。德国哲学家汉斯·约纳斯(Hans Jonas)就是第一位主张在普遍意义上对技术的相关环节(应用、研发等)进行伦理思考的哲学家。他认为,与传统意义的伦理学不同,技术的伦理思维范式必须要考虑到时间和空间的延展与转换的问题,以及对于技术发展所获得的社会结构的体制上的制约。技术的伦理学考察整合了科学技术研究层面的思考与对技术及其潜在风险的认知。在技术伦理学的认知客体上还包括了直接(或者间接)承受技术风险的、同时又不具备以专业视角认知科学技术发展进程和环节的人(个体或者群体),以及其他社会结构。在当代,技术及其行为的责任范畴需要覆盖到自然界的脆弱性、知识体系的道德角色、技术的社会发展定位等要素及其复合表达的社会、生态、道德的存在(Jonas，1984)。当科学技术的更新频率与幅度越来越加剧的时候，以何种技术伦理观来对其进行一定的约束或指引就显得尤为重要。

现代科学技术及其思维范式源自西方社会，纵观西方的发展历史，不难发现西方社会蕴含着多样的文化结构与信仰规范。人类历史历经几千年的演变，世界各地区的民族(种族)都呈现出不同程度的多元化融合与交流；但也都不是彻底地接受与承袭。在涉及种族间的宗教信仰问题上，就呈现较大差异与对立。在全球思想的交流中，科学技术思想的传播似乎畅通无阻，即使在极端对立的思维范式间也并未出现对科学技术的极端抵触与排斥。科学技术的进步俨然是人类及其社会的结构性生存需求。对这一问题的研究，各个领域的专家与学者有着各自独特的见解与思想。另一方面，当代社会是公认的全球化的经济结构社会，所以经济学家对科学技术进步的解读不得不引起人们的重视。在经济学家看来，科学技术的进步几乎等同于社会生产力的提高、劳动力与制造成本的降低、资本与原材料利用率(转化率)的提高等，进而发现整个社会结构的生产效率都得益于技术水平的演变。工业的发明与技术创新导致了技术的进步，这样一来，一种纯粹的科学思维范式与其结果便直接与社会结构的(经济要素)运行发生关联。约瑟夫·熊彼特(Joseph A. Schumpeter)认为，工业技术的动态创新是经济社会运行发展的重要推动力，创新要求实现生产效益最大化(获得超额经济利润)；创新的驱动力因素可能来自这个行业(产业)的外部环境(Schumpeter，2012)。在现代社会，科学技术的创新是一个包括复合主体与社会结构多元化动态分布的状态(结果)。在这个复杂的创新过程中，是否无条件地追求超额经济利益，在生物技术的创新中引起不小的伦理争论，尤其是在公众自觉层面。可以认为，现代生物技术的创新对人或者社会结构的影响超过很多以往的技术创新，特别是在生态链的运行方面。当重组 DNA 技术被农业生产领域采用，用来生产食物的时候，这个技术行为(创新)就已经不再是经典技术创新理论所设想的那么简单了。

由转基因技术生产的食品的安全问题之所以能够被纳入生态伦理范畴，不仅因为食品安全是无法否认的公共利益，以及政策关注的焦点之一，更是“一项基本的人权”(Callicott et al，2009，434)。自从 2001 年美国“9·11 恐怖袭击事件”之后，食品安全问题被赋予了新的内涵——食品/粮食安全。因为人们更容易受到来自食物中所含致癌物质、毒物等的威胁(Callicott et al, 2009,435)。因此生物技术的进步也就自然而然地被导入了人类的生存权利，同时，在与自然的交锋过程中，人类也将不得不慎重解读生态—人类的关系。这也是现代生物技术的进步在人类农业行为中为何占据生态伦理高度的原因之一。

过去，关于食品安全的大多数问题主要集中在细菌、病毒的传播和食品的腐败变质现象。在现代社会，人们对于转基因食品(GM food)的争议与研究主要集中在以下方面：转基因食品生产环节是否安全，是否应该标注以及如何标注，生物技术与粮食安全、饥饿问题，技术的知识产权问题，市场因素，转基因技术对环境的影响，转基因技术在未来农业工业化进程里的角色(定位)等(Bawa et al, 2013)。如果按照约瑟夫·熊彼特的理论，技术创新的原始驱动力是获取超额利润，那么消费者就有权利知道，或者被告知，食品生产相关环节的细节，以及食品生产技术的细节问题，以获得食品安全层面知情权的保障。这是伦理学意义上选择权的优先权。人们希望了解并获得确认，他们花钱买到的食物是否安全，同时这些食物及其生产技术对生态系统是否具有破坏作用。这些诉求看起来有着充分的理由与现实价值。为此，哲学家与科学家正在积极努力研究，希望能够给出答案。截至2009年1月，世界上只有一项通过人作为志愿者参与的食用转基因食品进行健康方面研究的科学实验。实验结果表明：基因的转移不会发生在人们的日常饮食过程中(Netherwood et al, 2004)。然而，人们对于转基因技术及其产品的排斥远不止于此，有人担心外来物种的基因或者组织会不会通过食物链在人体内产生残留效应，如同农药残留一样。这样的担忧不无道理，20世纪60年代对于DDT的争论，使人们至今对有些农业产品及其技术的应用望而却步，例如，蔬菜类与农药残留、肉类制品与抗生素残留。可以认为，人们对于食物对身体健康影响的关注是人类生存的最基本的意识条件与生存要求，如果生物技术在这一点上无法满足人们的健康要求与思维需求，那么这项技术有可能在将来的某个时候导致人类物种或者其他物种的变异或灭绝，尽管这只是个假设。所以，对生物技术的争论在思维层面有两个方面的担忧：一是人类自身生存的担忧；二是生态系统物种共生意义上的担忧。后者的担忧源于：如果生物技术导致人类食物的健康属性遭受侵蚀，可以想象的场景是，通过食物链以及某些直接渠道，生态系统中的其他物种也将受到生物技术与产品的威胁。例如，杀虫剂在杀死害虫的同时也杀死了其他物种。而这所谓的害虫仅仅出于人类自私的考虑，而忽视了物种在生态维持过程中的共生现象。这就典型地触及了人类与生态系统的关系。

科学实验所代表的理性思维在维持人们道德权利的时候并不一定被人们视为真理而被接受。人们对于技术进步与发展的接受还受制于技术进步与功利主义、道德原则，以及实用主义等哲学观点与传统思维的纠缠。

转基因食品安全的科学技术解读层面触及的公众利益和选择是十分复杂的，并且呈现功利原则—道德原则—自由选择—实用选择的纠结。有关转基因食品所含过敏原的争论就是少数人群的健康权利与技术进步或者多数人群利益的博弈。即使在充分实验证明转基因食品并无明显禁忌的前提下，仍然存在极少数的转基因食品导致消费者出现过敏的症状。过敏在医学上一直是个没有确切认知的症状，医学认知仅仅对于症状进行深度研究，但同其他很多科学技术一样，医学对于人类很多健康问题产生的根本原因并没有形成一致的认知。在转基因食品生产过程中，已经去除已知的对人体有害的蛋白与过敏原，并做过很多试验，包括生化测试、动物试验等。因此，在科学家眼中，有些食品安全的风险是一种假设。但是，公众会认为假设的风险一旦成真，也构成对伦理关系的破坏。这样一来，生物技术的伦理碰撞无法避免。科学技术，包括科学实验，无法做到对每个利益群体的权利主张都做出测评。在满足大多数群体意愿的同时，也会出现部分群体成员的权利受到影响的事实。理想状态下，人们希望功利原则—道德原则—自由意志三者统一，而事实上却难以做到，至少目前的生物技术在转基因食品安全方面很难做到这一点。目前公认的履行技术风险告知义务的做法就是标注。但是在标注的内容上，以及使用何种语言逻辑与术语语义逻辑仍然值得探讨。我们知道转基因食品的成分及含量是个科学事实，从遗传学和分子细胞学层面看，是一些复杂的结构与特征表达。如果科学家把这些专业构成要素标示出来，普通公众不一定能够获得他们所希望的选择依据(因为公众不掌握专业知识与实验经历)。或许人们希望科学家们能够把可能显现的风险标示出来，但这是一种或然率。以此来维持部分人的选择权利也不符合一般意义上的伦理学要求与观念，以及相关制度架构的程序正义规定。

公众对于生物技术应用的抵制还表现在牛生长素 BGH(bovine growth hormone)技术的使用上。牛生长素是一种生长激素,也被称作 BST(bovine somato tropin)。在农业生产实践中,人们发现给牛注射生长激素可以提高牛奶的产量,但那时由于技术条件的限制,BGH 的提取困难,来源较少(只能从死牛的脑组织中提取),因而没有得到普遍应用。当重组基因技术获得突破之后,重组牛生长素技术也开始进行实验(rBGH),并在商业生产中应用。随后引发了更为广泛的关注,并引起伦理学意义的批评与争论。这些争议主要有:(1) 奶牛因为注射 rBGH 而患病;(2) rBGH 可能导致乳腺炎症,用来治疗炎症的抗生素可能污染牛奶;(3) 转基因技术生产的激素可能污染牛奶,因为激素可以被肠道吸收,并引起免疫反应;(4) 无论从化学还是营养学角度看,rBGH 牛奶和天然的牛奶仍有很大不同;(5) 在 rBGH 牛奶中存在较高水平的类胰岛素样生长因子(IGF-1),它与乳腺癌、肠癌等有一定的致病关联表达(Callicott et al, 2009, 455)。在这些争议中,我们还看出,除了针对生物技术的人类伦理关怀之外,动物福利(伦理)的主张也得到了一定显现和支持。人们开始有限度地在保全自身健康的前提下,关注动物的福利问题。

对于动物在生物技术前提下的伦理关注可以追溯到 1996 年 7 月 5 日诞生在爱丁堡的克隆羊多莉(Dolly)。针对克隆技术的伦理关注可以分为:对人类和对动物两个方面——不仅仅是对克隆技术的伦理思考,也是对科学技术应用的伦理思考(Callicott et al, 2009, 40-42)。以人类思考范式为框架,科学研究要注意到生物技术可能对人类健康造成的威胁、对环境造成的威胁,以及生物技术对社会经济运行造成的影响。医学研究与药物生产中使用的生物技术以及产品是否会对人体产生不良影响是公众能够直接感受并且关注的问题。在农业生产领域,对生物技术的应用,是否会对环境、生态物种产生影响等,这些直接是生态学与生态伦理需要研究的问题之一。当技术被应用于生产领域(农业)之后,在整体社会分工与生产效率上就会出现问题,占有或者具备生物技术研发优势的大公司,势必对传统农业生产经营单位构成威胁,这也是技术在人类社会中运行所必须关注的方面之一。在心理学意义上,生物技术的使用是否会影响到人类与其他物种(动物)的关系同样也引起科学家与社会的高度关注。过度强调利益的最大化索取,将使人类对于动物的亲近感与对自然万物的敬畏感弱化,甚至灭失,从而引起人类对生态(物种)的肆意妄为的冲动。这也是技术在生态伦理意义上不可回避的一点:人类能否借助科学技术来主宰宇宙。而胚胎干细胞的研究则把生物技术的伦理争论极端化,即人类是否可以随心所欲地处置人类自身诞生的最初级的细胞形态。

在对动物或者其他物种的伦理关注上,目前突出的争论集中在动物福利以及与人类共生关系的问题上。克隆羊多莉的死亡说明生物技术本身还存在遗漏(克隆羊多莉,2016),但是人们也从另一方面感觉到为人类所"设计"的动物并没有得到很好的照料,它们身上带有天生的基因缺陷(如免疫系统缺陷),而这些只是人类为了满足自己的"理性思维追逐的兴趣"。这使它们无法如同自然界的同类一样生存。这个观点不仅是对动物现实生活的关注,更深层次反映了人类对自身以及动物身上被赋予的、与生俱来的自然属性的干扰与破坏,甚至剥夺。克隆技术在有性繁殖的社会结构意义上就引起基督教信仰层面的争议与反对,苏格兰天主教认为"任何试图取消两性接触创造人类(的技术),克隆或者无性繁殖(技术)都和道德律相冲突,因为它顶撞了人类繁衍以及婚姻结合(体)的尊严"(Cole-Turner, 1999)。另一方面,公众与科学家越来越关注实验动物的伦理问题。生物技术(包括许多医学研究等)需要动物实验行为。作为供人们做实验用的动物的遭遇,无论在心理上、人性上,以及科学上都有研究的必要。有研究指出,在医学领域的动物实验的残忍程度有时超出人们的想象。在肝性脑病的动物实验中,家兔由于麻醉不到位,表现出极度恐惧与挣扎,最后被强行按住剪开腹腔,在找到肝脏的时候则强行牵拉出体外。生理学上,腹腔对机械性牵拉是极度敏感的,由此我们可以设想实验动物所忍受的痛苦的程度(黄洪标等,2013)。现代科学思维催生的文明形态,使人类也逐渐认识到动物对于我们和自然之间的感情沟通的作用,尽管目前对这一观点仍旧存在争议,有人认为这有点过于拟人化,也缺乏科学的依据(Buller, 2014)。但在心理学以及医学动物陪伴疗法上已经得到初步解释与证实。科学研究不是以"冷冰的人性"为标签和代价,科学理性与人文关怀是殊途同归的。这也是技术伦理需要注意到的一面。即使在科学共同体内部,科学家也注意到了这个问题。以现在科学技术的水平尚无法做到不使用实验动物,但科学家们已取得一定共识——"好的科学和好的试验设计有助于降低在研究中使用的动物的数量,因为这将使科学家为了收集数据而使用最少的动物”(Festing et al，2007)。

在农业工业化的今天，应用到农业生产领域的生物技术，不仅受到来自经济实体活动的影响，也经受着人类—生态伦理思维的审视与纠问。表面上看，有关杀虫剂、除草剂、化学肥料、转基因技术的应用等问题一直遭到人们和社会利益团体的批评、争论与排斥。这个过程也是科学家探讨农业发展在技术层面的进步与生态—人类关系的过程。现代农业生物科技(包括生物技术)所面临的生存境地值得我们深入研究人类生存行为在思维范式和技术范式上如何拓展其存在空间。

### 4.1.3 对生态伦理理解的影响

农业生物技术行为的消极影响，包括遗留在人们印象中的负面效应，以及由此引发的来自学术界、公众等方面的质疑与争论，对我们解读生态伦理内涵反而起到一定的深化作用。主要表现在：对人类与自然生态系统关系的认知进路的变化、功利主义对生态伦理认知反思的培育作用、维护生态系统的方式(如何看待科学技术进步)、对动物伦理的关注等方面。

首先，在传统认知方式上，生态伦理的认知逻辑往往是这样的：人类应该……；我们为了某种目的，能够……；人们应该要相信科学可以解决……，等等。或者科学家习惯以认知主体性身份来验证、推测某种事件的演化过程，进而给出解决方案。对这样的逻辑路线，我们不一定总要冠以人类中心主义的概念。因为在相当的程度上说，人类免不了总要带着“有色眼镜理解这个世界”，以自我为逻辑中心进行认识与再认识。我们不去过多讨论认识路线的定性问题，我们只稍微关注一下某个人类认知的思维的预设前提。无论如何，人们也最终喜欢或者说是习惯于以某类积极的愿景来认知和指引生态伦理认知的前进路线。而这种逻辑在农业生物技术问题的争论上似乎显得力量微弱。从杀虫剂、化学肥料、转基因技术、实验动物伦理问题等到对化学生产商的抵制与批评，我们不难发现，面对一次次人们的怀疑与抵制，谁都拿不出足以让公众充满希冀的图景来平复人们的猜忌和激励人们追求科学向往的动机。相反，科学家与公众始终在充满负面效应的场中挣扎、挣脱。这表明生态伦理的认知逻辑路线发生改变，在不断地质疑、争论甚至抵制的过程中，不断修正可能导致歧义理解的科学证据，反驳无法立足的主观臆断,也是对生态伦理的一种正向矢量认知运动。这样的矢量能够不断培养人们勇于面对消极现实,在正视困难的前提下积极寻求解决方案。人类之于大自然的关系,本身就是一场较量与妥协,正是在这个否定之否定过程中,科学技术的理性思维才得以不断升华。

其次,在经济社会运行中,功利最大化的理念深入人心。技术的进步为整个社会生产力和生产效率的大幅度提高创造了可能,但同时也使得每个人作为个体在技术社会的生存能力逐渐下降。为了获得生存空间,人们更多地依靠技术的发展,以及技术实体的经营。生产实体为了获取超额利润,投资推动技术的研发与实验;反过来,科学技术的进步也在不同程度上受制于资本的投入与运作。这样一来,科学技术进化的终极关怀是什么、科学技术的进化是否背离了理性思维的追求就成为科学家与哲学家不断追问与反复思考的问题。人们的生活质量在科学技术的助力之下有了显著提升,社会的物质与精神财富的聚集越来越庞大;这或许也滋生了社会对于物质财富的过度依赖与追捧。它本身无可非议,问题是,当这种对利益的追求过度时,科学技术的进步是否成为攫取经济利益的工具就是另外一回事了。在个体层面,每个人都在追逐一定的物质生活保障(利益),这样的动机驱使他们选择高收入的经济实体就业。人们在选择的同时忽略了经济实体的技术属性,如果技术实体的技术应用与研发不顾生态系统的威胁(而仅仅在于追求超额利润),那么,就业人口的大量涌入也就为某些具备生态威胁的技术研发提供资本储备。从社会经济实体的层面看,拥有先进技术研发能力的大公司在投资研发时,是否照顾到生态影响,将影响到某些技术的发展进程与走向。最有可能(能力)影响科学技术实践的要件——资本运作,如果能将其纳入生态思维范式中予以考量,那就有可能在现有技术水平上做到尽力地去照顾生态关系。这对人类的永续生存与发展是至关重要的。科学技术与科学技术社会的发展是个体认知层次、学术界认知层次、决策意识层次等的合力作用,或许最根本的仍然是人认知境界的驱动。现代人们对于生物技术批评与争论的焦点之一就在于科学技术的功利主义含量问题。人们已经意识到一味追求经济利益,如果换来的却是以生态威胁为代价的话,这种技术发展思维就值得人们反思了。如果说经济的运行改善了人们的生活,历史地形成了利益最大化的思维模式;那么当这种思维模式走向极端时,也唤起了人们对它的反思。物质生产在催生科学技术的同时也孕育了对科学技术进步的反思与约束，这是当代科学技术过度依赖资本投入的必然的力反馈。

再次，人们在憧憬、追溯、回忆脑海中的自然生态景象时，充满的是一幅田园牧歌般的魅力画卷。但是当这种思维要变为现实的时候，就必然要面对社会的生态思维范式呈现出的多元化格局。其中的核心争议就是：如何看待科学技术及其应用。换句话说，若是要恢复或保持生态自然，还需要科学技术吗？近代环境保护运动和环境保护意识就是在批评现代科学技术的消极作用及其影响的进程中逐渐形成、开展的。在这之中，人们似乎将科学技术放在了人类生存的对立面，似乎科学技术是造成生态灾难的罪魁祸首。其中的某些观念，如果换个角度来解读也是值得争议和商榷的，如素食主义。从科学角度说，纯粹素食摄取并不符合营养均衡的标准，肉类脂肪与蛋白是有益的。从保护动物角度说，如果以生态学观点解读，植物与动物同属于生物。人们对于能跑会动的动物不忍心杀戮，对于看似没有意识和感觉的，同样具有生物学意义的植物就可以蚕食吗？可以假设，如果一盆鲜花对着你"喵喵……"，这纠结就迎刃而解。事实上，科学早已给出答案：植物有感觉，植物之间存在着某种化学交流。只是目前这类研究还不够深入，没有被多数人所认识并取得共识。这说明将某种生态环保意识推到极端，有失偏颇，至少在科学上没有数据支持；即使出于对生态的保护，深化科学技术研究也是推进人类对自然生态认知深度的有效方法。

最后，由克隆羊多莉到转基因食品对生态环境影响等的争论，本质上都切入一个话题，人类与生物物种（动物）之间的关系。经由人们对生物技术伦理观念的争论，科学家再一次把动物福利（动物伦理）问题放在生态伦理视阈下。动物福利的争论是最具有实践可操作性的生态伦理研究，因为人类驯化动物的行为由来已久，有些动物已经成为人类生活中的宠物。对于这些动物，人类很早就将自身的情感、心理因素转移到了它们身上，因此，出自个体情感对动物的关爱也就显得合情合理。随着生物技术研究的深化，人们认识到人类与动物的关系远非我们一直以来认为的那样简单，或者说只是一种利用关系。人类与动物的依赖关系也在影响着生态系统的退化，例如，动物数量的减少、种群的灭绝等。在食物链上，某些疾病通过人类食谱而传染给人的病例并不少见，如获得性免疫缺陷综合征（AIDS）和严重急性呼吸道综合征（SARS）。生物技术实验需要动物，实验动物伦理也引起人们的关注。作为现有生物系统中唯一的道德主体,人们是否也应该道德地对待其他物种。人类对于动物以及其他物种的利用是否应该被适当的生态伦理关系所约束。长久以来,我们乐于承认人类是唯一具有价值判断能力的道德主体,但是当自然界其他物种的可被利用的价值被消耗殆尽之时,人类的价值(判断)便无从谈起。这也是科学技术研究成果中不争的事实。如果承认人类只是生态系统中物种之一,并且人类必须依靠与其他物种的共生获得永续生存,那么动物伦理的关注只是生态伦理研究的冰山一角。日常生活中的动物关怀,以人们很容易接受、理解的思维方式,将人与自然关系的思考带入社会结构之中。站在这一点看,动物伦理对深入理解人类与其他物种的生态关系是有益的。

## 4.2　对农业行为认知的哲学基础

人类的生存与进化过程,无论从科学意义还是社会意义都从未离开食物的获取与生产活动的发展及其演变。考古学的发现证明,至少在地质学后更新世(Late Pleistocene)年代(126000—10000年前),人类已经开始有意识地人工培育植物、饲养动物以获得人类生存所必需的食物,以及生产资料与生活资料,例如,毛皮(查尔斯·辛格等,技术史,第一卷,2004,28)。它可以被视为人类农业行为在经济形态意义上的最初表现。农业作为人类的生存活动,一直与技术或者技艺及其范式进化相伴生,共同进化。以工具的制造和使用为溯源,我们可以将追溯年代前推至100万年以前,大约位于地质年代更新世早期。工具的使用使得传统意义上的食物获取,以及由此产生的产品剩余成为可能,这在人类早期生活群体(食物生产群落)的阶层划分进程中加速了社会意义形态的产生与形成。目前尚无法以科学数据的分析证实早期人类对农业生产行为生态学意义的理解,但是从新石器时期人类社会群落对生产食物及其剩余产品的再分配行为中,不难看出,这种社会的变化出自某种对于农业行为所造成后果——适合耕种的土地资源的受限性——的担忧与改进。我们无法得知,早期人类通过何种方式获得土地可耕种功能受限的感知。在这种感知的判断下,人类社会努力提高工具的使用效率,以获得较为充足的食物剩余,“利用常规的社会剩余分担对那些不生产其自己食物的全职专门人员的食物供给”(查尔斯·辛格等,技术史,第一卷,2004,29)。早期人类对于工具在技艺层面的应用,使人类的食物生产量获得了巨大的飞跃,关于这一点能否认为是一种技术(技艺)的范式思维,目前尚无定论。但有一点却得到了人们的认同:在最后技术的发展(或者进化过程)中,“人的技能在很大程度上依赖于教育”(查尔斯·辛格等,技术史,第一卷,2004,11)。这说明,人类技术的思维(或者概念思维的基本形式)在人类群体组成社会之后,逐渐表现为某种技术范式思维。从这里我们也看到,农业行为借助于工具,或者人工技艺的应用,使得人类在食物生产上获得产量的提高,这进一步为食物生产群落的社会化提供了物质意义上的可能性。进入社会形态之后,技艺的提升转变为技术范式思维体系继续在农业行为进化以及人类社会的分化过程中发挥作用,如金属的出现、城市的出现。尽管历史学家对人类手工业与农业的分离,以及城市的出现有着多种研究视角和解读,但是通过梳理科学技术的史实,我们发现其中有两点是比较清晰的:一是技术通过范式(思维)的更替主导着人类食物生产的进化;二是农业生产显现着人类(生产力)与自然(承载力)的矛盾。前者体现了技术哲学的演变雏形,后者显露了生态关系的认知雏形。这些都可以被视为某种哲学的思维基础及其雏形。也就是说,农业行为在人类潜意识中演绎着人类哲学思维的运行:农业行为具有某种人类赖以对其进行逻辑解构的哲学基础。

进入现代科学技术社会之后,农业行为的特征(或者说其运行包线)依旧明显地表现着某种思维范式(哲学认知)的影响与结构。其中典型的表征就是技术器具范式的演进与社会的演进与改良。在技术范式发展的早期阶段,农业行为的主要演进形式是以农业机器的发展为显现载体。大量先进技术的使用,造就了许多农业机器的使用。农业机器的使用成倍地提高了农业生产领域的个体生产效率;而生产效率的提高也为农业从业人口的剩余,以及职业定向与就业倾向的转移提供了必要的条件。当少数农业从业人口的生产足以满足全社会其他非农业从业人口生存需求的时候,农业行为中的剩余人口将部分地实现生产领域的劳动力转移。这首先就会使社会在劳动力构成与职业部门的划分上出现变革。大量农业剩余人口的分散,在条件成熟的地区就会进一步促进技术生产效率的提高与变革的加快。这种农业机械化的变革提供了必要条件,使得社会结构在局部的生产部门利用工具和技术的提高实现较低层次的技术范式的演进，以及由此带来社会—经济形态的进化(Ajami，2005)。

在农业机械化的标签之下，科学家对科学技术进步的实时效应变得异常敏感；与此同时，人们对社会演进的感知似乎没有那么敏感。从另一个角度看，我们在某种程度上忽略了农业行为社会范式(文化、思维)的影响。这种忽略可以追溯到新石器时代。在那个时代，人们对于器具技艺进步的感知是明显的，对于农业生产物留存的增加也容易被社会成员所认识和理解，因为这些变化是局部的、突变式的，容易为人们的感性认知所把握。可以说，这些来源于人类生活实践的经验事实容易得到流传与认知。但相对于某些技艺方面的经验事实而言，更为广泛的社会建构的思维系统的事实(变化)则不容易被认知，甚至察觉，例如社会结构、社会心理、经济形态的剧烈变化(查尔斯·辛格等，技术史，第一卷，2004，25－37)。我们在分析、梳理社会建构以及哲学范式的变化时，常常会忽略由于技术演化而导致的农业行为演化所产生的社会建构(文化)或者(哲学)思维范式的调整与再适应。这或许是因为人类思维在一定程度上存在思维的局限性，也可能由于社会共同体(如技术共同体等)思维范式的约束，也或许是出自某种习惯性认知甚至深刻成见。例如，“只有对战争、宗教的深刻成见，才会导致经济学家抹杀战争、宗教和巫术的经济作用，导致历史学家贬低促进这些活动的技术手段的重要性”(查尔斯·辛格等，技术史，第一卷，2004，25)。

在现代科学技术逻辑下，技术与科学之间的区别或许就在于人类思维范式的介入深度。技术体现着人类对于应用性实践行为的认知，而科学则体现着人类思维的演进。二者的结合是构成农业技术进步的基础。思维的范式内含着人类社会、文化因素、宗教、种族、哲学、生态关系等方面的认知要素与逻辑基础。如果我们将技术与思维结合起来认知人类的农业行为，便会发现农业实践不光具有生物学的属性、技术(技艺)的进化属性，同时具有人类与自然关系认知与抗争的生态伦理属性，这是哲学属性的一个方面。这使我们不能忽视由农业行为引发的哲学思考，对于这种思维范式的追索，将会涉及人类与自然界的共生关系，从中也会窥探到一些人类永续生存的思维走向。这些思维的孕育却都也离不开科学技术的进化与发展。在亚当·斯密(Adam Smith)看来，那些善于思考的人们的任务不是去做任何事情，而是去观察一切事物；因此人类的思维范式

“常常能把关系最为遥远的全然不同的事物的力量结合在一起”(查尔斯·辛格等,技术史,第四卷,2004,102)。这显然已经历史地成为18世纪西方工业革命得以成功的科学技术哲学基础。同样,进入21世纪,单纯的技术范式(器具的进化)并不足以概括农业行为的进化,因为此时的人类工业化革命进程已经覆盖到农业行为与思维范式(哲学),并在一定程度上使得农业行为范式的包线并行于工业化的进程与社会建构的改变(或许在一定程度上可以被视为独立的分支,尤其在生态学、生态伦理学领域)。

科学技术哲学层面对农业工业化的理解,除了包括传统意义上的技术范式的进步之外,更加依赖于整个科学技术思维体系的进化与发展。尽管可以说,科学技术的各个门类各自具有相对独立性,但是总的看起来,人类行为的出发点与归宿的核心是永续生存,因此,最终都可以归结到农业行为所蕴藏的内涵。技术实施的实例已经证明,许多新技术都被应用于农业的发展之中。与此同时,伴随着人类群体思维范式的进化,对于农业科学技术范式的应用也随之展开多元化的思考与争论。在生态学意义上,自然界的物种对于外界的适应与改变是构成物种进化的原因之一。人类自身在进化的过程里,感知着人类与自然界的关系。科学家力图在科学理性思维阈值内维持人类的生存的基本条件——农业工业化的原动力和终极追求,它在社会、文化、科学等方面都有直接反映与透析。科学理性揭示了农业行为在生态学上的奥秘,这将使人类对于自然界的对抗富有“力大无比的传奇色彩”。然而,值得我们警惕的是,农业作为人类的生存基本行为,在它的开始阶段(或者就物种的生存来说)本质上就是与自然生态系统的对抗与感知。农业的根基——土地——是人类获得某种生态关系感知的直接反映对象,也是人类思维的认知客体。在思维的意义上,农业行为是人类对于土地及其地上生命形式的最直观的理解和反映。从古至今,无论是原始蒙昧时代还是现代科学理性时代,农业行为在生态学上总是“意味着突然打破长期形成的生态平衡”(特雷弗·I.威廉斯,技术史,第六卷,2004,194)。支撑人类这一行为的自然保障就是土地的自然营养状况——自然肥力;正是基于对这一点的充分认识,我们才逐渐意识到,农业工业化的直接生态失衡后果就是各种生态灾难,如土壤侵蚀、板结、化学物质残留等。因此,在现时代,科学家、哲学家更有理由对这一人类熟知已久的行为进行深入的生态伦理/哲学层面的研究。

农业行为本身就是对自然生态系统原始存在的影响(改变)。

历史地观察,人类农业活动的行进方式与思维范式的演进就是现代意义上的环境伦理与农业伦理关系的进化。现代科学技术哲学研究视阈下的农业(工业化)的内核是技术及其范式的进化与演变。围绕此内核,人们对农业行为的认知范围也包括农业传统、农业科学技术与社会建构中某些要素的进化,以及它们之间的互相关系和影响作用。随着20世纪60年代全球环境保护意识的兴起,人类社会对于自然生态系统的认知由资源保护进入环境保护;环境意识也第一次植入政府决策理念之中(蕾切尔·卡逊,2014,V-XI)。这使得人们对于农业的认知开始变得异常复杂,由最初对DDT的争论逐渐演变为如何看待农业工业化成果对于生态系统(环境)的影响。由于"不同的农业理念体现着对不同人类状况、人类—物种—自然关系的先验的或者宗教的理解"(Callicott et al, 2009, 30),所以也必然引发我们对人类与自然生态关系真谛的思考与认知。这些认知在很大程度上属于生态伦理学/哲学的范畴。其中有关平等主义原则与功利主义原则二者之间的取舍与争论,既是生态伦理讨论的核心议题之一,也是在技术范式进化层面对农业行为进行哲学思索的主要议题。由此进一步演绎出:农业行为应该为谁服务,以及如何服务。本质上说,它是环境伦理学中有关人类可持续发展问题的农业行为范式的映射。同时,这在技术哲学领域也具有进一步研究的价值与演绎空间,因为离开了人类生存的基本行为范式,任何科学技术的进化将成为虚无缥缈的逻辑演绎。在诸多技术形态中,现代生物技术由于它具有演化新生物种、合成人造物种、基因转移和基因漂移等科学技术哲学意义上的认知与结果的不确定性,使得科学家和哲学家不仅在单一技术层面对生物技术进行解读,而且也在生态伦理学层面对其进行深度认知与理解。可以认为生物技术的生态伦理认知行为(现象)是农业工业化行为在科学技术范式和生态伦理/哲学范式之下同步进行思维逻辑演绎的典型例证。这说明农业行为具有科学技术范式和生态伦理/哲学范式双重属性。这在一个侧面也道出了农业作为一种人类活动的构成及其与外在存在环境(包括生态的和社会的环境)关系的复合性正在变得日益复杂。

农业工业化进程对作为生活在科学技术时代的人类来说,是一种追求美好生活的手段。在此过程中,如果我们忽略了农业行为的思维范式(哲学基础)的存在，那么，农业行为将始终处于一个“孤独者的境地”。这种状况对于人类来说将是具有讽刺意味的，原因在于：科学家发明的科学技术与其崇尚理性思维范式，不仅没有获得对人类—自然生态的认知，反而进一步孤立了自我意识，使人类作为生态系统的物种之一，永久地处于“独处于宇宙”的地位，并继续保持着这种感受。这在生态伦理认知上是一种可怕的倒退。离开了土地(及其维系的农业行为)，人类的生存将会停止，一切也将无从谈起。人类以一种思维范式来解读，或者认知农业行为的目的在于：要以自身认知中的理性因素来观察我们对于农业行为进化的反应——站在思维行为的主体地位来认知主体对农业行为解读的反应，以寻求一种人类与生态系统的关系——终极追求是获得物种的永续生存——这便是一种基础的哲学认知过程。

### 4.2.1 农业行为的哲学轮廓

随着生态学与生态哲学的发展，人类与生态共生的永续生存问题已经引起科学家的关注。在世界范围内，各国都在科学技术的认知与研究层面理解人类的永续生存与发展问题。以科学技术为主的工业化范式似乎将原本支持人类可持续发展的梦想拖到了死亡的边缘。面对生存与发展的困境，哲学家在不断努力寻求下一个“思维隧道”——“为了理解和趋向(人类)可持续发展，一个社会需要对其体制及其实践是如何与物种生产和再生产的自然周期产生交叉与联系进行认知”(Thompson, 2010b, 3)。大量现代科学技术的应用与发展都在人类行为与自然周期的关系上做出一定合理的解释。在科学技术的语境下，人类行为不断干扰与重构着生态系统的运行及其周期。生态关系的维持范式在思维层面上就是生态伦理的逻辑表现。生态伦理作为人类与生态系统的关系范式源于人类的行为模式以及对其进行选择的逻辑依据。在诸多人类活动中，农业(行为)作为一种人类生存行为早已为人所熟知，但在生态伦理思维层面(哲学)却又显得并非真知。

历史地看，如果把人类认知的思维视为一个系统的话，那么从广义角度理解，这个认知思维的基础就是农业及其行为所产生的对于人类活动进行约束的各类思维及其范式。如果在生态学与生态伦理层面看，人类的社会结构对于自然生态关系的最早认知也借由农业行为而产生与延续。考古学发现，在新石器时代的美索不达米亚南部或苏美尔的神庙由圣祠演变而来，在神庙建筑的构造中，科学家发现诸多神庙之间的连接是粮仓。它反映了人群生活中充斥了对于超自然力量的崇拜，而此类崇拜的初始动因很可能与农业行为有关，“他们认为这些神明是他们所耕种这片土地的拥有者和创造者”(查尔斯·辛格等，技术史，第一卷，2004，32)。人们为了享用丰富的食物和居住条件，向神灵献出尊崇与劳动产品。土地成了人类生活的中心，无论是在物质基础还是心灵深处，人类对于自然界(包括人类对于自然生态系统的各要素之间的平衡感)的感情深深地扎根于农业中，并通过这种劳动方式表达人类对于生态自然与社会的理解。在耕种过程中，人类以一种直接的方式触及了自然，并在这种接触进程中逐渐被赋予“荣誉、自立、道德、勇敢、好客”等道德意义的属性，以及对于家庭、社会、宗教、传统的归属感与认同感(它们主要表现在文化和心理层面)(Agrarianism，2016)。农业行为的物质(食物)生产驱动属性，改变了人类社会，并驱动社会群体进一步演化。在剩余产品支配的规范下，不同人的社会作用、职能与地位开始出现分化，群体行为开始异化，例如，公元前3500年，上埃及“猎鹰”部落的征服活动(查尔斯·辛格等，技术史，第一卷，2004，32)。人类对于农业行为在秩序维持层面和管理层面的依赖，则进一步催生了阶层以及聚居地形式的演进。同时，农业行为的不断演进又为科学的诞生打下了基础，而科学本身的进步反过来又驱动人类文明的演变与进化。

至此，不难看出，农业行为在人类对自然、土地(甚至包括现代科学意义上的生态学、恢复生态学、气候变化等要素)、社会—经济结构等方面的认知起到了至关重要的基础性作用，同时也在一个侧面勾画出了人类思维进化的轮廓，它包含了社会—政治、经济、道德、宗教、法律、生态理解、人类永续生存与发展等多方面的内容。

在现代科学技术哲学研究的逻辑下，重新审视人类的农业行为，会发现农业及其生产行为在哲学的理解与认知上存在着较大的范畴交叉与不明确，极具形态意义上的复杂性。农业作为一种人类行为，体现着人与自然界的基本关系——共生与约束的功能。以这种人与自然界关系的限定为前提，农业行为的范式就会呈现鲜明的哲学轮廓，同时具有生态学意义和生态伦理学意义，社会政治(伦理)、农业伦理、生态(环境)伦理三者都是围绕农业行为产生的不同角度的理解以及现实存在，其核心是人类与自然生态的关系，可被视为一种生态哲学意义的思维存在。因此，当我们考察农业活动时，它几乎同时呈现出社会政治—农业伦理—生态伦理三位一体的思维镜像及社会实践。这使得科学家在研究农业行为对人类生存与发展的贡献时进入一个艰难斡旋的境地：一方面，农业生产是社会存在与进化的基础，同时人类社会不断关注农业生产活动的价值和道德问题；另一方面，环境伦理学（生态伦理学）的引入，使得农业行为对于环境的影响陷入伦理学的判断与选择的尴尬境地。在社会层面看，农业工业化是现代社会结构进化的基础动因，文明的进化需要农业生产领域人口结构的分化；从技术范式角度看，技术的进步无法避免，它使农业生产的社会总效率提高已经成为事实；在哲学（生态伦理）层面的思考，则直指人类活动对于环境的影响（破坏）。我们对于农业行为哲学层面的深入研究将有助于认知人类自身的生存价值取向，有助于在科学技术哲学视野下进一步理清对农业行为的模糊认识，以利于审视科学技术发展的态度以及社会—技术—生态的适应性路径选择。

在传统西方哲学视野中，人们对于农业及其实践行为的认知更多地集中在社会结构中的某种行为，如地权、财产分配等。在人类社会的进化过程中，农业行为始终是一个基础性的认知动力，农业活动使得社会的分化成为可能，其理念也借由社会的进化逐渐为人们所感受到。因此，在某些政治家眼中，农业行为以及它与土地所构成的对人口的约束关系成了治国兴邦的理想与信念。美国第三任总统托马斯·杰弗逊（Thomas Jefferson）就认为农业人口是“最宝贵的公民”（Thompson, 2010b, 3），因为农业人口的土地依附性培养了人们的忠诚与道德良知，这对一个民族来说是至关重要的。一般认为，对于农业行为的哲学形态认知更多地集中于“某种社会政治活动意义上的土地改革，或者旨在改善农业人口经济状况的政治行为”（Thompson, 2010b, 5），从而使农业行为的形态更具有社会政治意义的显现。很多时候农业行为及其所内含的哲学理念局限于“平均地权”，人们更多地感知到的也是土地等农业要素在人类社会中的解读与功能，这导致人们对于“agrarianism”的哲学层面认知并不充分。然而，仅就农业行为在其最基本的内涵来看，也都体现着人类与自然生态一种共生的、经验的技术形态的联系与对抗。从中我们可以抽象出这样一种哲学形态的解读：农业行为，哪怕是最简单的理解，是一种人类劳动（力）与自然野性的互相干涉。其中的思维范式表达通过土地以及人类对于土地的行为(结果)而有所体现——农业行为蕴含着文化表征、精神境界、基础的社会与政治建构观念、价值形态、对于人与自然的审美取向。

在哲学逻辑上,"agrarianism"强调一类思维层面的感知,或者感觉,内容包括管理、对地域和劳动的深层解读、植根于人类生存共同体并由此演化出的道德属性、非工业化的农业行为所持有的范式意义上的人类—自然—宇宙的关系(Callicott et al, 2009, 20)。其中,一种非工业化的农业行为对于人与自然关系的培育、调整与蕴含可以说是人类农业行为所特有的内容。通过分析,不难看出,农业不仅仅是一种体现现实生存需求的人类行为,而且在农业实践过程中逐渐对人类及其共同体(包括其中的个体)的思维范式的演变具有重要的、潜在的影响。但是它与哲学中的其他分支(如宗教)不同的是,农业行为对人类思维的潜移默化式的教化功能,更多地表现为性情、情感、情操等精神境界层面的形态。这也使得人们很难在逻辑语言上系统化地对农业行为进行理论化的揭示与阐述。我们甚至可以说,在一定程度上,农业的哲学理论体系尚未完全明朗化(或者明确建立)。但通过对哲学传统的分析,人们仍然可以发现,农业行为所占据的观念体系强调这样一种观念:"农业既是道德的理念,也是美学的理念"(Thompson, 2010b, 5)。

如果说科学家和哲学家的思考与表达还过于抽象化,那么,很多文学艺术家的描写就显得富有更为鲜明的生活色彩了。在人类漫长的社会进化过程中,文学艺术的形态也在思维形态上发挥了巨大的创造力与感染力,由此对人类整体思维的熏习效应不可小觑。美国作家托马斯·英奇(M. Thomas Inge)被认为是20世纪对农业行为形象与描写最为典型的作家之一。在文学艺术表达的语境中,他将与农业有关的主题归结为如下五个特征:(1) 宗教:农业(耕作活动)提醒人类本性中的有限,因此怀有对上帝的依靠感;(2) 浪漫:技术形态对人类的腐化与自然对人类的救赎;(3) 道德本体:农业行为造就了(人与自然;人与人之间)和谐与共融的感知,现代社会则将其分隔与碎片化;(4) 政治:乡村的原住民是民主的基础;(5) 社会:乡村的社会要素的互相依赖性关系(现象)为人类共同体的进化提供了适当的范式参考(Thompson, 2010b, 7)。这些都映射出在人类进化的不同阶段和人类共同体实践的不同思维层面对于农业行为的感知与认知存在已久，并且深受教化与感染。

在认识论传统上，农业行为更多地集中于特定的范围或者区域。例如，农业行为的认知集中于社会的、经济的、小农场的政治维度等，通常会围绕财产所有权(Callicott et al，2009，21)。在现代社会，农业行为在思维层面的哲学涵盖已经获得本体论的认同——人类与自然(或者说文化表征与生态表征)的区分，并且正在逐渐演变为与工业化相对的一种哲学态度(理念)。这种哲学思考缘起于现代社会中的人类对于自身行为(实践)认知的缺损、农业行为历史地形成的一种人类与社会群体的接驳，以及农业活动对于人类群体意识—功能表达的一种约束，这种约束受制于人类对于自然界的控制能力和依赖感的变化。西方工业革命以来的巨大成就在人们心理上造成的一大影响便是以器具范式(技术范式)为指针，在经济运行进程与自然生态价值的判断之间做出衡量及取舍。技术范式在内涵上被赋予科学理性，我们不否认技术范式其中的理性含量，但是我们也要认清纯粹技术理性与科学理性之间的细微差别。科学是一种理性思维范式，但其内涵应该更为广阔，思维更应该具有深度。在人类未来进化趋势的预测上，科学家与哲学家都认为无法彻底摆脱科学技术的支撑，至少以目前人类的进化进程来判断是如此。与此类技术理性(纯粹科学主义形态)相比较而言，农业行为哲学意蕴的表达显得有些过于浪漫主义了，以至于能否将农业行为的思维范式纳入哲学范畴都有待确认(Thompson et al，2000)。

源自原始时期的人类农业活动，历经千百年的进化，一直伴生于人类各要素的自我进化过程中，甚至存在于生物进化学意义的改变中。随着环境伦理的兴起，农业行为作为一种范式表达是以工业化的批评者显现的，同时又因为生物技术的引入，农业行为也被拖入对技术应用—伦理范式争论与质疑的范畴。在农业行为与生态系统错综复杂的关系当中，哲学家与科学家是否应该努力纠正人类农业行为在人类思维体系中的地位也成为研究的难点之一。如果人们目前无法取得共识，那么深入研究农业行为的哲学意义就显得尤为必要。

农业行为的认知客体与实践客体的交集是土地——“耕种(农业)的根本是对土地的忠诚”(Thompson，1995，3)。通过农业行为及其范式的延伸，人类将自身作为一个物种定位于生态系统之中，并保持永续进化。这就决定了农业活动在生态学意义与生态伦理学意义的并存与互相影响。在思维层面，农业行为蕴含着丰富的想象空间，其实质直指人类与自然界的关系。人们在土地上耕作，直接感受着土地的肥沃与承受力，但是，这绝非止于一粒种子的播种，而是一种对自然的敬畏。在这种敬畏之中隐藏着我们对自然界给予人类的思考。自文艺复兴以来，西方基督教伦理中上帝将自然界交由人类管辖，人类的主体身份意识逐渐加强，由此也为日后对自然界控制的功利主义理念奠定了哲学基础。

历史地看，在哲学发展进程中，人类对于农业与土地的哲学思考并非罕见。

在古希腊和古罗马时期，在赫西俄德(Hesiod)、色诺芬(Xenophon)、亚里士多德(Aristotle)、大加图(Cato the Elder)、维吉尔(Virgil)等人的著作与社会活动中都出现过针对农业行为、土地与群落、家庭农业生产和共同体民主制等话题的论述与解说(Callicott et al, 2009,20)。从哲学传统上看，以农业生产活动为主题的人类行为的描写始于赫西俄德的800行诗歌集《工作与时日》(*Works and Days*)。赫西俄德在诗歌中鲜明地表达了两条普适性原则：劳动是人类的普遍需求；通过劳动即可获得其所需。学者普遍认为这是针对当时古希腊大陆出现的农业危机而提出的理念，它激发了日后开辟新殖民地的热情。同时，这也被后世认为是人类历史首次记载的有关经济学思想表达。《工作与时日》还划分了人类的5个世纪(ages of man)，将劳动视为一切道德、美好的源泉；并且首次提出通过非暴力饮食实践现代意义上的素食主义，并将其视为过上富足生活的路径(Hesiod, 2015)。赫西俄德将人类的主体性直接与人类行为(实践)相连接，表达了这样一种理解：人类通过其行为不仅获得物质生存基础的满足，同时塑造了道德的轮廓与感知，在伦理学意义上，道德的感知具有实践性。色诺芬和大加图则崇尚男子汉所特有的人类道德与审美观点；从社会阶层的分化层面看，古罗马的统治者认为，农业人口的身体健康是保持国家战斗力的强有力保障，而农业人口也顺理成章地成了国家兵源的供给源(Callicott et al, 2009, 21)。农业人口对于土地(及其带来的生产能力)的依赖，培育了有别于其他阶层人口的对于土地(财产)的捍卫之情与力量。在国家范畴内，这种道德境界成了国家、阶级稳固的要件，进而演变为国家的价值支撑之一。这在美国第三任总统托马斯·杰弗逊的治国理念中有着充分体现。不难看出，农业人口对于土地的关系，无论是精神上还是物质上的依赖和占有欲，都在一定程度上还原为社会结构稳固存在的物质与精神基础。与此相类似，在现代生态伦理的建构过程中，人们希望某种价值体系能对科学技术实践具有指导意义和约束—引领的功能，即生态伦理在现代科学技术思维范式下的应用型实践的争论与研究。这种理念与某些后现代主义观点所强调抽象的道德主体性概念、追求主观性的纯粹而有所不同。

到了近代，哲学家与科学家对于土地（农业行为/哲学）的理解已经有了不同程度的发展。例如，约翰·洛克（John Locke）、大卫·休谟（David Hume）、乔治·路易斯·布冯（Georges-Louis Leclerc de Buffon）、托马斯·杰弗逊（Thomas Jefferson）、弗朗西斯·奎奈（François Quesnay）、孟德斯鸠（Montesquieu）、奥尔多·利奥波德（Aldo Leopold）、亨利·大卫·梭罗（Henry David Thoreau）、卢梭（Jean-Jacques Rousseau）、温德利·贝利（Wendell Berry）、黑格尔（Georg Wilhelm Friedrich Hegel）等。在人类社会早期，人们对农业行为的关注集中于私有财产的所有权上，因此土地（权）及其地上附属物的产出必然成为社会价值体系的要素之一。这样一来，经济生产形态的农业行为就与人类社会及其自身的价值体系产生关联。农业生产活动不仅产出物质形态的商品，同时也创造了人类的价值形态的存在，并由此建构了各类社会形态的不同特征。约翰·洛克关于人类价值的劳动理论就认为人们通过劳动来利用土地，在此过程中也创造了价值的新形式，并成为私有财产（权）的重要来源。弗朗西斯·奎奈进一步认为只有农业行为才能产生价值的新内容（Callicott et al，2009，21－22）。

如果说古希腊罗马时期的哲学家更注重道德在个体与社会的群体意识思维层面感悟以便获得对某一行为支持的话；那么黑格尔和休谟则在人类理性与自然界之间的感知层面探讨了人类对外部世界认知的理性与道德支撑等问题。苏格兰哲学家大卫·休谟在方法论上建立起实证主义与工具主义结合的原则，用来指导人类对自身外在真相存在的感受与认知。这样的认知方法不可避免地加强了对人类与自然界的关系的思考，从而让休谟的哲学观点带有一定程度的自然主义色彩。德国哲学家黑格尔认为，家庭、公民社会和国家是人类构成伦理意义生存的三大要素，三者之间就存在互相依赖、连接与支配的感知。其中，作为人类生存基本单位的家庭与自然外在存在的感知中介就是“爱”。在他看来，自然是理性的，自然秩序是靠理性获得并且得以维持的。自然界就其本身来说是“自在”（outside itself）于人类理性之外的。人类将理性加之于自然外在存在，自然之物就会反映理性的更高境界（Kliger，2013）。黑格尔的理念为人类对自然外在施加影响提供了道德意义的支持和理解。

20世纪盛行的实用主义哲学继承了注重在人类社会各要素中寻求可供事实证明的经验结果(知识)的哲学传统。这在一定程度上印证了人类的科学技术行为在实验方法论层面的成功。此时的人类社会在工业化主导的社会各要素的高度集成之下日趋成熟,同时也使得社会机体在政治、文化、经济、思维范式作用等方面出现了困境与缺失。在交通和通信技术高度发达的时代,人们在社会意义上的融合反而出现了一定程度的离散,人们并没有拓展自身的交流与认知空间,在其中找到个体的定位(Allen, 2008)。在社会之下,作为个体的人希望在给定的规则下维持自身的原则(或者某种属性),但却无法忽视存在于人类个体之间和人类种群与自然界之间的普遍联系及其互相作用;更为重要的是,这类联系会跨越代际。这就为人类在生态伦理思维范式的探索上留下了拓展空间和"由于缺陷而获得的动力"。在此基础上,亨利·大卫·梭罗(Henry David Thoreau)进一步认为现代社会在人们日常生活中生成的那些看似"微小的原因曾经毁灭过希腊和罗马"(亨利·大卫·梭罗,2014,242)。在他看来,现代社会的经济、技术、政治、体制,甚至生活方式都在不同方面令人类蒙受耻辱,耕作于土地上的人们可以不在乎社会的组织形式、各种制度等的存在及其约束,但却永远无法摆脱人们对于环境的热爱与向往。他用富有诗意的语言表达了人们对物质生产劳动以及对自然的尊敬。温德利·贝利(Wendell Berry)继承了托马斯·杰弗逊农业治国的理念:农业从业人口具有谦逊的道德品格,追求平静,善于和其他国家保持和平的关系。他强调古希腊的道德观念——sophrosyne——自我约束,人们应该通过自我约束原则保持人类在宇宙中的位置,维持自然秩序,其核心已经触及现代意义的环境问题。贝利指出,现代社会中的人处于欲望之中,过度依赖技术形态的存在,进而使其自身的能力逐渐降低(Callicott et al, 2009, 89-90)。温德利·贝利将人类农业行为置于哲学的高度进行理解,农业绝非仅仅是物质生产活动那么简单,而是一种文化延续,甚至认为"食物生产也是一种文化产物,不是单独依靠技术形态就可以达到的"(Berry, 2015)。

事实上,农业行为与自然科学体系、社会政治体系相关联的哲学传统可以回溯至18世纪下半叶。孟德斯鸠就曾经明确指出"(人类进化)随后出现的政治的社会——专制——往往和农业、土地制度的进化同步(演进)",人类社会的规则

(法律)建构都受到土地、气候、人类驯养的物种、温度等自然生态要素的影响(Rahe, 2012)。按照孟德斯鸠的观点,即使在有人控制的政治建构之上,仍然存在假设的自然界的法则,它与人类的情感与认知交织成现有的社会。孟德斯鸠关于自然条件(气候、地理等)对于人类生存环境影响的理念对法国博物学家乔治·路易斯·布冯(Georges-Louis Leclerc de Buffon)的《自然史》(*Histoire Naturelle*)的编纂产生直接影响,而后者则被认为是现代生态学的先驱(Thompson, 2008, 532)。

在生态学、生态伦理和农业行为关系的认识上,人们一直存在分歧,甚至是误区。但几乎可以确定的是,我们必须依靠食物(生产)来维持生存和人类社会结构的可持续发展;因此,农业行为作为一种(食物)生产性实践而广为大众所认知与理解。如果仅此而已,人类对于自然、人类与生态系统的关系、自身境况和生存需求的认知就是狭隘和封闭的。早在生态学作为一门独立的科学门类诞生之前,农业行为中的科学手段(技术/技艺)和认知就已经出现,并且在技艺改进与技术范式的进化中不断提升农业生产的能力,扩大并跨越了物种生产的种群界限。因此,可以认为,“农民(农业行为的主体之一),按其技巧性质来说,肯定在改变生物群上要比林业人员和野生动植物管理者更为激烈”(奥尔多·利奥波德,1997,211)。农业生产中的价值判断一直存在分歧,农产品的产量并非是产品的价值,也不能被认作是农业行为的全部价值。化肥、农药等技术手段的运用提高了肥力枯竭土壤上的农作物产出量,但是在表面上却掩盖了土地生态学的损耗——从这个角度看,农业工业化以科学技术手段获取的产量的提高,换来的是土地生态价值的损毁。奥尔多·利奥波德虽然认识到生态学对于土地伦理认知的重要作用,但是却无力更好地解释在人类思维层面(生态伦理)对土地(农业行为)—生态学(科学)联系的认知过程里的价值的角色及其作用等问题。

在当代,随着人类科学技术的不断进步(特别是化学、生物技术的应用),农业行为已经从传统意义的田间劳作转变为科学技术化复合生态理解的行为,并且,农业行为的内涵更加复杂,其行为本身同时与人类、生态系统以及社会发生联系。科学技术的各个要素不同程度地渗透到农业行为的许多方面,对人类整体的生存与发展也发生了重要约束效应。科学技术环境下的农业行为,改变了传统理解的农业耕作形态及其功能,技术化的农业活动的结果也对生态系统运行产生技术—生态—伦理性的影响。人们逐渐意识到人类长久以来的生存行为对生态系统的影响已不仅仅是技艺与技术形态的演进，而且是生态学意义与生态伦理意义上的改变。与现代生态意识(环境保护理念)相比较而言，农业行为及其影响与后果虽然受到争论与重视，但同时也被排除在主流生态意识(思维范式)之外。人们对于农业的理解和认知似乎陷入了茫然境地。当人们试图用环境保护理念来解读农业行为时，便发现：农业活动的内涵和外延边界模糊，进而导致了认知上的模糊；如果运用自然价值理论进行分析，又发现，价值载体(衡量的客体)的学科从属的定位又是一个两难的问题。例如，当我们研究有关植物的问题时，难免将其归结到植物学领域；当我们重视土地退化问题时，又会将其归入土壤科学或者恢复生态学领域。换句话说，农业行为在人们的思维认知里，像一个"洋葱头"——层层解读——终不得其核心之所在。这在一定程度上是因为实证表达的科学理性与态度，以及执着于科学实验方法的结果。美国哲学家保罗·汤普森认为，在现代社会，农业工业化在人类思维进化过程中所造成的后果之一，就是将人类农业行为拉回哲学思考的范畴——农业行为既是科学问题，也是哲学问题(Thompson, 2007, 7 - 20)。研究表明，农业行为之所以呈现出既是科学问题，又是哲学问题双面映像的直接诱因是：科学技术风险的后果，以及人们对生态状况担忧意识的普遍显现。当人们对农业技术风险进行选择的时候，不可避免地触及人类的价值判断，而价值及其有关研究早已存在于环境哲学体系里。不可否认，人类的农业行为也有(内涵)价值、价值载体及其结果的显现；而问题在于：农业行为的价值与生态伦理一般意义上的"价值"如何容摄。如果仅从价值的逻辑层面寻求解决方案，则难免陷入价值的虚无主义境地，最终无法开启思维范式对人类生存的指导功能。

从人类的农业行为去认知人类与自然的关系，找出可替代的生存解决方案会延伸人类生态思维的空间，将是生态思维范式的新发展方向之一。保罗·汤普森的理念提供了一种新的生态思维探索，他将人类最根本的生存行为——农业——作为认知客体，将农业行为纳入哲学范畴(不仅仅将农业视为工业化的结果)来探讨技术风险、人类的生活传统、文化传统、人类与自然的关系等。概括地说，保罗·汤普森的理论将哲学认知与技术实践相关联，丰富了环境伦理学的内涵，同时应对现实问题具有积极的实践性(可操作性)；使得哲学思维在覆盖技术实践的时候不仅具有了理论性，而且更具有社会与伦理的实践性。

农业行为是人类最早与自然界进行互动的行为之一，主要涉及对土地的耕作、植物的栽培、动物的饲养与驯化、水利技术的进化等。这些人类活动都在不同程度上对自然界原有的生态平衡造成了扰动或者破坏。随着人类社会的进化，人们对农业生产的要求越来越高，因此技术的进步势在必行。农业技术进化的同时，由人类对农业生产需求导致的各类矛盾也逐渐显露：对土壤生产力的要求与土壤保护的矛盾、化学工业的引入与生态胁迫的矛盾、食品工业与人类健康的矛盾、生物技术的应用与生态系统的矛盾、工业技术与制品造成的环境污染问题、农业生产与人类永续发展的问题等。当下关于转基因生物体的争论则是最为突出的有关农业行为—生态系统关系的矛盾在公众参与层面的表现。这些争论与矛盾的核心都涉及农业行为的生态伦理学意义的解释与研究。

如前所述，从古希腊罗马时期开始，人类从未停止过对农业生产实践的哲学（伦理学）层面的思考与争论。经过漫长的历史演变，今天有关农业行为的生态伦理学研究涉及哲学、伦理学、生态学、科学技术与社会、政治学、宗教、文化形态、生物技术等范畴。

虽然有关农业的伦理学层面的研究对象众多，但是围绕近现代关于农业行为的主要争论，可以将典型的研究对象归纳为：农业行为的组织形式、农业动物福利、转基因技术、食品与健康、技术风险等。对于农业行为的组成形式的认识集中在对以家庭为单位的生产经营形式与规模的历史认识与继承方面。传统上，欧洲国家和美国大多很注重家庭农场这一农业生产的组成形式，并根据对它的认识形成了平民主义（populist）和传统主义（traditionalist）两大派别。平民主义主张家庭是农业行为的核心，也是道德义务的承担者，是人类社会经济建构的基础与主要承担者。传统主义强调家庭农场作为道德源泉的内在属性，人们通过农业行为获得了对于自然的感知，培养了人类对于自然生态的敬畏之情；在社会意义下，人们经由农业生产行为塑造了人类的美德与义务。二者的主要分野在于：前者强调农业行为的社会建构意义；后者突出了农业行为的伦理学（道德与审美）意义（Callicott et al，2009，24－25）。在饲养动物的福利方面，传统农业生产与工业化农业生产基于经济获利驱动有着较大的认识差异。在传统饲养方式理念里，为了提高动物（类食品）的产量与质量，需要考虑给予动物较好的、复合生态学意义的饲养环境,这通常会耗费较长的时间与增加更多的生产成本。在工业化农业产品的生产中,出于效率最优和利润最大化的驱动,传统意义上的动物福利被剥夺了,取而代之的是在一定程度上违反生物学规律的技术形态的生产方式。这不仅反映了生产者的利益关注点不同,也从一个侧面反映了对动物在为了人类获利的蓄养期间的利益争取问题(Callicott et al, 2009, 24－28)。这为日后在更为广义的、生态学与生态伦理学层面的人类与动物权利的争论留出了逻辑空间和争论依据。社会对以转基因技术为代表的生物技术风险的争论和质疑,则使得人们对农业行为的关注与思考由具体的事件进入科学技术哲学研究层面,由个体健康的关注进入人与生态系统关系的关注。

通过上述分析,不难看出:针对农业行为的伦理学研究范畴存在狭义和广义之分。狭义的伦理学研究集中在人类社会下的生产行为;广义的研究则扩展至人类与其他物种的关系上,即呈现出一种逐步延伸至生态哲学(伦理学)与环境哲学互相融合思考的前进路线。在哲学上,生态哲学、生物哲学、科学技术哲学与环境哲学有着共同的交集区域。生态哲学在广义上覆盖了环境哲学,狭义上是科学技术哲学的一个分支学科。在技术范式的概念下,生态哲学又是生物哲学的一个分支。生态哲学主要解决两个问题:一是在认识论意义上,生态系统对一般意义上的科学技术方法和程度的承受范围;二是关于规律对经验预设的引导问题(Callicott et al, 2009, 263－265)。环境(伦理)哲学经过古希腊罗马哲学、中世纪哲学、近代哲学和19世纪哲学的发展,其主要研究对象集中在人类与自然(生态关系)伦理层面,对人类的规范(思维范式)进行论证和解释。人类的农业行为就是人类与自然关系的最直接反映,因此以科学技术哲学为逻辑出发点对农业的研究也就必然涉及生态哲学、环境哲学、生态伦理学、生态学等,这也是农业行为的哲学研究具有复合性特征的具体表现。

综上所述,我们对人类农业行为的思考,从最初的原始人类的生产力开始,借助技艺与工具的改进和传播逐步进入人类的社会、经济、政治建构,经由鲜明的科学技术范式(工业化)的表达过程,最后步入对人类永续生存与发展的思考境界。在农业生产活动的进化过程中,“人类与自然界的相处”始终是无法绕过去的逻辑驱动和思维主题,在今天就明显地具有生态哲学与伦理学的色彩。在人类思维领域中,人们始终在思索如何利用自然及其生成物,为人类自身换取最优化的生存条件;所以,在逻辑上,农业行为始终具有哲学轮廓,并且其哲学内涵是相当复杂的,其研究领域涉及多学科的交叉领域。在自然科学与哲学的区分来看,农业行为既是科学技术的,也是哲学的。在哲学的范畴看,农业行为既是科技哲学的、生态哲学的,也是环境哲学的。在伦理学层面理解,农业伦理包括技术伦理和生态伦理合并自然美学的双重解读。人们对农业行为抱有的认知原则有道德主义、功利主义和平等主义原则,三者兼容并蓄、互相影响。然而,科学家与哲学家都十分清楚,对农业行为的研究的终极目的是人类及其社会的永续生存与发展。它既是时代的主题,也是人类科学技术进化的终极关怀。按照科学技术哲学研究的一般研究路径而言,我们始终要去思考和研究人类假设的规范(范式)是否适当,会不会有更好的规范。

### 4.2.2 农业行为的伦理内涵对生态伦理的互补作用

人类社会进入科学技术时代(以工业化为代表)以来,关于生态环境的认知主要表现在人们对生态认知(价值取向)的理解,以及对人类社会进化趋势(社会发展目标)的认知两个方面。具体表现为,人类的生态认知(价值/观念)对于社会进化的质疑和挑战、社会发展目标的实现对人们脑海中人与自然界关系观念的挑战与颠覆、社会进化路径及实现方式的选择等。在思维上,对人类农业行为的生态伦理层面的思考就更多地涉及了生态认知的观念体系、技术驱动与思维选择(伦理学意义的选择)、思维范式与社会实践(科学技术)的联系以及指导作用等。在资本运作环境下,社会对于生态环境的关注经由产品(或者技术形态的存在)首先获得显现。随后,通过产品的技术形态溯源转而对经济实体的科研、生产、销售等行为展开争论。在某些特定事件或者历史时期,人们对于生态问题的态度(或者选择)则会上升为国家意志。

站在生态学的层面来解读,农业行为本身就构成小生境,是自然生态系统的一个子系统。农业生态系统可以被视为一个包含自然行为和人类行为的生态—生产—管理—社会映射系统,其中的人类—自然的关系范式甚至可以说是人类整个生态思维的缩微范式。因此,从另一个角度看,农业生态系统(农业行为)反映了人类对于自然生态系统的认知和实践。人类对于自然生态系统的认知,总的来说,就是通过科学技术的进化,不断增强其对人类永续生存与发展的支撑功能，这与人们对农业行为（人类对于农业生态系统的要求）的认知是一致的。从人类对自然界的干预层面看，农业生产活动是人工干预自然秩序最早的、也是最卓有成效的试验田。人类通过技术范式的进步，极大地提升了农业行为对人类生存的承载力，同时更新了农业行为的理念——可持续发展农业、生态农业等。在不断引入新型科学技术及其理念的过程中，农业行为越来越重视生产行为与生态认知—保护行为的复合关系；人们逐渐认识到依靠技术手段维持农业生态系统健康运行的重要性，并以此获得农业生产水平的提升。

在农业行为的进化过程中，人类始终在思索如何使农业行为的生产获得提升，以最少的投入换来最大化的收益。这虽然更多地反映在经济领域，但在本质上却是人类对于自身与生态系统关系的认知与改造行为。

表面上看，农业生产目标的追求是努力提高食物产品的产量与生产效率；在技术形态和思维形态上看，人们试图通过技术的运用来维持和改善农业行为所属生态环境的人与生态的关系。科学家在将技术及其产品应用于农业生产领域时，也在悄然验证着人类的科学技术行为对于生态系统的作用，尽管有时候是无意识的行为。农业生产整体水平的提高，不仅是科学技术在农业生产领域的成功应用，更是人类科学技术思维范式对原生生态系统扰动的实例。农业行为对于原生大生态系统的破坏是农业生态系统（农业小生境）的影响及其后果的流转。例如，当人们使用化肥、农药提高农作物生产水平的同时，化学品对于环境的胁迫后果同时转移到了农业生态系统以外的原生生态系统中。因此，当人们局限于某个利益范畴去思考利益最优化时（或者经济利益最大化），人们可能将与获利同时产生的消极影响（或者因素）转移到相邻的范畴（或者领域）。这在人类社会生活中并不罕见，只是当这类影响或者利益最优化后果的转移对象变为生态系统时，就势必引起人们的谨慎与反思。

农业行为在人类社会、技术范式、生态关注等方面，以其行为本身具有的特殊性与行为—思维影响的功能改变着人们对于自身生存方式内涵的理解。我们发现农业行为的伦理内涵对现代生态伦理学（环境伦理学）的传统理念具有补充和启示的功能。主要体现在：(1) 农业行为使生态伦理要素的动态流转得以显现；(2) 抑制了伦理学意义上的相对主义在逻辑上的扩张；(3) 将人类社会融入生态伦理视阈之下；(4) 赋予人类技术行为范式以某种生态责任范式。这样一来，农业行为（范式）在其本身不断进化的进程中，也同时与生态伦理思维范式的进化互相容摄，不断丰富人们对农业行为的理解，深化对生态伦理思维的认知。

(1) 农业行为使得生态伦理要素的动态流转得以显现。

传统上，伦理学的范畴（要素）一般包括权利、价值、选择、平等、正义。到近现代的时候，伦理学语境通常将技术范式下的社会的群体意识所表现的、针对特定技术事件的选择性倾向，以及技术的范式选择倾向也归入其话语体系，并进行深度研究。

在词源上，伦理一词出自 ethos（希腊语），其内涵是人们所遵循的“习惯”(custom)——“一项对实践进行推理论证的概念性研究：益处、权利、职责、义务、美德、自由、理由、选择”(Blackburn, 2007, 126)。在抽象的逻辑层面，习惯可以源于人类的生活实践，也可能出于基于事件所形成的人类思维判断与思考。这些大体也就是我们所熟悉的人类的道德与价值体系及相关范畴（观念体系）。农业行为在诸多人类行为之中具有举足轻重的地位，这是因为，农业行为直接关系到人类赖以生存的食物生产活动和食物供给体系。在社会实践层面，农业行为也在社会结构、人口分工、经济利益再分配、生产力结构的进化、伦理关系的进化、技术进化路径等方面产生并持续发挥着特有的渗透功能。在农业生产过程中，人们在家庭或者社会结构层面产生并默认着与此时期所处自然与社会认知相对一致的各类习惯（包括某些习惯性认知）。其中，某些为人类社会成员所共同认同的习惯、约定俗成等逐渐成为人类行为的规范。这些行为规范的判读标准主要表现为某类价值/观念体系。农业行为的价值/观念体系的特殊之处在于它的认知客体主要集中在人类生存资料（食物生产与再生产）的生产行为（环节）。在对这些行为的实施过程中，人类习惯性地形成了对于农业活动及其结果的思维认知，逐渐形成思维的范式结构。农业行为的认知活动拓宽了人们对于某种人类活动所形成的范式功能的理解，如土地的利用与管理。社会对土地的认知，除了将土地视为人类获得食物的生物学与生态学意义的存在之外，也从人们对土地的耕作及其产品产出过程行为的理解中历史地塑造了人类社会（也包括个体）对于经济、生态等的价值/观念体系和道德标准。

由于农业生产行为本身就是一个动态的物理—生物—化学过程，因此，反映该过程的观念体系的思维认知行为也是一个动态的演进过程。虽然可以在小范围内、一定程度上对农业生产行为进行物理、生物化学的干预，但是在根本上说，农业生产行为受自然因素的制约很大，如气候、环境、土壤等。农业行为在本质上是人类对自然生态认知的思维范式的结果，并且农业生态伦理范畴中的要素也呈现出动态的演进过程。在农业生产行为范畴中，农业生态伦理要素(如价值)表现为人类对于土地生产力与物种生态学以及生物学属性的认知。农作物进入经济体系之后，农业行为的价值转而表达为经济学意义的各类价值体现，如利润最大化、生产效费比等。当我们把技术范式复合到农业行为范式中，就可以发现，技术伦理要素也在农业行为范式功能里保持存在。早期的技术伦理要素表达主要集中在人们对技术器具与生产力水平提高的认知上，如生产效率与农作物产量等。在当代，技术伦理探讨的主题则扩大至农业行为及其范式对于环境、生态系统、人类健康、食物链产生的影响等议题。在社会视角下，农业行为带来的社会结构的演进，也使得农业行为所内含的伦理学意义的要素出现了转变：农业行为的价值转变为社会人口分工与阶层、地位的区别，以及由于私有财产和农业剩余产品再分配所形成的社会公平(正义)的表达等。这使得农业行为的伦理要素更具有社会政治学意义的属性及其显现。在现代科学技术形态中，"全球变化"在概念外延上就覆盖了几乎所有农业行为的伦理学要素的表达。美国《全球变化研究方案》将全球变化定义为：可能改变地球承载能力的全球环境变化，包括土地生产力、全球气候、海洋资源、水资源、大气化学、生态学、生态系统等的改变。目前世界科学家共同体比较一致的意见是公认以下三个计划是全球变化的主要研究领域：世界气候研究计划(World Climate Research Programme, WCRP)、国际地圈生物圈计划(International Geosphere and Biosphere Programme, IGBP)，以及全球环境变化的人类因素计划(International Human Dimension of Global Environmental Change Programme, IHDP)。这些研究主要应对全球变化产生的影响的很大部分，就是农业行为，例如二氧化碳对农业生产的影响、气候变化对全球农业生产结构的影响、气候变化与农业灾害、气候变化与病虫害、海平面变化对农业的影响、全球变化对地球土壤的影响、全球变化对植被的影响等(董世魁等，2009)。全球变化科学研究所涉及的生态伦理学要素(或者要素的表达)分散为具体科学技术门类及其相关的研究行为，其最终科学技术形态的研究成果(实践)则可以被视为生态伦理学要素的行为表达(实践)。

从人类视角来观察生态系统,总是不可避免地将整个自然界乃至宇宙视为人类自身的价值载体,并用哲学的思维加以逻辑演绎。我们希望将一种有利可图的伦理形态强加给自然界,并且主观地希望这样的价值表达会是永久持续的。以科学的理性思维理解宇宙,整个宇宙中的各个组成要素始终处于运动状态。其生命形态的表达总是经历从发源到消失的过程。因此,人类对于自然界,以及自然界的已知要素的认知进程同样是一个动态演进过程。在人类认知的进化过程中,体现在自然之物身上的"被人类所赋予的价值"形态及内涵也会随着时间—空间的延续而产生变化(变换)。如果说我们要以某种思维范式来刻画人类与生态系统之间的认知关系,那么,理想状态应当是人类的思维迎合着生态系统的运行而有所损益。实际情况是,人类若要认知自然界,人们习惯于先验地预置一个假设前提,然后再进行逻辑的检验与排除。这种思维定势普遍存在于人类的认知思维习惯包括科学之中。然而,这种思维定势本身也存在演进,人类的知识体系本身就是一类随动布局的思维体系。

传统伦理学意义的各要素在对人类与生态系统关系认知的表达上多集中于逻辑推演(理论建构)层面,同时辅以事实支撑。我们可以将这种分析范式看作静态演进。而农业行为将人类生活(生存实践)形成的习惯(包括习惯性认知)逐步演进为思维范式形态。农业行为中蕴含的价值(体系)等要素也呈现出了演进(转换)形态的不同,如器具形态、经济形态、社会政治形态等。在自然科学思维范式与哲学思维范式之间,农业行为的伦理内涵也表现出了交叉特征,其实质是一种思维域的动态变换。农业行为的伦理内涵随着历史的进化而出现时间与空间表达的动态进化曲线。关于人类农业行为的多学科研究表明了农业行为的跨学科交叉性,同时也表达了农业行为伦理学意义的构成要素的动态演变特性。我们借以表达人类—自然界关系认知的生态伦理学各要素,如同自然生态系统中的各要素(如能量)一样,在整个生态系统运行中始终处于流转的状态。若以一种假定的前提为思维范式的起点,难免使人类对于生态系统的认知陷入静态、孤立、有待证实的状态。这显然与生态系统处于不断运行、变化的状态相抵触;就是说,以静态的逻辑推演来理解人类与生态系统的关系是无法做到全面真实地认识自然。而人类的农业行为却将人类对于生态系统认知的各要素的流转(演变)特性鲜明地表达出来,呈现出一幅动态的逻辑与实践互相印证的画面。

(2) 抑制了伦理学意义上的相对主义在逻辑上的扩张。

在人类社会的逻辑层面探讨生态哲学(生态伦理)的问题,很容易出现对于责任、权利、义务,以及管辖这类伦理学所主张范畴的纠问与争论。而面对现代科学技术的伦理学的社会表达形态(事件、结果),公众更容易在生态责任与生态管辖权问题上表现出高度的敏感与批评。关于生态问题的权利与责任的主张往往由涉及公众身体健康、社会利益、社会政治层面的平等权等现实问题引申而来。这也符合伦理学的历史渊源——来源于生活(习惯)的抽象——从日常生活的经验中提取对外在世界的哲学思考,并以此获得行为指导。人们通常以自然法则、道德主义、功利主义、平等主义的原则来评测环境问题。但由于人们所处(属)的地域、种族、政治结构(社会、经济结构)、信仰(宗教)、文化等不同结构和群体,常常会对于同一个问题形成不同的理解思维形态——这也就是伦理怀疑主义争论的立论依据之所在。伦理怀疑主义就是我们常说的伦理相对主义。伦理相对主义认为,人们的生活实践以及约定俗成能否成为评测标准值得怀疑。现阶段,关于科学技术与生态问题的争论,有时候需要人们做出一定的取向(选择),此时关于选择的标准(或者科学技术实验的参照标准的选定)如何确定,就会(在一定程度上)凸显相对主义色彩。在生态伦理范畴,相对主义的思维质疑,人类相对于自然界而言的认知主体地位,以及人类的思维范式对于自然界认知的能力——“谁来评判谁对谁错?”(戴斯·贾丁斯,2006,22)

目前,人们对于环境伦理学的相对主义观点大多持反对意见,认为人类作为认知主体虽然存在多种类型的差异,但由此得出人类无法就关于自然界的认识取得相对一致的认知结果有失偏颇。对于生态伦理学相对主义思维的理解,我们也未必要以“谁对谁错”的立场来理解。可以认为,几乎所有的关于人类与自然界关系的认知都来源于对一个问题的理解——自然是谁的,自然能否被认知。笛卡尔主义(Cartesianism)的二元论成就了现代科学思维的理性思维基础,但同时也造成了在科学意义上对于事件和价值的认知断裂。这种断裂使人类科学思维范式在解释所谓自然界的规律性表达的同时,能否进一步表达自然界构成在价值体系中的存在成为环境伦理学争论的焦点之一。假定自然生态的价值存在是真实的(因为自然界构成是否具有自在的价值,在哲学思维意义上仍然没有定论),科学技术思维范式能否反映它,这或许成为以科学技术哲学研究为视角的伦理相对主义逻辑的起始点。

人类关于宇宙认知的争论(在哲学思维上)可以追溯到古希腊罗马时代。人们认为自然界的万物都是上帝的创造,自然界的运行规律也无不体现着上帝的意志。地球(自然界)拥有自己的规则和范式表达,它们是自然法则。自然界的万物都有着各自的位置与运行秩序。在世界三大宗教教义体系中都含有类似的思维范式表达,但是逻辑的争议在于:这是对自然存在的主观性表达,还是对宇宙认知的主观猜测?例如,佛教的《大方等大集经》卷二十一《陀罗尼品第六》记载:"一心合掌观察十方"。从科学技术视角理解,问题的纠结似乎不仅仅是自然生态系统是不是自在自为的,而在于假定人类思维理性可以认知宇宙,那么,认知思维的逻辑形式是什么?换言之,我们对人与自然界关系的认识是否反映自然法则?毕达哥拉斯学派(Pythagoreans)认为"自然界的和谐可以被数学模型所表达"(Callicott et al, 2009, 356)。而亚里士多德(Aristotle)则更强调关系(relationships)——生物之间,以及物种与自然界之间的关系(Callicott et al, 2009, 357)。亚里士多德关于物种之间关系的逻辑为现代生态学、生态哲学的研究奠定了基础。现代意义上的生态学研究就将数学与物理学紧密结合在一起,生态哲学则在人类思维领域展开对于生态系统中各要素之间关系的认识与再认识。

人类在认识自然界的过程中,碰到的典型难题就是:如何评价自然界。我们对自然界万物的认知来源于触觉、嗅觉、视觉、感觉等。这些行为在人脑中的反映是什么?它们所反映的映像是真实的吗?科学研究借助数学语言等,运用数理逻辑为人类认知宇宙提供必要的逻辑条件;但是,此类知识与经验(知识)是否相符合则超越了自然科学研究的范畴。在逻辑上,如果人类的思维所反映的事实(映像)与自然界本身的影像有差异,那么,二者的差异就构成了人类与自然界之间(存在于思维认知)的鸿沟。如果无法跨越人与自然界的鸿沟,就预示着:要么人类无法理解自然法则、无法认知宇宙;要么人类就可以质疑自然界及其规定性是否存在、自然界的价值是否存在。这很容易陷入生态伦理学意义上的相对主义困境。中世纪的圣托马斯·阿奎那(St. Thomas Aquinas)就在其宇宙论中建立起地球与上帝之间的联系,在思维范式上,圣托马斯·阿奎那将神学思维范式与理性思维范式调和起来,或者说用基督教神学思想体系吸收了亚里士多德的科学思想体系(Callicott et al, 2009, 361)。他努力论证的就是宇宙存在的意义是出自上帝的意志,表现为善,并且宇宙可以为人类的理性思维所认知。在这个论证过程中,托马斯·阿奎那发挥和完善了人类理性思维的功能以及结构。他的思想极大地影响了后世西方生态伦理思想建构的延伸及发展(Callicott et al, 2009, 361)。

在某些环境保护主义者看来,人类对于自然环境最好的保护就是维持自然环境的原生态,因为人们认为"自然的就是最好的"。这类观点在现实技术形态中也很常见,例如,重组DNA技术的应用与研究问题。但是,环境伦理学的相对主义者通常会提出一个问题:自然的就是最好的,这一观点是由谁来表达的?现代生物学的发展将此类问题抛给了生态伦理学研究。众所周知,DNA构成了生物体,DNA本身具有蛋白质表达与复制功能,但是生物体自身的进化是源自DNA的进化比较好,还是出自科学研究的实验设计比较好呢?按照进化论的观点,生物体适应外界环境而产生变异,其细胞DNA变异后产生的表达是否仍然被视为自然的初始表达呢?如果说生物体后天功能性的表达借助生物技术或者外界环境得以改变的话,那么关于自然法则的选择权是否还属于上帝?如果将其划分给人类及其社会,随之而来的就是人们的道德主义原则和功利主义原则驱动中的优先认同与选择权的归属问题了(这里我们将平等主义纳入道德主义加以论述)。经由19世纪的杰里米·边沁(Jeremy Bentham)和约翰·斯图尔特·穆勒(John Stuart Mill)发展而来的功利主义哲学传统,在生态伦理认知上颇具影响力,尤其是当现代科学技术进化与资本运作融为一体的时候。人们在争论由科学技术负面效应带来的生态灾难的时候,时常会在"该由谁来负责"的问题上争论不休,甚至互相推诿。处在不同社会利益集团的主体对于生态问题的认知与理解是不同的,所以,利益相关主体所认同的生态系统管理的理念也是不同的。为了获取经济利益,生产实体会以利润最大化为驱动力去获得对生态环境的处置权。对于生态系统的损耗,则常常以生态补偿的形态实现。这将会在某些环境保护主义者心理上产生抵制情绪,因为在他们看来,自然界的价值以及实体存在的损失是无法借助科学技术形态的行为表达而获得弥补的,人们应当维持自然界“应该具有的状态”。并且，以资本投入为主要方式的生态补偿（技术）形态，会变相加剧生态系统可以“被”资本所“修复”的认知误解。

人们在认知生态问题时，不自觉地会运用那些在哲学传统上被称为道德主义的原则。在人们心理上，道德与善是互为相通的，都是人类思维最高境界的代名词。在18世纪德国哲学家伊曼努尔·康德（Immanuel Kant）那里，道德包括了权利和责任，这也是目前生态伦理语境的核心逻辑。生态系统的价值（权利）是与生俱来的，还是被人类的主体性地位所加载的？对这类问题的争论又会陷入相对主义的窘境。人们道德观念体系的具体感知与行为因人而异，社会群体的共同认知也受到文化、民族、信仰等因素的影响而有所不同。在经济社会中，个体或者经济实体的道德（伦理）原则因其所处地位、阶层，以及利益相关程度等而有所差异，并且有时候变得令人难以简单地对其进行区分。倘若人类将宇宙的权利与照看义务归为上帝，那么一定程度上就会终结人们在思维层面的思考进程。如果简单地将复杂事件的价值衡量分散在各类条件和主体上（过度地因主体和条件而因事制宜），将会面临其他社会成员的利益诉求和利益主张。此时，人类的生态伦理思维范式，以及行为结果似乎因为逻辑上的相对主义而无所适从，甚至丧失了足以令社会、公众信服的权威性。

然而，在现时代，我们不应该让科学理性思维丧失探求真理的权威性；科学思维与哲学思维势必共同研究和探讨如何在思维范式与技术范式之间完成逻辑与行为的通构。因为人们最担心的就是人类的科学技术思维与人类行为产生矛盾（互为对立面）而无法生成指引功能。这样一来，在哲学（伦理）上既是相对主义的彻底胜利，也将是人类进化史的悲剧。我们或将彻底告别科学技术及其产物，转而另觅他径。在科学史上，科学家寻求解决方案的思路未必是舍近而求远。这一次也不例外，“她”就是农业行为——我们几乎与“她”擦肩而过，却又深陷其中。人类的农业行为及其思维范式在哲学思维的相对性概念中，给定了较为稳定的生态基础与生存需求的逻辑基础。人们的生态伦理逻辑，如果在人类的社会中还存在相对主义的纠结的话；在农业行为里则表达了一种稳定的现实—逻辑存在——人类生存行为（实践）—感知的存在。

人类进化的根本条件和目的是生存（自然法则），人类生存行为的最基本表达就是农业行为——一种毫无异议的生态伦理思维范式表达。可以认为，人类抛弃现有科学技术，只要继承传统的农业生产，人们依旧得以生存(目前的农业科学技术进化只是改善了土地等生态要素的承载力，但并没有改变农业生产的主要物质载体)。从另一角度理解，农业行为反映的是人类与自然界最基础的互相关系——人类以何种与自然界共生的关系而获得生存。生态学上，物种的生存(进化)是自然法则的表达，因此，具体到人类的生存行为来说，农业行为的伦理内涵也是一种自然法则的表达。在这一点上，它和基督教神学关于创造者—创造物之间的联系是类似的，即自然法则；而且，使得这一形而上的逻辑具备完整的生态伦理学意义实践的可操作性。在农业行为中，生产关系背后反映的实为人类与土地、水体、气候、物种多样性等自然生态的理解与利用。农业行为产生的人类生产—生活习惯—事件结果具有很强的伦理实践的"社会可读性"与逻辑判断依据的"真实性"。在农业生态这个小生境里，人为的扰动(包括科学技术手段的运用)和自然条件的变化都会呈现相对应的生态结果的确定性表达，这在一定程度上抑制了生态伦理相对主义的蔓延。相对主义得以存在的基础之一就是事件或者结果的因果相关性探究的不确定性。伦理学的一个基本准则就是依据事件的确定性对事件(或结果)做出控制。现实中，科学技术行为在思维范式意义上就是力求(重复)结果的确定性表达。在生态学层面，农业传统耕作生产方式的结果受制于自然条件的变化，并且具备满足实验方法论标准或条件的可重复性。在传统农业时代形成的人类社会整体的价值取向、个体的行为习惯、生活习俗、人类生产活动(耕作、养殖等)、民族图腾、宗教信仰、民族感情等取决于农业行为中某些结果的确定性表达。例如，中国的历法(农历)、节日(春节)、习俗等。在农业现代化时代，农业科学技术的结果除了满足实验方法论要求的要件之外，还需要满足人们的伦理判断，并在一定程度上刷新伦理原则及其应用。在社会政治学意义上，全球的粮食安全关系到国家和民族的生存基础，因此粮食安全是人类共同的伦理原则的底线，且具有明确的结果确定性。人们对于农业科学技术及其产品的争论和质疑的逻辑根基是人类个体的健康，或者生态系统的胁迫。尽管在现实中也呈现出知识产权、经济利益分割、技术风险等表象，但是究其根本，人们对农业行为争论的内涵是其伦理学意义上的生存意义，健康与环境问题是人类对自身生存感受到忧虑与威胁的一种现实表达。

农业行为既反映着人类整体的生存需求，也映射着人类社会，包括文化、信仰、思维、科学技术进化等多方面的互相适应与需求。人类自身永续发展的前提就是生存，而农业行为就是人类生存的决定性要件和生态基础。在这一点上，无论是功利主义、道德主义还是相对主义都无法颠覆农业行为承载的人类物种进化及其社会文化建构进化与发展的哲学命题。伦理学的相对主义在人类各类伦理原则上展开的博弈，促进了我们对生态伦理问题的穷尽思索。即使相对主义作为一种极端的声音出现，社会也应该宽容其存在；因为生态学意义上的物种进化就是正反两方面矛盾不可调和的产物。更为重要的是，科学技术哲学研究的第一驱动力往往来自质疑或怀疑，正确认知伦理相对主义有助于深化生态伦理的认知。但是，我们也不可过度局限在相对性的哲学思考过程中，这样将会导致没有标准，或者陷入思维的无限的循环而无所适从。

就人类与生态系统的关系而言，在一定时空范围内，农业行为的伦理内涵适当抑制了生态伦理思维的相对主义，力求相对的稳定。这使得生态伦理的研究在科学技术范式的渲染之下具有较丰富的实践性（可操作性）内容，为进一步探索生态伦理的应用性转变提供帮助。

（3）将人类社会融入生态伦理视阈之下（逐渐修订人类的社会发展总目标）。

农业行为是一个复合形态，它复合了人类与生态系统之间的互动和人类社会的进化需求。农业行为的哲学意义的存在根基是生态伦理关系及其思维范式。考察人类的农业发展，不能将人类对生态关系的认知与人类社会的进化需求分割开来，而要将二者有机结合；因为"人类的需求并不是与生俱来而又固定不变的"（查尔斯·辛格等，技术史，第一卷，2004，25）。农业活动的根本目的是不断完善人们对于人和自然关系的认知，并以此为前提，促成人类社会的不断完善，最终的目标是实现人类的永续生存与发展。

在科学技术哲学范畴，农业行为是一种技术形态，它不仅满足了人类的生存需求，而且形成了社会群体中的个体之间—实体之间—社会关系之间的互动形态。大约在距今50万年前的人类就开始为了生存进行获取食物的行为：采集野果和狩猎（查尔斯·辛格等，技术史，第一卷，2004，26），直到今天，人类社会的基本经济形态依然是保障食物的供给。在人类的食物获取行为中，采集食物与生产食物是两个类型的概念。采集食物依靠的是纯粹自然生态环境里物种繁殖的结果；生产食物则包括了对自然生态环境承载力的利用、改造与选择。农业行为在广义上就涵盖了二者,在现代科学技术时代则更侧重于人工生产性行为。人对于自然物种的获取,在生态学上受到物种多样性的约束,在生态伦理学上受到敬畏自然的道德约束。因此,人类的食物生产(获取)行为已不仅仅是依靠纯粹的生态环境就可以完成,同时受到了人类社会的约束和影响。

在远古时代,人类的农业行为就表现出它与人类社会规范的紧密结合。古罗马时代,法律条文中就出现了保护沟渠灌溉人的权利的表述——rivus,“这个词语暗示了绝对保护的权利和因水或沟渠发生过频繁的争吵”(查尔斯·辛格等,技术史,第一卷,2004,349)。在古埃及,税务官为了估算土地的粮食产量,会丈量土地,因此需要立界石;而移动界石被视为不端行为——“在播种过的边界既不要移动地界标记,也不要改变测量绳索的位置”(查尔斯·辛格等,技术史,第一卷,2004,361)。这些都说明,农业行为所生成的行为习惯已经为人们所接受、认同,逐渐演化为社会规范体系的内容之一。在现代社会,人们要求科学研究及其技术实践尊重生态系统的自然属性及权利,人们需要全社会遵守共同的道德体系及其评价标准。在这个道德范式中抽象出了人类和自然界关系的观念体系。然而,处在农业行为核心的农业人口在现代意义的生态伦理观念体系中却立足于社会意义上权利的失稳状态。在经济全球化的背景下,我们要求科学技术和经济实体一方面要注重经济效益和生产率;另一方面要谋求人与自然的和谐共处,不破坏环境的承载力包线,尽可能降低技术对环境的破坏和污染。但是,有时候农业人口处在选择与决定的两难之中。面对农业科技带来的好处,人们究竟是选择生态效益好的产品还是选择产量最大化、而同时会造成生态威胁的产品或者生产方式呢?在公众和科学家看起来,这似乎不是难题,但是在农业行为的实施者那里,情况就会变得有些不同。注重生态效益的农业技术形态,如有机农业、可持续农业、精准农业等,将维持农业生态小生境作为生产行为的核心价值取向,充分利用(或者人工营造)生态系统内各要素的自然位置,使其中的物质和能量自然流转,达到农业生态系统的自给。同时设计出完整的生态环境,合理分布群落和动物养殖,减少农业生产环境之外物质的进入,包括化肥、农药等。利用作物耕作方式,如轮作,来获取能量和养料的配给。这些生产行为依靠大量使用科学技术和大量资本投入,与此同时,农业单产却是一个未知数。农业人口在这种环境下,对于生产行为方式的选择压力是巨大的。他们要考虑生产行为的效费比，对农业人口来说，贸然降低农业家庭或者个体的经济收入而采取低经济收益—高生态效益的农业生产方式是危险的。因为人们首先要考虑自身的生存状况，这在发展中国家尤为明显。另外，在市场经济条件下，生态效益好的农业产品价格也在传统农业产品之上，消费者面对价格因素的考虑，也要引起我们的重视。我们不能要求人们在吃不饱的情况下去追求那些在他们看来是虚无的生态价值。同样的境况也会出现在经济生产实体中，面对巨额科研经费的投入，企业该如何选择？这时，社会规则的制定者就需要站在全面、长远的角度来协调社会关系，配置社会资源，同时更为重要的是建立和倡导适当的生态伦理评测框架，以优化伦理选择的范围。

我们可以再深入观察和思考一些人类社会的现实表现，如受教育的权利与生态意识保有之间的权利平等问题。一般认为，人们希望整个社会拥有健康的、科学的生态意识。但是不可否认，在科学技术高度发达的今天，许多有利于维持生态系统原生态的技术研究，以及在公众理解中形成对此类技术形态的充分认知，需要依靠发挥教育体系的功能。在传统农业行为中，由于历史的原因，农业人口的受教育程度普遍较低，甚至被剥夺了受教育的平等权利。在现时代的工业化进程中，工业化给农业人口造成了更多的影响。现代社会，改变了农业人口的就业层次、生活观念、生产经营方式、聚居观念等。这就造成了两种情况：一是传统农业人口因为教育的欠缺，无法形成所谓的现代生态认识，也就无从谈起在自身的生产行为中去谋求生态效益；二是工业化条件下的农业人口逐渐丧失了农民对于土地的道德和审美的感知，在功利主义原则的驱使下，远离人类与自然的和谐共处之地。市场经济中的农业人口更多地感受到的是经济利益最大化带来的好处，这与传统农业人口的朴素道德感知是有很大区别的。久而久之，这会使社会在整体上逐渐缺乏对于土地情感的感知能力、农业生产对于生态维持基础性作用的认识、人们对农民生存利益与社会永续发展之间的矛盾的理解力，进而使得这些人类生存行为的承担者逐渐游离于生态伦理的社会思考范围之外。因此，在社会没有很好地解决教育平等权利的时候，是很难要求农业人口在其生产行为中自觉地注意到生态关系的。

人类社会如果要获得永续生存和发展，需要将人们对于生态系统的认知(包括生态管理)合并于社会的整体发展目标中。这要求社会将人类与生态系统的

(权利)关系作为人类社会价值系统的核心之一。农业行为作为人类生存方式，不是简单的生物学意义上的生存本能，它代表了人类作为生物物种之一而在生态系统中获得的权利，以及对生存权利的维护。人的生存权利是需要人们的思维范式加以确认和保护的，同时，这种权利不是自身的、自私的，是要照顾好其他物种的生存权利，并尊重自然。

人类所赖以生存的环境在社会中的表达是社会发展目标与价值体系的互动和集成。在一般意义上，生态伦理主要体现人类对于自然的尊重，人们强调物种的价值和物种之间的关系。功利主义和道德主义的融合，促使人们在消费自然的同时遵守一定的道德底线，即生态价值应该为社会发展目标所吸收。这在广义认识上毫无争议，但在具体实践环节中却遇到不小的阻力。人类的生存与自由是社会公认的基本权利，它们经常会与非人类的物种权利和边界发生冲突。人类的食物链中包含大量的生物，在动物保护主义者看来，其他物种的生存权利应当被重视，这本身没有问题。而问题在于，人类为了生存，在食物的供给中必定包含有动物食品。如果基于基本的道德理解，一方面，我们不能为了自身的生存而过度侵犯其他物种的生存权利；另一方面，为了肉类蛋白质及其他营养的摄取，我们可以饲养牛、羊等，并在其长成之后屠宰掉。人们对日常生活质量的追求、娱乐、享受，也使得我们对于动物的需求逐渐增加，如人们对裘皮制品的需求。这在人们的生态伦理理解中是一类矛盾，关于这种理解的对立观念及情绪的表达，在掺杂经济利益的因素之后，有时候会变得非常尖锐。社会是否应该为了维持生态系统而牺牲畜牧业、养殖业经营者、农业生产从业者的收入？是否要缩小人类整体的生存权利得以存在的生态包线？

在现代社会，人们对于生态(环境)保护的意识及其行为，大多带有鲜明的目的驱动特征。环境保护主义者处于各自的主张和生态理念的限定中，都主张通过行为范式来达到某种生态保护理念得以显现的实践。例如，禁止捕鲸、禁止猎杀海豹等。在生态伦理学上，孤立地看待这些行为与主张，并无争议，但在社会实践中，却也遭到不同程度的抵制，在某些时候和地区甚至遭到强烈抵制。在日本，禁止捕鲸和禁止猎杀海豚就遭到渔民的激烈争论和抵制。环境保护题材的纪录片《海豚湾》(*The Cove*)既展现了环境保护主义者相当强烈的环境保护意识和决心，也反映了渔民的经济利益主张与生态伦理观念的激烈冲突。这使我们不得不认识到，社会对生态伦理的认知与社会进化目标之间的差距和对立。社会中的个体观念或者利益的集合是否能够等同于社会的整体观念和价值取向，针对这个问题的理解通常会与方法论个人主义相关联（Thompson，2010b，181-186）。人们对于个体权利的争取和主张与生态伦理学的理念是不同的。但是在经济社会中，对个体经济利益的主张与保护很容易获得人们的支持与理解。而环境保护者的观点则认为，对于个人的权利和利益主张要给予限制，特别是在经济利益与环境保护出现冲突的时候。我们知道，社会中的人，作为个体来说，其观念越来越呈现多元化的表现。这可以部分地归咎于个体的认知的复杂性。因此，在认知多元化的今天，很难区分哪一类群体或者个体的认知具有生态关系认知的导向性。如果在此时过分强调生态价值的至上性，似乎显得有些虚无缥缈，因为无法实践的人与自然的价值体系似乎无益于生态伦理的应用性表达。

不可否认，生态伦理认知必须具有一定的思维超前意识（特征），在现代科学技术高度发达的今天，更要突出生态伦理观念体系对于人类行为的指导/指示功能。科学家对生态系统的可持续维持的研究，就是要力图避免出现生态灾难"亡羊补牢，为时晚矣"的后果。如果说古代社会体现着道德形态的话，那么现代社会，由于科学技术的应用，则更多地显示出了技术形态的入侵。这并不是说道德的色彩不存在了，或者淡化了，而是说"我们道德主体一方面依靠现代科学技术对自然界的分析来获取（我们的）道德习惯，我们同时在另一方面坚持（依靠）针对那些我们不能做出充分阐述的直观经验所做的伦理分析中的先验的形而上学的假设（来获取我们的道德习惯）"（Beever，2012，183）。人类的农业行为作为社会的一种范式形态也是如此。农业行为自身的存在性目的是为人类提供食物，以及在社会中建立起食物生产的体系和规范。这之中就会涉及两类利益群体或个体：生产者（农业从业人员）与消费者（包括工业消费者）。在此基础上，农业行为还具有调整行为参与者之间关系的功能，包括调整经济生活中买卖双方的交易活动、调整社会生活伦理约束效应的显现、经由自身对技术的采用而导致的对生态自然的影响，以及人们对环境问题的关注等；我们可以把这类功能看作农业行为的延展目的。保罗·汤普森认为，在工业化社会，农业行为的食物生产及其范式进步是社会的基本目标。因为人类社会需要农业行为为之提供充足的食物，以及纤维类产品，以满足人们的生活需求和工业生产原料的需求，更为重要的是：工业化没有为食物生产留出更多的人口资源与社会资源(这被经济学家视为工业化社会的进步)。除了单纯的供求关系之外，在人类社会的农业生产行为中还体现着人际之间的伦理约束，以及农业行为作为一个整体而与世界经济发展的互动关系。例如，能源技术对于农业行为的入侵就是一例——生质能源。由于世界化石燃料资源的储量不断减少，加上化石燃料在消耗过程中带来的排放、污染等问题，科学家开始研究生质能源作为可替代能源，并投入使用。其中就有农业生产的生质能源：乙醇汽油。乙醇汽油的制取需要大量玉米，农业生产在种植玉米的同时面临粮食安全的伦理争议。这个例子非常典型地将农业行为与人类社会的技术进步、经济利益、社会发展和人类的道德感知连在了一起。农业从业人口以及经济实体在生产或者销售农业产品的时候(除了获得经济利益以外)还担负着预防饥饿的社会责任，因为防止人口饥饿既是人类生存的底线，也是人类道德良知的底线(Thompson, 2010b, 181 - 186)。

在农业行为范式中，生产者与消费者互动的形态，以及由此生成的一种范式(模式)将个体—社会—人类永续生存紧密结合在了一起。从行为范式的角度切入：农业行为内含了个体的自然位置—社会的伦理关系—人类的永续生存，它们从一个侧面反映了人类社会的发展目标和人类行为的目的。以生态伦理观察的视角切入则会发现，农业行为范式的演进历史在不断提醒我们：生态伦理的思索不能离开社会的生存性生产行为，对于生态伦理价值体系的建构(逻辑分析)最终应当为社会进化的总目标提供指引和验证；这也是生态伦理实践性的具体表达。汤普森认为，农业行为不仅要在自洽的食物供给—社会体系内发生功能性作用，也要积极应对未来的人类永续生存与发展的范式更新带来的挑战。生态伦理研究的实践性目标之一就是不断提高人类生存的自持力，人们要对经济—自然资源的利用承担生态伦理意义的责任，这需要人类社会有意识地自我约束与调整(Thompson, 2010b, 192 - 195)。

(4) 赋予人类技术行为范式以某种生态责任范式。

农业行为的载体，或者说价值的承载体是土地。人们对于土地的各种行为构成了传统意义的农业活动的基础。农业人口对于土地的情感被奥尔多·利奥波德(Aldo Leopold)视作“土地伦理”，并由此引申为“人和所有其他物种之间的生态共同体的感情”(唐纳德·沃斯特,2007,338)。这种人类与生态共同体的感情是现代意义生态责任的情感与认知基础。它在逻辑上为我们明确了一点:农业行为与生俱来地加载了人类对于生态系统的责任观念,以及生态伦理思维体系。现阶段要研究的是,使农业行为在理念层次与实践行为层面结合起来,逐步过渡到哲学范式,来引导人们的技术行为和技术演进的路径。

在人类社会—权利—价值体系的伞状结构之下,生态责任是广义的权利集合,是一种生态意识(思维范式)的反映。生态权利对世俗的社会政治权利体系来说,是一种内涵的丰富和超越,人们追求生命、自由和幸福的权利“必然属于所有的生命,因为大家都是生物共同体的成员”(唐纳德·沃斯特,2007,339)。虽然人类社会对人们追求生态权利的认识仍然存在争议,但是科学技术范式的理性思维却在另一处“舞台”告诉我们:生态系统中的任何一个微小的存在都可能对人类的生存产生致命影响,如埃博拉病毒(Ebola)。据美国疾病控制与预防中心(CDC - Centers For Disease Control and Prevention)统计,爆发于2014年的埃博拉病毒的疫情在几内亚、利比里亚和塞拉利昂造成了1万多人死亡(Centers for Disease Control and Prevention, 2014)。科学家除了在流行病学等方面开展研究之外,埃博拉病毒事件也引起了人们在哲学(生态关系)层面的思考与研究。埃博拉病毒之所以能够引起环境哲学家的关注,是因为埃博拉是一种“人畜共患的疾病”(Thompson et al, 2015, 97)。埃博拉病毒的存在直接说明了人类与生态系统中生物的寄生与竞争关系,这种胁迫关系不仅表现在医学和公共健康领域,而且影响到了人类的食物链供给。医学实验显示,猪、羊、马等动物感染埃博拉病毒之后,出现抗体反应,同时维持无症状或者轻微症状。另有研究表明,气候变化导致非洲地区的环境衰退,这增加了人类与野生动物的接触,也创造了人类之间交叉感染的概率。此外,气候的变化更适合病毒的生存与变异。中非与西非国家的传统动物性食物的减少,也增加了人们获取野味的需求(Thompson et al, 2015, 97 - 99)。这些科学研究虽然没有明确指出生态责任与农业行为之间的关联,然而通过分析,我们发现农业行为所内含的人类与自然生态系统的接触水平,最有可能使我们的食物生产行为及其范式成为生态入侵的直接路径之一。这就迫使哲学家与科学家不得不去思考,我们的农业生产活动在人类与生态系统依存关系中所扮演的角色——生态责任——如何在生态意识下维持人类的生存。

现代科学技术范式(农业对于技术进步的依赖)意义上的人类农业活动对于原生生态系统的影响可以追溯到19世纪的世界农业生产活动。19世纪后半期,世界农业生产的发展大多来自新大陆(主要指美国和加拿大)耕种和放牧面积的增加,并且在农业生产活动中受到近现代科学技术发展的影响。一般认为,在美国和加拿大,农业生产行为中新技术的出现是"为使欧洲的农耕方法适应这一地区的粗放经营"(特雷弗·I.威廉斯,技术史,第六卷,2004,181),不仅如此,"石油利用的日益增长,工程和化学技术的新发展,以及消费者偏爱的改变,都在某些情况下支配着农村生产真正目的的改变"(特雷弗·I.威廉斯,技术史,第六卷,2004,181)。例如,由于内燃机(汽油机和柴油机)技术的成熟与推广,以牛、马等畜力为主的动力资源结构开始出现变化;人造纤维技术的进步使得动物性纤维产品的生产受到阻碍,而人造纤维产品与传统纤维制品的竞争,反过来进一步促进了新一轮化学技术的竞争与发展;伴随着营养学和生物学(生物技术)的发展,人们对于动物性食品和谷物纤维食品的摄入比例开始出现波动,并导致了相应的生产方式的变化(特雷弗·I.威廉斯,技术史,第六卷,2004,181-189)。通过这些技术形态的进步,以及技术范式与传统农业行为的互相摄取,我们不难发现,科学技术在很大程度上改变着人类的生存手段和食物需求的多样性依赖方式和渠道。这也为日后人们深化对于农业行为中的技术负面效应的哲学认知,以及科学家对技术进化的溯及既往进行反思——生态责任导向的哲学认知——埋下了伏笔。

从人类的原始农业开始,农业生产行为的开展,其本身既是对自然承载力的利用,同时也产生对生态系统的破坏和污染等一系列生态问题。现代科学技术的渗透在一定程度上加剧了农业行为的生态负面效应:"过度耕种使土壤被侵蚀直至贫瘠化;大量使用杀虫剂最终导致溪水和河流被污染;使用工业固氮(化肥)直至农作物的产量依赖于油田的生产"(特雷弗·I.威廉斯,技术史,第六卷,2004,198);现代农业生物技术的使用引起了基因漂移和变异;海洋渔业和养殖业对海洋生态环境造成扰动,并威胁到海洋生物种群的平衡等。现代生态学/恢复生态学的研究表明,人为干扰方式在所有造成生态系统退化的人类行为中占据突出地位,排序如下:"过度开发(含直接破坏和环境污染等)占34.5%,毁林占

29.5%，农业活动占28%，过度收获薪材占7%，生物工业占1%”(Daily, 1995)。如果考虑到其他人类行为与生存需求之间的联系，那么随着技术的不断进化，农业行为的技术表达将会进一步加剧生态胁迫现象的生成。

在实验和应用层面，人类的技术范式的驱动核心是“实践”，或者说是技术的(实验)应用行为。通常而论，在纯粹科学实验方法论意义上，我们习惯于对某类技术的实践结果进行测评，由此来判断技术的设计及技术形态的实物制造是否合理。在社会经济层面，一项技术的应用成功与否，常常以经济利益的获取是否方便，以及经济利益的大小作为衡量尺度。这就会遮蔽技术带来的负面效应表达，包括消极的生态后果。在农业生产领域，技术的应用很容易拓宽人类活动对自然界的扰动包线，而且，由于各个国家或地区的技术优势不均衡，容易造成技术负面效应表达的转移。一项农业技术的输出，会使输入国或地区生成潜在的生态风险和个体风险。由于农业行为是为人们提供食物生产的基础性(技术)实践，因此，农业技术形态的实践直接关系到人们的日常饮食和基本生活，而且无法规避、放弃，或者选择替代性实践。农业生产技术产生的生态威胁结果，不仅仅是人类与自然关系的胁迫，进而产生生态灾难；而且更是人们日常食品安全与健康的直接威胁，这很容易引起人们的关注。农业技术的负面效应及其表达，一方面，通过生态系统的运行影响到未来的食物生产；另一方面，通过诸如化学物残留、毒性等物理、化学形式直接影响我们日常生活中的营养摄入。可以认为，农业技术形态是一种特殊的科学技术形态，它与一般意义上的科学技术一样，使人类自身“生活在一个复杂的由我们自己制造的能力的网络中”(Esquith, 2008)；但是它与后来的科学技术又有所不同，在人类诞生之时，对食物的获取及其能力的提高就开始逐渐脱离生物体的本能需求。因此，人类农业行为既是经由生物本能蜕变而来的社会道德层面追求生存权利的实践，也是近现代科学技术层面上的技术伦理和生态伦理的实践。即是说，农业技术范式内含了生态(道德)责任，并将其演化为一种范式思维。

尽管现时代是科学技术主导人类的进化，但是夸张地说，人们可以不开车、不看电视、不用智能设备，然而我们不能不吃饭。反观其他领域的技术进步，我们仍可以发现，如果食物生产的安全性、多样性、持续性得不到有效维持，人类科学技术的进化是徒劳的。在食物生产领域出现的任何问题，最有可能在第一时间引起人们关于生态责任问题的争论、质疑与纠问。这也就说明了人类的科学技术无法脱离农业行为的基本束缚，无论是在道德层面，还是在技术范式层面（农业行为的生态责任同时具有道德和技术双重属性）。今天，人们在适用农业科学技术之前，应该思考技术范式对于传统农业行为中那些利用生物学规律的生产方式的技术支撑形式及其改进。例如，20 世纪初的英国，“在一些适于耕作的农场中，家畜的价值主要在于将大量没有销路的农产品转化为农场肥料，以保持土壤肥力，从而增加作物产量”（特雷弗·I.威廉斯，技术史，第六卷，2004，186）。虽然没有证据表明这是人们有意识在生态学知识体系下的实践活动，但却在客观上表达了生态各要素互相作用的功能。对于某些新生技术体系，如重组 DNA 技术等，科学家与哲学家需要对技术后果（技术风险）进行深入的生态伦理研究，在力求确定认知结果的条件下推广应用。

与一般意义上人们对于生态责任认识相对应的是：社会对于技术风险认知的普及也是生态责任理解的一个重要方面。现阶段技术风险的结果显现有时并非立刻发生，技术风险的理解实质有可能是：某种事件与人们传统认知之间的差别所造成的感觉。这种感觉一方面会使得技术的应用变得愈加谨慎，但也可能会扭曲人们对技术风险的认知。因此如何使人们理性地看待技术风险也就成为人类社会履行生态权利的技术前提之一。如果说农业行为所产生的生态问题（无论是来自传统的农业劳作，还是现代科学技术的应用）都被视为因为技术（器具）的应用而有所加剧的话，那么减轻或者消除生态负面影响的有效手段，仍然是科学技术的进一步发展及其相关应用。在农业伦理的视阈下，人们突出地对技术行为范式赋予了生态责任范式的内涵及其相应技术实践的表达。

### 4.2.3　农业行为的道德内涵

农业的道德表达与农业行为的诞生一样，是出于对人类自身生存权利维护的需要。长久以来，我们对人类道德观念的负载性和包容性的认知存在不足和片面之处。一般理解，“最初的伦理观念是处理人与人之间关系的……后来所增添的内容则是处理个人与社会的关系的”（奥尔多·利奥波德，1997，192）。与此同时，我们忽略了人类的道德观念——一种由生活实践导出的行为规范和思维范式，就其规范本身所调整的对象来说，存在多样性共存的形态；并且，人类的道德观念体系也必将承受来自人类社会或者外界(包括生态自然、宇宙)的负载及其带来的打击,甚至摧毁。人们长久以来,强烈地寄希望于道德观念体系的调整和规范功能的发挥,而没有充分认知到这个观念体系的自身运行及其与外界的互相作用。世俗生活意义的伦理(道德)规范体系,早已为我们所熟知,这也是人们通常所理解的道德(伦理)。与此同时,古老的农业活动其内在的道德理解却为我们所忽视。

在科学技术时代,人类"把科学看作是技术的灵感,又把技术看作是富裕和繁荣生活的关键,然而,人类所不能看见的是,人类自身的无限曲折的复杂性"(查尔斯·辛格等,技术史,第三卷,2004,489)。这是一种对技术形态所做的关于道德的抽象性表达——技术范式服务于人类的道德范式的需求。在农业工业化进程加速的现时代,人们面临更多的(维持生存意义上的)技术形态的选择。此刻,人类已经意识到,在技术范式进化之下对人类自身的生存行为的评估应该是"向前看而不是向后看的,或许是有史以来第一次,人类对未来迟早要走的路有了一些依稀认识"(查尔斯·辛格等,技术史,第三卷,2004,489)。通过农业行为的技术形态表达,可以发现农业行为所体现的内容多样性及其影响的复杂形态,其中就包括社会道德、生态意识内涵的表达,如灌溉技术。人类农业行为中的灌溉,作为一种劳动方式和技术形态的存在,内含了多种人类技术表达和伦理观念表达。总的说来,灌溉行为包含如下要素:"土地分配结构,灌溉基础设施和管理(地表水和地下水),灌溉用水管理包括配置和分配程序,灌溉高效生产技术,种植模式和作物多样化,支持措施包括信息、输入和输出市场等"(Ghosh et al, 2014, 582),对它们所做的技术的、社会政治的、文化的等范畴的研究与思考,最终将致力于减少贫困和提高人类的生活标准(Ghosh et al, 2014, 573-583)。为人类所输入灌溉技术形态的(道德)观念体系,在不经意间逐步塑造着人类社会、人类与生态要素之间的关系和理解,这种观念层面的理解将在一定程度上主导技术范式的走向。这使得科学家在技术范式下开展的针对农业行为的研究有可能服务于人类道德,以及生态关系认知层面的需要,其目的在于获得社会的永续生存与发展。

人类从未停止对于自身种群的生存与发展的关注、思考,以及对其基于现实科学进化的憧憬。这些幻想或者期冀体现了在科学理性的思维中交织着理性与人们自身道德观念的纠缠。人们凭借社会的道德意识,强烈地寄希望于某种生存欲望,希望永续存在下去。在技术时代的环境中,理性的逻辑是否能够还原人类道德的原始追求呢?“太久以来,我们只是寄希望于信仰本身,然而现在不再是信仰的时代。我们必须让理性为我们服务——而阿奎那的存在恰恰告诉我们,完美的理性只能通往上帝”(艾萨克·阿西莫夫等,2014)。通过科学幻想的主观畅游,不难发现理性思维范式与自然生态意识之间的博弈之困惑。人类对于未来生存的幻想,现实地看,将是以现有技术形态为基础,再覆盖以人类对于未来的追求与幻想。在上帝还未被实证之先,人们主观境界的奇思妙想勾勒着人类进化的画幅,并在技术形态的选择上体现着永续生存的观念需要。如果说在工业化思维范式下的理性与人类未来进化的幻想之间还存在某种不确定性的话,那么“与工业化观念相反,农业哲学赋予(人类)一个远远超越人们对工业化(例如,交通、制造业乃至医疗体系)的认知方式的道德意义”(Thompson, 2010b, 36)。这说明,在人类农业行为的道德内涵中,技术形态、精神境界和宇宙(生态)存在意识巧妙地结合了起来,并且通过人类劳动使之与人类社会后天的道德建构——一种并未脱离实际的、怀有生态关怀的(精神的)超越与(技术进化实践的)回归——相融合。

自古以来,人类农业行为的进化从未脱离生物学意义上的生存行为的演变,但同时也在演绎着人与四季变换、大地、河流、自然灾害等自然界要素之间情感交流的交响乐篇章。农业技术及其成果的适用,一方面要满足人类生产食物的需要,另一方面则要接收来自自然界的反馈。一项科学技术的发展与应用应该在满足/适应人类—生态系统良性关系的前提下展开,这既是技术研发的结果,也是其原因。技术的思维范式要同时满足人类社会发展及其与自然界进行协商的双重需求,这可以被视为一种在技术语境之下建立起的农业道德范式的技术生态意识的表达。

在全人类习惯沉溺于“科学的胜利”之时,农业伦理则悄然提醒人们:尽管“普通的公民都认为,科学知道是什么在使这个共同体运转,但科学家始终确信他不知道。科学家懂得,生物系统是如此复杂,以致可能永远也不能充分了解它的活动情况”(奥尔多·利奥波德,1997,194-195)。从古希腊到古罗马,哲学家用诗句和著作告诉人们,人类存在于地球,利用土地和自然的赐予而得以生存。

人们对土地进行的耕作，是刻画着人类与自然的交流，同时感知着生态共同体成员之间的联系与信任。这是农业人口的善良的感情，一种尊重自然的情感。农业人口的劳动是为了使全社会的人口免于饥饿，是社会进化的物质基础与精神基础。在这里，我们宁愿称之为生存基础，因为生存基础不仅仅是物质的，也包括了精神的良知与责任。长期以来，农业人口对于土地及其生成物、附属物的依赖和眷恋，已经超越了个体心理学意义的情感表达，它“暗含着对每个（生态共同体）成员的尊敬，也包括对这个共同体本身的尊敬”（奥尔多·利奥波德，1997，194）。生态学的科学理性讲究的是主张实证原则的态度，在对生态关系的理解上，奥尔多·利奥波德（Aldo Leopold）认为，“只有我们可以看见、感到、了解、热爱，或者对它表示信任时，我们才能是道德的”（奥尔多·利奥波德，1997，203）。但当人们面临那些看不见的、感知不到的、潜在的生存忧患，甚至生存威胁之时，仅仅依靠科学的实证精神和人们朴素的善良是不足以应对潜在威胁的发展进程的。这个时候，我们需要的是“道德＋理性”的思维范式对生态关系进行衡量与判断。“道德＋理性”并非简单地等同于二者的相加，而是说明了道德与理性的逻辑顺序排列：道德观念对科学理性的限定作用。在农业技术的发展过程中，技术范式是其必然的运行基础，但其技术结果，或者技术的预研驱动应该受到农业伦理的调整与约束。由于人类的农业行为满足了社会的—生态的共生关系与需求，所以，农业伦理道德观念体系的约束可以被视为一种生态约束意识。以科学技术哲学为视角，农业行为立足于人类社会的实践；伴随于技术范式及其应用，必须对生态运行的未来有所预见。

人类的生存依赖于农业行为的进化，而农业的发展受制于土地、河流、气候、海洋、物种等生态环境。在今天，人类的生存和文明的延续受到了科学技术的助力，同时也受到其负面效应的制约。虽然技术的进化来源于经验和实践，但是科学家是否从中汲取了足够的具有前瞻性的经验呢，或者说科学家是否重视在科学技术创新进程中对经验知识的反思呢。罗伯特·玻意耳（Robert Boyle）发展了弗朗西斯·培根（Francis Bacon）的观点，“的确，他认为科学家没有像他们所应该的那样从技术的经验和实践中学到很多东西。为了实践这一点，人们做出了许多努力，例如建立皇家学会，尽管直接的效果并不是非常明显，但是这样的努力的确强化了使科学变得更加现实和实用的企图”（查尔斯·辛格等，技术史，

第三卷,2004,488)。辩证地看,任何一种超越性的思维范式,或许也必将是现实的。例如,生态意识既是超越的,也是现实的,因为它直接关系到人类的生存需要,解决了生存的现实难题;但是仅凭这一点并不能否认生态意识的超越性意义。农业行为也是如此,在其技术范式逻辑之下理解,历史上的农业技术形态的进化与其产品的应用,是基于社会现实需求的满足和生态承载包线尚可承受的综合表达;反之亦然。人类的农业行为(伦理)提供的不仅是一种道德的内涵(观念体系),也是一种思维的范式结构,其目的在于追求人类作为生态系统的一个物种的永续存在;其现实的表达或许是在生态意识下对技术进化路径和思维演进的指引。由此进一步引申出:在科学技术哲学上,某类观念的功利主义与道德主义的兼容性问题,特别是在技术范式的选择上。我们知道,如果某项技术过于追求现实性需求,而忽视社会道德的争论,将降低甚至消除其应用价值。如果过度满足社会的道德需求,则有可能使技术陷入低应用性的虚无境地(例如,过度追求汽车工业的发展,将势必受到因大气污染、化学废弃物、城市空间、噪声、由污染引发的疾病、公众的争论等因素的影响,反而有可能使决策者有限度地抑制汽车的使用,这将影响汽车工业及其周边的生存和发展。同理,盲目、过度追求环境的平等主义表达,甚至抵制汽车的使用,将使这一技术进步陷入进化的取舍困境)。这将是科学家与哲学家在思考生态关系时需要共同面对的核心难题之一。

农业行为的道德内涵是人类文明形态的一种表达,农业的道德体系也是一种人类的文化形态。农业行为的器具范式与技术范式历史地适应着人类生存需求,以及人类社会进化的驱动;在这个适应过程中,承担着人类文明进化的需求。人们在从事农业生产活动的实践中,不断更新着人类对自然生态的认知和理解,并且通过科学技术的进化使这种生态意识的思维范式逐渐成熟。人类农业行为的实施客体是自然界的各要素,农业生产的结果依赖于人类对自然要素的认知,以及与其关系的理解和相互行为的控制。随着时代的发展,农业生产的进化越来越依附于社会整体的文化意识层次;农业活动所表达的不仅仅是个体的意识,而且是社会整体的思维范式。我们以理性的角度来对农业行为进行思维层面的判读:它是一种生态文明适应与进化。长远地看,农业行为的思维范式正在重塑人与自然的关系。农业的(道德)伦理范畴将人类的现实需求和对未来的美好愿望结合到一起，在人类自身的现实发展中逐步接近人类的理想，是现实主义和理想主义的一种完美结合。

### 4.2.4 农业行为的功利性(实用主义)是否得当

农业是一种特殊的人类行为，它内含着生物学、生态学、社会学(包括经济学)、生态哲学(科学技术哲学)范畴的原理和方法。我们可以将农业视为一个典型的系统结构，无论是在人类行为范式还是在思维范式层面，农业行为始终具有鲜明的人类意识指向和追求结果的驱动特征。农业行为的总目标是达到人类及其社会的永续生存与发展，农业系统的各个因子及其运行和功能表达都围绕这个目标开展。人们在实施农业生产活动的过程中，对其目标的实现进程进行技术控制与管理，经由经济学规律的运用和发挥来获得食物生产，以及工业原料生产与储备进程的良好运行。在这个意义上说，人类的农业行为似乎在根本上就具有功利主义的价值取向与行为驱动。

哲学层面的功利主义原则，其内涵包括对个体权利进行优先争取与维护的含义。若是从这个角度来解读自然界的现象，不难发现：在一定程度上，生态系统各个要素之间的竞争与取代，就是功利主义原则的实践，人类作为地球的物种也不例外。生态系统的每个要素之间都存在生克与互补的行为和关系，生物进化本身也就是种群或者个体对于环境以及其他物种的适应与选择的结果。这类行为都表达着物种对自身生存权利的优先占有与维持，与人类的理性选择相对而言，科学家更愿意将其视为自然法则的结果。哲学思维就稍微地回避了或者说弱化了自然界的功利主义色彩，因为人们习惯接受的观念是：功利主义只存在于人类社会，功利主义似乎有些不道德。或许科学家应该尽可能地客观认知自然界，尽量排除人类社会的功利主义的影响，将自然界各要素的运行理解为自然而然的"神定和谐"。而科学只不过是揭示与解释了这种"神定和谐"而已，在生物学上，我们将其称为本能。我们之所以能够将非人类物种的行为(至少是部分地)归结为本能，思维上的根本原因是由于人类社会将人类自身的思维水平设定在"智慧的意识活动"的范畴内。通过这个假设不难发现，自然界的万物都在积极争取与维护自身的存在权利。物种能否获得生存，很大程度上取决于其对生存环境的适应，以及对生存环境的创造与再创造。显然，人类在后者占了上风。

人类作为自然界的物种之一，与其他物种的显著差异，就是工具的制造与技术的使用。考古学的发现证实："在非洲各地的更新世早期遗址，以及在时间上稍晚一些的亚洲及西欧的遗址，都已经发现了定型的石器。这些发现表明工具制造已经不再纯属偶然，而是为了这些最早的人类的某种长久性的需要"(查尔斯·辛格等，技术史，第一卷，2004，12)。这种"长久性的需要"就是生存斗争，它是早期人类的一种有意识的对生存权利的争取，其中食物的获取是主要的动机和目的。人类有意识的行为也同时改变着自身生物学意义上的某些特征——"从牙科和营养的角度来看，我们应该是素食者。我们缺少真正的食肉动物的牙齿，而且我们具有与食草的饮食习惯相关的很长的肠道"(查尔斯·辛格等，技术史，第一卷，2004，13)。但"当人科动物进化成工具制造者时，他们显然已经基本上是食肉的了。北京人(Pithecanthropus pekinensis，北京猿人)的遗址中有许多肉骨残骸"(查尔斯·辛格等，技术史，第一卷，2004，13)。工具和技术范式的存在使人类在物种进化过程中适应着生态自然，并同时建立起自己的生态环境以适应生存的需要。甚至在器官进化形态意义上，人类可以随时根据环境变量的波动，迅速调整自身对于环境的适应力。可见，人类在一种目的性极强的意识作用之下，全力争取自身的生存权利。在农业工业化视阈下，技术在农业生产中的应用使人们对于某些技术应用的特定结果具有一定的预见能力，并且在技术的创新上掌握了一定的主动权。比如说，化肥的使用使人们可以预见未来农作物的产量，并在对作物产量、质量，以及技术对于环境的影响等方面提供改进的思考与建议，直至技术的更新换代。表面上看，这种技术形态的进化似乎是经济规律使然，然而，从长远视角看，农业行为中技术的演进路线是人与生态系统之间关系认知结果的选择，它可以被视为生态利益最优化的表达。今天，几乎人类所创造的每一项科学技术及其思维范式都深陷功利主义及其原则表达的泥潭之中，特别是环境保护主义者所坚持的近乎绝对平等的道德主张与工业化的逐利需求之间的对抗与博弈行为。站在生态意识的意义层面来解读，社会的功利主义原则及其主张让位于生态系统的优先选择，这似乎不是什么值得怀疑的问题。尤其是全球变化问题被以科学的理性思维范式公之于众的时候，人们丝毫不会怀疑：是时候该对人类的科学技术进化，以及功利主义的驱动进行反思了。相对于其他技术领域来说，农业技术领域对于功利主义原则的反应，以及围绕功利主义进行的争论是最为迅速和观点鲜明的。因为农业生产中涉及的有关功利主义原则的问题,既包括狭义的社会,也包括广义的生态系统;而且对于生态系统(环境)的影响会立刻反映到社会群体意识中,从而可能掀起人们对社会生活领域中存在的功利主义倾向的质疑与争论,其媒介是食物链。可以合理地假设,人们可以不顾及利益最大化的追求(如超额经济利益的获取),以及为了超额商业利润而进行的技术研发与推广,但是当食品安全面临威胁,生态环境面临威胁,而且这些威胁有可能通过食物链转移时,就会激起人们的反思。这实际上是人类对于农业行为中的功利主义主张与生态安全控制包线的合理性建构提出了疑问。应当看到,农业技术进程是个相当复杂的过程,其间的功利主义原则的表达,既有经济竞争,也有环境影响的顾虑。生物技术对于农业的影响就是一例。乙醇是传统化石燃料的可替代选择方案之一,乙醇的制造技术也就成为能源制造的可替代技术形态之一。二者都和农业生产范畴的功利主义选择产生关联。有研究表明,“传统的乙醇生产基于糖的发酵和淀粉基原料,例如,甘蔗、玉米和木薯,这项技术会对食物供给产生影响。为了避免这种竞争,最近的生物技术发展导致了对于利用木质纤维作为原料去生产乙醇的更多关注”(Buaban et al, 2010)。这说明,即使在技术形态的内部也要对社会伦理利益与经济利益的分配予以关注,有些技术在研发的同时也在避免对社会伦理利益分配产生人为的损伤。有时候人们对社会中的功利主义原则及其结果的关注是某些技术得以研发的根本动因;除此之外,对于生产过程和原料供给必须考虑原料生产地的生态环境影响问题。

纵观生物的进化与生存历史,人类与其他物种一样需要食物维持生存。而不同的是,其他生物依靠自然生态环境获取食物,人类则不仅依赖自然生态获取食物,同时还在改变和创造着人工环境。这个人工环境既包括社会环境,也包括经过人类改良和改变的生态环境,甚至是人工创造的生态环境。我们把生态思维范式和科学思维范式放在一起,便会发现:为了兼顾生态维持和人类生存,“是否需要甚至强烈需要依靠人工环境保护自己,以求在生存斗争中维持生计,这是一个值得深入思索的问题”(查尔斯·辛格等,技术史,第一卷,2004,42)。

人们对自然环境的天然之美总是向往的,每当人们经由乡村之时,总是能够激发出对于环境的感叹与热爱。保罗·汤普森认为,藏匿于人们的感叹之下的是这样两种人类对于自然生态的情怀:一是“土地及其恩惠都是上帝(大自然)的礼物”;二是“乡村景色的美丽、平静与宽广”(Thompson, 1995, 56)。这种人类感受在东西方文化现象中并不少见,也没有太大理解上的不同。对于生态自然的美好感情往往在精神上支配着人们对于生态伦理和自然规律的理解与认知,例如,环境保护主义者就“怀念未经触碰的野外”;而在农业生产者那里“自然周期就是春天播种,秋天收获。(他们)认为土地如果不能归入这个(自然运动的)体制就不是自然的,只是无用的土地”(Thompson, 1995, 57)。在人们眼中,无论是环境保护主义者还是农业生产者,整个自然界“如果不是全部,也是部分为了给人类提供一种良好而有益的环境而存在的”(唐纳德·沃斯特,2007,26)。这样一来,似乎自然界作为人类社会经济体系的地位和作用,俨然成为人们对于生态系统的认知基础了。

在科学技术时代工业化进程中,人们对社会自我成长的理解,似乎都被贴上了“生产”、“效率”和“利益”的标签,它们在一定程度上成了经济发展的指标和社会进步的反映。在这样的认知漩涡之中,人们对农业的理解也不例外地被赋予功利主义色彩,即生产主义的认知倾向。保罗·汤普森认为,当人们用“生产”来评价农业及其伦理问题的时候,生产主义作为一种哲学形态就开始出现了;因为“食物和纤维(产品)生产的成功(与否)是(人们)评测农业伦理的必要和充分标准”(Thompson, 1995, 48)。这是功利主义——至少是经济学意义的——在人类农业行为思维范式中的具体表达;其思维渊源是农业生产的社会现实意义与价值。技术的输入、技术范式的进化,以及技术和经济的互相渗透都在一定程度上“密实”了农业行为的功利主义外衣,从而误导了人们对于农业行为的认知和公众理解。因为“一旦农民购买和使用技术的成本,可以被销售更多的谷物而带来的收入所覆盖的话,就会形成好的经济学意义上的技术应用的尾旋”(Thompson, 1995, 49)。农业生产技术的成功应用,使社会整体的食物生产效率和产量大幅度提高,加上后期销售等环节的高额经济利润的回报以及在科学研究投资领域的回报(如专利费等),功利主义外衣逐渐覆盖了农业行为的本来面目。甚至在一定程度上,追求功利成了农业工业化的内涵、农业进化的必然表象,以及一种行为模式;而技术的进步则进一步加强了追求功利主义的信心与思维的合理表达。但另一方面,即使在功利主义色彩之下的农业行为,同样内敛着道德意义的内容;保罗·汤普森认为,至少是"辛勤工作"与"恩宠论"(Thompson, 1995, 51-58)。虽然农业行为在工业化进程中不可避免地染上功利主义色彩,但其内在的道德意义依然无法灭失;并且从根本上看,可以认为表现在生产领域的利益追求依然需要依靠人类行为的道德贡献与自我约束。

一般认为,社会的食物生产带有功利主义驱动和现实主义的需求,"实际上,全人类和几乎所有在数量上不断增加的其他动物,都为了这个需求(为物种持续生存而提供的日常食物)而依靠于农业生产"(Thompson, 1995, 70)。技术的进化则进一步强化了技术辅助(促进)现实需求功能的发挥。今天的农业技术形态一方面满足着生产功利性的需要,同时也在逐渐开始意识到技术形态下的生态关注的必要性。科学研究表明,"由农业源和工业源导致的活性氮($N_r$)的泄漏造成了全球河口和海洋系统富营养化,陆地生态系统的酸化和营养化以及大气化学的改变"(Clair et al, 2014)。因此,农业技术形态的发展已经不得不考虑到全球变化及其所引起的生态威胁的问题,它要求科学家在满足社会现实需求的同时,也要考虑到"更为严格的环境影响的标准"(Aćimovićet al, 2014)。在农业行为的技术范式下,从技术体系维持人类生存的角度看,社会追求各种利益的最优化或者科学计量学意义上的量的最大化,合乎社会整体的需求。在一定程度上,技术的进化也必然要为人类生存的现实利益服务。由于农业生产具有环境影响意义上的高度敏感性,所以农业生产过程中的利益最大化也必须考虑生态系统的维护与恢复。这在生态哲学层面照顾到了两个方面的利益索取:物种繁衍和生态修复;今天看来这是全人类十分关切的时代的主题之一。

农业活动带有争取经济利益与社会利益最优化的欲望,这是不争的事实。这可以用来解释人类作为自然界物种之一而具有的生存本能,但也无法抹杀其本能背后所掩藏的人类的道德良知,它成为人类足以有别于其他物种的特异性表达,以及能够担负生态责任的思维认知前提。

历史地观察,可以发现,农业活动一直处于功利驱动与谋求道德认同二者之间的不断妥协之中。农业行为同时承担着食物生产与生态恢复的双重责任,科学技术的进化使这种生态责任的社会表达与理解得以充分显现,并构筑了其赖以实现的现实技术路径。当代的资本运作与社会经济功能的运行使生产意义上的功利主义色彩更为浓重和深入人心，与此同时，人们心中的道德反叛也不断凸显。在生态认知层面，农业行为的现实意义（功利主义）与道德判断是异体同构的形态。生态伦理的表达既经由科学技术的负面效应而获得显现，也经由科学技术的进化路径而获得实现。可以认为，人类农业行为本身中和了功利主义与道德评价的功能表达。生态伦理进化将与人类农业行为的现实驱动同步进行，“如果农业对于环境质量变得真正敏感，它就需要非生产主义伦理概念（这类）新的伦理概念来源”（Thompson，1995，71）。

## 4.3 农业行为是一种“聚焦活动”

本杰明·富兰克林(Benjamin Franklin)在1778年说过，“人是制造工具的动物”（查尔斯·辛格等，技术史，第一卷，2004，1）。这就奠定了科学家与哲学家对人类在生物学意义上的物种进化与环境适应及改变等方面认知的客观基础，并为日后人类共同体的建立与进化铺垫了物理学意义、生态学意义，以及哲学认知意义的基础。

人类与其他动物在工具制造方面的解剖学区别在于：“在很大程度上，人类在自然界中的位置是用手勾画出来的[琼斯（Wood Jones）语]”（查尔斯·辛格等，技术史，第一卷，2004，7）。这或许不能完全解释人类在自然界得以繁衍至今的根本原因，但至少说明了人类双手的灵巧性是制造及使用工具以便能够快速适应环境的变换、创造新的外部环境的重要条件。科学家相信，指导生成这一生物学进化适应性的原因是“大脑及其功能”。人类对工具制造的进化依靠人类有别于其他物种的大脑机能的进化与发挥，“人脑中最显著的解剖学特征，是额叶和颞叶的尺寸较大。有理由推想，这尤其是与更高的心智能力相关的”（查尔斯·辛格等，技术史，第一卷，2004，10）。这为哲学上人们解释大脑意识的形成提供了依据。此时的工具制造行为还不能算是技术，技术是在理性思维逻辑之下的思维活动与社会—思维混成结果的再现。科学理性思维的特点之一就是判读，它既包括思维主体对认知客体的现实状态的读取，以及对其既往状态的追索，也包括对其未来运行趋势与结果的逻辑推理。而对于技术未来的预见，是科学技术哲学思维逻辑的一个重要特征。正是由于这种前瞻性逻辑，人类才有可能对科学技术的进化进行指引。科学研究表明,“即便是最粗糙的旧石器时代的人造物品,也显示出相当程度上的先见”(查尔斯·辛格等,技术史,第一卷,2004,10)。先见可以被视为人类抽象思维能力的延续,经由口语的引入,“人掌握了逻辑思维的能力”(查尔斯·辛格等,技术史,第一卷,2004,11);然后,概念思维与概念体系才有可能建立起来。

在人类社会中,以单纯生存需求为目的的工具或技艺的应用行为逐步被技术的理性思维运用所替代,这也使得人类的工具/技术行为从很早时期开始就具有了社会—文化特征,逐渐具备了文化的符号学意义。与此同时,“这些文化性的活动依赖于工具的制造,但之所以成为可能,是由于人类的智能,不只是概念性思维,也包括交流发明创造想法的能力,以及由此而来的建立传统的能力。当缺乏传统时,文化便会停止进化,甚至退化”(查尔斯·辛格等,技术史,第一卷,2004,14)。技术或者现代科学的进化,以及对它们所做的哲学思考与科学解读,离不开人类的文化及其传统。这里的文化,既包括广义上的人类文明,也包括科学技术与社会层面的不同文化范畴之间的互相影响。

当我们在研究农业行为及其技术内涵的时候,它们与人类社会—文化的关系就显得尤为必要。我们研究技术哲学周边存在的时候,会发现历史上,几乎所有技术形态的现实应用与技术变化,都与其所处的国家、种族、地域、文化、信仰、生活习俗等主观性因素息息相关。宏观地看,技术(或者技术的实际应用)处于人类满足自我需求的中心位置。人们借助技术的应用,在生产领域与技术演进进程中索取了技术的应用价值,同时预留了技术的延展价值——技术核心进化之后所产生的周边效应,或者使用价值(在现代科学技术的发展中,技术形态延展价值也包括对以后新技术发展所体现出的工程实验价值)。围绕在技术形态,或者它的应用体系周边的存在是这样一系列的要素存在:应用领域—价值的追索、文化在技术流动层面的双向流动(输入—输出)、社会对技术及其成果的吸收与共享、社会成员对技术进步的贡献、宗教在信仰—思维解析层面对于科学技术的依赖与助力(例如,天文学的发展就与教会需要论证上帝在宇宙中的位置有关)。事实上,科学家很早就意识到,技术的应用价值只是技术形态的单一映像,技术周边的要素组合才是制约技术进步的关键性要素。逻辑上,可以将技术的中心形态与其周边的要素组合视为一个技术的聚焦范式的表达。若要考察一项技术,需要将某种技术形态置于中心位置,同时将围绕此项技术的周边的存在纳入技术存在的体系中加以考察。不可否认,在现代西方技术哲学的语境下,聚焦物的概念源自阿尔伯特·伯格曼(Albert Borgmann)的技术哲学体系,但是技术形态演进的这种复合形态则是自古有之。尽管如此,借用伯格曼技术哲学逻辑来认知人类的农业行为,仍然具有一定的进步意义。

### 4.3.1 对伯格曼技术哲学范式应用的拓展

阿尔伯特·伯格曼(Albert Borgmann)认为,当今世界之所以成为技术的社会,是因为技术形态通过它们自身特殊的范式功能塑造着社会形态、人们的生活,并赋予这些以特殊的特征(Borgmann, 1987, 1)。事实在一个侧面看起来的确如此,"如果只涉及技术因素,那么所能生产的食品、衣着、住所和能源,其数量之大,内容之丰富,不仅能满足现今世界人口的需要,而且再多的人口也能满足"(特雷弗·I.威廉斯,技术史,第七卷,2004,532)。在不考虑人类社会、政治、信仰、文化等因素的影响下,人类及其社会对待技术成果的态度,可以认为是一种技术消费,而且是一种不计后果的生态消耗。例如,能源的消费——"到 20 世纪中叶,事实上也并没什么特殊的理由冀求普通公民去过多地考虑上述(能源)问题,因为能源仍像人们所想象的那样,价格便宜,蕴藏量极为丰富。虽然人们对矿物燃料最终会被耗尽这一点是有自知之明的,但由于新的能源不断被发现,开采速度又不比当前的消耗速度慢,这就使人们恢复了信心。江河总会继续奔流,太阳仍会照耀大地。任何实际问题,肯定会摆在子孙后代面前,让他们去忧虑吧"(特雷弗·I.威廉斯,技术史,第七卷,2004,537)。这是人类社会对于科学技术及其产物的真实心理写照。今天,科学家与哲学家公认的科学技术及其产物的影响就是全球生态问题,而在"20 世纪的前 50 年内,一种极端放任自流的态度占主导地位。不容置疑,由于这种态度使环境污染问题变得难以控制,因此现在应倍加小心"(特雷弗·I.威廉斯,技术史,第七卷,2004,536)。这说明:"技术创造的物质利益对促进人类的普遍之爱并未产生多大作用"(特雷弗·I.威廉斯,技术史,第七卷,2004,531),人们对于技术的看法与接受程度,受到经济、政治、文化、个体欲望、宗教信仰、道德界限、社会分工与阶层、知识结构、科学素养等因素的制约与影响,而有所损益。面对生态现实,科学家与科学理性,连同他们所创造的现代技术及其技术范式似乎陷入生态伦理学意义的取舍困境。正如希尔(A. V. Hill)1952 年在英国科学促进会演讲中所说:“征服疾病使世界人口大为增加。所造成的后果可能是饥饿,也可能是动荡不安,甚至文明的毁灭。如果道德准则不允许我们做坏事,那就会出现好事。而当可以预见到的后果不好时,那么是否还能认为我们是在做好事呢? 善与恶的力量不是靠科学家来决定的,而是要靠社会公众的道德来裁决”(特雷弗·I.威廉斯,技术史,第七卷,2004,532)。简单地说,这是人类的一种欲望选择的表达:“不管后果如何,生命一定得维持下去”(特雷弗·I.威廉斯,技术史,第七卷,2004,532)。而在人类所拥有的一切之中,只有人类的农业行为可以维持人类的生存(至少今天的科学技术无法做到使人类彻底脱离农业活动及其产物而维持物种生物学意义上的生存和进化)。这就是原始的人类农业行为在现代科学技术与人类—社会永续生存和发展的较量之中所凸显的核心价值与地位。

人类技术的发展历史告诉我们,技术从来都不是孤立的,它和人类社会等所有要素共同构成了技术及其周边的概念—行为体系。正因为如此,阿尔伯特·伯格曼技术哲学中的聚焦物与聚焦实践才具有客观与主观的基础。伯格曼技术哲学中的聚焦概念来源于拉丁语 focus,意为:“hearth”——壁炉、炉边的区域(Borgmann, 1987, 196)。他以壁炉为例来说明聚焦物(实践)及其辐射的功能。在古罗马,壁炉边的地方是神圣的,因为那里是屋神居住的地方。在古希腊,出生的婴儿只有带到或者放在壁炉前,才算是真正进入了这个家庭的生活,成为其中一员。罗马人的婚礼仪式也要在壁炉边举行。人们在壁炉附近的行为已经超越了日常生活的取暖、饮食、家庭成员聚集、会见亲朋等活动的意义。除此之外,伯格曼指出,“音乐、园艺、餐桌的文化和跑步”也都是聚焦物和聚焦实践(Borgmann, 1987, 196 - 197)。通过上述描写,不难发现,壁炉成了人们家庭生活的符号中心、聚焦物;围绕它,人们展开了生活中的各种行为,这些行为表达了社会关系和文化的符号学意义。因此聚焦实践(行为)实际上就是以某种聚焦物为中心产生的周边存在的反映。这可以被抽象概括为一种思维方法:以某个(类)存在为中心,提取它的周边存在,以此展示(证实)、分析它们之间的互相关系,进而获得一种行为范式的表达。

美国哲学家保罗·汤普森进一步发展了阿尔伯特·伯格曼的理论,他认为

“虽然伯格曼聚焦物的分析源于对技术的分析,但是它也适用于土地”(Thompson, 2010b, 111)。汤普森将人类对于土地的劳动行为视为聚焦实践,即耕作是一种聚焦实践。土地在这里成了聚焦物,围绕土地展开的人类生存活动成为聚焦实践,由此进一步辐射出了土地周边的存在,它们在人类技术及其周边的进化史上扮演了人类文明传承者的角色。在人类农业行为中,对于土地的经典行为就是耕种活动。“耕种行为”的核心是一种复合了社会思维的人类行为,“意味着有目的地为收获而播种或者耕植”(查尔斯·辛格等,技术史,第一卷,2004,237)。耕种行为使早期人类摆脱游牧生存的形态,为日后人类社会共同体的诞生提供了生存的必要生态保障条件。这是因为,一方面,“由于有了持久的食物来源,植物栽培使永久性定居成为可能”;(查尔斯·辛格等,技术史,第一卷,2004,237)另一方面,“是因为它们提供了有用的原材料,例如用于建筑的木材,用于制衣的纤维、树叶、树皮,还有能提取树脂和松脂、染料的植物,以及能够用来雕刻和加工成器皿的材料”(查尔斯·辛格等,技术史,第一卷,2004,237)。这些表明,单纯满足生存需要的食物植物种植,已经开始跨越生物学意义,开始向社会—文化层面蔓延。耕种行为所起到的作用,也从严格的由种植而获取食物,逐渐演变为对人类共同体的存在产生基础性的结构作用。除了谷物种植使得人类的定居最终形成之外,豆类的种植,则在另一个方面延续了人类的文明。对人类耕种技术史的研究表明,“豆子的高蛋白质含量,使得肉食来源稀少地区的文明能够持续下去……在东方的人口中,主要是或者完全是素食者,他们大部分从豆子中获取所需要的蛋白质,例如,中国和日本的大豆(Glycine max),还有印度的绿豆(Phaseolus mungo,黑绿豆和 P. aureus,金色绿豆)”(查尔斯·辛格等,技术史,第一卷,2004,242)。这种解释意在说明,植物的生物学特性对于人类的生物学特性的影响,从而应该以物种生存的角度去考察人类文明的演化。因为文明演化的主体是人;文明得以延续的根本在于人的延续。能够完成文明延续的要素必然也要满足人作为一个物种生存的条件。在社会建构中也是如此。反过来看,耕种行为在延续了人类生存的同时,也必然地延续着由人类社会所创造的文明形态的进化。而在另一个方面,人类文明的进化,也在一定程度上完善着人类的生存行为,丰富着人类的食谱。例如,黍这种植物“很早以前已经在亚洲中部和印度北部栽培”,后来传到欧洲,则被认为是“通过多瑙河文化的途径,这种文化把它带到了阿尔卑斯山脚下,它在那里出现于新石器时代的湖上住宅”(查尔斯·辛格等,技术史,第一卷,2004,247)。这印证了一种人类行为(耕种)——一个物种(植物)——一种功能(生存)——一种文明(延续),它们之间的互相作用与互相联系是历史的存在。这可以被视为人类农业行为(耕种)以聚焦物和聚焦实践身份,在人类早期的生存过程中的存在及其周边联系的表达。从另一角度理解,这也是技术或者技术行为作为聚焦物与聚焦实践或者聚焦范式的历史初期形态。

随着时间的流动,人类农业行为中的耕作,逐渐形成了被称为耕作制度的范式。例如,轮作耕种方式。此时的耕种行为已经不仅仅是单纯生产意义上的食物生产活动,而是一种以土地为聚焦物形成的具有技术范式的辐射功能的一种聚焦实践。这种聚焦实践具有更为广义的表达。如到 1850 年成为耕种标准制度的“诺福克四圃式轮作法”。施行这一耕作制度,“耕地不再像露地一样,有 1/3 的面积上没有种植任何作物……过去的耕作制度是冬季作物、春季作物和休闲交替,现在则让位给小麦—芜菁—大麦—苜蓿的轮作”(查尔斯·辛格等,技术史,第四卷,2004,11)。这样的做法不仅表现了技术的效能和生产效率的存在,同时也产生了周边效应,抑制了杂草的严重生长。这是因为“谷类作物无法抑制杂草生长”(查尔斯·辛格等,技术史,第四卷,2004,12)。而种植苜蓿的好处是可以营养土壤,“对此农民们也知道,只是不能做出解释:直到相当晚近的时期,科学研究才发现是豆科作物根瘤中细菌固定了空气中的氮”(查尔斯·辛格等,技术史,第四卷,2004,12)。这说明,在人类耕作聚焦实践的演变进程中,往往在实践意义上触及了属于核心实践行为周边的技术内容,只是由于科学的滞后而导致了认识上的延迟效应。这就提醒人们在对某一技术进行认知的时候,必须扩宽思维的域。在技术行为结果的细节表达上,要注意提取尚无法表达/理解的现象,这是技术的前瞻性思维行为中非常重要的一环。技术的负面效应表达的成立往往源于人们对此的忽略。

在人类对土壤自然肥力的认知上,多年来人们一直寻求更多的肥料来源:家畜的粪肥、土壤泥灰、人工肥料等。为了获得更多的有机肥料,人们开始注重对新的耕作技术的研究和探讨,以及对新的作物种类进行观察和选取(查尔斯·辛格等,技术史,第四卷,2004,9-16)。不仅如此,围绕着耕种技术的进化需求,人们在工业生产领域的相关活动也与农业行为产生了互相影响、需求和联系。例如,人们对于肥料的需求就直接牵涉到了工业发展雏形的驱动因素:“到18世纪末,谢菲尔德的刀匠产生的废料,开始在邻近的乡村中使用:其中包括在制造刀柄等物品时产生的兽角屑和兽骨屑等废料。这些废料对牧场的重要作用显而易见……到19世纪20年代后期,第一艘装载秘鲁鸟粪的货船抵达,随后不久又运来了智利的硝酸盐……当劳斯爵士(Sir John Bennet Lawes)于1842年开始制造磷酸钙时,可以说人工肥料工业已经建立起来了”(查尔斯·辛格等,技术史,第四卷,2004,13)。不仅如此,由于禽类和畜类会受到细菌的感染,在1740—1773年间,欧洲出现了一系列的动物疾病,“也许正是这一系列的灾难激励着布尔热拉(C. Bourgelat)于1762年在里昂建立了第一所兽医学校”(查尔斯·辛格等,技术史,第四卷,2004,21)。人们在不断更新农业生产方式与技术实践的同时,科学家对于土地(土壤)的结构,以及营养状态、功能等条件进行了很多实验与研究。这些研究及其成果,哪怕是合理的猜想,都在突破原有的科学思想与范式结构,如“亚里士多德(Aristotle)是直到16世纪还是统治着植物营养科学概念的思想体系的缔造者”(查尔斯·辛格等,技术史,第四卷,2004,23)。伯纳德·帕利西(Bernard Palissy)认为需要补充被消耗掉的土壤的矿物质,这是第一次提出对土地进行施肥的观念。海尔蒙特(Van Helmont)通过实验证实:蔬菜可以在水中获得生长。马略特(Edmé Mariotte)研究了嫁接与光合作用。普利斯特利(Joseph Priestley)则注意到了植物能够依靠空气中的二氧化碳来产生氧气。(查尔斯·辛格等,技术史,第四卷,2004,23-24)瑞典医生瓦勒留斯(Wallerius)在他的著作《农业化学基础》(*Agriculturae Fundamenta Chemica*)中指出,“施肥是指土地接受能够滋养植物的物质的操作”,施肥是“几乎所有农业的基础”(查尔斯·辛格等,技术史,第四卷,2004,25)。这些研究成果都在一定程度上丰富了有关科学范式结构的经验知识体系,甚至为农业的进化指明了农业行为范式的核心基础是什么。但与以往的人类科学研究相类似,在农业行为的进化过程中,人们(包括科学家)并没意识到农业行为与科学思维范式(或者技术范式)之间的关系,因此,此时的人类农业的发展并非是由科学(技术范式下/技术)的进步来引导的。换句话说,“正是那些大地主和农民们——是他们在进行田间试验,是他们在验证当时无数的‘书农’(book farmers)提出的往往比较稀奇偶尔还带有幻想色彩的建议，是他们在自己的土地上建立起示范农庄——而不是科学家，影响了18世纪下半叶西欧农业的发展”（查尔斯·辛格等，技术史，第四卷，2004，25）。这揭示了围绕耕作制度而存在的周边影响已经延伸至近现代科学技术的门类中，一种以耕作为聚焦实践的人类活动的周边辐射效应在事实上是存在的。有时候这种聚焦实践效应的分布范围是相当广泛的，但是此时聚焦物或聚焦实践具有现代意义的技术框架轮廓并不明显，聚焦实践作为一种技术形态产生相应的、具有因果关系结果的表达并不显著。聚焦实践往往更多地具有个体自觉的、自愿的行为范式意义。比如，前面提到的西欧农业技术的进化并不是由于某种技术范式的理性思维引导的发展，而是由于耕作行为的许多周边性的活动及其结果引发的。这样看来，聚焦实践在当时不仅仅具备人类行为的范式表达，而且具有一定的技术形态的表达。但这也是聚焦范式在技术发展史上的一种特殊形态的表达——聚焦物（聚焦实践）不仅处在技术形态范畴中，而且以一种行为范式存在着，并通过聚焦行为（聚焦实践的另一种理解）的实施来引导技术理性的逐渐成熟。有时候人们习惯于将技术形态的“向上更新”视作技术的扩展，而与之相反的是，技术形态的“向下兼容”也是一种在技术范式下的理性思维的扩展——思维的回溯历程也会提供一种对于技术及其范式的新的理解。

在思维的视阈中，人类的某种行为或者活动会对人类生存及其周边存在产生影响。一般认为，所谓科学技术范式是在后来人类科学思维成为系统化形态之后的事；而在这之前，似乎还远谈不上技术范式对于人类生活的影响。在现代科学技术语境下，人们习惯于研究人类是如何认知科学技术的；而与此同时，人们却也需要进一步深化解读：人类行为是如何影响技术范式的存在及其演变的。在历史的一个侧面，技术曾被当作18世纪“欧洲启蒙运动的产物”（Borgmann，1987，35），这一时期人类社会的建构意识逐渐清晰，理性思维占据主导地位。在科学的理性思维范式下，什么样的行为才能被称为技术行为呢？带着这样的疑问，人类开始了对技术的哲学追问与思考，如形而上的技术哲学划界，或微观的工程技术哲学的界定。我们无法摆脱人类的某种行为或者实践对技术的黏附效应，没有行为就没有技术。如果科学家要对技术做出哲学的认知，就需要首先对技术在思维意义上的包线做出规定，即何为科学技术哲学意义上的技术行为。

我们可以将技术的行为概念简单地区分为两类：一是严格意义上的技术行为，即人类掌握某种技术之后实施的行为；二是技术前(宽泛意义上)的技术行为，即某种促进或者产生技术认知的人类行为。前者是现代技术哲学经典的思维方式，人类以技术为准星，瞄准人类社会来探究科学技术射向社会的弹道及其效果。而后者的概念选定和结果研究，就显得相当模糊与艰难。但是如果我们逆向思维，以行为产生的结果为起点，对历史事实进行重新链接，就会发现某些看似毫不相关的人类行为恰恰是现代技术范式的初始形态。1750—1850年间，欧洲的农业耕作技术得到了快速发展，这同时要求人类共同体在体制上应该予以配合，“如果社会结构和土地所有权不发生变化，(技术)的改进就很难生效，而二者的变化在欧洲大陆上采取的形式是封建主义的逐渐消亡”(查尔斯·辛格等，技术史，第四卷，2004，23)。面对这一历史事实，人们更多地是以社会—政治进化的历史观来解读，而没有充分注意到它也是在以耕作为聚焦实践中所产生的一种技术进化。英、法等国的社会制度的变化，既为日后其社会工业化提供了制度条件，也是其前期农业生产技术进步的驱动结果；并且工业化反过来又促进农业行为范式与科学技术的进一步更新。技术史的研究证明，“英国农业是在18世纪后期和19世纪初期逐步实施机械化的，这也为19世纪后期和20世纪初期的发展奠定了基础。1750年以后，在技术和工业方面取得的进展，是随着机械在农业领域逐步应用而出现的，它对农业时代的所有工作都有促进。这类机械虽然遭到工人们的反对，并受到不太开明的农民们的冷淡，但是它们在增产运动中起到了重要作用，并有助于农业实践与科学发展同步前进”(查尔斯·辛格等，技术史，第四卷，2004，8)。

美国哲学家保罗·汤普森将人类的耕作行为，纳入伯格曼技术哲学体系的聚焦范式加以考察。如果耕作行为纳入技术哲学体系，这就使传统技术行为的外延扩大到了人类行为。人们对于技术行为的认知客体，由技术行为延伸至人类行为。这势必延展科学研究和哲学研究对人类科学技术发展史的追索路径，进一步丰富技术哲学与技术伦理的内涵。在科学技术哲学思维范式之下，对于生态伦理的思考，就需要补充认知人类与技术(行为)的关系，以及以技术(行为)为中介的人类—自然的关系，力求不断完善对人类与自然关系的理解(某种生存范式驱动)。

### 4.3.2 农业行为能否被看作聚焦活动

关于人类的农业行为能否被视为技术哲学意义上的聚集实践，美国哲学家保罗·汤普森以现代科学技术哲学的思维方式对这一问题进行了深入探讨。阿尔伯特·伯格曼笔下的聚焦范式说明，在现代社会中，技术范式（器具范式）作用的结果是：人逐渐丧失了对自身人性的理解与反省，技术仅仅成为人类存在—社会建构组合体满足生活需要的纯粹意义上的手段而已。这忽视了一种发自人类内心对于生活及其文化影响的认知与思维反馈。社会组件，包括个体，没有注意到人们在追求科学技术创造背后的隐形价值和作为技术产品的副产品而存在的技术周边的存在。汤普森认为，在一定程度上，任何关于农业（耕种）行为的论述，都类似于伯格曼所说的“指称表述”（deictic discourse）。指称（deictic）来源于希腊语 *deiknýnai*，意为去指示、指出、启发、解释和教授。阿尔伯特·伯格曼认为指称表述要围绕某种终极关怀而展开。一种“以自身的时间和节奏展开的对话或者描写，是对特定语境的回应，它无法被预先控制”（Thompson, 2010b, 114）。伯格曼技术哲学里的指称表述，可以被认为是以人们的某种终极关怀为核心的“技术—社会—人的对话语境”，其表达追求的是人类社会的美好生活，其表达目的在于揭示或者解释聚焦物的指引功能得以运行的内在原因（Borgmann, 1987, 169 - 182）。我们可以将其理解为人类对技术与社会及其关系进行认知、内省的方法。汤普森借用此概念来比喻（或者认知）人类农业活动的伦理层面的内在图景。

人类社会的技术/行为多种多样，各自都有可能形成一个所谓的聚焦中心，或者有可能成为一个聚焦物。但是在工业化社会，技术的聚焦物或者聚焦（实践）范式，更多地显示出了器具范式所具有技术产品功能性的表达，人们也乐于以此来说明技术—社会进化的动因，并追求一套进化机制。与此同时，社会却忽略了技术周边的存在。汤普森以美国传统农业生产方式为例，阐述农业如何与其周边产生关联——每一个人都依靠其他人而存在。土地被耕作、动物被饲养、牛奶被制成奶酪、庄稼被收割、牛羊被屠宰等，这些都是标准的家庭农业生产活动。人们在从事这些生产活动的同时，也在交流着情感、心理状态等主观性因素，其中既包括个体的交流，也包括群体与社会之间的交流。这些活动牵扯到一系列的社会建构意义的“伺服随动”机制：市场、资源分配、分工、技术进步、职业重组、生产效率波动、道德观察等。虽然人们在从事社会工作的时候，并没有事先形成统一的议程设置，但是在客观上，人们的活动与交流维持了社会体制与文明的进程。汤普森指出，北美的耕作活动是一种农业聚焦实践。农业活动依靠的是人类精神、肉体与外在世界的共同的、互相渗透与影响。北美农业活动的聚焦层面的核心意义在于：它代表了欧洲文明史在该地区的延续与进化(Thompson, 2010b, 114 - 116)。这说明，在特定的技术—社会表述语境下，农业聚焦实践及其周边的存在，已经突破狭隘的技术形态、范式及功能，体现了人类作为一个整体(社会)的文化延续，以及不同思维类型之间的区别。

阿尔伯特·伯格曼后来在《真实的美国伦理学》(*Real American Ethics*)一书中，补充了对于“餐桌文化”的讨论。保罗·汤普森认为，这直接地与人类可持续发展以及农业联系起来。伯格曼的“餐桌文化”范式意在突出围绕人们日常饮食行为所产生的人际关系、社会关系、家庭关系等周边要素的表达。汤普森将其进一步引申，他认为人们面对面地从食物生产者手中购买食物，至少使人们可以了解四季的生态运行表达，而非仅仅止于品尝新鲜的食物。这是一种对于四季变换的初步接触，是人类心灵与自然界沟通的第一步，它将使人们获得对于人们应该在何时、何地来做什么的道德、情感层面的认知，尽管这是农业活动范畴。更为重要的是，人们通过这种行为，接触到了自然的恩赐，感受到了劳动的辛勤与美好，这在一个方面塑造了人类共同体对于生产和自然界恩赐的尊重(Thompson, 2010b, 120 - 125)。这样一种人类情感层面的暗示或者指引，为日后社会建构的群体意识对于技术与人类社会未来的思考奠定了来源于日常生活主观性要素的逻辑线索的基础。在一定程度上，人们不能忽视社会日常生活中隐藏的观念的重要作用与思维认知的意义。这也是技术行为在社会建构之下的一类“观念性的隐藏”。

在一定程度上，笛卡尔(René Descartes)的二元论，奠定了早期西方科学的认知基础。保罗·汤普森认为，如果将认知主体简单地比喻为接受数据的仪器，则无法进一步展开农业活动作为聚焦物或聚焦实践的周边内涵表述。在当代，技术的社会进化意义在于追求人类整体的可持续生存与发展，这需要技术与思维延展的进一步结合。但是人类的科学技术及其思考始终无法摆脱生物学意义和哲学意义的人的大脑的活动，即意识的活动。因此，人们需要研究人类意识的内在机能。当人们无法意识到环境作为一种理念是否内嵌于我们的心灵深处的时候，人类是否只有借助于环境改变的外在表现来体会人类—生态的关系呢？当代科学技术的发展需要生态哲学思维作为指引，这就需要哲学思考能够提供某种前瞻意义的表达。但是，经验告诉我们，人类的行为似乎一直依靠利益的分配与再分配，以及由于利益驱动而获得的客观结果。那么，关于个体利益的自我感知就成为社会意识与技术行为之间的指引纽带。汤普森指出，如果按照托马斯·霍布斯(Thomas Hobbes)的观点，人处于追求自我利益的驱动状态，那么如何区别不同种类的自我利益就成为一个难题。因为在不同的时空里，人类生存所要求的利益是不同的(Thompson，2010b，126 - 135)。人类不同行为的利益驱动聚合了不同的思维认知境界与标准。而人类的农业聚焦行为整合了技术—时间—空间—宇宙的要素理解与分配；并且在社会中，农业的行为实践反映了社会体制与整体意识的结合，兼具有生态学—社会学—伦理学—人类学的整合意义，即人类的可持续发展(Thompson，1986)。这就催化了人类的环境意识(或生态意识)在个体与行为之间的联系，可以将技术的外在形态与人意识的内在的关于自然界的感觉联系在一起。这将有助于哲学家与科学家思考人类意识中环境与外在世界的概念的生成、人类与宇宙关系的认知，从而寻找指引社会行为向生态维持进化的内在逻辑动因。

保罗·汤普森将人类农业行为视为聚焦实践(或者范式)，在哲学思维上辐射出了三个层次的聚焦实践的周边存在：一是技术(器具)范式改善了人类的生活质量；二是人类农业活动的具体行为体现了人与人之间的感情沟通，以及人与自然界的认知；三是前两者的合力聚焦在人类的可持续生存与发展，进一步增强了人类农业活动作为人类社会总目标驱动的属性。在现代科学技术社会的背景下，几乎所有的农业聚焦实践都需要在科学技术进化的环境中得以进行。这就又回到了阿尔伯特·伯格曼技术哲学的主题，即如何认知技术与社会、技术与人类生存的关系。而有所不同的是，保罗·汤普森的哲学认知取景定位于农业——一种人类生存意义的行为，一种并不对立于技术进化的形而上的聚焦范式。

回顾历史，不难找出与之相类似的历史演进，它们也为科学家与哲学家将人类的农业行为纳入某种技术范式的可能性与必然性提供了历史佐证。在人类演化史的相当长的一段时间里,“人类只能通过搜寻、狩猎、捕鱼或设置陷阱来获取食物和原材料。人类与动物王国其他成员都有这方面的基本活动。在这个意义上,人类采集和储存食物的技术与他们的类人祖先没什么两样。因为人类历史至少95%的时期完全依赖于食物采集技术”(查尔斯·辛格等,技术史,第一卷,2004,101)。这时的食物采集行为,虽然不是后来社会意义上的农业行为,但是二者的交点是食物的获取。在这个意义上说,食物采集行为与农业行为共享着相同的聚焦实践的存在——食物获取。人群的生活制度,以及生产—技术方式如何被一种食物获取行为所干扰,这在现代社会制度之下已经很难找到相关证据。但是,今天的爱斯基摩人保留着与传统生存方式相类似的范式,并于现代技术范式统治的区域之中形成了其自身特有聚焦实践的对照案例。受气候以及自然条件的影响,爱斯基摩人的社会生活分为“冬季的海滨生活和短暂的夏季内陆狩猎生活”,而人们所采取的生产组织形态也随之有所不同。在冬季,爱斯基摩人以猎取海豹为生,通常由5—6个爱斯基摩人的家庭来共同实践这一聚焦实践的行为模式。在夏季,人们驱赶—围堵驯鹿,也在河流浅滩围猎鱼类为生。在这些过程中,人们的生产分工、工具使用与改进等也有所不同,栖息地也随之出现季节性的变换(查尔斯·辛格等,技术史,第一卷,2004,118)。这与北美印第安人的生活类似。在美国影片《与狼共舞》(*Dances With Wolves*)中,印第安人在迁徙过程中,保持着自身的文化传统,并且不断保持与自然界的对话。他们通过各种仪式来反映人与自然界之间的某种交流。剧中人物Kicking Bird因为具有与自然界沟通的能力,而获得在部落中核心的行为指引权。而这一切的核心都是“食物的获取与种群的生存”。印第安人部落以食物的获取为聚焦实践而得以延续其生活方式、技术进化、部落建制、部落信仰、人的等级支配地位,甚至语言文字的更新等,这些已经脱离了单纯的食物的获取,以及相关技术的存在与延续。可以认为,“从事食物采集的居民所掌握的技术,不能仅仅被理解为对当地资源的一种自动反应。从人类社会形成之初开始,发现、发明和知识传播一直是文化适应(cultural adaptation)最基本的内容”(查尔斯·辛格等,技术史,第一卷,2004,121)。爱斯基摩人的情况也是如此,“在阿拉斯加、加拿大的北极地带和格陵兰岛,爱斯基摩文化的一些基本特征已存续了两千年之久”(查尔斯·辛格等,技术史,第一卷,2004,119),并且仍然继续着其与现代技术社会进步互相适应的进程。

或许在一定阶段,保罗·汤普森对于人类农业行为的哲学/环境伦理学意义的解读,未必会得到恰如其分的理解与认同。这也如同人们对于人类自身的"僵化认知"一样,具有一定的历史必然性——"我们从18世纪或者更早的时期继承了由共同具有某些自然需求——食物、饮料、生殖、取暖、居所、衣物等等——的个体组成的人类这一概念"(查尔斯·辛格等,技术史,第一卷,2004,25)。技术的形态从来不是一成不变的,今天的许多民用技术产品,却是技术发展早期的奢侈品,如汽车、飞机等。伴随着技术形态的变化,社会中人们的思维形态也在改变;但是不可否认,在人们的思维形态中,"既成事实"往往占据了观念判断体系的主要部分。它使得人们要去创新一种观念变得异常艰难。在对人类行为的认知过程中,偏见经常主导人类的技术认知进程。例如,"只有对战争、宗教的深刻成见,才会导致经济学家抹煞战争、宗教和巫术的经济作用,导致历史学家贬低促进这些活动的技术手段的重要性"(查尔斯·辛格等,技术史,第一卷,2004,25)。

在历史上,人类的农业行为对于社会、经济、政治等领域都发挥过重要的影响作用;但是在技术认知上,农业行为则更多的是被当作技术行为的实施客体、改造对象来加以解释与论证。我们也由此忽略了一点,"也可能更好一点的饮食会导致思维上的精细"(查尔斯·辛格等,技术史,第一卷,2004,25)。这在人类意识活动的客观基础性认知上暗示着农业活动的进化可能是人类思维进化的有力推动因素,只不过目前没有科学家对此做过深入研究。哲学家似乎也忽略了农业活动在人类意识生成层面的驱动力。科学家在意识、思维、医学、神经学、人类学、遗传学等领域,深入研究人类大脑机能的产生及其表达。美国哲学家保罗·汤普森则在另一个方面提醒我们,只有"吃得好"才能进化大脑的机能、才能为物种进化提供身体—智慧驱动力。很显然,这就将农业行为明确地置于现代科学技术思维范式中加以考察。将人类的一种行为——农业——置于技术认知范式的中心,对农业活动赋予聚焦实践的技术进化逻辑意义。这使得哲学家与科学家在对人类技术范式(行为)产生的生态影响进行认知的时候,多了一条可供选择的逻辑路径。

### 4.3.3　工业化生活对聚焦范式的影响

人类社会的发展，毫无疑问，正在并将在今后相当长的一段时间里，处于技术时代；人们有时候将其称为工业化时代，特别是在欠发达国家与落后国家中，它们正在追赶科学技术的前进步伐。多数情况下，人们对于技术带来的好处存有鲜明的接受态度。西方发达国家的发展过程，以及它们在技术进化中出现的种种现象，或者过程表达就成了其他国家竞相效仿的模板。在发达国家和地区，人们对于"荒野(wilderness)的思考，则揭示了与技术相对立的一种观念的逻辑核心"(Borgmann, 1987, 200)。而在另一方面，自然界的"荒野"状态存在着两种主要的生态学意义的存在，一种是环境的自然状态尚未被人为地破坏或者尚未过多地被技术所干扰；另一种是环境的自然状态已经受到一定程度、甚至严重的破坏：这种环境的改变可能来自技术行为的负面干扰，抑或源自生产方式的原始化。然而，无论如何，工业化社会中的人们似乎都在努力逃离自然的"荒野"状态，他们将技术化的社会及其生活当作人类进化的高级阶段。技术的社会化进程似乎是人类的终极追求与科技进步的梦想。不难理解，人们对于自然原生态(即荒野)逃离的渴望，一直是人类对技术化社会生活方式产生羡慕之情的心理动因的基础。

若要理性认知人类工业化社会进程对于聚焦范式的影响，需要对技术这一概念做一个相对合适的描述。《技术史》认为，"技术(technology)这一名称指的应该是那些为了满足人类需求而对物质世界产生改变的活动……这一术语的含义扩展到包括这些活动的结果的范畴。从这个意义上讲，任何一种技术，就像人的生活本身一样，包含着人的群体甚至社会成员之间的常规的、经常的合作。群体的规模，社会公认的需求及群体成员之间的关系(社会组织)，都对这种合作性群体的特征有深刻的影响"(查尔斯·辛格等，技术史，第一卷，2004，25)。在这个对技术所做的概念性规定中，实际包含了人类与自然的关系、人与人的关系、人与社会(群体)的关系、人类的行为。这些要素得以存在的理由是：荒野与技术的关系——人类对于荒野状态的思维认知及结果。在这四个要素中，人类与自然的关系既是人类所有活动的逻辑出发点，也是所有人类行为结果的评判标准。按照这个思维建构，人类的农业行为基本满足它的逻辑框架。农业行为在技术思维范式下，突出地表现为人与生态系统关系的认知与理解。

人们在自然状态的田地上进行农业活动的时候，除了以技术—工具的形式实施人类对生态系统的改变之外，在人们的心灵深处也感受着人与自然之间的"塞尔波恩田园主义"的自然和谐。在现代技术理性的思维层面上看，自然的荒野状态与现代化的科学技术似乎是对立的。在一般公众的日常生活里，人们认为处在荒野状态里的人类的日常生活不够舒适，因为它缺少技术的支撑。换句话说，人们已经适应了，并且喜欢上了由科学技术支撑的技术化的日常生活。即使以科学理性思维来看待，人们也会认为，"在塞尔波恩，人与自然之间的平衡要求无情地灭绝一切不守法的、无用的、不合常规的，以及敌对的生物。人们也可能会发现，严谨的科学本质可以与这种田园牧场上的虔诚并列在一起，是令人难以置信的"（唐纳德·沃斯特，2007，30）。这实际上是荒野情结与技术情结的一种对抗；而在另一面，则是聚焦实践与技术范式的对立。

在技术化的社会里，人们的思维倾向很容易被技术的商品所捕获。技术商品中蕴含的使用价值逐渐被当成技术的价值本身而加以认同。技术产品的便利性价值体现，使公众越来越依赖于技术功能的发挥，例如，交通、移动通信、计算机技术等。这是通过技术的有形实体的现实价值表达来感知技术的存在，至少它是很重要的途径之一，尤其对公众来说。但这只是引起公众（行为）关注的一个视野而已。在另一方面，"（技术商品）将原材料、颜色、形状的使用，以及对采用先进技术象征性意义的渲染，带进（人们的）日常生活用品，（借此向公众及社会）传达了特别乐观的意义。例如，原子结构、火箭和分子晶体结构的图片，在20世纪50—60年代大量出现在纺织品、壁纸和最普通的消费品上。这种意象反映了人们将信仰交给了当时的先进科学技术"（Maycroft，2004）。这或许可以看作是技术形态存在的现象学或者符号意义的延伸。一般消费者不可能消费此类先进技术的产品，也不熟悉物质世界的微观结构。这些符号意义的表达更多地是在人们的思维中产生物质的极大丰富，以及社会生活极其便利的印象。不难看出，有时候人们愿意接受并相信：借助于科学技术的进化，人类现代社会的生活质量有了显著提高。这是事实，也正因为如此，社会的运行毫无疑义地遵循着工业化的节奏。

如果我们断章取义地看待人类的荒野观念与技术思维的共融与进化，结论是：技术协助人类能够生活得更美好，这似乎并无不妥。然而，另一方面，也许是因为人类作为地球上的唯一道德主体的身份使然，也许是因为环境公害事件吓坏了公众。人们开始怀念荒野时代的情感。人类用自身的哲学眼光给宇宙和科学技术都贴上了价值的标签，剩下的活动，就是在自然价值和人类价值之间的徘徊与取舍。从此刻开始，两种为我们所建构出来的物理存在同时存在于人们的意识中。这是工业化的社会生活对于技术进化影响的思维形态的表达。在理想状态下，人们希望能够如同牧师吉尔伯特·怀特一样，"尊敬和科学，社会差别和人道同情心，功利主义和田园的欢乐，在这位牧师兼自然博物学者的日常事务中全都密切地结合在了一起"(唐纳德·沃斯特，2007，30)。与此同时，人们认为在现代技术思维范式下，这一切只是人类美好的、不切实际的幻想。如果我们换个角度来思考，会发现事实并非如此。人类曾经实践着，并且现在仍然实践着"荒野与技术的完美统一"——人类的农业行为。这并非说人人都要从事农业活动。农业的技术行为一直体现着科学与技术对于荒野自然规律的认知与实践。人类从来对原生自然界的荒野形态心存敬畏。技术的进化不能简单地被理解为对自然规律的掌握与支配。而恰恰相反，至少到目前为止，人类的科学技术是在宇宙给定的规律范畴内展开的。例如，农业技术、原子能技术、医学等。荒野情怀与技术进步不是一对截然对立的思维范式。严格意义上看，人类的进化如同宇宙的进化一样，是一个类似生态学意义的过程表达。在此过程中谁都无法彻底战胜另一方，否则科学技术将可以创造出无数个"微宇宙"——这才是对科学技术及其范式思维的真实扭曲。

在现代社会，面对技术范式及其结果，哲学家开始对技术—社会的双重关系与效能展开反思。人们力图在技术的负面效应中回溯人类的荒野情怀。例如，阿尔伯特·伯格曼的聚焦范式。他有意将聚焦范式所显示出的内涵与技术范式做对比，以此呼唤出那些技术周边失去的或者为人类所漠视的文化等现象。

伯格曼将跑步与餐桌文化视为聚焦物与聚焦实践。他指出，"即使我们不能参加充满活力或者竞争性的跑步，我们当然可以走走路；我们能够触及泥土，(感受着)被风吹拂、雨水的气味、(甚至)浑身血液的流淌，这些能够带给我们惊喜与喜悦。在准备一顿饭的过程中，我们乐于享受简单的活动，洗洗菜叶、切切面包；我们也感受着由酿制一瓶好酒、制作家里的面包而显示出的力量与慷慨之情"

(Borgmann, 1987, 200)。但是这并不能被理解成聚焦物与实践脱离了技术,站在了技术化生活的完全的对立面。人类行为的荒野情趣,其本身就内含了技术的存在(手艺是最初的形态)。尤其是在现代社会,人类返璞归真的荒野追求,在一定程度上,剥离了技术—人类行为的共生性及其表达。例如,阿尔伯特·伯格曼笔下的餐桌文化的主体行为成分——烹饪——"(烹饪行为和过程中)有基础的科学、物理学、化学和生物学的表达与存在,这些都内嵌于事物与生活的本质。食品科学,一种应用型科学,主要关注对于工业化生产过程与原料的理解。同时,在家庭和饭馆厨房这样的小空间,传统的手艺从未吸引过如此的科学关注"(McGee, 2004, I)。

人类从未停止对于科学技术进化的追求,无论是出于思考的乐趣,还是出于现实的需求。人类的行为与技术的进化密不可分,聚焦范式在此意义上还可以被看作是一种技术范式思维,一种换位思维的逻辑理解。

很久以来,技术周边与技术核心已经融为一体,我们不能简单地把技术与非技术作为划分思维域的指标或规范。广义地看,技术周边包括很多文化符号意义上的存在,而技术的进化也进一步加深了人类对于社会、生态问题、文化适应等技术周边要素的认知深度,并有可能提供最直接、也最现实的生态胁迫问题的解决方案。技术的进步并没有使人类抛弃荒野,脱离荒野时代,而是使人类充分理解了什么是孤独——一种真实的荒野状态。

## 4.4 后现代工业化对农业行为伦理学内涵的吸收

人类的现代化科学技术对人类的社会存在和生态学意义的存在会产生什么影响呢?

哲学家、科学家、社会学家、经济学家、社会活动家等,都在各自的研究领域开展思考。对于此类问题的逻辑思考似乎令人纠结、甚至窒息,但如果能够说明人类的意识是什么,也许就会好办得多。因为人类行为是受制于自我意识的存在,而外界的反馈也是通过人类的意识来指引实践的。伦理学研究的内在核心是人类的意识趋向及其所支持的价值判读,这些都有可能导致经典伦理学意义上的选择行为与意念。在所谓的后工业化时代,技术对于人类及其社会的影响,在科学技术哲学思维层面,其根本表达就是要清楚人类的意识是什么。人类的技术行为受自我意识的支配;技术与社会的共通性反过来要求人类进一步认清意识究竟是什么。生态伦理学(环境伦理学)就是要试图弄清在人类意识中,如何看待自我存在之外的主客观存在(以及它们是否存在)。

科学家对人类的意识研究有多种理论。例如,“威斯康星大学的神经科学家朱里奥·托诺尼(Giulio Tononi)认为意识反映了对分布式大脑的整合。一个由旧金山州立大学的塞基耶尔·莫塞拉(Ezequiel Morsella)建立的模型将意识描述为运动指令互相冲突时的调停者。泛心论者将意识视为物质的基本性质之一,就像电荷或质量一样,他们相信我们的大脑与其说是产生意识,不如说是从类似以太的周围环境中筛选获取,就像某种有机的精神捕手。神经科学界的超级明星——加州大学圣地亚哥分校的V.S.拉马钱德兰(V.S. Ramachandran)认为意识来源于镜像神经元。普林斯顿大学的迈克尔·格拉齐亚诺(Michael Graziano)将意识描述为一幅经验地图”(Watts, 2015)。这些理论或者数学模型都说明人类的大脑(意识)承担着对自我存在之外经验世界认知过程的双向影响功能的实现。尽管目前关于意识的表达,人类的智慧尚未解释其中的奥秘,但是在科幻小说中,人们已经开始试探意识能否为人类所掌控。

在技术社会,究竟是人类的意识掌控人类,还是被人类自身所控制?在工业化时代的开端,“人们很容易学会使用‘批量生产’(mass-production)这一术语……批量生产是美国对技术发展最伟大的贡献。‘底特律自动化’是直接来源于充分象征并体现美国传统精神的亨利·福特T型汽车(Henry Ford’s Model T),如追溯得更远,则是从惠特尼(Eli Whitney)在康涅狄格州创办的轻武器工厂传承下来的”(查尔斯·辛格等,技术史,第五卷,2004,565)。批量生产意味着技术效率和社会生产总时间的反差效应,它被看作是工业化的优势与社会生产的必然结果。例如,豪(Elias Howe)和胜家(Isaac Singer)缝纫机就是典型的机械化生产物。当量产成为一种技术意识的时候,另一种技术意识,质量有时就成为量产意识的对立面。事实上,在逻辑意义上的量—质对立,无论在生产领域,还是在消耗领域,都始终存在。一般来说,人们习惯接受的是,有形技术产品的使用层面的耐用性与功能性的正常发挥,即技术产物的质的表达;狭义上,也是技术对于社会的影响在质的认知理解的显现。但在后工业化时代,人类追求的是作为类的整体的生存的质。广义上,它既包括社会的生活—存在质量,也包括广义的生态系统的质的保持。人们当然希望,生活质量—生态系统的质的完美结合,这很有可能在农业行为中被蕴含得相当彻底与近乎完美。

后工业化时代背景下,人类农业行为的进化是人类生存的质的保持的主要标的之一。如果将农业行为的伦理内涵作为有关人类维持生存所必需维持的质的标的物,那么工业化进程,在人类思维范式意义上就剥夺了"在乡村和田地劳动时所形成的那种人际交往的感觉"(查尔斯·辛格等,技术史,第五卷,2004,577),以及人类本应是属于宇宙的一分子的归属感。我们适应了技术在社会的自私表层给人们带来的好处与便利,忽略了人类的自我意识的存在。一种科学理性的生态伦理观,似乎不在意人们如何看待技术的存在,因为技术形态的表达,在本质上是无所谓善恶的。人类的生存似乎取决于对意识的判读——睿智或愚昧——(科学技术哲学层面思考)它们是人类本真的意识表达,还是接受外界的刺激而发生的改变?在后工业化时代,这也构成了技术的范式进化对人类农业行为观念层面的影响,人们需要在技术—意识的双向影响中,逐渐清晰地了解人类自身的自我意识是什么,或者其表达应该是什么。因为农业行为范式,最有可能在人类的日常生存行为中使人类意识到自身与生态系统的关系。

### 4.4.1 农业工业化与器具范式的互相作用

当人们回溯技术化进程时,不难发现,农业工业化的典型标志之一就是拖拉机等大型机械的使用。从此,"'机械化'一词便成为一个流行的概念"(特雷弗·I.威廉斯,技术史,第六卷,2004,203),或许从此刻开始,人们习惯于将技术等同于机械,将农业工业化等同于机械的应用。不可否认,技术的社会影响的表达之一就是机械的应用,这些机械设备节约了社会的大量劳动时间与劳动人口的耗用;而这一切几乎是农业工业化的一个缩影。表面上看,技术设备似乎可以等同于器具表达,科学技术的一大成就便是技术设备的出现,并且机械设备也是人类科学思维与人类行为相连接的媒介之一。但是,我们在研究农业工业化与技术(器具范式)的互相作用的时候,不仅要看机械设备对农业的影响,更要关注隐藏在技术外在形态背后的思维(或者技术思维范式)。这一方面是因为"工程和化学技术的新发展……都在某些情况下支配着农村生产真正目的的改变"(特雷弗·I.威廉斯,技术史,第六卷,2004,181),另一方面,现代科学技术的知识体系不断完善,观念体系不断更新,它们也都在一个侧面改变着农业生产的方式与目的,例如,“随着对生物学过程控制的逐步加强,人类也必须增强对这些生物学过程周围自然环境的控制”(特雷弗·I.威廉斯,技术史,第六卷,2004,190)。这主要是因为科学技术的每一层态结构都与人类社会—生存的其他方面层次与形态结构发生联系。

在当代,随着环境意识以及全球变化意识的渗入,农业技术进化进程中的器具范式也在逐步演进为真正意义上的技术哲学范式:技术+思维。这是一种更真实的器具范式表达。因为科学技术本身就是人类的一种思维体系,技术器具的制造及其应用在本质上也是人类意识的反映。例如,科学家对植物的研究,就使得这一农业行为的客体,复合了技术+思维的路线,进而正在转移出传统农业行为的范畴。在植物合成生物学范畴,植物正在进入可替代能源领域,它已经远离了农业在维持生存意义上的技术存在。尽管在植物栽培层面仍然属于农业技术范畴,但是科学对于植物的生物学认知的思维定式已经出现改变。科学家认为,“(植物)直接利用二氧化碳和阳光产生多种有机化合物的能力,(使植物栽培)是未来化学工业和材料发展的一条显著的可替代路径”(Fesenko et al, 2014)。这种思路是对工业化进程对于人类永续发展发生阻碍的忧虑引发的。工业化带来的技术思维范式转换的后果之一就是伴随着科学技术的生态消耗性进化,农业的工业化内涵逐步延伸至工业化进程的其他领域。农业行为的技术化范式的不断进化,在寻求可替代性技术范式层面,将进一步加剧工业化进程中相关技术领域的错位发展。例如,生质能源技术作为矿物能源的生物可替代性资源,既是化学工业,又是生物技术—能源技术;但是根本上却是以农业植物栽培技术为存在基础。农业技术的整体范式结构将继续面临来自公众、社会、经济、政治、信仰和哲学(生态伦理)的纠问与质疑。在生质能源的原料作物的栽培上,一方面,技术领域乐见的是对矿物能源的替代,经济领域则抓住了巨大的商业利润,发达国家的农业人口也因此获利;另一方面,在世界贫困地区,人口的饥饿问题仍是一个难题。如果说后工业化时代,技术范式追求的是人类生活质的提升,那么对于贫困地区和人口来说,生活质量的提高能否吸收人口的饥饿状态的存在,这仍然是摆在全人类面前的现实的伦理问题。

人类农业行为的不断完善，已经使人类清楚地意识到生态关注与技术进化之间的关系。没有良好的生态环境，就不会有健康的农业生产，人类是否还能够健康地存活将成为科学技术进化的首要关注。在这个意义上，技术的器具范式的影响，可以激起人类更多的关于生态修复与恢复的思考。站在农业行为的技术化的角度看，人类只要持续生存一天，就不存在严格意义上的生态维持。因为农业行为的本质，就是人类对于土地以及其他生态要素的不断开垦与利用。生态的维持，尤其是原生态的维持，似乎只能存在于人们的主观幻想之中（这并不否认生态保护意识的积极作用）。因此，农业行为范式下的生态维持，更主要的是以科学技术思维范式的不断完善而形成的对技术体系的理性规划与使用。这也包括恢复生态学的大部分研究领域；有科学研究表明，"气候变化与土地利用被认为是过去和将来的陆地生物多样性变化的主要驱动因素"（Ay et al, 2014）。在这个科学假设之下，农业的健康存在与发展的前提就是：生态健康的恢复与保持。农业技术的未来发展势必进一步融合跨领域的思维范式、技术范式的演进与技术模型、伦理约束、政策框架的合作。

在农业工业化的进程中，农业行为的伦理评判及其结果，向技术范式的进化规定输入了更多的关于人类生存质量的理念与现实需求。如果说在前工业化—工业化时代，技术形态的器具范式解决的更多的是生产效率的话，那么在后工业化时代，技术范式的主要目标则转移到了人类的存在的质的规定（也包括器具及其范式意义的进化），并且对人类的技术行为提出了适合生态修复的规定（标准）。我们可以将技术层级比作金字塔结构，农业技术行为处于下端。在后工业化时代，人类社会需要重视基础性技术的研究与应用，而不仅仅是技术层级的顶端才能被社会视为技术的表达。随着生物技术的介入，农业行为已经显现出技术的尖端性与伦理争论的尖锐性。这些都反映了社会中人们对于生存质量的关注。这类关注的核心是生态关系的良性运行与生态修复的伦理合理性认知。

器具形态是人们习惯认可的技术的形态，技术的进化借助器具的形态演进，在很大程度上实现了农业的工业化。农业工业化的结果，使社会结构的总的生存状态有了很大改善，并且是人类有史以来最完善的生存状态。在当代，新技术及其范式的引入，加深了农业工业化的社会影响效果，扩大了农业行为的技术影响范围。农业技术行为在不断提高人类日常生活质量的同时，也对生活质量的界定产生了需要进一步约束的客观要求——环境影响——否则人类的技术发展将使人类自食其果。工业化的进程与技术元素的导入，使人们传统视野中的农业行为的表现也出现变化。农业行为的实施者不再是原始意义上的某一地域的原住民，行为实施的形态也不止于对土地的耕种、作物的收获等。大量技术模型的研究与实验也成了农业生产活动的形态之一。科研人员的一部分也成了农业行为的发起者与承担者，甚至部分哲学家也在一定程度上承担了本质上属于农业活动的工作。生态意识通过农业工业化进程，让公众"看得见摸得着了"。这些都在一定程度上扩大了生态意识的存在基础，具有相当重要的科学研究与社会生活的现实意义。与此同时，在事关人类整体生存质量的思考中，生态意识的现实性也逐渐凸显，它对生态伦理学的其他理念提出了一定的挑战，甚至质疑，如素食主义与人类饮食营养科学的研究及建议。更进一步，科学技术使当代农业生产高速发展引起了生物种群的衰落、气候变化、水体污染等环境与生态问题，这在技术伦理学上引发了新的观念认识，即提高人类生存质量与其他物种的生存质量的关系。例如，农业生产中的被饲养动物的权利问题。食品技术的进步，使公众必须关注食品生产原料的生态—生物安全性问题，又使农业的生产范式/模式出现了新的变化。

事实上，在技术进步的许多领域，以及社会生活的许多方面，农业工业化的表达也是多种多样的，其与科学技术的交叉形态日趋复杂。概括地说，工业化促进了器具(范式)的进步，农业工业化则丰富了技术范式的内容，使器具范式与思维范式成为有机体。农业工业化在另一方面，向人类清楚地挑明了生态意识与人类生存之间的关联作用，人类的农业行为也由此被加重了生态伦理表达的色彩。

### 4.4.2　"餐桌"范式的淡出

"餐桌的文化"是阿尔伯特·伯格曼技术哲学体系的聚焦实践之一，他所指的聚焦物是餐桌，具体行为是一顿日常用餐的准备与享用过程。伯格曼借用聚焦实践的概念来论证聚焦物及其周边的存在与影响。在这里，我们将阿尔伯特·伯格曼的概念引申为一种范式结构——餐桌范式，以此来论述人类农业行为的一种周边存在的状态。

众所周知,人类农业生产的一个目的与结果就是饮食;至于是否拥有餐桌,并不影响饮食作为农业的一种周边存在的意义。因此我们也可以将餐桌范式的核心规定为食物。对生物体来说,食物的核心功能是营养的摄入。在人类社会中,食物及其周边的意义体现了社会阶层的级差表达,"上层阶级享用得起野味,尤其偏爱野兔和歌鸫……富人尽情享用母羊肉、羔羊肉和更加珍贵的鱼类,如鳗鲡"(查尔斯·辛格等,技术史,第二卷,2004,87)。德国人类学家约翰内斯(Johannes Boëmus)记录了一份1520年德国农民的食谱:"黑面包、煮豆或煮豌豆,喝水或乳清"(查尔斯·辛格等,技术史,第二卷,2004,91)。很多时候,肉类被视作美食,但是"肉只有在献祭时才可以免费享用。这表明肉在频繁的宗教仪式上的作用反倒比作为一种普通消费品更为重要"(查尔斯·辛格等,技术史,第二卷,2004,87)。这在世界各国的宗教仪式中很常见,饮食的挑选被当作一种社会与身份意识层级的表达。

在现代商品社会中,人们在日常生活中饮用牛奶,为的是补充人体所必需的营养,没有人会把对牛奶的偏好或者饮用当作对一个人品行的评价。而在古代,"从荷马时代起,饮用牛奶就被指斥为放纵",而酒则成了主要的饮料,"饮用时掺1—3倍的水"(查尔斯·辛格等,技术史,第二卷,2004,87)。这与现代社会对酒精类饮料的普遍管制大相径庭。"天使每天只需要吃一次饭,凡人两次,野兽三次或更多"(查尔斯·辛格等,技术史,第二卷,2004,89)。这是流传于中世纪的一条谚语,它在一个侧面映射了当时人们的饮食观念,与同时期的富裕阶层相比,普通人的日常饮食相当简朴。与此类似的文化适应现象还有与葡萄种植、葡萄酒酿造有关的饮食流传:"与葡萄酒一起流传的不仅有运酒、贮酒、调酒的容器,还有与饮酒有关的各种仪式……以致古语云:'应将拉丁文化的存在归功于凯尔特人的口渴'"(查尔斯·辛格等,技术史,第二卷,2004,94)。诸多历史事实似乎证明,人们围绕餐桌的行为产生了多种社会、道德、情感等信息的交流,或者在一定程度上解读,饮食习惯也标志了个体的道德境界及生活习惯。

在现代社会,商品化的力量已经渗透到人们的日常饮食活动中。至少相当早的一段时期,人们的一日三餐的地点仍是家庭。围绕着饮食展开的一系列活动成了家庭活动中相当重要而富有情趣的行为。而现在,人们为了适应工业化的结构,以及商品化的生活消费观念,似乎已经没有时间回到家里来准备一顿饭。人们更多地将时间花在了社会生活的其他方面。这可能是由于工作的紧张而使得人们无力去准备一顿晚餐。家庭似乎已经成了宾馆的异体结构,家庭的主要功能似乎仅仅保留了起居。保罗·汤普森认为,这样的生活使我们降低了自持力,缺失了对维持我们生活的知识的了解(Thompson, 2010b, 122)。在人们的生活传统上,家庭成员围坐在餐桌边,除了用餐之外,或许更重要的是人们之间的信息交流,通过交流起到了情感等主观感受的沟通与共享。这是一种古老的道德感的感知传递。在技术社会中,信息与情感的交流更多地通过技术器具来实现,如移动通信终端等。这在人的基本行为形态上使社会中的个体行为逐渐带有技术化的印记。在下班之后,人们可以在咖啡馆、酒吧、餐馆等处使用技术设备,进行以往只能在家庭处所中完成的交流,甚至可以随时随地进行交流。

更多的证据表明,人们越来越依赖于技术终端,如电脑、手机等,人们的行为规范也逐渐受制于技术商品化规范的制定与改变。技术终端设备的功能决定了可供人们进行交流的方式、形态,甚至内容。应用程序的不断更新则要求人们不断埋单于技术的升级换代。这也在一定程度上成了当下人们交流的规范与形态。技术范式的进化使得人类社会中的群体与个体的信息占有差距逐渐缩小,信息量只存在于人的生理极限中;在信息传递层面的全球时空隔阂消失。信息传递的技术化使人们逐渐丧失了亲身体验外界的行为范式(感)。人们对于外界的感知逐渐变为一种纯逻辑的思维活动,而在一定程度上缺失了感性认知的色彩。人们可以不用见面,通过技术终端传递来自大脑的思维结果。但是人类在生存的本质上,仍然具有需要切身感受自然环境的冲动,毕竟人类是从自然界走出来的。人作为生物体具有的触摸自然界的感知能力,这对于理性看待人与自然界的关系是十分重要的。人类能否长久适应技术建构的社会规则,这在伦理学层面是值得争论和研究的,特别是在技术层面的伦理判读。

家庭生活中的餐桌范式在工业化/技术化的社会生活中逐渐淡出,这是事实,至少已经缺失了其原先所拥有的情感交流与聚焦实践的意义。这种变化,表面上看,是一类信息传递的变化;在思维上则反映了人类认知模式的改变。阿尔伯特·伯格曼将信息类型分为技术的、文化的和自然的三种形态,他呼唤在三者之间谋求平衡。伯格曼认为，技术的信息形态会逐渐取代其余两种形态的信息的传递；这将不利于人类去理解周围环境复杂程度的表达。在他看来，现代社会的信息概念，应该是人类历史与环境的连接，“自然的信息是关于现实存在的信息，它本身就是代表着其他存在的自然界的一部分”（Hongladarom，2004）。由技术形态取代心理学意义的感知手段，这对人类对于生态系统的认知究竟会产生什么样的影响，将是科学技术进化带给人类认知科学的一个难题，也是一次考验。同时，餐桌范式的淡出，也在人类的心灵深处考验着人类对于宇宙的敬畏之情能够持续多久。

人们对于餐桌范式的思考与追问，并不是否定技术进化的成就，而是意在加深人类对于科学理性的认知；以求得在技术与生态之间动态平衡的维持，它是物理学的过程，也是生态学的过程，更是思维的过程。只有人类思维过程不断趋于理性，人类—宇宙的关系才有可能获得良性维持，可以说，人类科学的使命就是对这一过程的认知。

## 4.5 农业行为的管理功能与生态伦理

自从人类开始谋求自身物种生存的那一刻开始，人类就在不断地改变地球及其生态环境。从人类行为角度分析，生存行为始于搜寻——“搜寻活动促进了人类对采集来的植物进行繁殖的技术的发展，进而农业得到发展……依靠采集种子生活的北派尤特人使山间小溪改道，挖沟使融化的雪水在斜坡上漫灌，促进野草的生长”（查尔斯·辛格等，技术史，第一卷，2004，102）。技术的使用不仅在人类活动的地域和方式上产生着影响与改变，而且在生态学意义上也存在着基于人类选择的某种改变。例如，物种的性状表达，“现代根茎蔬菜（如胡萝卜、焦青甘蓝）的野生祖先是没有汁的”（查尔斯·辛格等，技术史，第一卷，2004，239）；人类的农业活动，究其根本来说，必定是以改变自然生态状况为目的和方式。虽然在哲学上，人们可以将这类活动视作人类生存所必需的行为，但是站在生态学的角度，人类的农业行为对于自然界造成了一定甚至是相当严重的影响，也是不争的事实。

随着现代科学技术的大量应用，现代化的农业生产行为对于生态环境的影响越来越显著。有数据显示:“在美国,每生产1 000焦耳能量的水果与蔬菜需要投入2 000焦耳的石油能,生产1 000焦耳能量的动物蛋白需要投入$20\times10^3$—$30\times10^3$焦耳的石油能。如果按这个标准估算,全世界都采用美国的生产方式与营养水平,每年将消耗掉6万亿升以上的石油,而目前探明的全球石油储量只能供世界人口使用10年”(陈阜,2014)。在传统意义上,农业活动对地表土壤、水源、河流、物种入侵、圈养动物的性状表达遗传等产生影响。在现代科学技术意义上,技术的介入进一步加剧了物理影响的范围与深度,同时还造成了更为严重的生物、化学影响,如化肥、农药、活性氮转移等。随着生物技术的发展,农业行为的影响随之表现为物种DNA的特征表达、基因漂移等。科学研究表明,人类在获得生存的同时,也在集聚地改变着生态自然。在另一个哲学思维的视角下,这是人类与生态系统关系的一种表达。

在一般意义上理解,只要论及生态意识或者人类与自然界关系的时候,人们总会回避“人类对于自然界的管理”这样的概念或者意识。因为在人们看来,自然界万物与人类一样,是平等的,都具有相应的权利。所以,一种“管理”的意识,似乎是与尊重自然权利相违背的理念。无可否认,这样的理念,尤其是将其置于哲学思维框架内,是有相当多合理性因素的。在科学理性成为人类发展主导的时代,对自然权利的肯定,在一定程度上,有助于抑制人类主观性的肆意盲动。对于生态维持来说,这尤其具有重要的实践意义。在科学技术研发的过程中,科学家需要注意技术结果的生态学意义的结果。某类对于环境(或者生态,乃至宇宙)产生影响的行为及其结果,似乎都将合理地受到人类社会的质疑,以及在科学技术层面务必审慎而行的压力。极端一点说,有些科学技术甚至遭受“最好致其消失”的境遇,如核技术。围绕核战争威胁、核电站事故等而引发的对于核泄漏、放射性污染及放射性元素半衰期的担忧,人们已经在某些应用领域终止了核技术的商业化应用,如核电站。而在另一边,当人类的生存难题与环境问题同时出现的时候,人们该如何取舍呢?人类是否应该勇于担当而自取灭亡呢?(而不像自然界其他物种那样,是由于不可控的外力致其灭绝。)人们也许会问:这是否有点危言耸听?答案则是:或许是,或许不是——取决于人类对待农业行为的观点。有科学研究预测,到2050年或者更远一点的时间,传统农业的生产将无法满足人类的饮食需求,“全球农业正面临前所未有的挑战与风险。自从20世纪

80 年代开始，全球农业的产量增速率持续降低，有些地区甚至停滞不前。与此同时，农业造成了巨大的环境成本（消耗），包括温室气体的排放，生态多样性的损失，以及土地与淡水资源的退化。这些挑战在未来将持续增加，因为，在气候变化以及日益激烈的土地、水、劳动力与能源的竞争压力下，到 2050 年，全球食物需求很可能翻一番”(Chen et al, 2014)。如果不考虑技术生存行为对环境成本降低的需求，人类将有可能面临饥荒，甚至由此导致的物种大量死亡的风险。虽然目前尚无确定结论支持这种猜测，但是它仍然向哲学家提出了一个相当严峻的伦理问题：为了持续生存，人类该怎么办？表面看起来，这很简单，但是结合技术的进化与生态关系的认知，就显得有些难以取舍了。

以目前的科学技术水平，科学家能够想到的就是依靠生物技术（如转基因技术）等，来增加农业生产的作物产量和提高其质量。虽然这很可能并非是最佳选择，但至少目前尚无其他更好的技术方法可供选择。同时，生物技术的应用也引发了生态伦理层面的广泛争论与质疑。可以认为，在农耕时代，或者说在生态学出现之前，人类的农业活动并未和生态关系发生理性认知意义的关联；而在当代，农业生产已经深深卷入人类与生态系统的联系与矛盾之中。从另一个角度看，生态关系的认知与农业生产行为是一对共生物。当人们在争论现代科学技术对环境的影响时，人们也应该充分意识到，人类的农业行为是人对生态关系认知的第一动因及其得以存在的基础。

### 4.5.1 农业行为的管理属性

人类自从获得普遍意义上的存在以来，就一直处在人类—生态关系的复合框架及其效应之下。人类作为物种之一，无论在生态学/生物学，还是文化—社会建构意义中，一直行使着管理权力。尽管在有些时候人们不愿意承认这一点，尤其在生态意识的范畴内。但在事实上，仅从人类的食物获取方面看，农业生产一直在消耗着自然，同时也在改变着自然。这种改变，在生态学上，实际上是一种对其他物种的人工管理。在传统农业理念或者较早期的农业生产行为中，人类对于土地的观念认知表现为：一方面，人类在土地上的耕种行为是为了自身的繁衍；另一方面，早期的农业理念中，渗透着宗教的神圣理念——“一种宗教职责，保护和培育上帝创造物的美丽与完整”(Thompson, 1995, 72)。在人类社会的进化过程中,人们的社会分工出现了变化,农业行为的施行者历史地被视为"土地的当然的管理者"(Thompson, 1995, 73)。在阶级社会中,农业行为的参与者被划分为两个层级:一是具体人类劳动的实施者;二是对农业行为施行社会管理的行为主体。前者一般被称作农民;而后者则没有特定的指称,但它具有国家或者社会群体意志的属性。在自然的本质意义上理解,农业行为的管理行为(功能),显然地具有现代生态学意义的表达。人类作为管理者、行为的主体,对于行为客体的作用表现为"土壤、水、植物和动物在农民监护之下的照料"(Thompson, 1995, 73),而且长久以来,此类照料都遵循着生态规律。这种对于自然之神的尊敬达到了敬畏与膜拜的程度,它有别于现代科学主义盛行的思维范式。尽管人类农业行为的管理功能,在很大程度上被赋予社会建构的属性,但是其管理的根本属性则是生态学和伦理学的,正如前面几节所论述的那样,农业行为的管理活动,在根本上是人类与生态系统关系的认知过程及需求。即使考虑到社会(国家意志)的主动干预或者强制性等因素,农业管理的生态学—伦理学属性也依然非常明显(农业行为的生态/伦理管理),且无法突破。

农业生产活动的物质载体,长久以来一直被人类定位于土地,所以生态学被视作"一般意义上的土地伦理进化不可或缺的要素"(Rozzi et al, 2015, Vii)。在当代,人类的农业行为必须要照顾到生态学层面的关注,例如,生物多样性;并且,在技术渗透不断被重视的科学技术思维范式下,人类对于生态系统的管理也要考虑到技术与文化的合作。有科学研究表明,不同地区的人们,由于其文化、习俗的差异,对待生态的认知与理解也有所不同;同时,人们从事农业活动时的行为动机也有较大差异。在工业化和经济社会的运行机制下,农业从业人口更多地出于自身需求而实施一定的行为。这在客观上起到了生态管理的作用,而这个"自身需求"可能是受经济利益驱使,也可能是受约定习俗的影响。很多时候,居住在乡村的人们的习惯势力会与社会整体工业化布局产生冲突;但是人们似乎并不了解源自乡村的习惯有时候在某些方面对生态系统的状态也会产生一定影响。有研究显示,人们在争论电力公司的高压输电线路的铺设方案时,没有注意到(或者意识到)他们所坚持的方案可能对生态多样性造成损害。当地人们要求电力公司采取埋设的方案,而生态学家经过评估认为,埋设方案会对当地生态多样性产生较大威胁。当地居民显然没有意识到这一点,而过多地注意到了地貌景色的保持(Orenstein et al, 2015, 291)。这是一种基于对土地热爱的伦理情怀,其内含着生态多样性的表达。在一个侧面,生态多样性是文化类型的反射。

农业行为的范围已经不仅仅局限于对土地的活动,其范围已经扩大到水体、海洋、大气等多种类型的生态存在。在不同地理区域,人们对这些自然存在有着各自的了解与情感,这其中也包括一些宗教习俗等因素。在农业的生态管理框架内,综合了社会的要素之后,生态管理功能要考虑以下方面的主观性内容:

(1) 居住在乡村的人们对于生态学的伦理意识层次普遍较低,缺乏对于生态系统维持的科学理解与习惯认知。没有注意到良性生态运行与经济良性运行之间的关系,以及与人类—社会永续生存的关系。

(2) 对土地等自然生态要素的价值认知(情感认同)存在模糊之处,甚至全然不知。某些情感受制于宗教以及传统文化的约束;对于农业活动的理解,仅仅局限于生产性活动、日常生活与经济—政治活动范畴。

(3) 农业人口对个体生存条件与环境维持之间的利害关系认知不清,甚至本末倒置。在过度追求个体生存质量的同时,有可能极大地损害环境的生态维持状态。

(4) 农业的管理行为认知范围局限于经济利益的获取,没有充分意识到农业行为对生态多样性维持的作用;而生态多样性是生态维持的一个重要指标。

这些主观性内容,在一定程度上,决定了人群对于土地的感情连接;在更广泛的意义上,人们的主观情感等因素影响着对于生态意识的解读。在行为的哲学认知上,人们经常意识到一种现象的存在,认可(或者意识到)某种理念,但是在行为上却做不到。这说明,社会在对生态系统进行管理的时候,应该注意到不同人群的文化背景中的要素与人们行为之间悖论关系的存在(这在科学技术风险的认知中表现得很突出)。

社会的运行,不可避免地使自然界的要素存在及其功能表达受制于人的思维运行与其结果的表达。在与农业有关的行为中,不同程度地存在着对自然生态系统种群分布、物种多样、生境状态、生态灾难的发生、生态功能(生产能力)等产生影响。有科学研究表明,人类的社会生活对于生物多样性产生影响：在亚巴拉河谷(Wadi Araba)靠近以色列的一侧，金合欢树(acacia)的种子传播依靠野生食草动物，因为那里没有牧羊人的活动；而在约旦一侧，由于大量食草动物被人类猎杀，金合欢树的种子传播依靠当地农民圈养的食草动物来完成。这表明了“文化的多样性对生物多样性产生直接影响”(Orenstein et al，2015，290-292)。生物多样性的表达与维持，在野生状态和人工环境下存在差异。这也说明人类农业行为对于生物多样性的维持存在潜在的干扰，农业生产行为需要的圈养动物，在物种丰富度上，存在相对单一的情况；这种人工圈养动物种类的单一性，干扰了自然界动物物种多样性，由此进一步引起了植物物种的种群扰动。例如，在上述研究中，如果野生食草动物的种类较多，对金合欢树等不同植物的种子传播能够起到多样性互补的作用；而在人工圈养环境下，相对单一的动物种类的食物成分相对稳定，导致了植物种子传播的单一性。在不考虑昆虫、鸟类传播植物种子的条件下，就比较容易发生物种的同质化表达或趋势。然而，在人类社会运行的另一方面，文化的多样性也导致了农业行为的多样性，例如，在干旱的沙漠地带，野生食草动物的种群稀少，人工饲养的食草动物数量、种类较多，这反而有利于生物多样性的维持。因此，深入研究人类文化的差异(多样性)有利于认知农业活动对自然界产生的影响，有助于维持自然界生态系统的良性运行，即文化的多样性可以防止生态多样性与生态文化多样性走向同质化。

现代化的农业行为方式对生态系统的影响日益加重，在人类面临全球性食物生产的压力和科学技术思维范式进化的共同作用下，有关农业行为的工业化形态及其相关生产形态的研究正在加紧进行。技术的应用旨在改善人类食物获取的有效性和人类饮食健康标准的提升。随着工业化社会的演进，社会人口的结构性分化，使得提高生产效率成为单项选择权。在这类建构性选择之下，人类农业行为的方式对生态系统的影响正逐渐加大。由于生态系统的特点之一就是共生——互相依存、互相影响，因此，生态学的研究结果往往揭示出因为单一行为而发生的一系列变化；而当这种变化出现在农业的行为方式中时，就使得农业行为的生态管理行为的表达获得了技术—社会的整合形态的表露。这可以被看作人类农业行为对生态系统互相影响的一个特征性表露。这类工业化的范式思维强调“效率优先”，由此产生的生态问题也随着“效率优先”表达而明显。农业生产的集约化形态，对生态系统的影响就非常显著。仅在生物多样性的问题上，科学研究证实了生物多样性的变化与农业集约化程度成反比——农业生产集约化程度越高的地区，生物多样性的水平下降越厉害。在对苏格兰进行30年的研究发现，空中无脊椎动物的丰富度与该地区反映农业集约化程度的变量呈负相关联系，这暗示了农业活动最密集区域（如欧盟国家）的节肢动物种群数量最低。与此同时，农田中鸟类种群的数量变化与节肢动物的种群变化量成正相关关系。生物技术的应用则被认为有助于抵消此类生态负面效应（Ammann，2005）。此项研究在一个侧面揭示了一个技术思维范式的悖论表达：技术的应用造成了生态的负面扰动；与此同时，技术的应用也成为降低人工扰动的有效手段。人类社会对于技术的依赖与研究，要充分认知技术的双面性，即技术一方面造成了生态的问题；另一方面又有可能解决了造成生态问题的原因。这在人类的农业生产活动中集中地表现了出来，特别是在农业工业化的过程中。这个问题的伦理学意义就是人类的生存意义与生态系统的原始存在意义的博弈，但是这种对抗形式表现为技术的形态，以及对技术的认知过程——农业管理行为的技术—社会的整合性。

人类农业行为管理活动的国家意志色彩表现得比较突出，并且随着近30年来生物技术的发展及其在农业领域的应用而显得愈发与国家的科研实力发生紧密联系。人类技术史的考古研究证明，早在新石器时代，人类共同体面临的生存与发展的难题就是日益增长的人口的生存问题，而这一问题的唯一有效解决途径就是“侵占更多的土地用来耕种和放牧”（查尔斯·辛格等，技术史，第一卷，2004，29）。人类农业行为在其发展的早期阶段就具有日后所谓的国家意义的存在。后来的人类共同体为了获得更多的肥沃土地而展开了征服和占领，目的就是为了获得更多的社会生产的剩余。例如，公元前3500年以后，上埃及“猎鹰”部落首领“通过施加于这块肥沃土地上的巫术力量和他征服的权利，拥有了神明的权利：获得整个（尼罗河）流域食物生产的社会剩余。他对这里的征服保证了耕种者内部的和平，保护他们不受贝都因人的掠夺，而且组建了灌溉系统”，同样的社会变革也发生在美索不达米亚、印度河盆地流域（查尔斯·辛格等，技术史，第一卷，2004，32－33）。这印证了考古学的发现，国家的意志帮助社会共同体建立了最早的农业生产的技术设施——灌溉渠道。因此从技术的角度理解，人类农业行为对于自然生态的管理很早就具有了国家意志性。

为了推动技术的更新,国家参与农业技术的步伐也在加快。德国在19世纪初就"建立了农业学校和学院……在耕作法的改进方面所采取的措施是减少休耕农田的面积。1850年,休耕农田大约是耕地面积的15%,1883年降到7%左右,而在1913年,又降为2%……而且由于条件的好转、肥料的改进和选种法的应用,每英亩平均产量也比以前有较大提高"(查尔斯·辛格等,技术史,第五卷,2004,9)。这种早期的技术进步,以现在的技术观点看,实际上造成了生态(土地)的退化。现在的生物技术的应用就是要在占用较少土地的前提下提高单位面积的农作物产量。

无论如何,农业技术的演进还是反映了国家意志对待技术—生态认知的态度及其转变。人类技术革命的另一成果就是激发了公众对于科学技术的兴趣;随之而来的是公众对于技术结果认知的参与和评测。这进一步使农业的生态管理行为具备了更为广泛的公众基础,也使国家的农业与技术政策的决策具备了更多的协商民主色彩。

伴随着农业工业化的发展,以及生态学的发展和环境保护意识的增强,附加在农业行为上的生态破坏与生态恢复的特征越加明显。人类农业行为对环境的干扰,也必须经由农业的生态管理而有所抵消;只有如此,才能满足和维持人类整体永续生存的需求。在技术发展的早期,农业技术的应用以加大生态承载力,突破生态承载包线为结果,那么现代的技术应用将使农业生产技术的实施转变为对已经遭受破坏的生态环境的修复。在环境伦理学意义上,就是要赋予和突出农业行为的人工管理的生态修复意义。即使站在获取经济利益的立场看,对生态承载体进行适当的管理也是必要的,符合人类社会共同体的生态—生存现实主义的道德规范,以及技术伦理的要求。

当代占据科学技术制高点的发达国家,将人类农业行为及其技术体系转变为一种国家战略,这更加表明了农业行为的国家意志属性。

在传统农耕时代,不同地区的农业生产活动,基本受制于地理—自然条件,农业生产的产出也基本受到当地自然条件的约束。此时的人类社会共同体,或者城市、国家对于农业行为的强制管理,更多地体现在对农业生产剩余的占有与再分配。虽然国家也在农业技术的形态上对技术革新给予支持和鼓励,但是尚没有证据表明此类技术革新带有明确的生态学认知结果，或者某种生态影响预防层面的表达。

今天的农业技术形态已经明显具有生态威胁的预防表达，例如，关于基因污染、土壤退化等研究。农业技术的应用也被赋予更多的生态管理价值，农业技术的应用已经必须要考虑如何避免生态威胁的出现。单纯从提高产量角度考虑的思维，已经不能表达现代农业技术的进化目标。

在国家政策层面，"食物作为武器"的理念，一般意义上看，可以追溯到尼克松(Nixon)和福特(Ford)总统任内的美国农业部长布茨(Earl Butz)——布茨的观点是，美国政府可以通过饥荒而不是军事封锁迫使一个国家屈服，做到这一点仅仅需要停止供给谷物……他主张美国政府应该把粮食作为武器，将其应用于美国的双边外交政策中……布茨的理念建立在这样的基础上，美国农业生产继续主导未来的供不应求的世界谷物市场。美国农民的解决世界饥荒问题的同时变得富有，美国政府找到了一个主导世界关系的新的强权力量(Thompson，1992)。不难看出，农业行为在国家政策意义上具有重要地位和作用。虽然在美国对外政策上，它并没有达到在国家安全意义上对其他国家构成军事意义的威胁，但是从社会意义上，还是触发了农业从业人口与政策指向之间的伦理争论。从一个层面看，农业行为是解决全球饥荒和人口生存的唯一有效手段；而在另一方面，则受制于国家意志。而这些似乎都与人类共同的道德标准互相矛盾，同时也与人类对于生态关系的关注相违背。

在农业生物技术的应用中，掌握技术制高点的国家或者群体，在推广生物技术的同时，一方面有利于当地农业生产和生态维持的研究；另一方面也在一定程度上使得技术的接受方处于被动的技术胁迫地位。尽管目前没有明确证据证明这一点。这种技术的胁迫地位，将使农业生态管理行为的实施，直接或间接地受制于技术提供方的意志，这就有可能加入技术提供方所在国的国家意志的表达。

从人类和平利用科学技术的角度看，以国家意志推进农业行为的生态管理，有利于全人类共同应对生态威胁。因此，在未来的技术进化中，农业行为的生态管理的国家意志将会得到更大的体现；这也是全人类共同寻求社会层面永续生存的途径之一。

农业行为的生态管理具有很强的恢复生态学的范式表达或者意义存在。农业活动是一个复合体,综合了伦理学、生态学、经济学、社会—政治学、科学技术哲学等思维范式,其行为实施客体分散于自然生态和人类社会的许多领域。现代农业行为与生态意识紧密相连,相对于生态学来说,农业活动所体现的生态学与生态伦理学的应用特征更为突出。由于农业活动的范围几乎覆盖了地球表面所有的生态系统类型——土地、森林、草地、河流、海洋、湿地等,因此,农业行为既是人类对于生态系统的形态、功能、结构、环境、承载力、能量流动、物质循环等的利用,也是对这些要素或者生态系统实施的一种管理。这种生态管理行为的目的就是要恢复已经遭受破坏的生态环境,以及功能的表达。农业行为的生态管理功能在利用—干扰生态系统的同时,又要恢复生态系统的正常运行。这需要将农业行为与科学伦理认知紧密联系,并重新认知。现实地看,农业生态系统是人类参与的、有意识进行管理的生态系统,是自然生态系统在人类生存意识中的异化反映。深化对农业生态系统的恢复生态意义的认知,有助于在维持自然生态系统正常存在的条件下,满足人类自身的生存需求,进而实现人类整体的生态伦理的表达。

### 4.5.2　农业行为管理属性的生态基础

农业行为,或者说生物生产活动,虽然必须受到自然界物质、物种、生态、气候、季节等要素的支撑,但是如同人类从狩猎阶段向农业生产阶段过渡一样,最终仍由人类的社会结构来决定。因此,社会对农业行为生态基础的认知就不能单纯地以生态学意义来主导。农业行为的生态基础是聚合体,它是自然—生存—社会—永续生存需求的组合体,其内涵涉及人类的生存利益、社会群体利益、经济利益、人类与自然界的关系、社会的生态伦理意识、生态整体意识、社会效率、对现有生态圈层关系的扩展等方面,其根本节点是关于人类的生态—社会意义的界定。

人类行为,无论在生态学还是社会意义上的根本表达是人类劳动;在现代社会中,可以转译为工作,尤其是在工业化的社会生活中。人们在社会生活形态中,工作或者职业的行为体现着人群在特定共同体中的存在,包括个体的表达。保罗·汤普森认为,“工作(劳动)深化和塑造了自我,赋予其唯一真实的身份。劳动是人们认清自我的关键行为”(Thompson, 1995, 79)。人类农业行为首先应该定位于：人作为社会动物，个体是社会群体中的物种代表。因此，农业行为的管理是一种“完全与食物和纤维商品生产中的农民利益紧密关联的生态学的义务”（Thompson，1995，77）。这就引申出农业行为管理基础的核心应该是人类的整体利益—义务——社会整体目标（利益）。在这个利益—义务框架下，人类必须照顾到生态系统内其他物种的权利和处境，理性认知生态系统内的成员关系及其生态占位。

在农业生态管理范畴中，管理目标与管理实施的基础是一对互为因果的命题。在其他科学范畴的生态关照理念中，目标的最终达成依赖于良好的科学技术行为的实施基础。而在农业生产行为中，目标和基础常常互为因果关系。可以认为，在生态关系的认知上，结果即是原因，目标即是基础。因为生态关系的要求是尽可能地维持原有的生态系统状态，这是科学的目的。以人类目前的思维水平和科学技术的实现能力，尚无法建构出一套超越现存生态体系的生态理解和实际操作程序。在生态恢复的领域，人类如果能够实现原生态的景观型恢复就已经非常了不起，而现实的情况是人类的生态恢复在功能性复原问题上面临巨大挑战。在农业生态管理的实践中，人们要充分意识到生态基础建设的重要性，只有在良好的生态—社会基础上才能谈及人类的永续生存与发展。

生物技术的发展，使得农业行为中的动物伦理认知成为农业管理的基础之一。动物伦理虽然早有争论和研究，但在重组基因技术大量应用之前，很少在农业技术性生产领域引起重视。动物与人类的关系是一个古老的物种间的相处过程，也是一个人人熟知的话题。但在现代化农业生产领域，以及由此延展至诸如医学制药等领域的动物权利问题，却映射了技术范式及其应用与人类与自然界，包括与动物的关系。由于在一般意义上，动物的情感、行为等和人类的对应方面具有一定程度的相似，或者具有对等反应的关联表达，因此人们对于动物在技术环境下的遭遇往往有感同身受的效果。这进一步有利于农业生产领域的动物伦理问题的追问与思索。这并不是说，在其他领域，技术的存在表达不明显。事实上，在诸如化学品残留、农药在人体中的残留及其毒理研究早已开始。技术的进步使农业生产形态逐渐被强烈人工改造的意志所吸收，有时，人们甚至忽略了技术的应用应该在合理的生态管理之下。人类生存的延续、农业的进化，更加需要发挥技术伦理范式的功能。只有在满足、同时也关照利于生态系统维持的伦理框架,技术的应用才会有利于人类的永续生存与发展。

概括地说,在科学技术哲学思维范式下,人类农业行为的管理依附于它的哲学定位和认知深度而具有自然—技术—社会“三位一体”的管理层面的生态基础。只有具备了这样的生态基础,人类的农业行为才有可能发挥对于自然生态系统的干扰—管理—恢复功能。

### 4.5.3　农业行为管理功能的缺陷

一般认为,技术化的农业生产行为的社会关系联结包括经济关系、生产实体、生产者个体、技术研发实体、政策决策层、媒介传播与公众等层面。这容易导致农业管理层面的利益分层过多,利益共同体的获利动机差异较大,再加上技术—资本的纠结和公众意识的参与,时常会引起农业生态管理的缺陷。在生态管理层面,这种缺陷表象上以经济利益和生态利益的对抗为图像,其实质则是技术化生活的逐利本质的表达。工业化社会中,资本运作的逐利结果,一直是工业化社会对生态维持的一种障碍和思维痼疾。当公众认为技术的研发只是为了获取超额商业利润的时候,就会严重质疑科学技术对于环境问题的贡献及动机(技术与伦理问题将在第5章展开论述)。

在现代社会,农业的行为主体与身份认同,也成为农业管理功能的缺陷表达之一。传统意义上的农业及其行为主体,一般认为是依附于土地的耕作者。他们获得了人类社会的严格的身份认同,从而被标注为“农民”。历史上,这些人群由于社会发展阶段的因素,先天地缺乏良好的受教育机会。农民关于土地,以及自然界的知识获取,主要是经验的积累,缺乏科学理性思维的预见性思维活动。这种思维活动对于满足处在原始生产力阶段的人类社会的需求是可以的,至少历史证明了农耕时代人类社会的进步,但也留下了巨额的生态债务:很多历史上的肥沃之地,由于人类农业的过度利用已演变成荒芜之地。

农业工业化时代之后,由于农业机械的大量应用和先进科学技术的使用,人类农业行为的效率得到大幅度提升。在社会建构的另一层面,职业部门的划分使农业行为的主体身份认定也出现了新趋势。在科学技术范畴中,技术可能因为应用部门不同而出现技术的分类,例如,人工肥料的大部分来自化学工业部门,但是在产业划分上,也可以将其归类为农业部门。在很多涉及农业领域的技术研发和制造部门，这里的从业人口虽然不再直接从事传统农业意义上的田间劳动、动物圈养、植物种植、水产养殖等，但他们的工作任务就是生产技术形态的农业产品，例如，农业机械化设备、化肥等。而生物技术的许多工作则由科学家或者研究人员在实验室里完成，例如，转基因和种苗培养等。伴随科学技术对农业行为的渗透，许多在人们认知习惯中处于传统农业活动之外的“白领工作”，实际上也是农业行为的职业部门之一。这就为人类农业行为在工业化社会里的定位提出了新问题：农业能否作为职业部门。

在人类社会结构的进化史上，农业行为常常带有宗教色彩、世俗政权色彩、身份固定色彩等，而且在实际社会生活中，农业或者农民的含义与指代也是不确定的。

在工业化时代，传统概念上的“农民”已经远不能等同于作为一个社会部门的农业的生产者。如前所述，大量科学技术、教育等部门的从业人员也成为农业行为的职业构成和支撑者。农民作为土地的直接耕作者，是整个农业活动的最后的也是关键的转化节点。但是，农民的耕作方式和生产形态，也越来越受到技术的影响，而在表象上看起来已经“不像是农民”了。例如，机械化的耕种过程由电脑精确控制，人工只需要检测和应急干预。可以认为，此时的“农民”具有的是社会分工的色彩，或者说是职业部门的定位，而偏离了人身的依附表达和身份限定。这样一来，传统意义上的农民犹如不同岗位的技术人员一样，在特定的职业结构中发挥着作用。

同理，环境保护部门作为明确的职能分类，行使着维持和保护生态环境的职责。但是作为两类职业部门的追求又存在差异。一方面，农业部门要求人工的社会生产效率成倍提升，创造更多的社会剩余来支撑社会的其他从业人口；另一方面，环境保护部门要求技术的应用不应造成对环境的胁迫。二者在技术时代有时是难以调和的，甚至是互相对立的。农业部门和环境保护部门是否共享对等的生态意识将是农业行为发挥生态管理功能的重要保证。仅仅依靠向土地的耕作者施加环境保护理念和执行压力是无法从根本上发挥农业行为的生态管理功能。

从技术生产效率看，农业行为的生态维持在很大程度上取决于人工效率和生态效率之间的平衡与取舍，或者说在一定程度上是一种生态伦理学意义上的取舍。在社会整体生产效率的提高上,技术的作用毋庸置疑,也因为技术效率的提升是实时的,而更容易获得社会和公众的认可与接受。生态维持带来的利益与效率提升是滞后的,甚至是不确定的,这也成为技术进化中生产实体难以接受生态友好型技术的原因之一。在公众的科学技术素养尚不全面的社会背景下,公众对于生态维持的效费比的认知存在不足。这如同中国传统医学与西医的差异一样,西医的"药到病除"的"即视感"与中医的长期调养在人们的效率认同上存在巨大分歧。人的寿命有时间限制,因此能否在短期内减轻痛苦是可以理解的选择。但是在生态效率的认知上,却有所不同,原因在于生态系统的存在与延续是一个相对而言的漫长过程,任何过度追求短期社会生产效率的技术行为仍然有机会与追求长远生态效率的思维进行沟通和对话。在中医与西医的对比中,人们也认同中医对人体的调养而获得的身体恢复的效费比远大于西医的某些治疗行为,选择难点或许仅仅在于"人的生命等不起"。同样,生态效益的效费比结果,也远远超越追求即时效率的技术应用;而有所不同的是,生态损害的过程是漫长的,恢复过程更是漫长的;最关键的一点是:人类物种的延续是超越代际的,人类更希望与宇宙共同演进,而非提早灭绝。因此,人类农业行为的生态管理,需要在人工效率和生态效率之间进行深度再认知,在社会职业划分与配合上做出新的理解。这些既是农业行为面临的新问题,也是农业行为管理的缺陷表达。

到目前为止,农业生产方式的技术进步仍是解决全球饥饿问题的唯一手段。在这个技术+社会伦理层面的解决方案中,人类面临共同的生态伦理理解是:饥饿问题与生态问题,哪一个才是农业管理行为需要关注的根本问题。排除自然条件、经济利益争夺、技术研发、政策、公众认知等因素,它是一个既现实又超越的哲学认同的鸿沟。全球依旧存在很多过度开发、无序发展工业等产业而导致农业的土地生产力下降,同时当地的经济利润却相当高的问题。在世界的很多地区,人们一边在破坏着环境,一边在当地谋求基本的农业生产条件。有些时候人们也正在误解产业结构层面的政策性导向,例如,生态补偿(金)制度。人们在不同程度上,将生态补偿制度看作获取经济利益(补偿)的手段之一,而与此同时,利用生态补偿金进行环境恢复的进程却是相当缓慢的。在这些看似毫不相干的事件之间,存在着一个理解上的误区——人们习惯于用诸如产业结构、技术改良等方式应对环境问题，而忽视了农业行为本身也具有生态管理的功能。人们在对农业行为进行哲学的、技术的认知过程中，本身也不自觉地发挥着生态管理的作用。显然，事实证明，科学家们在对农业技术应用对环境产生的影响的研究中，注意到了如何指引技术的进化，并采取了相应措施来预防或者弥补技术对生态环境造成的损害，但是人们很少将这种技术的生态意识纳入农业的生态管理中做一个系统的认知与考虑（D'Agostino et al，2014)，（Chitale et al，2014)，（Ghimire et al，2014）。

如果我们在思维范畴中看待这种现象，一个直观的理解就是生态意识的淡薄；而深层次思维认知表达或许是人类生存伦理与生态伦理存在某种利益关照的转移。假设将人类独立于生态系统之外，人类理应对生态系统的正常维持承担义务；而将人类置于生态系统内，人类作为物种之一，其生存需求理应得到关照。显然，这是一种自相矛盾的逻辑，但是人类的农业行为的结果恰恰在有些时候无法逃离这个逻辑。当一个人需要吃饭的时候，其他人很难，或者几乎不可能对他去谈论生态伦理的意义，而整个社会的道德体系在这一刻也必定会倾向于饥饿的弱者。这在一定程度上满足了人类的生存伦理要求的同时，也存在破坏生态伦理的可能性，并且这种对于生态伦理的破坏由于其植根于传统道德体系中而显得很难取舍。

农业行为的生态管理是一种特殊的人类活动，它的存在基础就是必然要干扰，或者破坏原有的自然生态环境，以此达到人类物种的生存目的。而对于人类的社会来说，很难做到要求人们同时意识到并且做到"边破坏、边恢复"，而且在一定程度上说，技术的行为似乎也很难同时兼顾二者的不同需求。在科学技术哲学范畴中，这确实构成一个两难的伦理学意义上的选择困境。这也是农业生态管理行为的一个缺陷。

### 4.5.4 农业行为管理功能与生态伦理进化

美国哲学家保罗·汤普森认为，人类农业行为的生态管理"完全围绕着使用和生产范畴的人类价值"（Thompson，1995，87）。换句话说，人类在实施农业生态管理行为时，紧紧围绕着人类对于生态可利用价值和生产价值的理解，以此作为行为的依据。关于生态价值的界定和讨论一直是人与自然界关系的核心命题之一,但是在科学技术与社会的范畴内,就人类对生态价值的利用来看,始终要在生态系统的生物承载力的包线之内,人类整体的价值索取不能出现"生态赤字"。

在环境保护理念中,人类的"生态足迹"(Ecological Footprint, 2015)概念就包括农业行为范畴的可用耕地,它和碳足迹、渔业用地、建设用地、草地和林地共同构成了生物圈的生态足迹。这个由威廉·里斯(Willian E. Rees)提出的概念,虽然更多地是指在一定的技术范畴内的生态承受包线,但是对于农业行为来说也是一个技术范式内的实证性指征。农业的进化需要考虑经由农业技术产生的生态影响。这与早期土地耕种的农业生产是有区别的。那时的农业生产更多地关注土地的生态状态,对土地实施影响的工具所对应的技术范围也相对较小。今天的技术形态,以及技术的生态影响力度已经非常高,而且能够产生环境影响的技术种类也很多。在这种情况下,人们就需要将农业的生态影响(管理)概念做一个较大幅度的扩展,它要与化学、生物技术、信息技术、生态学、经济学、伦理学、技术—社会等要素结合起来。

从农业行为的生态管理层面理解,人类对生态系统的利用经常以价值的标定展开,就是说,人们要对生态系统内可供人类利用的要素进行生态关系标的。在一般意义的理解上,生态要素的价值似乎是人类根据需求而贴上的生产性指标。然而,在生克与互补,以及共同进化的逻辑下理解,自然界的价值是在生态系统对人类的限制中实现的。与此类似,社会意义上的人类价值也是在人类与生态系统的互相限制性表达过程中得以显现和存在的。在这个意义上,生态关系是一种限制性思维范式和行为体系(包线关系)。人类的农业行为具备人—生态双向的且严格的限制特征。在技术范式思维框架内,生态价值源于技术的限制性表达,也成型于技术的外化存在的表达。此时人类的价值或许更多地体现着人类大脑机能的进化,因为只有借助于大脑的意识功能才有可能对假设的价值体系的限定进行突破。狭义地看,我们对价值的思考,无论是人类自身价值的表达,还是生态价值的赋予,或许都应该深化对技术的认知。因此,农业行为的生态管理与生态伦理进化是一种价值限定包线的变化过程,这个包线可以被视为或者相当于人类的生存包线。农业的管理和生态伦理分别占据 X 和 Y 轴,整个坐标系就是人类的活动空间。这个坐标系中的空间,就是人类生存基础要素的存在区域。

随着人类对于生态伦理认知的不断深入，生态关系逐渐呈现出多元化的表达，科学技术伦理研究也正在成为生态伦理应用性表达的主要实证指引方式之一。

现时代，人类对于生态伦理考虑的方面越来越细致和复杂，能够对环境产生影响的技术要素也越来越多，这些都在不同方面对人类农业行为的进化产生具有生态意义的指导作用。农业行为复合着人类自身的根本需求于社会—技术—生态维持之中。在此前提下，不断更新的生态伦理认知势必会逐渐消除人们对技术的某些偏见和误读。在人口持续增长的今天，人类似乎无法离开科学技术对农业生产的支撑；农业行为的生态管理与生态伦理认知的同步进化也将有利于人类理性看待科学技术及其应用。

在人类的各种社会性生产行为中，技术使得科学的思维表达变成人们可以触摸与感知的物质形态和感性认知实体。人们对于技术的认识也可以被认为是对于人类思维的认识过程。技术行为的结果是人类思维运行的结果。我们对技术给环境造成的影响的理解与认识，也应该首先从对人类自身的思维领域的追究入手。科学技术作为人类思维的“婴儿”，本质上看，“技术不应该有偏见，或者不应以先验的经验去影响它感知环绕在我们周围的世界”(Daigle，2014)。农业行为的技术进化过程，取决于人类对于科学技术的理性认知层次。农业行为的进化与生态伦理认知的进化是同步的，对价值限定的理解或许将影响人类科学技术(包括农业技术)的进步与发展。

## 4.6 小结

本章将人类的生存需求视为生态伦理认知框架建构的中心，农业行为是人类生存需求的具体表达。通过对人类农业行为与主流生态伦理之间的关系、农业行为与工业化的关系、聚焦范式的引入与拓展、农业活动与生态价值的互相限定、生态伦理认知进化与农业发展的协同等进行研究与分析，最终支持以下结论：(1) 农业行为是哲学的，也是技术的，并具有范式意义；(2) 农业行为与生态关系是异体同构的；(3) 人类的生存需求将指引科学技术的进化；(4) 人类生存需求的功利性与生态意识的超越性并不对立；(5) 农业行为(人类生存行为)本身也是一种生态管理行为。

# 第5章　生态伦理与现代农业生物技术

物种及其群体建构组织的永续生存与发展是人类始终要面对，而且是必须面对的思维主题。这个主题在科学技术哲学语境下能够被解释为人类—生态关系与科学技术关系的认知。人类自从生存伊始就面对着大自然的侵袭与恩宠，在人类自身的抗争意识中则表现为自然界对于物种的挑战。这种抗争意识的实践化表达使得人类以自身可以战胜自然的力量而“优越”于其他物种。

始于15世纪的文艺复兴运动，让人类有机会第一次从上帝（神学）那里接管了人类对自然界的管理权，人类的管理能力被赋予思维理性的形态。笛卡尔的主客二分法，将自然界和宇宙完全置于人类理性的关照之下。从此，人类的认知规定性成了人类社会与科学技术应对自然选择的标准。在技术实践中，技术形态按照人类的标准切割着生态环境、技术及其产物，以及人类对自然界的利用，它们都体现着人类设定的规定性的表达。换句话说，科学技术体现的是人类的思维结果，因此由技术所产生的生态胁迫、生态伦理关系的争论等问题不是科学技术本身的表达，而是人类对科学技术认知的反映及其现实表达。

人类作为一个物种必定是生态系统的一个组成要素。即使站在生态学角度看，任何物种的生存行为，也都伴随着它对自然界与自然界要素的影响；而技术形态的表达似乎加剧了这种人为的、理性的干扰。20世纪60年代兴起的现代环境保护意识，就是对人类科学技术实践的破坏性表达的揭露，同时也促使人类在哲学思维领域展开对于人类—生态关系的追问与研究。

在席卷全球的环境保护运动中，人们逐渐形成了对于自然科学研究所产生的负面效应的关注，进而在哲学层面继续着价值体系和逻辑中心的追索——人类的何种价值取向能够导致技术负面扰动的存在，以及人类的思维逻辑是否具有认知中心定位的追问。由技术形态造成的生态胁迫等问题与人类社会的认知取向之间存在矛盾：一方面，人们充分认识了技术的消极影响；另一方面，在人类行为上却无法拒绝技术的成果。例如，那些“不知化学品为何物的嗜食者、原子能发电站的反对者以及那些反对新采矿工程的示威者，极少会拒绝服用急救药、打电话找人求助或者救护车一路风驰电掣地把他们送进设备齐全的医院”（特雷弗·I.威廉斯，技术史，第七卷，2004，529）。由此看来，人们似乎也并不是严格地、绝对地固执于对技术负面效果表达的纠问。

在人类工业化—经济全球化的制度运行中，对于利益的追逐，或许在一个侧面催生了生态意识的（认知）基础的形成，人们以追逐经济利益来驱动整个社会建构，社会中的个体也以此展开对人类与生态系统关系的认知。即使面对技术的不安分性格，社会意识，包括个体意识的选择，也是尽力以较低的生态成本覆盖较大的生态消耗成本。在技术时代，这似乎也将通过技术手段加以实现。人们习惯于以一种低生态威胁的技术形态取代另一类高生态威胁的技术形态。而在技术进化的另一端，今天某些看似没有生态威胁的技术，在现有技术条件下的发展进程中也在不断开辟新的生态威胁趋势；对此，人们似乎看重的是满足人类社会需求的利益大于生态付出成本的对比和选择。例如，电动汽车的发展。尽管在有关环境保护意识方面的宣传中，电动汽车的发展与未来的普及“势必终结”燃油动力汽车的环境污染等问题；然而，对于大多数普通消费者来说，这恐怕只是嘴上说说而已，人们对于环境污染等问题并没有更多的、直接的、生理意义的证据来支撑他们的选择。暂且不考虑远端发电厂的生态问题，单就电池技术的发展来说，它对环境的影响问题仍然不能被忽视，仅稀有贵重金属的开发与使用就是对资源的一种耗费、对环境的一种污染。这样分析，并不是意在否定技术进步的优越性和益处及其对人类生存的贡献，而是要说明，技术的进化与生态的耗费是一种伴生关系。可以认为，利益的取舍，无论是生态价值认知，还是人类社会价值取向，都各有其道理。特雷弗·I.威廉斯（Trevor I. Willams）指出：“现在真正的麻烦在于人人都喜欢有选择性的欲望，而这种欲望在生活极其舒适时表现得最强烈……这种选择性的欲望，对于感兴趣的技术拍手欢迎，否则就拒之门外，是无可非议的。但是我们不禁要问，这种欲望是否果真可实现。倘若这样，那么多大程度的人为制约是可取的"（特雷弗·I.威廉斯，技术史，第七卷，2004,529）。这里将人类的感知（感觉）、理性、对技术的认识、认知选择结合在了一起。当现代生物技术快速发展的时候，突破物种屏障逐渐变为现实，人类对技术的认知和选择就会变得异常复杂和极其矛盾了。

## 5.1　现代农业生物技术为什么需要生态伦理（哲学）

科学是神圣的，在人类认识的历史进程中，多数情况下就是如此。这也造就了人类对于科学技术的过度依赖，但这不是否认技术进步给人类生活带来的好处，而是在暗示一种可能的、潜在的问题——一种过度依赖的作用结果。中立地解释，科学技术的结果有好有坏，因此在思维层面我们无法将过度依赖完全与技术的负面效果直接画上等号。然而，当人类意识到思维本身也受制于社会意识取向的时候，就意味着人类似乎无法拥有，或者保持一种所谓的"价值中立"，这直接影响到科学技术的进化。很多环境哲学研究在探寻人类究竟应该采取何种立场来维持自身的价值存在，以及它对周边物种的价值索取。这也就是说，人类开始意识到应该在生态学和生态伦理学的立场来认知技术的进化。

当生态价值体系立于"利益"群中的时候，人们很容易将生态价值的体现与社会利害关系的平衡做趋同认识。这使得社会在对科学技术进行取舍的时候，容易将利大于弊作为价值的标准而加以采纳。这是看上去并无不妥的方案之一，因为人们普遍认为凡事皆有利弊，就看如何取舍。但是另一方面，这种感觉或许是因为人们习惯于技术利益的体现，即人类对于技术的过度依赖在社会心理层面的反映。也许正是人类对于技术的过度依赖（因为科学技术极大地提升了我们的生活质量），使得生态威胁才在今天的科学技术进程里凸显出来——"这一灾害是在我们现代的生活方式发展起来之后由我们自己引入人类世界的"（蕾切尔·卡逊，2014,183）。这是哲学认知与人类需求之间的矛盾。当代人类包括社会建构都无疑处于某种生活范式之下，这是因为人类自远古时期开始，就逐渐脱离了生物的生存本能，并使人类的生活方式及其变化演进为足以改变生态环境的动力之一。

在哲学思维传统上，人类对于生态关系的认知，主要借助于环境灾害、技术风险等问题的显现而获得，并将思维的焦点定于科学技术对生态系统的影响。这就为人类社会的共识判断提出了要求，就是使科学证据（实验数据）与社会需求在选择的认知依据层面相符合。在一定程度上，人们没有意识到技术与生存（在现代社会存在意义上，人们误将生存等价于生活范式）的互相内嵌的关系。如果说人类无须借助技术得以继续存在，那么哲学家所做的那些有关人类应该如何理解科学技术的思考与研究似乎是徒劳的了。另一方面，如果假定技术形态与人类生活互相覆盖，甚至融为一体，那么将技术与生态系统分割开来认知和理解就有些不合逻辑。在许多时候，多种技术的产物的确本不属于人类社会及其生活需求，它们可以被视为一种外来附加物。对于此类技术产品，人们可以选择放弃。例如，人们可以步行代替驾驶汽车，事实上很多国家和地区的人们经常以步行代替汽车出行。但是有些技术形态，很早就依附于人类而作为一个物种的生活而存在了，生物技术就是其中之一。

生物技术在人类生活技艺中的存在历史悠久，在前面已经论述过：生物技术或者生物技术的原理很早就被人类所利用，用来进行食物的生产与保存。后来，在分子生物学的基础上发展起来的现代生物技术已经开始实验如何按照人类的设定来改变生物特性和自然环境了。在遗传物质的研究中，基因技术使自然界的物种屏障可以被跨越，并且借助遗传信息的传递可以实现人为的遗传特性的转录与表达。在现代生物技术的分类下，农业生物技术的进化对于农业生态系统的生物组分和环境组分都会产生扰动。同时，农业生态系统的结构（组分结构、时空结构、营养结构）既对生物技术的扰动产生制约作用，也是生物技术作用表达的载体。生物技术的影响通过农业生态系统的结构与自然生态系统产生关联。例如，广义的生物安全“是指在一个特定的时空范围内，由于自然或人类活动引起的新的物种迁入，并由此对当地其他物种和生态系统造成危害和改变，造成环境的剧烈变化对生物的多样性产生影响和威胁，形成对人类健康、生存环境和社会生活有害的影响。一般包括，外来生物入侵、重大生物灾难、转基因生物和生物武器等。狭义的生物安全即特指转基因生物安全”（农业部农业转基因生物安全管理办公室等，2012，11）。

现阶段，生物技术被广泛应用于农业生产领域，其成果也逐渐与公众的日常休闲、娱乐和饮食紧密结合。例如，咖啡，科学家通过基因表达研究有关诸如绿原酸和蔗糖的积累，这在农艺表征方面的表达则与食品消费层面的风味和香气的质量有关（Cruz et al，2009）。就目前的状况而言，农业生物技术在对农艺表征的表达层面，公众主要关注的是食品安全问题。这直接与食品生产过程中的重组DNA技术安全相对应（CAC-Codex Alimentarius Commission，2003）。这里存在两种逻辑进程的指向可能性：一是狭义的生物安全与广义生物安全的范畴漂移。生物技术的现状是：谁也无法准确地将基因技术的影响作用包线限制在一个可控的范围内。基因技术的成果更多地应用于农业生态系统的运行中，尽管农业生态系统相对于自然生态系统而言仍旧是一个小型的、人工的，而且被认为是可控的生态系统，但是物种通过基因漂移等行为仍然可以获得与自然生态系统的交流。这在一定程度上增加了基因技术的危险性，并使其风险的可控性表达变得模糊。在科学技术哲学层面，生物技术的安全性与人类和生态系统的关系的认知产生连接，它是生态伦理研究需要关注的问题。二是农业生物技术的干扰也逐渐融入人类的现代化的生活方式中，使得原先可能被当作是由技术范式及其应用所引起的环境问题，转而变为是由人类社会建构的喜好所引起的一类认知层面的问题。过去人们经常认为，环境问题是由于技术的应用引发的；今天，人们已经开始意识到，环境问题是由于人类自身生活、娱乐等选择的好恶引发的——生活方式成为引发环境威胁的范式结构性思维。它加剧了人类在认知科学技术的进程中的认知—判断—取舍的困难度。这两种逻辑也是现代农业生物技术与生态关系认知的显性表达与隐性表达的主要内容。

### 5.1.1　科学技术是生态伦理的进化路径

人类科学技术思维的典型体现之一就是设计的意图—结果的呈现，技术的结果由设计者的意图所决定。环境问题的关键也在于意图与结果之间的联系，但是环境风险，或者生态危险的特殊之处在于：结果不一定是动机的表达，并且不受设计者的控制。合成生物学的性别（交配）屏障的突破就是一例。人类希望的是：技术可以控制结果，而人们所担心的却是结果能否被人为地干预或者控制。由于生物体具有自身繁衍的特性，因此生态系统的改变会发生不受控的代际传递。

在生态学等科学技术出现之前，人类对于自然界的“自然的改变”现象的认识是朴素的和无知的。那时，在世界的很多地域，顺天行事之类的具有宗教色彩的人类行为是人类敬畏自然的具体表现。这里并无意否定或者诋毁人类宗教的存在及其贡献，只是针对人类思维对于宇宙和自然界解构的进程来看，现代科学显然给予了人类更多实证性质的实践和自信。就朴素的环境意识来说，(生态)环境问题的出现，势必要为人类这种“科学的自信”打上问号。即使在传统意义上的农业生产领域，人们也认识到不同的食物获取方式之间存在互相影响，同时它们都对环境构成胁迫，例如，放牧与耕种(Alkemade et al, 2013)。这其中隐喻着人们对科学技术解构物质世界功能的态度：一种整合性的生存—生态—社会意识的存在。

的确，在对物质世界进行的解构活动中，科学技术的理性逻辑体系起到了认识世界的关键作用。人们很早就质疑“眼见真的为实吗?”近代物理学就回答了这个问题——大气气溶胶被证实存在颠覆了人们习惯认为空气是透明的、空的这样一类主观感觉。科学研究试图在哲学意义上解构物质世界的规定性，但是社会已经注意到思维的某类取向(例如，价值、政策、经济、宗教、文化差异、习俗等)可能对基于同一参照标准的经验得出不同的认知映像，从而改变科学认知的原始意图。

在早期的科学认知行为中，人们大多依赖传统经验的传递来培育对于自然界的认识或者感觉。这种朴素的、机械的认知行为与认知逻辑对科学技术的发展起过重要的启蒙和引领作用。在现实生活中，人类对自然界多种自然现象的直观观测辅助人类的思维分析得出了超越于对经验总结的某类思维的预见影像。当此类逻辑层面的理性认知能够和现象的预后结果相吻合的时候，就说明人类的经验事实又多了一层理性的成果。这也成为后来人们对科学技术寄予指引希望的主要逻辑基础，以及社会事实中的获利基础。随着物理学对物质结构的解构性突破，物质世界的结构从原子、电子、质子、中子进入默里·盖尔曼(Murray Gell-Mann)的夸克(quark)。人们已经无法用一般常识性的、经验的感觉来认知和判断自然界中的物质存在。在生命科学领域，人类对 DNA 的认知也将生命体的组成与遗传特性的表达带入了极微观量级的观察—认知视野中。

在科学技术语境下，人类对自然生态的认知起源于人类对生物体的认识，以及人类对生命起源的猜测。一般认为，以瑞典人林奈（K. linne）双名法为开端，人类对生物体的研究——现在叫作生命科学——经历了古典生物学、实验生物学和分子生物学三个阶段。达尔文（Charles Darwin）的进化论（古典生物学时期），突出强调了自然环境对生物体变异的决定性作用，而生物变异被达尔文视为生物演化的初始动因。从此，物种与生态系统的博弈关系跃然纸上——适者生存。实验生物学时期的遗传学（奥地利人孟德尔和美国人摩尔根）使人类对生物体的起源与变异进入了新的认识领域，其中摩尔根于1928年出版的《基因论》（*The Theory of the Gene*）一书为现代生物技术（遗传学）奠定了基础。在微生物学领域，法国人巴斯德（L. Pasteur）的研究（灭菌实验）则在人类的哲学认知层面否定了生命起源的一种理论——自生理论/无生源论（Spontaneous Generation）（管康林等，2013）。

当科学对生物本质的研究进入RNA、DNA、PNA的分子生物学水平时，如前所述，一方面，物种的演化屏障被打破；另一方面，人类的主观能动性在生物（组织）的改造、创造的层面体现了极强的欲望，也获得了更多的技术实现方法。这在一个侧面开启了人类对物种起源的新的哲学认知——物种可以是被上帝创造的，也可以是由人类制造的。后者则进一步深化了人类对自身能力的深思与担忧；因为关于生命起源的思索，不仅是科学技术及其范式作用的研究，在思维的境界上更是一种人类对于自然界因何而得以生存的猜测。这是一种宇宙观在技术范式下的表达，它在根本上有可能使一个原本属于科学的问题转移到了生态伦理层面的认知，即人类对于宇宙（自然生态）的认知将会在科学技术的进程发展中得到不断丰富和验证。

### 5.1.2 生态伦理思维对科学技术的主导作用

广义上，人与自身以外的物质世界的关系构成了生态伦理范畴。以生态学或者物种存在的角度理解，生态伦理（生态关系）主要体现着人与自然环境（生态系统）关系的认知过程。它可被视为更为广义的生物学与生态学意义上的生态关系的研究与认知过程。但是人类与其他物种有所不同：人类的群居特性体现在社会智慧表达属性上，其群居性表现为社会建构的存在及意识的运行。人类社会是一种存在于人类思维中的抽象的聚居地及其规则的表达，并且人类群体通过这个聚居结构（如社会建构）发生着自身与生态系统的联系。在这种条件下，人类对于生态系统的关系以及影响，既表现为生物学和生态学意义的表达，也表现为社会建构意义的表达。随着科学技术的进化，人类的聚居范围逐渐收缩于抽象意义的社会—技术圈层内，人类对于生态系统的干扰也更多地由技术—社会的整体意识（生态意识）以及相关的行为所代替。

在生态思维观照的前提下，如何认知人类科学技术的进化及其结果，可以被理解为生态伦理对于科学技术的指引（主导）作用的表达之一。在现代生物技术—农业行为框架之下，生态系统的结构与功能表达的差异性突出。在不考虑技术及其行为的干预和社会扰动的情况下，人类作为一个物种与其他物种一样，平行地处于生态系统各自的占位中。人的活动以及对生态系统的影响受制于生态系统内其他要素的制约。但是如果考虑到技术要素的介入，生态系统内的其他要素的存在与演化在种群、寿命、繁殖、资源配置等方面明显地不同于自然生态系统要素功能的表达。如果进而考虑到由社会的意识、利益等再分配的需求所产生的影响，人类行为对于自然环境的干扰就变得异常复杂了。

从技术历史层面看，有人类以来，自然环境的结构就已经发生改变，其内容与功能的体现也随之发生不同改变或者转换。人类为了维持生存，不停地对环境实施干扰与创造。这既包括农业行为的干扰，也包括其他行为的扰动，如经济、工业、居住需求等。从能量损失角度看，自然生态系统的能量由太阳能开始，经过食物链、土壤、气候、生物化学反应等环节，逐级损失、分解。人类活动的参与使得自然生态系统的能量损失变得复杂、多变。农业行为就是最明显的扰动。当技术形态附加于农业生产活动之后，技术扰动和农业行为的实施共同构成了对自然环境的干扰。随着生物技术的广泛介入，这种行为范式对环境影响的程度与范围逐渐扩散。

生态系统的稳定性在考虑到人类所带来的非自然属性因素之后，就会变得不稳定，并且在一定条件下无法预测，它主要受制于人类的价值体系的运行。

人类的价值体系本身就是一个复杂的聚合形态的社会—生态系统的表达。人为的技术干预，既包括人类自以为合理的调控，也包括人类明知是不合适的但为追求利益而强加的调整。问题的关键在于：科学技术的扰动是否表现着真实意义上的合乎生态规律的行为。对这个难题的思考就是技术—生态伦理的研究重点。生态伦理研究的任务之一，或者说技术语境下的主要任务，应该是鉴别技术的生态适应性。在技术高度发达的现时代，技术的介入加重了生态不稳定性的倾向性表达，它同时也加重了生态伦理研究对于科学进步走向的指引义务。在技术实践意义上，科学家对于技术行为的结果进行反思，进一步主导了对现有技术的改进。

在科学技术哲学层面，哲学认知的任务之一是针对生态—技术的协同演化提出问题，甚至是憧憬。理想的技术进化逻辑似乎是由问题主导结果的演进。在技术实践中，人们对技术的改进就来源于设计思路的不完全实现。由提出问题来主导结果的演进，是应对生态胁迫的必要的思维方式之一。这种思维方式使技术—生态—社会的整体呈现出较高的开放度，同时也需要自然的生态系统（其中的各个要素）与人类社会（包括社会建构组成的各要素）进行开放度很高的交互式认知与行为控制。

相对而言，自然的生态系统可以被视为相对封闭的自循环系统，是自给自足的发生—耗散体系。人类的农业生态系统则呈现出封闭与开放的双重性。这种双重性分别被技术与生态的范畴所包含——农业行为体系既是自然封闭的，也是人工开放的，同时更是人类技术干扰行为的传递者与中介。农业生态系统作为人类农业行为的重要组成部分，在本质上也是人类生存的唯一物质基础，它承受着两个方面的人为扰动要素的输入：一是为了提高生存标准（或者生存质量）而进行的技术性改变，例如经济利润、生产效率等；二是人们淡漠的生态意识导致的非必要性技术性改变，比如滥用除草剂、化肥等。最终，这些结果都将通过农业生态系统的能量流动转移给其自身赖以存在的自然的生态系统。在技术化的背景之下，人类对于生态体系的理解和利用，不仅有来自单纯利润视角下的经济需求，也有来自利益相关方，以及技术应用层面的争论与选择。虽然这些技术的选择往往以经济指标来衡量，但是在客观上也说明了人类社会对生态系统的认知过程是复杂的；尤其在当代，人类社会对人与自然关系的理解无法摆脱技术，以及社会政治等因素的多重干扰，即使在哲学的认知层面也是如此（Apel，2010）。

技术的、社会的、文化的、习俗的、宗教的因素等对生态系统运行过程的干扰,加重了原生生态系统的被迫开放的程度。这种状况至少在事件结果的层面上造成了两个方面的问题:一方面是农业生态系统所必须围绕的规定性约束呈现出多样性;另一方面是通过农业生态系统的交互作用,转移了人类对生态系统的人为规定性的干扰。在技术形态大规模进入农业生态系统之前,农业生态系统虽然也存在一定的人类因素的扰动,但是这类扰动的规模、程度、结果的确定性的波动等都相对较小,或者干扰因素相对单一。

从人类与生态系统关系的互动方面理解,人类行为大多停留在遵循自然规律的状态里。农业生态系统的科学技术实践基础是生态学、伦理学和生态系统整体的技术实践表达及运行模式的集合,农业生态系统得以建立的认识—理解基础是自然环境与人类社会之间的交互需求与运行。即使在生态学与社会建构共同作用的前提下,这个系统也可以被看作是人类驯化行为的附加结果,但是由于其仍然无法摆脱自然的生态功能的表达与支撑;因此从最终意义看,农业生态系统的要素运行仍将回归自然的原生生态系统。这也在哲学认知(生态伦理认知)层面的人与自然界的关系问题上折射出了一个问题,即人类对于生态系统关系的认识,最终将通过人类的农业行为而转移至大自然中去,人们无法回避为满足自身生存需求而改变生态系统的活动及其结果的反馈效应。

在哲学上,生态系统的演化是一个过程,而这个过程本身也是生态系统演化的目标。在科学的假定中,这是一个周而复始的过程概念,以及进程描述。而人类物种在生态系统的运行过程中,始终要求自然生态系统功能的发挥要满足或者尽量满足人类的目的性关照。在农业生态系统中,人类生存的目的性非常明确,同时,人类也对除此之外的自然界提出了类似生存需求。借助于科学技术的发展,这种目的的扩张性显得越发明朗和清晰。人类目的表达的迁移已经移至宇宙的深空探索和小行星探索。那么,很显然,人类与自然界关系的认知,已经扩大到宏观领域的宇宙深空,而这在技术进步的前时代几乎不具备科学实证意义的想象空间。随着技术的社会化进程的加速,人类社会层面的某些需求也加速反映在生态功能的发挥上。例如,通过重组 DNA 技术加速那些符合人类社会消费需求性状表达的植物、农作物、动物的演化进程。尽管这种人类目标表达带来一系列的伦理学意义上的担忧与哲学层面的讨论,但是毋庸置疑,技术的进步与应用加剧了生态系统的人类—自然目标表达与需求的双重吸收效应的演进。

面对这些问题，哲学家在思考着，人类或许需要一个适当的生态伦理的认知建构(或体系)来认知与规范人类对于原生生态系统的组分结构、生物多样性的放宽及稳定度、闭循环—开放性与演化目标表达等因素的限定性的认识，以及对其相应结果发生意义的理解与尊重。

## 5.2 农业生物技术进化对人类认识的挑战

农业技术范畴是一个广义的、宽泛的概念体系，按照技术作用形态的性状表现来划分，它包括物理、化学、生物的变化及过程。农业行为在人类技术的扩张之下，其对环境的影响也逐渐显露出来。在传统意义上，农业生物技术包括组织培养、发酵技术等，但随着现代生物技术的迅速发展，特别是分子生物学的进步，农业生物技术的影响范围逐渐扩大。

历史地看，人类对于农业行为中的物理改变似乎没有太多疑问与顾虑。人类对于环境的物理改变，可以说是一定程度的"不得已而为之"的行为。对于化学的改变，自从《寂静的春天》开始，也似乎达成一定共识，其伦理意义的争论，至少在人类健康与毒素残留问题上没有太多分歧。但是社会对于农业行为与生物演化规律的认知或许存在茫然，人们似乎不太理解二者之间历史的联系。当转基因技术问题进入伦理学领域而展开争论的时候，人们开始回溯农业行为与生物技术原理与作用之间的关联。在农业工业化进程中，生物技术与农业的关系，以及农业生物技术对于环境的影响已经成为生态伦理认知中技术与生态关系矛盾的主要焦点之一。

现代农业与生物技术及生态伦理研究有着较宽的交集，人们对农业工业化及其形式发展的关注更多地表现为对与农业相关的生物技术领域的关注，同时也进一步引发了人们在生态哲学，包括伦理层面的思索和追问。特别是当遗传修饰作物进入人类的食物系统之后，在涉及身体健康、环境影响等方面，公众表现得非常敏感。在社会结构中，专家、公众与决策者共同参与了对科学技术的评测，这使得情况更加复杂。在思维层面，他们的合力从一个侧面说明了社会对科学技术的认知情况与态度。

### 5.2.1 对生态进化的认知挑战

宇宙是如何产生的、生命是如何发生的等问题，自古以来就有不同说法。《圣经》记载称："起初上帝创造天地……上帝的灵运行在水面上……上帝说：'要有光、就有了光'……上帝说：'地要发生青草和结种子的菜蔬，并结果子的树木，各从其类，果子都包着核'……上帝说：'地要生出活物来，各从其类。牲畜、昆虫、野兽各从其类'"(《圣经·创世纪》1：1－24)。自然界生命的产生都由上帝安排好了，这既成了人类的信仰之一，也成了一种先验的知识体系。在人类面对理性思维无法解释的事实，或者面对两难的选择困境时，人类会很自然地回忆起先验的知识。这似乎是一种约定俗成的感觉。在这类先验的认知内容里，包括了对事实的描述、现象成因的规定。当人们无法用科学事实去实证结果的时候，在感情上，人们很容易回归习惯性的认知，甚至连人们自己都不知道为何会如此。

现代科学试图实证自然界中早已存在的规律与其结果之间的关系，但科学事实上无法彻底追溯物质世界的存在根源及结果。这或许给人们留出了先验知识作用的思维空间与理由。科学理性认知与习惯认知是一对悖论性结构：一方面，人们相信科学的理性；另一方面，人们也坚信自然的合适性。这在一个层面上看起来似乎并无不妥，如果将科学理性的动机与目的结合起来的话——科学就是为了解构宇宙的生成与运行。也就是说，科学解释的恰恰是宇宙自然的原生合适性。但是，哲学上关于事件起源的认知存在一个问题：科学技术的揭示与实验是否真的是严格意义上的人类创造。如果说人类的科学技术，就目前而言，更大程度上是在揭示自然界的既有规律与事物，那么科学实验的结果就不是自然界事件发生的初始时间与发生的节点。这种认知意义上的悖论性结构，不仅表现在生态关系的理解上，也表现在科学技术与社会关系的许多方面。只是由于基因技术的问题才使这类思维的表达得以更多而且显著地浮现于一般意义的公众认识中。

在当代，人们不断对基因技术及其产品提出问题，体现着人们对于自身生活健康的关注与对环境威胁的担忧。在伦理学意义上，这些争论与质疑表达了人类在选择欲望上的平衡感的缺失。选择欲望是一种生态伦理层面的生存表达，社会对技术问题展开伦理学意义的讨论(选择权，或选择欲望的满足)，既是对科学理性的认知与选择，也是对生态系统进化的重新认知。在一定程度上看，后者的认知结果与过程能够更好地形成对科学理性思维范式及事实的认知。在技术条件下的生活是：人们越是生活在质量较高的条件下，越是容易激起选择的欲望；然而，转基因等农业生物技术带来的困惑与迷茫，却使得人类的选择欲望出现了平衡感的缺损。面对现实的生活质量的提高与生态问题的出现，人们开始无所适从。

人们普遍认为生态系统的进化应该是自然发生的，而转基因技术对于环境的威胁使人们意识到，生态系统的演变变得极有可能由于科学技术的应用而带有更多的人为因素。这看起来似乎是由于科学技术的进化导致了所有的生态胁迫结果或者趋势的出现。它表明，人们有时候可能会忽视那些在原生自然界早已存在的生态进化现象及其结果；由于后来的科学技术在某种程度上加速了演化的进程，因此技术的威胁得以充分表露。这实际上是在提问：人类的科学技术对自然生态系统某一方面的介入是否合适，或者应该取值多大程度的介入与扰动。现实地看，技术形态介入生态系统在很多方面已经成形，农业生产活动从有人类伊始就已经介入生态系统的运行之中。

当代的许多技术形态或者体系更加深入地参与到原生生态系统的环境中去。技术形态的单一应用，或者研发归属范围已经逐渐被打破。不同类型或者科学部门的技术都将对人与生态系统的协调产生影响。社会需要进一步理性认识到，科学技术干预之下的生态运行，在生态伦理认知上可以被视为生态系统的进化形态的变种，包括应对自然、人为的生态胁迫问题等。生物技术除了在传统意义上的育种领域展开技术的实践之外，在森林等植物科学领域的科学研究也具有环境—技术关怀的意义。这些既往研究主要涉及特异性转录因子的表达、脱水素蛋白特性、水通道蛋白和离子转运体的表达等，基因技术的介入迅速拓展了生物技术对生态系统的干预模式及范围。某些技术形态(除了严格意义上的技术指标的预估之外)在环境的管理，以及生态系统问题的伦理学选择层面都具有现实意义和价值。研究表明，科学技术的干预使得人类应对非生物性胁迫(abiotic stress)，例如，干旱、盐碱化、极端气候影响等，具有多重选择方案。在生态关系认知结构中，人类不仅需要清楚地了解技术形态的表达，也需要了解在环境进化与生态管理意义和社会认同意义（如公众接受度）的表达。现代生物技术在社会意义上的表达不仅仅是保护环境，更重要的是改善人类的生存环境与保存宝贵的资源。很多非生物性的胁迫因素都聚集在农业范畴，例如，水资源、土地、气候等（Altman, 2003）。这实际上在哲学思维中拓展了技术形态的内在表达，技术及其行为不再仅仅是人类思维假设范畴内的物质性存在，技术在一定程度上参与了生态系统的改变—进化。此类改变实际上反映着人类—生态系统的协同演进过程，是生态系统的进化进程的广义表达。

一般认为，原生生态系统的演进显然是自然界本身的自发性行为，或者运动过程。这在地质运动的研究中已经形成了共识，与此相类似的情况也出现在生物体的进化过程中。由此延展到整个生态系统的演化也被科学研究看作是自然发生的历史过程。即使受到来自地球之外的力量或者因素的扰动，也被视为自然演化进程的一部分，例如，陨石坠落造成的地质和生物物种的变化。如果我们将生物技术的概念扩展为自然界（生态系统）在生物进化规律支配之下的历史演进过程的话，便不难发现，自然的生态系统在现代意义的生物技术出现之前，就已经在有人类行为参与的情况下悄然发生着某种生态学与生物学意义的改变。

人类有意识的、并带有社会意义的生产与生存活动可以追溯到1万多年前旧石器时代末期和新石器时代初期，就在那时，原始农业开始了。在农业生产活动过程中，生态系统的自然属性不可避免地与人类的群体活动发生关联。也就是在这个时期，人类开始在生物学意义上和生态学意义上与自然界的物种与生态要素产生接触。可以说，对于生物技术规律与生态规律的认知和利用也始于这一时期。

在动物的驯化历史上，“狗被认为是人类第一种驯化动物，（其被驯化过程）据信始于游牧狩猎时期的旧世界（the Old World）时期……大多数人认为狼是狗的唯一祖先……分子遗传学的分析表明，狼的驯化可能发生的更早，第一块化石证据记录了时间大约为公元前12000年”（Roots, 2007, 1）。在生物学角度上，野生状态的狼和人类驯化的狗存在差异，“在新石器时代的人类聚居地发现的狗骨占动物骨的比例最大，对它们的鉴定通过它们由于缩短的下颌骨和小的牙齿而形成的小而短的头骨”(Roots, 2007, 1-2)。这在生物进化理论上证实了一种观点:人类的驯化行为足以使动物生理结构发生改变,这种改变可以被视为人类社会运行下的一种生物进化现象。在谈到自然界的物种进化的时候,有观点认为,是人类的劳动,或者生产性活动导致了自然界的改变。人类的行为总是因为某种现实性的需求而与自然界的发生关联。这当然是一种合理且实证的解释。但是,关于人类史前对野生动物驯化历史的大量片段研究表明,动物驯化在大多数情况下是偶然的,是由于人类与动物的社会关系(聚居关系)使然,而不是出于食物获取、物品承运等需求。支持这一观点的证据是“那个时期的人类既没有笼子,也没有围栏去控制动物,并且也没有蓄种供动物配对”(Roots, 2007, 1)。尽管这个问题一直存在争论,但是至少允许我们站在人与自然关系的角度去合理解读生态关系是一种自发的现象——只要有物种聚居(存在),就存在物种之间的互相影响、控制和改变。因此,生态系统的进化是有史以来的生态要素之间的协同表达的结果;科学技术或许在一定程度上加速或者改变了进化的路径与结果。

作为人类农业行为意义上的植物栽培出现在距今10500—101000年前的西南亚洲的古村庄一带,二粒小麦的穗叉和单粒小麦的发现为其提供了考古学的证据(Zohary et al, 2013, 1、24、30-31)。在一粒(单粒)小麦和二粒小麦的出现顺序上,“考古学证据有力地表明,首先被栽培的是四倍体的二粒小麦,而不是人们可能认为的二倍体的一粒小麦”(查尔斯·辛格等,技术史,第一卷,2004,244)。这就引出了一个问题,在物种进化意义上理解,植物物种出现的顺序是不是由于人类行为有意识选择的结果?研究表明,“仅在西亚的特洛伊第二王朝(公元前2300—前2200年)时的遗址,发现了大量的一粒小麦。这至少要比二粒小麦开始栽培晚3 000年。因此,一粒小麦经历了更长的杂草阶段,甚至在今天,野生的一粒小麦在安纳托利亚的麦田里也是一种常见的杂草……大多数学者相信一粒小麦成为农作谷物是其作为一种杂草侵入了二粒小麦田的结果”(查尔斯·辛格等,技术史,第一卷,2004,244)。另外,关于球棒小麦的起源,科学家认为它可能是一粒小麦与二粒小麦杂交的结果,并且实验也证实了两种小麦可以杂交。虽然它只是实验结果,但是“在麦田中混杂着属于这两种亲本类型的数以百万计的植物。杂交的机会可能不像人们预想的那样困难”(查尔斯·辛格等,技术史，第一卷，2004，245)。与此相类似的变异导致的物种演化还有面包小麦的出现，“由于(面包小麦)与球棒小麦如此相近，轻微的变异可能会使面包小麦产生”(查尔斯·辛格等，技术史，第一卷，2004，245)。诸多类似现象说明了人类行为与自然界物种演化之间的一种既分立又联系的关系。人们或许可以认为人类行为在大力地改变着自然生态，但又不全是如此。

生态关系的分立—联系的特性表达，使社会在哲学层面的生态理解遇到困境。

人类的社会结构是一个带有控制性和选择性的建构。在人类农业行为中，对植物种子有意识地选择和播种，可以被看作是生物技术的最早应用；其结果绝非仅仅止于满足人类生存所需的物质消费。在生态学意义上则是：经过选择的物种入侵了原来物种的占位，这是农业对环境的影响之一。当人类的活动范围不断扩大、需求不断增加时，我们对于生态系统的影响也在不断加剧。现代农业继续着对生态的这种激烈影响：农业和畜牧业占据了地表土地覆盖层的 26%(联合国粮食及农业组织，2014)，这些土地上的原有物种有的被取代了，有的被消除了，而它们的替代者是来自 1 万多年前的未知物种和基因形态，只是这种遗传学结果的显现被人们认定是自然过程。

在人类的日常生活中，许多食物的加工、制作过程就内含了生物技术。倘若科学家如是解读的话，恐怕会遭到转基因技术反对者的诘难。因为在他们看来，科学技术是人类的产物，也是功利主义的需求；但是人们忽略了一点：科学和技术同样也存在只是揭示或验证某种业已存在很久的自然过程的可能。或许应该这么说：在人类的生存史上，早就熟练运用并掌握了某些“生物技术的作用过程”，并未对其结果产生过多担忧。例如，用酵母配合压碎的小麦制作面包、从酒花制取啤酒等。这些食物的制作过程都包含了对自然过程的干预。在一定程度上，可以认为，历史上所有的食物及其加工过程都经过了人类的选择、修饰或干预(McGee, 2004)。在今天，我们同样可以说，几乎所有的日常食物都经过了自然的或者人工的遗传修饰，它们在遗传层面与文化层面已经完全不同于 2 000 多年前它们的祖先了(McHughen, 2000, 62－70)。现代种植业和饲养业的很多运作形式来自经过遗传修饰的植株与动物品种的繁衍，这些新的植株和动物携带的新的基因表达适应的是人类的“雕刻”和消费需求，而非适应原本属于自然所赋予它们的野外生存环境和进化优势。

人们对运用基因技术干预动植物的繁衍表达了看似理性且合理的担忧。因为我们必须面对这样一个现实：即使运用自然的基因修饰方式，也会导致不可预料的影响，甚至错误。关于生物技术（转基因技术）的质疑，不应该以转基因改造方法作为唯一标准，对技术对于环境可能产生的影响应当以更为广泛的方法进行评估，包括基因工程的所有范畴（National Research Council, 2004, 2－8）。NRC的研究结果也显示，无论是人们所感觉到的技术带来的危险，还是自然界自然过程的不确定性，二者都带有哲学意义上的结果不确定性。如果在技术条件下，我们假定农业的进化也包含了人工干预手段的进化，那么对农业的认知也将超出我们的想象。同时，对于自然生态系统的演进过程的认知也将脱离人们一般意义上的理解。因此，在科学技术高度发达的当代，人类有必要对农业生物技术的发展及其对生态系统演进的影响再次进行审慎反思。这种反思既包括技术上的，也包括思维上的。事实上，就生物技术对环境的影响而言，科学家一直试图做出相对精准的评测并提出合理的预防措施，至少希望能够对技术风险发生的可能性有所推断。但是从结果看，这仍然受到社会与公众的质疑，主要针对的是所谓证据的科学性问题。因此，关于技术行为及其风险的认知，似乎总是存在科学与非科学的对立，其实质是科学的不确定性与对技术行为的科学哲学认知之间的关系（Carolyn et al, 1999）。

### 5.2.2　对语义逻辑的挑战

人对于外界的认知，或者认知行为，除了触摸、嗅觉、听觉和视觉等传统的方式之外，还有思考的方式。在神经生理学研究看来，这些行为或者生理反应，以及化学反应的传递，都可以用来解释人类认知现象、信息的传递与结果的发生或者闭塞。在人类适应自然生存环境的过程中，人类对于环境因素的适应或者认知，是否对人类大脑的思维功能的发生及其进化起到关键作用？换个角度看，人类的思维演化与环境的变化是否有一定联系？有科学研究表明，轨道倾角的变量影响了太阳能量到达地面的分布，由此造成气候以及其他方面环境的变化对古人类大脑的智慧进化产生了影响。人类必须依靠大脑的智慧活动去应对环境、气候的变化。人类的思维（意识/智慧）与环境的变化、人们对环境的适应，以及人类的进化是分立而又有关联的(Grove，2012)。

在生态系统进化的同时，人类也在不断适应着环境的演变。人对外界的认知行为以及方式也在不断演化——“人类在学会制造工具的同时，似乎也开始使用某种形式的语言。语言是与工具相联系的”(De Laguna，1927)。人类对于外在世界物质存在的感知，经由意识作用的结果转化为概念性认知的外化表达，语言形式便是其中之一。概念作为人类大脑机能的作用结果之一，也是人与生态系统协同演化的标志之一。作为一种抽象存在，至少目前看来，概念及其思维体系仍被视为科学研究领域无法测得确切结果的领域之一。人对自然界的认知结果之一——概念，也更多地通过语言系统转化为人对自身行为的认知与控制。与一般认识有所差异的是，语言“首先扮演着更为实际的角色，那就是行为控制”，而不是作为一种人类思想的表达方式(查尔斯·辛格等，技术史，第一卷，2004，57)。概念无疑是语言体系中重要的组成部分，它起着反映与传达人类思维理解的主要功能。

从逻辑上看，语言和言语之间存在一定的差异：“语言是个体间的交流体系，是用于建立互相合作及控制的一种途径，是一种使用说话器官的方式。而言语，或称口语，则是个体对语言模式、方法及体系的一种运用”(查尔斯·辛格等，技术史，第一卷，2004，57)。言语(口语)与书面语一样，传递了属于概念的内涵，也是一种信息的表达；它与语言体系中人类行为控制需要构成一一对应和匹配的关系，其核心是对概念的理解。与此相类似，在科学技术范畴中，也存在类似的针对技术行为的概念控制体系——术语。

科学技术范畴的术语不仅是一种语言表达体系，也是一种哲学意义上的认知体系。

一般认为，术语是科学技术专业领域中概念，或者指称的表达形式。术语的精确性、单一匹配性决定了术语在概念表述上的标准性。因此，人们对于术语所做出的准确、恰当的理解是达成社会中技术信息传递与语言逻辑相匹配的重要因素。这是术语和言语的区别。在技术对环境影响的关系问题上，人们对术语的精确理解与解读，是形成社会理性认知技术形态表达的重要环节和关键的初始性要件。现阶段，全球对于以转基因技术为代表的生物技术对环境影响的质疑与关注，不仅存在一定程度的对术语理解的问题，同时也对认知思维层面的语言表述的逻辑严密程度与言语表达严谨程度提出了更高的要求。在一定程度上，人们对于科学技术术语的精确理解也反映着人类对技术进化趋势的认知过程。

就公众接触层面看，言语体系在涉及农业生物技术的术语中，常见的有以下几种：生物技术、转基因技术、杂交技术、育种技术。与此相对应，它们在术语体系中往往归属于遗传学与生物技术体系。其中，转基因技术指的是重组基因技术(rDNA-recombinant DNA)，以它为代表的生物技术又常常被称为现代生物技术。除此之外，在公众的言语体系中，有机食品、有机农业、无公害食品、绿色标识也被人们当作非生物技术应用表达的代名词。这说明公众言语体系中的技术与技术形态的表达存在模糊之处。

单独地看待这些科学技术及其研究，这些技术及其术语表达并无特殊之处，但是如果将它们与公众所关心的转基因产品的安全性或转基因技术及其风险相联系，就具有相当的特殊性和重要性；因为这些技术都可能包含有(重组)基因技术及其相关内容或环节。社会对术语理解的不同，就会造成人们对科学技术体系产生常识层面的误解、对技术的内涵产生误解，以及对技术与环境的关系产生误解。基因工程在技术层面解读，其实质是技术对于生物体的一种改造、修饰，并且大多数的技术应用是因为有经济活动的需求而发生的。技术的改造物能否被界定为一种新的生物，存在物种屏障的哲学意义的争论与进一步研究的空间。假定人类的科学技术将来能够彻底地在伦理与技术层面获得创造新生物的认同，那么可以说科学技术范式也将与人类的思维认知的深层研究(哲学)互相吸收并贯通。但在目前看来，人类的科学技术尚且不具备这样的技术表达的哲学成形度。

公众所能接触到的生物技术产物并质疑的其实是“基因修饰技术的产物”，例如，genetically modified organisms“GMO”，习惯上它被称为“转基因生物”“基因改良生物”。转基因作物通常被归为GMOs。从语境和语法角度看，“基因改良”似乎比“转基因”传达了更多的对人类有利的信息。人们对“基因改良作物”似乎没有更多理由去担心，至少对此项技术会抱有更多的宽容；而对“转基因”作物及其技术则产生了更多的担忧、恐惧甚至抵制。在人们的认知习惯中，改良是一个不经过改变原有物质存在的、表面的、可有可无的添加性行为。即使是为了某种经济目的而进行的产品改良，以人们的经验思维看来，改良的添加物与物质本身自有的一切是可以互相独立存在的。这就容易在语法逻辑上出现分歧：(1) 对某一技术结果的担忧是否可以等同于对此项技术的担忧；(2) 语言的形式(言语)是否对人们的认知起到了误导的作用(导致了认知的不确定性)；(3) 信息传递的结果形态是否反映原本的技术形态所具有的科学事实及实验依据。

环境问题的出现，使人类开始有意识地考虑可替代性方案的选择。在语义范畴内看待伦理意义的选择实践，就会发现：人们对于可替代选择方案的理想愿景与技术规范之间存在差异，这种差异来自人们的主观性的判断或选择，而没有注意到技术规范上的复杂性。

例如，"有机食品"(organic food)也是公众经常使用(选择)并时常将它与非转基因技术(食品/作物)视为同一范畴的术语表达。有机食品出产自有机农业这种生产形式，将二者结合起来看，有机食品的标准在不同地区和规范之间存在差别。以纯粹的概念理解来看：有机食品不使用传统的农业生产投入，例如，化肥、杀虫剂、转基因技术、辐照技术，以及食品添加剂(Allen et al, 2007, 288)。在技术逻辑上，有机食品从成分(比例)看，并不等同于"绝对"不含转基因技术或者技术结果(例如，原料的转基因阈值规定)，而是对非有机成分进行严格限制(包括对非有机成分的禁止)。在农业生产实践中，有机果类和蔬菜的生产者可以在无法采购到同等的有机原料的时候使用非有机原料(Allen et al, 2007, 289)。因此，无论从术语语义逻辑、技术规范，以及生产实践环节来理解，含有"有机"作定语的术语，与非转基因(技术或产品)之间无法形成严格的、必然的逻辑与事实上的等价判断。

术语在人们对科学技术的认知过程中，总是一个能够构成人们对科学技术形成理性认知的基础因素。当社会对科学技术进行研究和讨论时，如果没有一个确定的术语理解作为认知前提，对理性地认知科学技术将是非常不利的。尤其是其中一方使用一个含糊、不确定、可能增加歧义的术语解读时，就会增加其在讨论和质疑过程里的权重。尽管每个人都会宣称对某一术语理解正确，但实际情况是："某一术语"可能具有不同认知条件下的理解(含义)，这样就会产生认知体系与言语体系之间的冲突。人们极有可能会认为自己理解了对方的观点，与此同时，却又可能是在误解对方的观点。这在当代人们对生物技术的争论中较为常见。此类在认知上具有“貌似正确理解”的结论或者执着，比争论或质疑本身更糟糕。在不明真相的条件下，会扭曲人们对科学技术在哲学层面的认知，进而影响人类对可持续发展观念的认知。尤其是当决策者和学术共同体产生对“术语理解精确度”的忽视时，情况就会变得更加复杂，它将加剧社会为达到理性认知技术进步所付出的成本。

综上所述，术语不仅是技术领域的专业性逻辑与语言的表达，也是社会和人理性认知技术及其进步的基准路径之一。

### 5.2.3　对感觉的挑战

在日常生活中，人们经常运用感觉来认知世界，但是人们的感觉真的可靠吗？例如，对杀虫剂的使用。公众习惯于把杀虫剂和化学毒性相连，二者基本上处于等价判断的状态，因此人们有理由对杀虫剂的使用提出质疑甚至抵制。同时将杀虫剂的风险（通过食物链或食品生产、消费体制）与环境、健康问题等要素关联起来。这就引发了生态哲学（伦理）层面的争论与研究。不可否认，在过度或者不按照规定使用杀虫剂的情况下，会产生相应的毒理表现；但在人们的判断思维过程中，对于如果没有或者不使用杀虫剂可能带来风险的思考同样也缺失了。至少可以说，有时候公众放大了人类科学技术不利的一面，而忽视了科学技术带来的有利的一面，特别是科学技术所产生的恢复生态功能的作用。

杀虫剂是一种化学物质，人们用它来杀灭昆虫、细菌，控制外来入侵的种子和疾病。外来生物种子入侵带来的生态灾难远大于按照规定使用杀虫剂造成的副作用。如果没有杀虫剂，农作物和食物会受到携带病原体的微生物、动物的污染，其对人类生存的威胁是显而易见的。另一方面，在人们对杀虫剂的认识中，容易混淆两种概念：自然与人工合成。人们对化学合成物不信任，认为它的毒理表现更大；而自然（或者提取）的物质是安全的。事实上，人们在日常饮食中所摄入的化学物质有 99.9%是自然的物质成分（Ames et al, 1997）。关于有机杀虫剂（organic pesticides）的致癌问题，人们也存在一定程度的误解。关于化学物质与致癌性的相关性研究表明，人工合成的化学物质在致癌风险上并不高于自然界的有毒物质。科学研究证实，自然界的植物会分泌出毒素，用来抵御霉菌、昆虫和食肉动物的侵袭。当植物遭受毁坏的时候，它们的组织会释放浓度更高的毒素，其毒素的浓度有些对人类来说是致命的。某些植物的毒素就被提取出来作为有机杀虫剂使用。在日常生活中，可以认为几乎所有在超市里购买到的水果和蔬菜类食品都含有天然植物毒素，它们对于啮齿类动物的致癌性均高于人工合成的杀虫剂上千倍。但是人们并未因食用这些水果和蔬菜而罹患癌症；与之相反的是，在人们的观念中，这些绿色食品是人类的抗癌食物。这或许是由于这些植物本身也含有丰富的抗癌成分和抗氧化成分所致。关于这一点，现代医学仍在研究中(Ames et al, 1990)。

不难发现，在对待化学制品的态度和使用方法上，人们似乎过分注重物质的化学合成属性、毒理作用，而没有充分认知“剂量决定毒性”这条毒理学的公理。由此可见，在人们的感觉里(或许是一种认知上的偏见)，任何剂量都等同于(可以表现出毒性的)大剂量。因此，杀虫剂的毒性并非仅仅依靠自然或人工合成来判断，它是一个综合了习惯认知与科学判断的观念层面的认知问题。

通过上述分析，不难发现，即便是自然界的有机食品，也可能包含有天然毒素成分，而公众面对“有机”这个鲜活、绿色的词汇，大多已不再追究其科学的内涵了。这似乎映射着这样的结论：公众基于朴素科学素养形成的判断、价值选择甚至情绪走向，对于现代农业生物科技的影响显然也不全都是积极或正面的。

有关技术对环境的负面效应，在哲学家、科学家、社会公众和媒体难以取得共识的时候，作为决策者的政府也显得一筹莫展，全力支持技术的研发将可能导致公众信任危机，压制、反对技术研发又可能失去技术进步的发展机会。至于媒体则更是各显其能，他们可能会因某一争议而取得不错的传播效果，却难以保证其理念与价值取向的理性与客观正确。

总而言之，现代农业生物技术正在改变着人们关于自然进化的基本认识。一方面，人们期待更多的基因改良动物、植物对人类生存质量的支持；另一方面，又对转基因等技术可能对人类、环境、生态造成的潜在危害而担忧。为寻求解决之道，纷纷转而求助于有机农产品等可替代方案，却不料有机农业也难以绝对摆脱现代科学技术的影响和人工干预。

通常而论，生物技术或者农业发展的外化是它们的产品，产品内含了很多思维和科学的内容；然而，公众层面的感觉往往带有一定程度的内容缺失。在一般情况下，公众几乎不可能理性、全面认知现代农业生物技术带来的利与弊。农业生物技术及其发展的认知也因此而被从其本来应有的语境中剥离出来，很多时候，被孤立地看待、争论和质疑。对此，美国哲学家保罗·汤普森认为，转基因作物能否使环境面临独特的风险，既是科学问题，也是哲学问题。当人们基于不同观念、社会背景与价值来解读技术产生的环境风险的时候，这纯粹是一个哲学问题(Thompson, 2007, 8)。

## 5.3 现代农业生物技术发展陷入两难困境

进入21世纪，基因修饰作物(GM crops)及其技术在农业生物技术领域和食品技术领域得到了快速发展(Halpin, 2005)。

在现代科技术语意义上，生物技术通常指的是现代基因技术(modern genetic technologies)，特别是重组基因技术(rDNA)。这一技术常常也被视为基因工程(genetic engineering)。如前所述，由于专业术语的复杂性，于是便导致这样的认知困难：公众对遗传学及其应用并不充分了解，却高度怀疑基因技术。或许人们以为生物体的遗传现象是自然实施的进化结果，从而是安全的；而基因技术则是人工(科学技术)干预的结果，所以它是有风险的。

在社会需要理性认知科学技术的过程中，这几乎是所有技术进化可能会共同面临的难题，人们对事物的认知与理解还受到来自自身的认同与排斥。虽然这里的原因很复杂，但的确有必要进行一定的剖析。可以说，人类历次的技术进步，都免不了在利与弊之间、理性与习惯之间进行权衡，在技术原理和应用之间展开认知趋同的斗争。

### 5.3.1 技术原理解读困境

为了更好地理解现代农业生物技术在技术范畴中的占位，我们首先应该适当地了解它在生物技术范畴中的位置，以及它与生物技术、现代生物技术、社会应用体系之间的关系。

一般认为，生物技术主要涉及以下三个技术范畴：采用生命科学理论的技术、生命技术材料系统、工程系统及社会服务。因此，生物技术可以被看作是“以现代生命科学理论为基础，结合其他自然科学与工程学原理和技术，设计建构具有特定生物学性状的新型物种或品系，依靠生物体（包括微生物，动、植物体或细胞，生物酶系等）作为生物反应器，将物料进行加工以提供产品和为社会服务的综合性技术体系”。现代生物技术主要涉及以下技术范畴：“基因工程、细胞工程、酶工程、发酵工程、生物分离工程（生化工程），以及由此衍生出来的蛋白质工程（protein engineering）、抗体工程（antibody engineering）、糖链工程（polysaccharose engineering）、胚胎工程（embryo engineering）及海洋生物技术等”（吕虎等，2011）。

广义地理解，“生命的基本特征之一就是生物体内具有物质和能量及信息的变化（或转化）。生物体信息的变化包括两个基本方面：一是从亲代到子代的信息传递，二是生物个体内遗传信息的表达，两方面同时决定该个体的性状特征”（赵亚华，2015，13）。从技术范畴解读，“生命包括任何活细胞体内数以千计的分子之间发生的复杂化学反应。DNA（脱氧核糖核酸）是主要的分子。DNA 结构中编码了创造和指导生命化学及其所需要的所有信息”（D.A.米克勒斯等，2005，3）。但是，单个或者某个 DNA 的片段不足以完成遗传性状的表达，生物体需要一套完整的遗传物质——基因组（Genome）——来进行演化。有关基因组的概念界定尚存在分歧。一般认为，基因组“是指生物体或细胞中，一套完整单体的遗传物质的总和；或指原核生物染色体、质粒，真核生物的单倍染色体、细胞器，以及病毒中所含有的一整套基因，包括构成基因和基因组之间区域的所有 DNA”（赵亚华，2015，47）。从遗传功能看，生物体的 DNA 具有三个主要功能：复制，将遗传信息由亲代传给子代；转录，使遗传信息在子代得以表达；变异，在自然过程中获得新的遗传信息（赵亚华，2015，126）。不难看出，人们所认为的变异，在遗传学意义上是生物顺利进化的生物学基础。

可以说，如果没有科学的理性思维将生物体的存在解构为上述技术概念与范畴的话，那么人类也许就无法了解“人为何为人”的道理了；也就无法进一步认知人类与自然界的关系，至少在生物学的实证意义上的确如此。

现代生物技术及其应用是多样性、复杂的聚集体，在社会结构中，群体容易就生物技术的技术行为所带来的利益和问题进行取舍或规避——人们经常关注生物技术的安全问题。在科学技术的实验方法论层面同样也有着类似的思考，因为即使是有着严格规定的转基因技术，也包含着多种实现方法，也会带来多种规定性的风险表达。例如，在农业技术领域，科学家通常会使用两种截然不同的方法将外源性基因转移到不同植株：（1）土壤农杆菌介入法（agrobacterium tumefaciens），这是一种生物的方法，用农杆菌作为自然的基因遗传（转移）代理；（2）基因枪法（biolistic），这是一种纯物理的方法。后者也是公众理解意义上最常用的转基因作物的生产方法（McHughen，2000，51－55）。这两种方法的环境风险表现就存在伦理上的争论：自然过程真的安全吗？转基因真的只是人工产生的吗？由此进一步引申出生态伦理层面的纠问：对于生态系统的价值靶向意义上的消极改变是否只有人类的技术实验行为才能实现？对于此类问题的回答涉及多方面的认知内容，在技术层面，最为引人关注的生物技术风险是基因突变（gene mutation）——“基因发生可遗传的结构和数量的变化，通常产生一定的表型”（赵亚华，2015，126）。在自然界中，生物体的自发突变的概率是极低的，这是公众有理由担心生物技术潜在风险的强势认识基础。

在自然界中，农杆菌是一种微生物，它能够把细菌细胞 DNA 的片段转移到植株，并且使转移过去的 DNA 永久嵌入植株的基因组。农杆菌具备的自生的转移基因的功能，彻底推翻了自然界不会发生基因转移的观点。在实验室的操作过程大致是这样的：科学家给农杆菌插入带有目的基因的 DNA，再把农杆菌接种给特定的植株，然后由细菌自然地完成 DNA 的转移。

公众理解意义上更容易遭遇反对的基因枪法，实际上不过是进一步强化了上述的转基因能力，即采取了“非自然的方法”实现基因转移。在实验室中，科学家将含有某种基因表达的 DNA 涂在微小的“子弹”上，然后将“子弹”射入植株。有些细胞就将 DNA 嵌入自身的基因组，然后长出含有此 DNA 的成熟植株。

从实验方法论上看，方法的不同会导致结果的不同。需要注意的是，公众理解意义上更具危险性的方法，实际上或许更安全。仅以上述两种方法为例：如果人们担心基因污染或者非意愿性的其他基因被转移，那么农杆菌介入法（自然的转基因方法）比基因枪法（人为的方法）更具有不可控的风险。这一点是出乎社会公众常识预料的。因为前者在转移目标 DNA 的同时也会转移自身的 DNA，且过程不受控；而后者仅转移目标 DNA。因此，在科学思维中，行为与结果之间的转化是一个变量关系，由此导致了技术“安全”与技术“风险”都是相对的——科学意义上的“安全”不过是“风险被控制在可接受的范围之内”。它是一种选择性的技术—伦理指标体系(Fischhoff et al, 1981, 2-7)。这如同我们说航空飞行安全,并不是说绝对安全,而是指飞机发生事故的概率微乎其微,可以被接受。

由此可见,社会以及公众对现代农业生物技术的认知还需要进一步在技术原理层面进行认知矫正,而诸多未必科学的观点在媒体上被反复讨论时,科学的发展也多少会因此而受到干扰。另一方面,由于人类认识的历史性和相对性,谁也无法预料对转基因的这种人为操作是否完全符合自然进化的规律,目前确定的安全会不会在将来被发现是不安全。因此,人类的科学进化常常也进退两难:顺其自然未必安全,超越自然则后果难料。

### 5.3.2 伦理选择困境

现代基因工程已经给人类的农业生产、工业生产、医学研究、医学治疗、食品生产等方面带来巨大利益。概括地看,当代基因工程的应用领域主要有:基因工程类产品(rBST-人工重组牛生长素、基因类药物)、医学基因疗法、转基因生物(动、植物)、克隆技术与干细胞研究等。在这些应用领域中,有的是食物摄取或者生产方面的实际应用,例如,转基因作物;有的是医学研究与临床治疗方面的解决方案,例如,血液系统疾病治疗、神经干细胞治疗、组织器官移植、骨髓干细胞治疗等;有些则关系到医学研究或者临床用药的生产,例如,重组乙型肝炎疫苗、重组类干扰素、胰岛素等。

按照上述技术适用领域的归类,现代生物技术常常被划分为"红""绿"两大阵营——红色生物科技(red biotechnology)是指与人类健康有关的领域:制药、医疗、医学研究等;绿色生物科技(green biotechnology)主要涉及农业生产与食品生产领域(Black et al, 2011)。在"红"阵营,"新的遗传学研究工具和方法的不断发展使得克隆许多基因和利用这些基因来生产重要的医用蛋白成为可能,这些蛋白质包括胰岛素、凝血因子、血纤维蛋白溶酶原、白细胞介素、干扰素和细胞因子如促红细胞生成素、集落刺激因子等"(D.A.米克勒斯等,2005,227-228)。在"绿"阵营,"利用基因工程技术改良菌种生产的第一种食品酶制剂是凝乳酶……1989年,瑞士政府第一个批准了转牛凝乳酶的转基因微生物商业化生产,这种凝乳酶可以用来生产奶酪"(农业部农业转基因生物安全管理办公室等,2012,173)。

在伦理学意义上,现代生物技术的应用,使得人类行为更加符合人类自身的道德情感的原则,缓和了人类与生物的紧张关系。在医学治疗层面,如果不使用现代生物技术的话,有些人类疾病的治疗无论在时间、经济成本、适用人群的范围、动物福利等方面,还是在人类社会伦理方面都将遭遇重重困难。例如,"要获得用来在一年时间内治疗一个糖尿病人所需的胰岛素,要耗费大约70头猪或14头牛身上取下来的7—10磅重的胰脏。HGH(人的生长激素)的提取是很繁重的工作,从80具人尸的垂体中提取的HGH才够治疗一个垂体性侏儒患者一年之用。如果考虑到患者需要进行长达5—10年的长期治疗的话,如此多的治疗性蛋白的供应问题就尤其显得杯水车薪"(D.A.米克勒斯等,2005,227)。现代生物技术的应用减少了对动物的杀戮,同时改善了人类的生存质量;它们并未引起人们的争论,此时人们对转基因技术的认知也大多是正面和支持的态度。

就目前的公众关注程度来看,人们对于"绿"阵营的争议与排斥远大于"红"阵营。然而,历史地看,人类早期就已经开始应用各种方法来调整食物的理、化指标——古希腊时期,"一个专家关注的问题是葡萄酒的酸度。他们尝试着用海水、松脂、沥青、树脂、白垩粉、石膏、石灰和芳草处理来加以纠正"(查尔斯·辛格等,技术史,第二卷,2004,95-96)。与之相类似的经验与生活实践,逐渐形成了人类关于食品技术应用的经验知识,并逐渐传承延续下去。若以现在人的观点来看,沥青、石膏、石灰等物质是不应该被用在食物生产过程中的,因为在分析化学上,它们是有害健康的物质。

食品技术,在一般意义的观念认识层面,是为了便于食品的贮藏和使用,但是有些食品技术的应用却首先考虑医学健康方面的因素,同时兼顾食品的贮存。例如,"采用巴氏灭菌法的目的主要是为了防止结核病的扩散,因为这种病能通过牛奶传播。美国的研究表明,在密封的巴氏容器内将牛奶加热至140℉达20分钟,既可以灭菌又不会损害牛奶的味道和乳脂"。(查尔斯·辛格等,技术史,第五卷,2004,21),食品技术是食品科学在食物处理方面的应用,而食品科学包括了物理、化学、生物、生理、营养等综合性科学的研究与应用(查尔斯·辛格等,技术史,第五卷,2004,17)。此外,我们应该注意到,如同过去人们曾经认为胃的消化功能"形同腐烂的过程"(查尔斯·辛格等,技术史,第三卷,2004,17)一样,科学事实也经历着由经验事实向理性认知转化的过程。

1994年，卡尔京公司(Calgene)向市场推出了全世界第一例转基因作物“佳味”(Flavr Savr)西红柿(现已不存在)，卡尔京商业运作的意图是使人们能在寒冷的1月“体会夏日的美味”(农业部农业转基因生物安全管理办公室等，2012，113)。此后，很多转基因作物投入商业化种植，包括抗除草剂玉米、棉花、大豆、油菜等，有的获得了成功，同时也引起公众的质疑与争论。到2010年，转基因大豆种植面积占全球大豆种植总面积的81%，(农业部农业转基因生物安全管理办公室等，2012，32)，加拿大转基因油菜的种植面积占总面积的94%(农业部农业转基因生物安全管理办公室等，2012，87)。到2010年，美国、巴西、阿根廷、加拿大、南非这5个国家种植的转基因玉米占到总面积的96%。(农业部农业转基因生物安全管理办公室等，2012，47)1996—2011年，转基因棉花占全球转基因作物累积种植面积的12.6%，仅次于转基因玉米和大豆。(农业部农业转基因生物安全管理办公室等，2012，65)根据国际农业生物技术应用服务组织(ISAAA-International Service for the Acquisition of Agri-Biotech Applications)的报告，2011年，全球有29个国家种植了转基因作物，其中在中国有700万农户种植了转基因作物(农业部农业转基因生物安全管理办公室等，2012，6)。

转基因技术问世初期，人们很容易按通俗的食品和药品的概念在它们之间进行划分。在公众的理解中，当时用于医药行业与应用于农业生产的生物技术，在其最终形态的产品上并未交叉。随着生物技术的发展，生物技术产品的应用范围已经打破了人们长久以来的认知习惯，例如，氨基酸。氨基酸是构成生物体蛋白质的基础，被广泛用于医药、食品、农业等领域，“全世界氨基酸产量中作为调味品及食品添加剂的约占50%，饲料添加剂约占30%，药用和保健、化妆品及其他用途的氨基酸约为20%”(农业部农业转基因生物安全管理办公室等，2012，175)。今天的人们已经很难简单地从单一的技术与技术应用的范畴来区分同一技术行为的生态伦理意义的表达。

在药物生产应用历史上，也曾经出现过在食物中使用药物的先例：“食品中使用抗生素是为了抑制细菌的生长，这是第二次世界大战后的一项发展。食物中被允许使用的抗生素，例如乳酸链球菌素等，不能加入药物中，其使用也受到严格控制，这是为了避免抗生素抗性菌株的生长。在英国，奶酪、浓缩稀奶油或其他任何罐头食品，可含有乳酸链球菌素……四环素可加在冰中以保持鱼的新鲜度,但其残存量不能超过 5 ppm”(特雷佛 · I.威廉斯,技术史,第七卷,2004,502)。

公众和决策者支持生物技术的研发,然而,当其产物应用于食品生产环节时,却会遭遇质疑、争论甚至抵制;这进一步模糊了“红”“绿”生物技术阵营的技术认知界限。例如,关于重组牛生长激素(类)产物的争论。对细菌进行遗传修饰生产激素类药物的方法,是重组基因技术最早的成功应用之一;这项技术后来被应用于生产人类生长激素并投入医学临床应用。与我国情况相类似,北美和欧洲的公众对生物技术的关注也大多集中在安全和环境方面,尤其是对食品安全的强烈关注,然而在具体的选择与取舍方面,不同国家和地区却大相径庭,和美国不同,加拿大从未批准 rBST 技术,欧洲则禁止此项技术及其产物(Brinkman,2000)。

在人类学范畴,人类基因组的研究给出了一项重要结论:现代人类与我们的祖先基本相似。生物体的基因没有人们想象中的那么容易发生突变。在遗传学范畴里,今天的人类或许已经不具有严格遗传学与生态学意义的“种群”表达,因为“‘人类种群’的含义是指由于地理、语言或者文化等原因而只在他们内部进行通婚的一群人”。人类的属性经由多元化的社会建构及文化交往而逐渐脱离纯粹生物学意义的演化进程(D.A.米克勒斯等,2005,249-250)。

在漫长的人类进化史中,人们很难在 DNA—环境—基因改变之间建构起一个人类进化的生态伦理模型,但是生物学意义的改变与社会—文化多元化的演进同时发生并存在着。人类同样很难区分诸如肤色等生物学意义上的人类特征表达的差异与环境、文化、宗教习俗等因素之间关系,或者因果联系的假设及其存在意义的表达。

人类的演化,一直以来都在默默地承受着自然界给我们带来的自体—环境—观念的改变与进化,生物学意义的演进已经历史地融合了人类与环境、社会、文化的需求和进化进程。这在一定程度上印证了物种进化规律与科学认知之间关系的不确定性,也在一个侧面揭示了对于技术形态的文化认知框架必然性的存在。

除了历史、文化等方面的原因之外,在科学家与决策者之间也存在对科学认知的不同理解和伦理选择的差异。科学家根据实验结果认为,转基因作物与传统作物相比,优势不言而喻,甚至认为“转基因技术比传统育种技术具有更少的不可预测的影响”(Ricroch, 2013, 350)。尽管科学家对转基因技术的风险给出的是良性评估结果,但是法国和德国政府还是发布了“安全条款”:“禁止种植转基因玉米,并没有使用食品安全参数去判断其风险”(Ricroch, 2013, 353)。如果进一步将资本运作、经济利益等因素加进去,便不难发现,社会在对现代农业生物科技的认知与选择上,一直处于进退两难的矛盾状态。科学家的观点既可信又不能全信,公众的情绪既有担心的缘由又不尽合理,而决策者的选择更需要考虑如何赢得信任。

综上所述,不难看出,现代农业生物技术能否顺利发展,关键在于对此项技术的后果是否安全的认知与考量,需要克服的困难首先在于公众、学术共同体和政府决策者关注的焦点一直不尽相同,其次需要认识到文化范式对于人类认知的影响。面对现代农业生物技术给人类带来的巨大福祉,轻言放弃显然不舍不能;一概接受又心存疑虑,人类对待类似转基因这样的科学技术的态度比历史上的任何时候都显得犹豫不决。

### 5.3.3 公众认知困境

在理想状态中,科学技术的认知逻辑结构,可以被视为一种满足因果联系的表达。尽管目前有学者认为因果联系并不能够适当说明物质的存在,但是大多数情况下,因果链接对物质世界具有进行结构与解构的一定的认知功能。

在科学事实层面,因果联系可以被当作结果的可重复性表达,即实验结果的可重复性。例如,电子从正极流向负极,这个过程可以在相同条件下反复发生。在人类社会建构中,对科学事实的认知是极其复杂的。假定科学研究、哲学认知和公众理解分别占据认知思维的三个层面:结果的可重复性、结果的一般性呈现、结果的现实性表达;那么不难看出,科学家和哲学家可能都会关注实证意义和思维意义上导致结果发生的第一推动力问题,而公众在大多数情况下只能意识到结果的现实表达。这就是说,公众在一般情况下不会去思考电子为何会呈现由正极流向负极存在悖论表达的原因,以及对这个原因起源的思考。

一般认为,人们对一个科学实验的实证事实的社会意义的评测总是异常复杂的,同时也伴随着社会认知心理学意义的纠结、迷茫和困惑。如果由处在相对应阶段的学术共同体内部成员进行科学认知的时候，其认知结果或许会比较容易接近于认知的真实性表达。但是，如果由公众来进行此类认知，情况就会变得复杂起来；而更大的问题在于公众的认知结果通常会与一定的社会结果（行为、情绪）产生因果关联，这些都会对决策者的科学技术认知与决策行为产生影响。此时，科学研究层面的协商民主很难在公众认知与理解层面发挥效能。

如何揭示公众对科学技术的认知困难始终是个难题，我们暂且聚焦于媒体—公众的信息传达，以此做出合理的假设来研究。

一般认为，公众对于现代科学技术的认知来自媒介所带来的信息，因此媒介传播对公众的认知是否具有强势的形成（影响）作用便成为核心问题之一。

起源于 20 世纪初至 30 年代的“皮下注射理论”（magic bullet，“魔弹论”）认为，传播媒介对人的观念形成与价值判断具有强大的力量。威尔伯 · L.施拉姆（Wilbur L. Schramm）曾经如是描述：“传播被视为魔弹，它可以毫无阻拦地传递观念、情感、知识和欲望……传播似乎可以把某些东西注入人的头脑，就像电流使电灯发出光亮一样直截了当”（郭庆光，2011，176）。“魔弹论”在思维范畴意义上就是弗洛伊德（Sigmund Freud）学说与约翰 · 沃森（John B. Watson）行为主义的合体：“在魔弹理论看来，理性只是形同虚设，完全不能抵制强大信息的侵入”（斯坦利 · 巴兰等，2010，79 - 80）。时至今日，“皮下注射理论”（就其对公众强势、实时、直接的传播效果而言）早已被传播学者们所抛弃，只是偶见于针对时弊的批判中（社会偏见、暴力、种族歧视等）。

理论上，哲学家与科学家最希望信息的传递能够简单明了、直奔主题，没有丝毫疑虑地被受众接受。这对科学技术的进化至关重要，它可以降低技术进化在社会认知层面的阻力与社会成本。然而，在公众对生物技术（转基因技术及其产物）形态社会认知的表现中，“皮下注射理论”却表现出典型的悖论，甚至在一定程度上呈现出二律背反。主要表现为：（1）同一理论的跨时空否定—采纳。“皮下注射理论”的传播强效应结果已被否定，但在关于生物技术的传播中似乎已经起到某种强效应的引导。这种传播的强效应既来自学术共同体、传媒共同体的信息传递，也来自社会群体、个体的认知倾向，其中包括利益的分配与取舍动机。从另一角度看，人们似乎希望媒介传播能够起到“皮下注射理论”的强效应——引领公众的认知，至少是影响公众的态度。（2）同一传播过程中认知结果的二律背反。假设学术共同体试图给公众传递生物技术的益处，但从结果看，公众却可能接受并认为生物技术具有的危害是现实的，是需要规避的。反之亦然。总的看来，在关于生物技术的信息传播过程中，肯定与否定的信息都有各自的社会与公众认同，又都在不同程度上背离信息传递者的初始意图。

仅就技术层面而言，“否定”的信息传播与公众形成“否定”的观点（认知）有一定因果关系。这在事实层面表达得比较清楚。技术的媒介传播与公众接受之间的因果相关性的表达是模糊的。因为没有证据证实，公众理解（舆论）与媒介传播有直接因果关系，但是这似乎也无法证明媒介传播对公众理解的形成不具有影响力，因为有“议程设置”（agenda-setting）的存在。伯纳德·科恩（Bernard Cohen）认为：“新闻媒体远远不止是信息和观点的传播者。也许在多数时候，它在使人们怎样想（what to think）这点上较难奏效，但在使受众想什么（what to think about）上十分有效”（斯坦利·巴兰等，2010，307）。“议程设置”理论无可争议地证明了，在特定事件上对公众理解——事件中何为最重要的内容——的形成具有短期的强效应。社会希望人们对于事件的了解是基于传媒共同体的议程设置的条件和要求来获得，但是预设的条件无法解决人们由于个体意志性差异而产生的主观意图的不同，以及由此带来的选择问题。社会建构下的人，无论是个体意义还是群体意义，都先天地具有自觉抵制影响—参与调整影响的主观性认知心理过程，这可以被解读为人们对技术行为的认知态度。有些时候，人们的态度是相当固执的，而对这一点，科学共同体似乎无能为力。因为专业技术人员组成的共同体似乎并不具备与欠缺专业素养的群体进行沟通的技能与技巧；而与此同时，传媒共同体的沟通却存在一定程度的技术内涵的缺失。这其中的原因是复杂的，但也不排除利益驱使的有意为之的行为。这些无疑都加重了社会理性对待科学认知的困难。

科学技术（作为信息）是一种特殊的认知现象，也可以说是一种特殊的“信息”。媒介传播是否能够对公众（受众）起到“印象”功能将会左右人们对技术的理解与判断。框架理论（Framing）认为，由于信息内容很大，媒介传播者无法将其所有内容彻底传递，因此媒介传播者（有必要）将信息进行归类（设计框架）：按照强调的重点选择事件、中心议题、态度等（斯坦利·巴兰等，2010，271－276）。就公众而言，他们无法获知生物技术的“真实性显现”，这需要媒介传播者首先做出判断：哪些是公众最需要的、最希望知道的；然后据此对信息及相关要素进行选择。正是在此意义上，可以认为，信息源——决策者、信息提供者、公众关系参与者、科学共同体、利益团体成员等——对传播者有影响，一种主导性框架的设计，会影响公众的态度（理解）。尤其是生物技术这类高科技信息，媒介传播对公众理解具有强势影响，“特别是在（公众）缺少对照性信源的情况下，媒体的主导性框架所造成的先入为主效果是显而易见的”，即所谓“框架效应”（framing effects）（郭庆光，2012，210）。

如果“框架效应”在公众对生物技术（转基因技术风险）的认知上具有重要的潜在影响，那么纵观近10年来全球关于农业生物技术（转基因技术）的争论与质疑，各个国家、地区、种族、信仰之间的差别则不能被忽视。社会必须努力重构公众争论的框架（即公众理性理解科学技术的框架）。

目前，技术行为认知层面的媒介传播主导型框架大多以“技术—工具—效率优先—人类生活伦理实现”为逻辑主线展开，其目的在于解决全球饥荒问题、消除营养不良导致的疾病、使处于自然经济状态下的人们生活拥有良好的经济基础等。现在，人们需要认识到，对于技术行为的认知有必要吸收促进人类与生态系统之间互相理解的要素及其相应表达。生态伦理的认知表达能否作为技术—工具认知范式的指引或者限定的问题，仍有待进一步的研究与争论。在思维层面，生态意识作为一种逻辑投入，是否也会出现思维层面的边际效应成为生态伦理观念体系在技术指引范畴内能否存在的重要条件之一。

理想状态下，社会希望框架效应能够影响公众对生物技术的认知，并获取正确理解科学进化的态度。因此，可以假设，框架效应在公众对生物技术的理解进程中仍将继续产生效用。

虽然前述分析看起来很有道理，但公众的认知是否会按照科学家预设的路径前进仍然是一个未知的难题。在哲学上，这是一个很难回答的问题。因为知识是经验的集合，认知来源于经验，人们对待技术现实的评测需要参照物。对于转基因技术这类新技术而言，经验很难（甚至无法）提供可靠的知识作为参照。然而，公众就偏偏在这个看似并不存在的经验领域，找到了“虚拟的参照物”——“个体印象，以及经验与选择的匹配”，并据此做出理解与判断。这种情形基本属于技术传播中的“积极的受众”表达。杰伊·G.布卢姆勒（Jay G. Blumler）认为，公众在接收信息传递进程中的“积极行为”具有以下四个意义(斯坦利·巴兰等,2010,263):效用(Utility),人们使用媒介的用途;意图(Intentionality),人们预先的动机指引对传播内容的消费;选择(Selectivity),人们对媒介的使用可能反映了他们现有的兴趣与偏好;抵制影响(Imperviousness to influence),人们不愿意被控制,包括传播媒介。在人们对技术行为的认知中,即使从积极的意义考虑,也不能排除或忽视公众对于信息传播的自主性反馈行为。特别是在有关事物的本体性认知方面。

概括地说,公众对于自然界真实性的认知,一定程度上,是建立在(或依赖于)长期媒介传播所产生的影响,以及从其他社会结构受到的影响的合力作用基础上。同理,公众对新技术的认知容易受到(或者很大程度上受到)以前相关技术,以及生活经验所形成的“个体印象”的影响。如果公众对以前某种技术存有“不确定,风险表现”的印象,那么,他们很可能将类似的新技术的风险特性归类于“类似前者”,毫无疑问,这将严重扭曲公众对新技术的认知,阻碍科学技术的进化。例如,将药物的过敏反应归咎于生物技术。一般意义上,由于公众会自然地将存有的对以前技术的“个体印象”视为“质问”新技术的信息源,所以,学术共同体有必要在新、旧技术之间“划出一条界线”——(也是传媒共同体需要厘清的)何为“科学事实”。我们要以“科学事实”为依据来认知不同的技术及其风险,并以此作为社会对技术及其行为展开认知的基础和伦理判断的依据。

但仅仅以科学事实为手段是不够的,因为除了受众自身的不同文化背景等因素差异之外,媒介传播体制与传统的差异也会导致公众理解的差异。在现代的社会结构里,媒介传播容易受来自利益团体与决策层面的干扰,其后果就是媒体传达的信息可能是片面的,甚至是错误的,公众因此遭受误导。在美国,有学者认为,美国公众表现出的“认同基因改良食物”认知表现是受到了美国媒体早期宣传的影响,那时美国媒体的准垄断—机构—利益驱动色彩较重(Priest,2000)。由于美国的新闻体制很大程度上是源驱动(source-driven),特别在科学技术领域,所以公众理解的不同意见很少受到决策者的重视。与此相反的是,欧洲公众对生物技术(转基因技术)的质疑与抵制很容易通过媒体显现出来。而在美国,针对转基因技术风险的争论与质疑,即使见诸媒体,也只停留于局部事件或反应,很难在全美掀起讨论。由此可见,媒体对于科学或者技术的报道,能够产生有利于技术应用与研发的助推作用(Priest et al, 2004)。

在当代，对生物技术的媒介传播，仍需进一步构建理性评价社会对发展科学技术的态度与选择的框架，以帮助公众树立较为理性的生物技术及其风险的认知态度与伦理选择标准。传播媒介对人们的行为、认知与知识结构的建立和进化能够产生积极或消极的影响，但是受众往往把自身的心理、经验、价值、选择、信仰和理解带入对信息的解读进程，它们同时也会对信息传播的发起者产生能动的反作用。

一般认为，在公众对科学技术的认知上，人们总会认为公众缺乏可靠的、精确的科学技术方面的专业知识，所以学术共同体理所当然地要给公众传递相关知识。这是(存在)一种假设(或者说是前提)：(1) 公众缺乏专业知识；(2) 公众会接受专业知识。具体到生物技术的哲学认知层面，可以认为这种假设符合科学传播中的缺陷模式(deficit model)的表达。

在有关生物技术信息的媒介传播过程中，科学家通常认为：(1) 公众对科学技术的偏见可能源于科学信息的缺乏；(2) 向公众提供大量、精确的专业信息可以弥补知识结构的缺陷，纠正偏见。或许，合理的信息会对公众对生物技术的理性认知起到推动作用。然而，也有研究及统计表明，向公众传递大量、精确的专业信息并不一定会产生科学家所预想的效果，甚至走向反面。例如，2010年，欧盟发表一份研究报告《过去十年欧盟资助的转基因生物研究》(*A Decade of EU-Funded GMO Research*)，这份报告内容来自130个研究项目，有超过500个独立的研究小组参与了这些项目，时间跨度25年。最终该报告指出：生物技术，特别是转基因生物技术并不比传统植物杂交技术更有风险。然而，对欧洲公众所做关于转基因食品安全性的调查显示，持支持态度的比率："英国44%，希腊和塞浦路斯10%，而土耳其仅7%"；同时对于基因顺化技术(同源转基因技术)的支持率，"塞浦路斯高达76%，卢森堡则只有35%"(European Commission, 2010)。这说明，实验数据只是科学知识与认同科学的态度之间很微弱的联系，单凭科学事实无法充分主导公众对于科学技术的理性认知。

缺陷模式似乎就此陷入了认知困境。其原因主要有以下几方面：(1) 人们对受众自愿接受知识的意愿估计不足。科学家认为公众对科学家提供的精确、翔实的专业信息必定感兴趣，也一定会接受(因为"对生物技术的担忧"是公众自己提出的)。事实则是,当信息的输入频率过高、输入量过大时,反而降低了人们的关注度,而进一步加强了公众形成自我判断的动机与欲望。(2)人们忽视了形成公众理解的外部因素,例如,文化背景、宗教信仰、民族感情、道德传统、决策者意图、风险与利益的取舍、经济社会带来的弊病、社会结构的差异等。(3)科学家忽视了科学技术在认知上本身就具有不确定性。(4)社会预设了公众存在认知与知识的缺陷。这导致了学术共同体容易用简单的、指令性的语言向公众单向性地灌输某种"认知结果"。其思维的实质是:假设认知主体思维结构趋于同质化的表现,而忽略了思维的多样性、思维形态的差异,以及它们的成因。

另一方面,缺陷模式之所以陷入困境,源于我们对公众在认知过程中的定位错误——输入→接受→认知——公众始终处于下位、是"自愿"地被动接受一方。

事实上,公众对生物技术风险的认知很大程度上依赖于人们对科学技术与决策者的信任度,而非仅仅来源于科学事实与经验事实的对比、衡量。长远地看,让公众自身积极、有效地投入对他们所提出的(生物)技术风险事件进行的争论与质疑,是维持公众对科学技术及其范式表达保持自信的较好的方式,其效果可能比单纯地弥补知识缺陷好得多,也理性、民主得多。

今天,人们在研究人类关于生物技术的认知困难时,尽管是以大量的科学事实为资料做出一定分析,但是,若要不断逼近最接近真实的复合技术本质的认知状态,仍需要以一定的科学技术哲学思维习惯为引领,建构相对正确与理性的认知基础。这将更多地表现为哲学的内容。

一个人不可避免地会以个体在既往经验基础上形成具有个体特征的认知与判断,其中就包括知识与常识(科学常识)——日后形成技术认知的主要基本观念性要素。个体知识与常识的积聚,不仅仅是从无到有的变化,更包括如何看待与使用它。而要使用知识与常识,则要具有对知识价值与常识价值的理性判断能力。个体判断行为的发生,既有认识论的原因,也存在方法论的辅助因素。从认识论角度说,价值判断可能来源于知识体系以外的要素,这一类因素的功效比较容易理解和认知。但是还有一类因素同样不可忽视,就是科学知识本身具有的形成个体价值判断的功能。

如果说技术发展的早期,人们对技术的认知更多地局限于满足日常应用的话,那么现代科学技术的发展与进化则更多地表现为思维的演变,进而与个体所处广义的文化条件相匹配，而不仅仅是相联系。科学技术进化的趋势由过去的被动检验人类的假设，逐渐演变为主动假设而寻求事实验证，也由此在哲学上引领了思维在认知层面的进化与反思。现代科学技术及其产物不仅仅是“器”的功用，科学技术产物的使用带来的也不仅仅是功能，而是价值观的生成、波动与变化、思维动机的不同。如果说公众层面上的科学技术认知更多地是从接触哲学的末端，即应用开始的话；那么科学家与哲学家要做的就是，尽量去揭示隐藏在技术应用背后的思维表达，走到技术应用的前端，找到其引领作用的思维及方法。这种认知的角度与思索，本身也构成了认识论意义上方法论的存在与表达。

不难看出，在现阶段，教育仍是社会形成对科学知识理性认知的有效手段。科学知识不同于自然常识，尤其是专门知识，它的传播者需要具有一定的物质基础与经济支撑。目前，高等院校与科研院所仍是最合适的选择。但是，这并不是说它们是唯一有效的方法与途径，这也是以往教育误区之一。首先，要建立知识传播者与受众二者平等交流的位置关系，摆脱单一性的灌输—接收的位置关系。因为受众对信息的接收不等于接受与理解。其次，要认清知识传播者还有谁。在多媒体化社会中，单一的知识传播者的认知结构已经被打破。最后，要建立核心认知主导者地位。科学技术的知识认知应以学术共同体为核心展开，其他形式以其为中心，不可将诸如媒介传播等形式排除，视其为对立的一方。对科学技术的充分认知将是社会对技术行为及其演化形成适当理解的基础。

## 5.4　现代农业生物技术风险的认知与判断

一直以来，科学技术及其思维都深得人们的信任和依赖，因为在公众的脑海里，科学是理性、价值自由与真理的象征。

现代科学技术给人类在各个方面都带来了巨大福祉，并且提高了人类整体的生活质量，科学技术的发展方向甚至被视为人类生存发展的指向标。然而，在针对以转基因技术为代表的现代生物技术风险的质疑和争论中，公众对现代科学技术的好处偏偏视而不见，无论科学家拿出何种证据似乎都无法消除公众的恐惧与担忧，再经由媒体的肆意炒作，使得情况变得越加严重。

不可否认，人类对科学技术的过度依赖，以及人们对农业技术产品的滥用产生了不可忽视的环境危害：过度施肥，杀虫剂、除草剂的滥用等，由此对自然生态系统和人类的食物链构成威胁。转基因作物对公众身体健康，以及环境的影响再次给科学技术蒙上了阴影，这也是公众对转基因作物安全性表示担忧的直接诱因。事实上，科学家改良动植物基因的意图，主要为提高农业生产量、优化植株某些符合商业性质的特性和表征、增强植株的抗病能力、增加它们所含营养值，使其具有抗过敏、维生素及微量营养元素含量高、货架寿命长等优势(Committee on Environmental Impacts Associated with Commercialization of Transgenic Plants, 2002, 220－223)。其好处之一便是减少化学制品的使用，例如除草剂、杀虫剂；这个结果似乎是应该有力地支持转基因作物的商业化种植才更合逻辑。另一方面，尽管科学家也不断通过大量实验证明：转基因作物较之传统作物的优势是不言而喻的，通过对“转录组学”“蛋白质组学”“代谢组学”“多代”等所做高通量分析表明，生物技术的风险并不显著高于其他技术。但现实却并非全如科学家所愿，世界各国依旧多次爆发抵制转基因技术研究以及转基因作物商业化种植的事件。这在一定程度上不仅影响转基因技术的发展，也对人类科学技术的进步方向提出了质疑与挑战。

有研究表明，公众对于技术风险(危险)的认知不仅源于科学数据，最终结果往往是个体价值或者经验的判断与取舍。从技术层面看，反对转基因作物的人们或许强调，转基因过程涉及外来基因组的“插入”，这有可能干扰原生植物基因的正常遗传功能，并且使“优化”的植株具有潜在的变异可能。同时，人们也对转基因产品的毒性、过敏、致癌性，以及环境问题提出了担忧(Azadi et al, 2010)。

在公众习惯认知里，传统作物经过人类农业活动近1万多年的自然培育与种植，确定是安全的(Zohary et al, 2013, 1－20)，而转基因作物是科学家在实验室里完成的实验结果，则被认为是不安全的、危险的，甚至据此认为整个现代(农业)生物技术的发展都令人担忧。

不难看出，此刻人们对于科学技术风险认知的理性思维已经让位于经验事实的判断了。以理性自诩的科学似乎已经不那么足以令人信服了。

### 5.4.1 风险可比性的预设

哲学上抽象地理解，人类对于外在世界的认知，正是在与其他存在进行比对的过程中完成的。这可以说是对认知可比性的一般性理解。科学认知中的可比性概念(参照系/对照组)是人类认识和了解宇宙以及人类自身的主要方式之一。

在思维中,存在是一个相对性的表达,是一种借助于对照物存在而获得的自身存在的影像。人类认知范畴中的很多事物是借助对照物获得认识上、理解上的表达。在物理学范畴中,对照物可以被视为参照物。抽象思维中对照物的范畴比较复杂,它们可以是社会的元素、文化的元素、自然的元素等。人对于外在世界的认知可以首先将认知客体的某一方面,或者体现着认知关注的某一要素及其表达与另一对照物的类似方面进行认知比对,然后得出主体对认知客体的认识与理解。概括地说,这是人类认识外部世界的基本方式之一,包括自然科学研究。然而,它又与自然科学研究领域的参照物有所不同,自然科学研究中的参照物(系),如物理学、数学,其规定性的描写可以使用数理逻辑,并用量化方式予以表述,或者理解。在思维认知层面情况则有些不同,量化指标不足以全面解释关于事物定性的差异性描写,也无法描述类似人类感觉一类的主观性元素。在社会中的要素理解与认知上也是如此。它是一种认知意义上的相对性的体现。但是在思维层面仍然广泛地存在、并使用着对照认知的方式。即使在主观性认知与理解上,人们也会自发地将认知客体与自身的意愿相比对,进而得出定性层面的结论。与物理学的参照物相比较而言,它或许更接近于人类的感觉。而类似感觉的认知结果在对科学技术的认知中所起到的作用却不可忽视。特别是针对技术结果尚无确定性表达的事件,例如,潜在的生态风险。

风险,是技术形态的表达之一,它与功能(功用)是一个事物的两面,其评测依据就是人类的可比性认知的逻辑预设,以及对预设结果的人类伦理态度。

在技术范畴内,任何一项技术都存在利弊两方面。如何确定技术的应用就看人们(社会)采纳什么类型的参照物或者参照语境进行何种利益的衡量。另一方面,科学技术风险的显现具有绝对性;有时候,人们通常将风险与安全配对,这是处于相对状态的一种风险认知。这个所谓的安全状态有赖于对风险因素的不断抑制与规范。例如,民用航空飞行。民用航空是技术行为高度精确与人类行为规范高度确定的集合体。民用航空的风险概率同它的事故生还率一样,趋近于零。人们对于民用航空的信任源自它与其他交通方式相比而特有的时间—效率—安全优先的特征。在民用航空风险发生机会与效率之间的比对使人们认为航空飞行是安全的(可接受的),但是仍有一部分人即使在认同安全的前提下,还是认为飞行是危险的:他们宁可花费更多的时间,而不愿意以时间—效率为代价去冒险。这主要是因为,对于个人来说,民用航空安全性的量化指标不具备充足的伦理选择的意义。尤其是对那些乘坐飞机次数不多的人群或个人来说,航空飞行的安全率与事故率是比例均等的。在世界范围内,在已经存在过很多例航空飞行事故的认知背景下,尚且存在认知的不确定性,那么在生物技术范畴内,在转基因技术对于环境和人类健康的威胁尚无确切证据的认知环境中,人们则会更加偏向于通过风险表达载体的可比性评测来判断技术风险的显现。这并非是一种无奈之举,而是强调可比性的认知方式是一种合理的认知方式,尤其对潜在技术风险的评测上。

转基因技术风险的发生,到目前为止,没有确定的结果意义上的表达。那么人们应该如何对转基因技术的风险进行评测呢?以美国科学院关于转基因食物安全研究的报告为例,在研究中,人们采取了预设可比性对照组进行技术结果的不确定性研究与比对,对照组主要包括:同质群体与异质群体、近亲物种与远亲物种在农杆菌介入法下的基因转移、传统花粉杂交技术下的近亲物种与远亲物种的杂交、近亲与远亲物种在物理基因枪法下的基因转移等。通过对实验对照组显现的结果不确定性的分析,最后得出转基因技术与其他技术相比较而言可能出现的结果不确定性的概率——转基因技术的风险显现趋势。如果脱离对照物(组)的结果表示(数据),人们无法给出转基因技术风险伦理选择的理性语言表述(National Research Council, 2004, 4-8)。即便如此,科学技术的风险评测也能给出不确定结果可能发生的趋势分布,但无法给出结果发生可能性的精确的数值表述。

### 5.4.2 风险可比性的认知缺陷及其成因

尽管在科学研究中采取对照物(组)的方式可以在定性意义上揭示某项技术的结果不确定性的阈值或趋势,但是,这种逻辑演绎—归纳的认知方式却存在一定的特殊缺陷。

采用参照物范式思维的技术风险认知,在获取认知客体的风险显现类比表达的同时无法获知所要认知客体的风险显现的临界变量参数。人们可以知道某种技术风险的大概的显现趋势，却无法精确或者实证地取得风险即将发生的临界变量的表达。例如，关于X射线的研究。在早期X射线的使用过程中，人们发现人体可能“会产生诸如脱发、皮肤变红、重度烧伤等生物反应”（特雷弗·I.威廉斯，技术史，第七卷，2004，440）。后来的人工放射研究表明，放射线可能造成身体伤害，脱发就是很普遍的放射反应。

在逻辑上看，只要认识到了X射线的放射反应，就可以预知与此类似的射线也可能存在相似的生物反应。但是根据X射线的照射剂量的限定，则无法通过放射损害的可比性认识来推测其他放射源的损害发生剂量。风险概率向事实转换的临界参数是一个科学认知问题，它是事件由可能性向必然性转化的关键节点。对社会和公众来说，他们更多地关注的是结果发生的必然性（节点）的描述，即风险显现由可能性无限接近临界点的那段内容。

技术风险的可比性认知过程，欠缺有效处理公众的主观感受与理性推理之间差异的方法。在早期关于放射损害的研究中，人们关注的是放射损害发生的症状，而非可能性的评测。好在这些问题在今天的放射医学研究中已经得到有效解决，科学研究给出了安全照射剂量限值等对策建议与指标体系，并且仍然在不断完善之中。

在对生物技术风险的认知中，情况则有所不同，目前没有出现转基因技术风险的事实上的结果，而这恰恰是人们最为担忧的地方。在对参照系的研究中，科学实验可以给出概率上的结果不确定表达的量化参数，但是无法给出具有普遍意义的具体事实。在科学研究中，人们大量使用精确的数据来替代一定的主观感受，使用仪器来代替一部分的人脑的思考—判读功能。这种研究范式非常成功地用数理逻辑证据检验了实验目的。可比性方式下的研究，会产生过度依赖技术和数理逻辑的问题，从而造成人群之间的风险感觉交流的缺失和风险经验判断的缺损；并且也容易使人们更加依赖于技术手段，这又可能加重对于科学的盲目信任。这种情况与放射研究早期的状况很类似：“作为独特诊断的X射线的发展，把一些特别引人注目的技术设备和其他问题带进了医学领域……从事放射性工作的人们——放射专家，更相信他们的设备，而不信赖其他医学专家”；而在公众认知层面：“对于无法借助其他技术诊断疾病的医生来说，这种器械的明显优越性在于：可以得到大量患者的合作，从而拥有更多的患者。在20世纪早期，许多人大声疾呼使用X射线技术，以便使他们自己相信医生对早期疾病并未低估和漏诊”（特雷弗·I.威廉斯，技术史，第七卷，2004，443）。显然，用今天人们的科学常识来评价，它明显地低估了放射损害的程度——创立第一个商业性X射线实验室的美国工程师富克斯（Wolfram C. Fuchs）就“由于过多接受X射线的照射”而死于癌症（特雷弗·I.威廉斯，技术史，第七卷，2004，441）。

人们在对技术风险或者技术现象进行类比逻辑的分析与研究时，也容易出现对于事物特性表达多样性的疏漏。即使在技术风险的测评中，类比的研究方式也有可能忽略其中的风险因子对抑制或逆转风险显现的贡献。科学家似乎将注意力集中在找出或者如何找出发生技术风险的现象（事实）表达及其原因上，这有可能使他们忽略了事物之间因果联系的复杂性和因果要素的转换性。例如，二氧化碳的呼吸兴奋作用。众所周知，降低氧气浓度和增加二氧化碳都会引起呼吸衰竭问题。在通常情况下，人们普遍相信二氧化碳不利于呼吸，但是霍尔丹（J.B.S. Haldane）和Y.亨德松（Yandell Henderson）的研究表明，二氧化碳具有呼吸兴奋作用。这项研究结论促成了新型医用氧气瓶的使用。“通常来说，二氧化碳占大气成分的0.04%。如果存在5%的二氧化碳，呼吸的深度便会提高。到20世纪30年代，装有事先准备好的5%二氧化碳和95%氧气混合气（碳合气）的气瓶付诸应用”（特雷弗·I.威廉斯，技术史，第七卷，2004，445）。随后科学家又验证了二氧化碳对于呼吸的双重调节作用：“作为兴奋剂和增加乙醚的麻醉作用。手术后出现的不规则呼吸和外科休克的紧急情况，均可以用二氧化碳来处理”（特雷弗·I.威廉斯，技术史，第七卷，2004，445）。

具体到生物技术的风险认知上，这种在可能性中实施风险测评的评测方式，在公众理解层面，很容易造成对于转基因技术风险的误解和认知迷茫。因为生态系统要素之间是互相联系的，相对单一的对照物（组）可比性研究，无法进一步揭示出对照物（组）与其他周边生态要素之间的作用与反作用。

历史地看待技术风险，它不是由孤立的一个因素导致的，而是一系列的因素在特定的时间、空间聚合形成的一种结果。人类到目前为止，并没有遇到导致大部分物种死亡的巨大生态灾难，但是在局部或者个别要素的表达和局部生态系统的运行中，人们意识到（或者发现了）一些可能性的表达。强调风险可能性的发展对于培育生态意识是有意义的，起到了防微杜渐的社会效果；但是，对于全面了解生态关系则存在一定的片面性，甚至有可能忽略并错过生态风险可以逆转的机遇。一种逆转的可能性来自生态系统内部，强化对逆转可能性的认知，对社会深度认知人与生态系统之间的关系是非常有帮助的。

在哲学层面研究，造成人们对技术风险的认知出现一定程度的片面性理解与认识的原因，主要存在以下几方面：理性与感性在认知层面的割裂，对风险概念的理解存在不同，科学范式与社会范式之间的差异。

在哲学传统上，人类的认知思维形态可以分为理性认知与感性认知。感性认知在一般意义上被界定为认知的基础，或者初级形态。理性认知是在感性认知的基础之上经过逻辑抽象形成的。这个划分就区分哲学形态的认知层次而言，无疑有着历史的进步意义。如果过于强调理性思维的主导地位，也会出现一些问题：首先，我们无法准确界定谁的思维更合乎理性，或者感性；其次，感性认知方式的生动性与现实性所产生的认知效果，在一定程度上看，是理性思维无法达到的；最后，理性思维并不与感性思维处于绝对的对立之中。

在真实、生动的人类社会生活中，人们通常以感性认知为生活的基础。历史地看，这似乎并未造成太多的问题，或者明显有悖于社会规则。具体到个体来说，人首先是感性的动物，从婴儿出生到成长，生活中的无数阶段和时间充斥着感性认知的要素与过程。在技术应用中也不例外，技术的参数需要转化为感性触觉或认知，才能更好地被人们所接受。例如，空气调节器的功能，公众除了关注机器的参数之外，更重要的是人体的感觉是否舒适。这种认知，我们很难再从逻辑上区分理性与感性之不同。我们可以认为这是一种纯粹感觉意义上的表达，也可以说它是集成了理性与感性的综合表达。在技术产品的设计思维中，这就有所不同，在科学实验的范式思维下，一种功用如何能够最终转化为生动的主观感受仅仅依靠感性认知是无能为力的，这是理性的重要之处。任何一种感觉(感受)都需要经过理性的思维转化为数学概念，再经过物理、化学等过程或者反应，完成其功能的发挥。在技术领域，存在设计意图与人—产品功能交互关系的不适应，人们需要对此予以纠正或改善，例如，人机工程学。在哲学层面看，它是一个典型的理性思维与感性认识的问题。

站在公众的视角来看，人们关注的是感受、触觉、听觉等感官层面的生理反应，以及心理承受能力。在上述空气调节器的实例中，人们对于25℃的参数概念并没有精确的理性认知和生理感受；人们只在意温度是否凉爽、是否舒服。如果人们觉得舒适了，即使他们被告知温度是30℃，人们也不会对此有应激反应。反之情况就会明显不同。有时候，理性的参数表达无法与感性的生理感觉相匹配，这是科学技术研究中经常遇到的问题。技术风险的认知与感受就与此相类似，单独的数据或者参数，以及理性的逻辑分析并不能干扰人们的主观认识与感觉。在哲学思维层面，这种差异使人们意识到理性与感性的关系不能处于截然分立的两个状态环境下，应该充分认知思维的特性，认识到理性与感性都是思维的共性表达。

关于技术风险的科学分析不仅要对结果的出现进行研究，也要对可能引起风险性事件的顺序进行研究与分析。前者主要涉及损害结果的认定与管制；后者是风险出现的可能性预设。科学的理性思维与技术分析，通常会在未知损害行为出现之前对存有风险发生的、概率较大的事件进行顺序上的排列组合，例如，飞行员、宇航员训练中的事故状态模拟。在现实中，很多飞行员和宇航员终其一生也没有遇到致命的事故，但仍然在每次飞行前都要进行清单检查。这样做的目的，显然是为了预防风险的出现。这种情况特指在特殊行业从业人员工作中出现的情况，然而，在普通民众那里，情况则大为不同。可以说，公众更为关心的另一方面是风险一旦出现，该怎么处理。在人们看来，如果风险的后果能够得到有效管制，或许就会减轻生活意识层面的“危险感觉”。对于如何预防与控制损害性行为的发生，对公众来说有些勉为其难。但是也存在另一种特殊情况，那就是当人们感觉到风险，却又无法得出确定的认知结果时，就会加重人们在心理上的疑虑和焦虑。人们对于风险感觉到更加恐慌的是对风险表达的未知（认知的不确定）。公众对于转基因技术风险的认识就是如此。在媒介层面看，科学家越是宣传转基因技术的安全性，公众的质疑声越高。这其中的原因更多地可以归结为心理学层面：一种对未知的恐惧（当然，有一点我们不能忽视，就是专业技术人员对于技术风险的容忍度与公众是有差异的）。

技术风险的评测还受到所适用范式的环境因素的干扰——科学范式与社会范式的不同。严格意义上，对于技术风险的评测应该以科学范式为基础，但是，科学及其范式的存在环境是在社会范式的结构之中。社会范式是一个极其复杂的结构体，里面包含了经济的、政治的、民族的、文化的、信仰的等多元化的要素，以及这些要素之间形成的复杂关系。这些都对技术风险认知形成了现实的干扰。转基因技术风险显现的一个关键性的技术行为就是实验有可能导致基因的变异;在科学范式下,科学家对基因的变异采取的认同与包容态度,却无法在社会范式下获得相应的认同。其主要原因就是基因的变异一旦发生,人类无法控制。公众虽然无法从专业技术角度获得类似的科学认知,但是,一种主观臆想已经给了公众明确的、有理由的担忧。在社会中,谁也无力以整个社会成员的健康,以及环境威胁为代价去容忍转基因技术(或者科学技术)的失败。这在很大程度上就是技术风险在科学范式与社会范式下接受度的不同表现。从另一方面看,它其实是科学范式与社会范式之间的差异。

### 5.4.3　技术标准的选取

在科学实证行为里,由过程到结果是必经阶段(例如,从实验到产品)。一项技术由诞生走向成熟存在过程和结果两个状态。此处的过程是指:技术产品在投入社会化应用之前处于的研发状态的各种表达;结果是指:技术产品的社会化应用形态的具体表达。社会若想对某类技术行为风险进行认知,首先要在过程与结果两个范畴中进行选择,即以何为技术风险,以及技术行为的认知与评测标准。

诸多科学技术的发展过程表明,科学实验/试验的过程是极其复杂的技术行为与思维活动的复合,通常会出现无数次的失败。但实验/试验失败表达是一种概率描述,不是公众理解意义上的危险与失败在技术应用后果上的体现。即使在技术发达的当代,实验的意外同样无法避免,例如,转基因水稻系 LLRICE06 和 LLRICE62。美国在 1997 年和 1998 年对这两种品系的转基因水稻进行了试验,研究表明,与非转基因水稻相比,它们在农艺性状、病虫害等方面没有明显区别。但在基因漂移上有意外:“只有赤稻被认为是在美国能够受到转基因水稻基因渗入影响的唯一野生稻。虽然从栽培稻到赤稻的基因漂移率非常低,但这种基因漂移确实能够发生。”这虽然构成了科学实验发生意外的描写,但是它并不足以构成实验失败描述的成立。因为技术产品的商业化标准体系还包括其他更多方面的检验内容。最终,这些转基因水稻被认为对生物与环境没有“显著的负面影响,也不会导致物种灭绝”(农业部农业转基因生物安全管理办公室等,

2012,104－105)。

科学技术实验/试验的意外或者失败的概率性存在是科学技术产品研发的一个必经过程,实验/试验失败的因素要尽可能合理地排除在商业化应用标准与体制之外。因此,技术产品在社会化或者商业化应用体制与标准中的安全是指:技术产品参数满足社会体制的某类规则。有时候,这并非指技术意义上的安全,例如,炸药的使用。这里涉及了人们对技术产品功用的认识问题。“有用”与“无用”是一对具备相反内涵的概念表达,现实地看,人们经常愿意选择“有用”作为选择的评测标准,而将“无用”视为选择权的对立面。在哲学上,功用是一个集合概念,事物的对立面同样归属于事物本身,也是事物构成要件之一。正所谓“矛盾的对立面互为存在条件,缺一不可”。在人类自身的基因组中也存在类似的情况,*Alu* 是转座元件,一种“短距离分布串联重复序列……(它)没有任何基因功能,它是个缺陷性的转座子,必须借助于反转录酶才能实现转座,它依赖 L1 产生的反转录酶,在分子共栖中成为寄主,这应了一个谚语:大的跳蚤身上有小跳蚤,在它们的背后撕咬;而小的跳蚤身上还有更小的跳蚤,如此延伸以致无穷。转座子占用了人类基因组的太多空间……各种类型的转座子组成了人类基因组物质的一半以上”(D.A.米克勒斯等,2005,178－179)。这在解构主义的科学层面向人们揭示了矛盾就现实地存在于我们体内,人类的演化本身就是内在对立面的转化与运行进程,以及该进程的发展。

在对技术行为的认知问题上,参照标准(系)的选取就是一个对构成技术风险的技术要素对立面的认知过程。技术风险可以被看作实验过程—实验结果—技术风险三者的对立统一。在对科学技术及其产品的评测环节,各国科学家大都采用“结果”作为评判标准,例如,美国科学家温斯顿·布里尔(Winston Brill)认为,技术检验的标准是“产品,而非过程”。这个标准将转基因技术及其产物视为一个由“过程”发展为“产品”的顺序,对于转基因产品的检验标准是最终的“产品”,而不是它的生产与实验“过程”。布里尔的观点在科学上调和了重组 DNA 技术的检验定向问题;在哲学上提供了社会认知与伦理选择之间的评测依据,使得理论的争论在某些时候具有实际可操作性的检验标准。因此,“产品,而非过程”的内涵为美国政府采纳,成为美国政府转基因技术评测标准的基础——以产品为基础的评测体系与政策体制,它意味着“重组基因技术的使用,不具备非常规审查的合理性”(农业部农业转基因生物安全管理办公室等，2012，15)；(Thompson，2003；Committee on Environmental Impacts Associated with Commercialization of Transgenic Plants，2002，20)。

在思维的认知过程中，一种足以产生令人感到“危险”的诱因往往是事件发生的顺序与某些有助于风险发生的因果相关性过程描写的叠加。事件发生的顺序，可能是时间顺序，也可能是人们心理认识上的顺序。逻辑上看，人们容易将特定因果相关性的过程描写误判为整个事件发生因果联系的潜在过程(可能性)。科学实验过程中的失败可能让公众对最终技术产品感到担忧。这说明，人们似乎只关注科学实验失败或者技术风险的某一方面，它们并没有被赋予平等的风险判断位置。另一方面，科学实验以及实验方法论是认知物质世界的必要条件，许多物质世界的未知与神秘恰恰是由于实验方法论的不足而导致的(Dominissini，2014)。这两方面的因素共同导致了社会对于技术风险的某种认知偏离情况的发生。除此之外，实验数据中某些表现进程要素之间存在的正相关趋势被简单地解读为因果关系。人们对这些因素与变量关系的感觉、认知及表述都在一定程度上加重了社会对于技术风险表达的现实色彩。

如何使学术共同体与社会共同体在科学技术及其产品的风险评判标准上取得相对趋同的认知，仍然是一个难题。此为困境之一。

在人们的日常生活中，经验事实往往主导了公众对科学事实的判别。在转基因技术风险的争论上，情况就变得更为复杂甚至自相矛盾。首先，在转基因技术问题上，科学家关注结果，而公众却争议其实验过程。其次，面对传统农业科技的危害，公众却置若罔闻。公众一边担忧着转基因技术的危害，一边接受着传统农业科技对环境与人类健康产生的危害。

事实上，过去很多的大规模应用于农业生产的技术实例(技术结果)，同样对生态和健康产生危害，但在转基因技术面前，公众却显得“视而不见”了。例如，除草剂、杀虫剂的使用等。在重组DNA技术问世之后，它使得传统农业对工业化产品的依赖有了一定改善。以BT为例，土壤中苏云金芽孢杆菌(Bacillus Thuringiensis)可以产生一种毒素(BT毒蛋白/Delta内毒素)，它可以抑制某些害虫的生长，例如：豆荚螟(但不是对所有生物都有毒)。人们通过转基因技术将这种BT基因插入作物基因以获得具有抗病虫特征的新品种作物。2013年，美国《自然》(*Nature*)杂志特刊:《转基因作物的事实与谣传》一文指出,英国 PG Economics 调查发现,1996—2011 年间,转基因棉花的种植使得除草剂的总用量减少了 6.1%,转基因作物对环境影响商数(environmental impact quotient)改善了 8.9%(Gilbert, 2013)。面对这组数据,公众依然不为所动,2000 年又爆发墨西哥澳柯萨卡(Oaxaca)转基因玉米事件。我们不难发现,这些事件更为深刻地揭示出隐藏在科学技术背后哲学的、文化的复杂关系与认知。正如国际玉米与小麦改良中心(International Maize and Wheat Improvement Centre)的负责人农业作物专家凯文·皮克斯利(Kevin Pixley)所说,他认为墨西哥国内支持转基因技术的科学家忽略了一个关键点:“科学界的大部分人都不了解墨西哥人在感情上和文化上对玉米的深厚依托。”科学事实的真相往往存在于正、反两方面的中间地带(Gilbert, 2013)。

在基因技术风险危害尚无定论的现时代,公众对现代农业生物技术风险的认知时常受常识与偏见的干扰;人们试图从科学实验数据中寻求答案,以此作为规避风险的依据。这使得人们对转基因技术(科学技术)风险的判断带有鲜明伦理学特征,即选择权的心理适应性。对于新技术风险的认知,人们总是将风险的感觉和回避与“可替代方案”选择的现实可能性相连。当科学家公布某组技术数据时,其中只要包含有对人类健康或者生态系统(环境)有害的数据性相关联系的描写,就会引起公众对此项技术的质疑与争论,甚至抵制。同时也会将人们处于技术风险暴露环境的正相关描写与某种“个体印象”配对,进而可能形成一种似是而非的风险认识。另外,公众也会被某些媒介传播中的修辞、描述所误导,例如,数据的篡改、断言、对要素间正相关趋势的夸大等,进而对两种技术(事件)做“能否实施可替代”的选择判断;其结果可能是:虽然危险,但是却被接受。例如,公众无法接受以转基因作物为原料的食用油,却无视地沟油的消费。除此之外,公众对转基因技术风险标准(过程/结果)的理解,往往还受到个体自由意志、恐惧心理、社会信任、知识水平等因素的干扰;把一种风险结果可能发生的概率加以科学的关注,并用看似理性的思维和认识方法来解释;在此过程中把某些进程哲学概念化。这进一步加剧了社会对技术风险显现的误读。

一直以来,尽管学术共同体极力主张:转基因技术与传统农艺的风险比较标准的建立和解释,应该以科学事实为基础。这个观点虽然看起来是可行的、正确的，但仍然面临一系列价值判读的困难。即使科学家可以建立某些以理论、数据为基础的风险判断标准，并在一定程度上科学地提出导向建议，但是，在生态伦理意义上，这并不能被视为"基于完全科学理性认知立场的方法"。因为公众对于技术风险评判标准的选择往往是矛盾且飘忽不定的，人们的价值身份是多重的（工人、父母、孩子等），人们的观点随时在变，甚至不知道自己观点形成的真正的初始动机（Fischhoff et al, 1981, 22 - 27）。此时的科学技术风险评测已经不是严格意义上科学理性思维的评测进程，而是取决于风险能否被人们所接受。

在现代科学技术风险评测过程中，经验事实与科学事实究竟以何为标准，此为困境之二。

为了尽可能真实地对科学技术（转基因技术）风险进行评测，学术共同体、公众、社会、政府要在一个多元价值架构之下进行对话。之所以要建立对话机制，是因为社会既要避免完全以（经济）利益最大化来评测科学技术行为，也要避免片面强调（转基因）技术风险的危害；而是要充分分析人与生态系统之间的平衡关系，以及可持续发展的边界。对话框架，并非提供一种技术安全指标的认证，而是提供一种关于风险表达与社会（公众）选择获得相对平衡的探讨。对（现代农业生物）技术风险评测分析并非仅仅要证明它的安全性，以及它的应用具有多大的经济价值，而是要厘清社会价值判断与选择的依据，给出一个可供社会进行取舍的理由。尽管科学技术思维是理性的，但逻辑推理（例如实质等同性原则①）有时也无法帮助人们去正确理解科学技术的潜在风险。

为了走出技术风险的评测困境，我们或许应该从以下几方面进行深度哲学反思并寻求解决之道：

**1. 科学判断与价值判断需要互相融合**

纵观全球关于转基因技术风险长达 30 多年争论的历史，不难看出，公众对于新技术风险的判断一直在科学理性与价值选择之间徘徊。这迫使学术共同体不得不站在科学技术与社会的角度重新审视公众心中的价值判断的力量。

---

① 实质等同性原则是世界经济合作组织（OECD）1993 年提出的关于转基因食品安全的评价手段。具体做法是：将转基因食品与传统非转基因食品进行比对，如果转基因食品与传统食品参照物具有实质等同性，则可以认为是安全的；否则，应进行全面安全评测。如果转基因食品与传统食品仅存在转基因表达产物差异，则认为基本具有实质等同性，要对表达差异部分进行安全评价。其思维实质是类比，科学界与公众对此原则及其适用都存在争议。

在公众的观念里，一方面，事件就等同于事实；另一方面，公众通常只会对结果有认识，从而把结果当作事件的全部。而哲学上“事件”的概念包括多重复杂性，一个“事件”有时会与多个相对应的“结果”相通。这就需要我们在思维的层面做出区分：由一个“事件”发展到“结果”，其间的“过程”是否具有技术风险层面的价值决断的意义，或者说能否成为技术风险评测的最终依据。在现代农业生物技术领域就存在这样的分歧与争论，由此也导致了人们对待技术风险的不同价值取向。

技术风险的科学判断更应注重结果发生的概率，因为任何技术行为都存在发生意外的可能。风险是绝对的，安全却是相对的。技术进步的目的就是要持续追逐安全发生的可能性。在社会行为层面，技术风险呈现出价值判断与选择的综合，它并不能改变实验失败或者技术风险发生的概率，但却足以形成一种风险感知的社会氛围。例如，不坐飞机而坐汽车的选择并不能避免由于交通事故所造成的意外伤亡及其发生概率，但可以生成飞机比较危险的认识。一种叠加了认识与选择的表达构成了公众理解意义上的技术风险的存在。这与科学思维层面的风险有所不同。在技术与伦理意义上，只要某项技术行为具有对其周边产生威胁的可能，其风险的表达就是确定的，即使该技术被弃之不用。例如，核技术。在公众认知层面，一定程度上，只要存在可供人们选择的可替代方案，技术风险的存在表达就会被削弱。这是一种主观感知，它不能灭失风险的存在。民用航空就是一例，人们虽然了解其危险性，但是并不恐惧飞行。其主要原因在于除了民用航空之外，技术提供了更多的交通方式的可替代选择。由此，不难看出，技术进化，特别是技术的应用必须注意到在公众心理上那种极力排除“独木桥”式的风险认知与技术选择的倾向。

随着人类意识的进化与科学技术的进步，纯粹科学理性必须和公众（价值）判断相融合，才能对科学事件的风险评测给出既符合科学理性认识，也满足人类道德认知的主观体验的判断，进而形成一种社会共识与政府决策的依据。

**2. 对技术风险要做深度的哲学定位与反思**

在公众看来，科学技术“风险”似乎一触即发，但“风险”显现有快有慢。公众理解的风险通常指较快发生的风险。对于立刻显现的风险，科学家运用量化的指标很容易将其揭示。而对潜在风险的判断就需要以深度且全面的哲学定位为基础。

在哲学思维中,风险是什么,这是一个结合着本体论意义与认识论意义的认知进程。人们希望从事件的根本上来认识风险。而公众关心的是风险何时出现、最坏的结果是什么、人们应该如何做。在逻辑上,这样的担忧实际上表达了技术行为及其结果在时间轴、因果相关性与行为选择、结果发生可能性三方面之间的交互关联及表达。

在时间轴上,人们希望理性思维对技术风险能够有预见性的功能表达。在实践中,社会希望技术风险能够按照"风险发生—结果表现—规避建议"的逻辑顺序排列。这虽谈不上是一种理想状态下的风险预测,至少也是现实中一种不坏的情况。然而,在技术行为中,大多数风险的发生并不遵循人类的逻辑理性假设之路。很多风险即使发生了,人们也未必认识到其真实的消极结果,也无法追溯其确切的发生根源,甚至并不确知后续的挽救方案应该如何建立。在风险损害管制的实践中,社会机构对于风险结果的后续行为的认识与实施,往往是救援与补救措施居多。

从因果相关性与行为选择上看,社会希望技术理性能够对风险事实的因果相关性的认定与选择权的甄别产生高度的一致性。但这在技术实践与伦理实践中往往不容易做到,甚至适得其反。在社会治理层面,技术风险是一个复合型的状态—事件—观念的表达。风险事件是由多种因素(状态)构成的,多数情况下,单一风险构成要素并不足以产生风险的现实表达。这使得技术风险的因果关联的排除与建立过程变得异常复杂。应该说,在公众理解的意义上,这不是一个令人容易理解的一般问题。在行为选择方面,对于公众而言,一种有关技术行为的选择是抽象的、难于理解的,但是,人们又必须做出选择,这就导入了关于伦理选择实践的一果多因的表达。在社会生活中,能够对人的行为选择产生影响的因素是多方面的。在对现代生物技术风险的认知上,社会往往将利益的选择倾向夹进对技术的认知中。这或许是由于技术成本—经济利润转化的原因,但它在实践中会误导人们对于技术风险的理解与行为选择。在社会的决策层面上,技术风险的认知有时候可能转变为利益集团之间的博弈,它也会带给公众一种误区:风险就是利益的选择。

从结果发生的可能性上理解,风险的现实表达有必然性,也有偶然性。现实地理解，人们很自然地会将必然性当作危险存在的表达，但某种技术意外的表达会呈现出偶然性，例如，疫苗、药物的过敏反应。将技术意外的偶然性表达融入人们对技术风险的理性认知中，绝非简单地叠加，而是需要建立起人们对于技术行为及其后果的认知框架；在伦理学意义上，就必然包括了对技术风险的容忍与接受。它与科学技术在哲学上的不确定性表达是一致的。

"风险"的概念在本质上是一种存在，抽象地看它，无所谓好和坏；只有结合人类的价值判断才具有存在的可能性与可选择性。因此，当某种技术行为或产品发生消极作用的可能性较强时，人们会选择规避，这也就是科学技术与社会层面的"风险感觉"。关于技术风险的本体认知和认识论之间一直界限模糊。事实上，对事件的本体认知，需要以一定的认识论作为基础。在认知过程中，一定的认识论必然会在一定程度上扮演相应的本体论意义的角色。在对转基因技术风险的认知环节，公众把科学的实验方法或者其结论当作其风险的本体加以评测，或许由此得出了转基因技术具有风险的感觉。即便如此，当人们对它进行选择时，还是会陷入矛盾的抉择：一方面是对科学进步的追求难以割舍，另一方面则是拘于技术风险的泥潭裹足不前。

**3. 各方应积极展开多元生态价值架构下的对话**

技术风险是因人而异的，是人们根据一定社会结构形成的价值范式进行选择的结果。因此，在社会各要素之间有必要就各自的价值主张开展对话，谋求趋同，即所谓价值对话。

为了进行有效的价值对话，首先应该明确"价值自由"的内涵。一般认为，科学是价值自由的，与功利主义无关。然而，现实中科学技术的研发必然受到政治、经济等因素的影响，有时也体现着不同价值群体的诉求（Vallas et al，2004）。人们对于科学技术范式价值自由归属的认定，会在社会公正层面对公众的认知产生扰动，它也将影响社会对技术风险的认知。

其次，要深入分析学术共同体、公众以及社会群体等价值基础的差异，在哲学认知层面上主要是"功利主义原则"和"道德主义"之间的取舍。这就推导出了一个问题，在价值判断中，人们的道德与功利主义原则的结构问题。当价值的判断来自公众甚至个人的道德感觉的集合时，必然要考虑社会价值标准的多元化架构。

最后,社会要理性认识技术参数的标注。

在现代社会,技术参数的标注(labeling)是履行告知义务的表现之一。公众对现代农业生物技术风险进行判断的前提是充分了解技术参数的标注,但是,有关技术参数的标注是个"有争议的话题":各国对标识阈值[①]的认定、产品/过程的界定、标注的类型(强制/自愿),以及标识豁免等都有所不同。美国、加拿大、阿根廷与中国香港特区实行自愿标注,其他国家与地区多是强制性标注。各国对标识阈值都有技术上的相应规定,有些国家则对特定销售地点、产品及成分施行标识豁免(例如,澳大利亚与新西兰)(农业部农业转基因生物安全管理办公室等,2012,18)。在技术风险的评测实践中,对技术参数的判读几乎是由理性与价值表达共同完成的,其进程表达式为:理性依据—价值理解—理性认同。尽管如此,人们依旧会陷入这样一个技术参数的判读困境:人们是用理性思维,还是凭实用的感觉来权衡;同时,道德的感觉之中有没有功利的因素。

在现代社会,对于技术风险的认知是一件困难的事情,其原因在于技术行为的内涵非一般公众的知识结构可以简单认知。同时,技术行为往往又与社会生活的其他方面产生连接。当现实的经济利益与抽象的技术风险表达纠缠的时候,人们很难有效地分离出技术风险认知中的理性因素。此时伦理学的意义表达在于"被充分告知"。虽然,充分告知并不能直接等价于理性认知,但是,它至少是理性认知的合理的伦理学意义的行为选择的基础之一。

### 5.4.4　技术风险的认知归类

社会对于技术风险的认知可以分为技术语境下的认知与非技术语境下的认知。技术语境下的技术风险认知,毫无疑问,属于经典的科学技术范畴,其分析结果具有严格的实证表达。然而,从前面的论述中我们不难发现,人类社会整体架构层面对于风险的认知也影响着社会中的个体、体制或者机构对于技术风险的评测与选择。这就使人们不得不意识到,技术风险(或者人们对于技术效果的认知)的定性与选择存在着归类意义上的范式及其伦理选择的结果。

---

① 标识阈值:产品中允许存在的无法通过现有技术手段消除的、意外混杂的、获准许可的转基因成分含量,满足阈值的成分不需要标注。例如,日本为5%,即产品中前3种含量最高的成分中转基因成分的含量。

科学技术在特定的历史时期都具有相应的政治属性，尤其是在涉及生态影响的问题上，可以说“每件事都是政治的”（Naess，1995）。在现代农业生物技术遭遇热议之前，纳米技术（nanotechnology）也曾经被推崇为科学技术发展的“下一次浪潮”。“纳米技术”一词也因此而华丽耀眼——从战略意义上看，它的出现引来了丰厚的民间与政府投资。国家之间则在纳米技术的各个领域展开追逐与竞赛，其目的在于取得或巩固世界的科技主导地位（Nordmann，2009）。与此相类似还有美国在20世纪80年代提出的“星球大战计划”等。由此可见，一项新的科学技术一旦被赋予了社会政治的战略意义，其发展与公众认知也会超出常规。然而，这样的发展策略也可能会使人类的科学研究偏离正常的发展轨道，造成对相应风险认知的迷惑，甚至弱化或回避技术风险的真实内容。

与此前的纳米科技、“星球大战计划”类似，以转基因技术为代表的现代农业生物技术的发展正再一次面临类似的战略定位问题，只是这一次，生物技术在术语意义上相对比较温和，人们一般以汇聚技术来概括这场蓬勃发展的农业生物技术变革（NBIC，2016）。当转基因食品进入公众视野之后，由于其安全性遭受质疑和争论，现代农业生物技术虽不及以往的科学技术那样处于引领“下一次科技浪潮”的显赫地位，却也给现时代打上了深深的烙印。

事实上，迄今为止，在对待转基因作物的态度上，国际社会并未形成共识。美国和加拿大政府采取的是支持与推广的策略，力主倾向种植转基因作物；大多数发展中国家由于自身生态威胁、人口膨胀、粮食安全等因素，一般则采取有限度允许实验性种植的态度。至于欧盟的态度则相对谨慎许多，“在还没有大面积种植转基因作物，也没有转基因产品上市之前，就从安全评价需要出发，在安全性研究方面，从基因操作安全性、生态安全性、环境安全性和人体安全性，以及检测方法和标准等方面，投入大量的资金进行超前性研究”（农业部农业转基因生物安全管理办公室等，2012，17－21）。

由此可见，政府对新技术的态度，往往直接影响到一项技术的发展，至于该项技术的风险评估与防控，也会随着政府宣传口径的变化而变化。在这种科学技术与社会非理性互动的模式下，类似转基因技术这样可能蕴含生态风险的新技术，往往也会因为政府的强势介入而得到大力推广或严格禁止，同样公众的广泛质疑也会影响政府的决策。实际上我们迫切需要进行的，既不是简单的质疑，也不是匆忙的决策，而应该是进一步依据科学理性的分析，以及广泛充分的调查研究之后，对相关技术及其应用风险的系统评估。此时，任何感情用事或情绪化的言论，都只能使我们进一步丧失理性，进而失去赶超世界科学技术发展潮流的机会。

## 5.5　现代农业生物技术风险的认知与判断的哲学(伦理学)分析

在科学技术哲学与生态哲学框架内，对现代农业生物技术风险的认知与判断，可以被概括为两个层次：一是为何农业科技容易面临伦理挑战；二是农业科技的发展如何回应伦理挑战。

“为何农业科技容易面临伦理挑战”是从哲学高度认知技术进化，以及技术风险显现的逻辑前提与人类行为的控制前提。

从转基因技术及其风险争论和质疑的实例中，我们已经看出，农业科技及其产品因为涉及对环境与公众健康的影响而备受关注，由此引发了社会的一系列伦理争论。在农业工业化的进程中，农业产品一旦进入商业流通领域就会出现由消费者为主导的针对农业科技产品的关注。这种关注的伦理学后果便是选择权与自治权的争夺。公众（消费者）理解的农业产品应该具有“普遍的社会利益与个体利益的结合”：首先是健康利益，其次是环境利益。即使不考虑诸如转基因技术这类农业科技，以及公众对待新技术的态度和接受度，那些被公认为有益的、有经济效益的、环境友好的技术及其产品仍然有可能面对公众的选择（消费者仍然会拒绝使用它们）。那么，在伦理学上，社会也必须考虑如何维持人类社会自由选择的权利在科学技术进化进程中的表达。

在人类社会的农业生产步入工业化进程后，社会与政策体制的因素就始终围绕着农业科学技术的进步。工业化的追求是社会效率，以及由此带来的经济利益的效费比，这是技术现代化的逻辑之一；因此，农业也离不开工业化、资本、经济—政治的控制。毫无疑问，现代农业科学技术所引发的伦理关注，不再仅仅是公众与学术共同体的事了，它与决策者也必然产生关联。事实上，现代意义的农业科技革命，基本是在政府或公司资本资助的实验室里主导的。这在一定程度上使得农业科技面临的伦理事件变得更具敏感性和复杂性。

现代农业科学技术面临的另一个问题是它对社会利益最大化的作用(贡献),特别是当农业产品受到来自技术表达的对生态与人类健康造成的双重潜在威胁的挑战之后,伦理层面的讨论便集中在如何保障个体拒绝或反对农业技术及其产品研发与应用的选择权上。现代农业科学技术的整个系统都将面临社会在生态伦理层面的争论,它包括:农业科技体系的建构、技术对生态与人类可持续发展的影响、技术对个体生活的影响、农业科技如何代表决策者的意图、农业技术风险的社会与政策评价体系,以及国家在农业技术评价层面的技术政策体系的导向等。农业科技及其产物(尤其是所涉及的生物技术)的伦理争论和研究是无法回避的,也是不应该回避的。

"农业科技的发展如何回应伦理挑战"是生态伦理实践社会化的发展与进化,也是对科学技术进化的人类态度表达之一(或者主要方面)。

它既是逻辑问题,也是哲学问题;但归根结底是科学逻辑在社会建构中的重建问题。在公众理解的层面,人们对于技术风险的认知取决于思维与事实之间的逻辑联系。美国哲学家约翰·杜威(John Dewey)认为"作为科学方法的理论,逻辑的特别问题是如何处理事实与思想之间、实在与观念之间的关系。然而,该问题不同于知识的形而上学理论。逻辑既不研究事实与思想的终极意义,也不探究两者间的终极关系。对于它们,它(逻辑)仅仅从科学自身的态度出发;它所关心的,不是对这种科学态度的辩护与反驳,而是为它建立明确的规则。事实对逻辑的意义不会多于、当然也不少于它对于具体科学的意义:它是被调查、被思考的主题;它是我们力图弄清楚的东西。思想对于逻辑的意义正是它对科学的意义:方法。它是理智考察事实所采取的态度与形式——针对其主题,无论是探究、实验、演算还是陈述"(乔·安·博伊兹顿,2010)。在对现代农业生物技术风险的科学认知中,认知态度是构成理性认知科学技术方法的逻辑前提。但在科学技术哲学范畴中,理性不仅仅是指纯理性的思维体系的建立,而是必然有实证色彩的证据逻辑的参加。后者对于公众的理解来说非常重要,因为人们除了理性的思维需求之外,更需要实证体系的事实支撑。

一般认为,尽管在社会对技术风险的理性认知手段上,普通教育是一个有效方式,但是人们在认知实践中也注意到:从教育体系中获取的知识结构同样可以被用来对抗科学理性。这或许是因为普通教育体系注重的是知识体系的获取,而在一定程度上忽视了理性逻辑结构的建立，以及关于逻辑结构意识与思维能力的培养。在某些时候，那些人们所熟悉的科学技术并未发生令人担忧的伦理学的争论，例如，计算机技术及其应用。在表象上，普通教育体系功能的发挥使得社会成员对于此类技术非常熟悉（相对于生物技术而言），但是，这并不能完全被用来说明知识结构的丰富程度与理性风险认知之间的正相关联系。计算机技术的风险在现阶段似乎是可控的，尚不足以发生无法预知与逆转的生态灾难。即使在人工智能领域也没有出现不受指令控制的生物体的自我复制。遗传学意义上的生物体的自我复制能力，是其他科学技术行为与现代农业技术行为的一个主要区别。也正因为如此，完美的知识结构似乎不足以应对人们的伦理选择。在此意义上，人类自身与社会建构更需要完美的逻辑结构，以此作为判读技术风险的方法。

知识结构与逻辑结构的完美结合才是一种合适的对待科学与技术的态度。知识结构提供了认知的多元化内容，逻辑结构提供了对待知识结构的态度，特别是对待多元化认知背景的社会观念体系的态度。

### 5.5.1 科学的数据是否导致科学的认知结果

理论上，技术风险的规定性表达应该受制于实验数据或者技术参数；另一方面，也或许受制于不同群体对于实验数据的解读与感性认知行为。传统意义上，风险评测可以分为三个环节：风险评测（risk assessment）、风险控制（risk management）与风险交流（risk communication）。在涉及专业与社会分工、职业结构的层面，风险评测通常由科学家或者专业人员来实施；风险控制通常属于决策者的职责范畴；风险交流则处于一个模糊的界定——唯一的公众可以参与的环节（农业部农业转基因生物安全管理办公室等，2012，11－14）。

对于新技术或新产品，科学家或者专业技术共同体掌握着专业技术层面的知识，具备实践操作的能力与条件。因此，在科学思维范式下的技术风险测评同时也具有一定的范式特征和倾向——科学实验本身就是一种特殊的范式，其中包括对过程和结果的综合分析、验证，最后取特定结果（或者事件的发生顺序）作为具有结论性的事件存在。在试验或实验的过程中，都会有相应的结果出现，但那时它们并不作为依附于结果的属性而被确认（即使实验过程里的“失败”次数较多,仍有可能不被看作是结果的某种必然属性表达)。因为实验结果必须要与产品的使用暴露过程结合,才有可能获取具有实践意义的数据与判断。无论是实验,还是结果,始终具有"选定目标"+"参照物比对"+"暴露的模型表达(可比性)"的范式表达特征,例如,与A相比较,在一定的暴露量下,B是安全的。科学理性力图避免由人们对于事实在感觉上的感知而发生对于事实的误解。例如,在加拿大卫生署(Health Canada)《抗咪唑啉酮类除草剂(imidazolinone herbicide)油菜 NS738\NS1471\NS1473》报告中,新的油菜品种由已经注册的油菜品种"托帕斯"(Topas)发展而来,新的油菜品种也被选定在乙酰乳酸合酶(ALS)编码基因里产生变异,这使得植株对咪唑啉酮类除草剂活性产生抗性表达。经过基因修饰的油菜品种允许农民在种植过程使用咪唑啉酮类除草剂。经过几代的回交杂种(backcrossing),显示实验对象有稳定遗传(stable inheritance)。按照加拿大卫生署的规定,消费者使用的菜籽油仅限于精炼菜籽油(the refined seed oil),因此在这个标准下,经过基因修饰的油菜品种"托帕斯"除了在抗咪唑啉酮类除草剂表达上与其他商用油菜品种不同外,在营养成分、抗病虫等方面与其他商业品种具备可比性。对消费者的"膳食暴露"(dietary exposure)评测可以预期与其他油菜品种一样,没有做出区分的必要。在安全性上,报告指出在毒性与过敏性上,与其他品种相比,没有需要受到额外关注的理由。最后,该报告的结论是经过基因修饰的油菜品种与现行其他品种在安全性和营养指标上是一样的。

另外,在社会群体意识中,只有风险评测的三个环节合理结合才具有伦理学意义的社会实践性,公众才认为技术风险评测真实地反映了事件存在及其后果。表面上看,风险交流的缺失或者不足反映了:(1) 交流行为的主、客体占位不够稳定;(2) 交流主、客体之间是否具有信任度,或者信任度有多少。风险交流出现缺失的实质原因是哲学观点的博弈。孤立地看,风险交流是一个信息传递的过程,公众更多地是处于风险交流中才开始发生对技术风险的认知行为,(与实验方法相对而言)其本质是对技术风险的"第二次评测"。它与前述(实验室)风险评测所不同的是,这次评测的主体是公众(或者说是公众的意识存在),客体是科学家给出的结论,以及人们对决策者行为预期的复合。

在生态伦理的社会实践进程中,人们对技术风险的认知,往往会在某个经济利益的节点上发生认知与选择的偏离——由理性的选择转向经济利益的平衡。这似乎是合理的，因为在社会的技术消费层面，人们必须考虑社会成本与个体经济能力之间的差额。当现代农业生物技术的产品进入人们日常生活食物链的时候，某种基于经济利益的“退而求其次”的选择合乎人类生存在现实意义上的选择，例如，在广大发展中国家。对此，即使是科学共同体也很难苛责人类社会的某些非理性选择。

理性的风险交流环节应该更多地表现为风险信息的对等交流。公众需要从科学家与决策者那里获取关于某项技术的等价的风险信息与政策意图，并对这些信息进行符合公众意识的评测。由于公众(在一般意义上)不具备专业知识与技能，也就无法独立取得科学数据，所以只能获取科学家给定的数据；即便如此，在对数据的判读上仍然存在非理性和非专业视角的理解。同样，公众也不一定具备决策者的态度与立场来审视决策的合理性以及必要性。那么，公众究竟以什么作为标准来判读这些信息呢？按照保罗·汤普森的理论，人们对技术的理解往往基于自身的价值体系而做出判断——价值判断。所以，我们合理地假设，在风险交流的过程中，人们根据自身的价值判断对风险做出了“二次评测”。因此在两次评测之间就很难存在接受与认同了，这也就能够解释：为何科学(家)提供的证据无法说服公众。

### 5.5.2　认知驱动中理性与感性的博弈

若要研究、分析人类社会对于技术行为及其结果的认知，就需要了解其认知驱动基础——理性与感性的纠缠。

对待同一个技术风险问题，科学家考虑的是风险的真实性、等效结果、事件表达的概率；公众考虑的是风险的感觉、绝对的安全、事件的现实表达。在哲学层面，科学家追求的是等效价值表达，而公众追求的是绝对价值表达。

在理性认知或者哲学层面，对事实的一种真实性的认知与表达是很难实现的，也是存在争议的。在科学实验中，即使产生一定的技术风险表达，但能否确切地认为这就是技术风险的真实性表达，仍有待进一步证实。而在哲学层面，一旦涉及事实的本体论意义的表述，问题就会显得更加困难。然而，这并不是说对于事实的人类认知进程始终处于无限次的逻辑循环与规定表达的相对性进程中。科学技术的哲学认知强调,在一定条件下的科学技术实验行为,提供的是一种在方法论覆盖下的对于科学事实的进近过程。这符合科学在未来会被证伪的认知进程特征。因此,在一定程度上理解,人们对于科学技术风险的现实性的认知,是一种接近于事实表达的等效认知进程。技术风险作为一种事实存在的认知基础也可以被理解为相对性,其实质就是一种等效表达。因为如果人们无法假定"安全",就无法确定"风险"。另一方面,风险的现实性表达也同样存在概率问题。

在公众的认知驱动中,他们追求的是类似"绝对安全"的保证。这种驱动来自人们自身的某类感觉或者感知,这种感知与"绝对安全"之间的联系是不稳定的、模糊的。而对于事件的现实表达,在多数情况下,公众是无法接触到的,或者说技术风险尚未发生。在这样的认知进近中,人们的认知依据更多地是非理性的要素集合。

在技术语境下,依托数据建立起来的"事实"是一个在人脑中形成的映像,这个映像经常被人们视为外在的事实存在。人们会把数据建立起的映像与风险的现实表达之间的相关度视为现实的选择依据。这就很自然地将技术的理性分析导入了人类社会建构的选择行为实践中。我们不能否认科学实验数据具备一定的现实选择的依据表达功能,但也要看到数据标明的相关度与事件的现实发生仍然不是一个范畴的问题。也许,类似的差异在人类社会生活的其他方面似乎无关紧要,但在技术风险的认知进程中却发挥着巨大的作用,这个作用使人们将数据与现实直接等效。这种等效行为的发生就是一种非理性的认知行为结果。不可否认,在人类的认知进程中,必然地同时包括理性与非理性的因素,绝对地对非理性与理性做出区分也不可能。但经验告诉我们,遇事要保持冷静,就是要让理性思维得以持续存在。在技术风险的认识论层面,就是要适当地保持自我证伪的存在;而在这一点上,公众与学术共同体就表现得稍有不同了。

哲学上,我们可以认为科学得以进化的原因之一就是寻求证伪,只有不断地被证伪,事实才能不断地接近真实。这几乎成了人类科学研究的信仰支柱与精神驱动。科学实验要求自寻证伪,为寻求可替代解决方案探寻依据。公众通常不会对自身的感觉、认识与行为动机进行过多的或者精确的思考与反思。这种思考实际上就是对人们的日常行为驱动进行自我证伪。在公众认知层面,只有经过公众群体的自我证伪，其得出的认知结果才具有更大的说服力与信任度。在学术共同体与社会共同体之间认知驱动的连接就是相对一致的知识体系，而它恰恰是二者的主要建构性差异。

站在整体论思维的角度，学术共同体与社会共同体在认识论上的分歧提供了双方进行信息交流的机会与思维势能。科学家努力给公众提供科学的证据及逻辑，公众在不断质疑中也得到了新的信息，这就有可能使得质疑、不信任、抵制转化为支持或者理解。因此，对待科学技术的认知需要融合社会共同体和学术共同体各自的主张就显得尤为必要。

### 5.5.3　认知符合度（伦理边界问题）

众所周知，公众对于技术风险的认知与学术共同体是有一定差异的，造成这种差异的原因是多方面的。在公众这一方，人们关注的是现实利益的完整性表达，对于利益的缺损则表现出抵制。此处的现实利益的范畴不仅指经济利益，也包括了一定程度的现实利益与未来利益的流转，以及保持其持续存在的动机。在伦理实践上理解，它涉及了人类伦理的边界问题。另一方面，它实际抽象出了认知符合度（伦理边界）的存在——包线的存在。

人类及其社会对现代农业生物技术风险的认知或者接受程度也是一个有关伦理边界的问题。伦理边界的内在规定可以被看作是认知符合度；认知水平在一定程度上控制了伦理层面的认知与实践的边界。这个边界既包括了思维的限制，也指人类行为的有限，其实质是一个包线问题。

概括地说，社会对于现代农业生物技术风险的担忧，主要来自技术结果对于环境影响的不确定性，即技术结果有可能生成一种人类无法控制的状态。技术风险以及相关消极效应只是技术结果失控状态的一种表达。技术行为或者结果的确定性表达，来自技术行为认知的内在规定性的表现。这种内在规定性将技术结果发生的随机性降至一个特定的范围之内，这通常可以被理解为技术的规格与相关参数的设定及其表达。在技术与实验方法论层面就是检验和规定；其指称客体是自然界（环境）。人们担忧：人类的科学思维能否正确反映自然；技术结果是否能够印证思维的假设。人们有理由认为科学实验对生物技术的检验并不彻底，无法保证其在以后的自然进化过程中的有效性与可控性。针对实验室的严格检测，人们认为，时间太短、缺乏时效性而不具有充分的说服力。这看来是合理的，同时也是矛盾的，任何科学技术及其产物都存在证伪的必要和可能，科学实验的时间与风险的存在相比永远是相对的。追求科学的绝对，也是对科学的误读。而科学本身所具有的理性思维标志，使得人们更愿意用科学思维来解读结果，其实质就是：用一个可以被证伪的逻辑来确证一个可能被证伪的事件，并希望得出一个不可被证伪的事实作为结论。其思维的缺陷是显而易见的。

科学及其行为范式，在思维上是人类的一种假设，其证伪性就表现在结果与思维的符合度。如果思维的假设与实践结果相符合，人们就可以认为科学的假设(或者技术设计)是成功的；如果结果完全符合原先的假设，则被人们规定为真理。(这里并不否定真理具有相对性。)它的逻辑关系表达：假设→结果＝结果→假设。为了便于说明问题，规定 A：假设→结果(推理)；B：结果→假设(证实)。理想状态人们希望 A＝B，就是 A 和 B 的符合度为 100%，符合度的差异就包含了(或者预示着)“风险”，或者说，科学技术的风险是符合度的差异在思维层面上的一种认知表达。

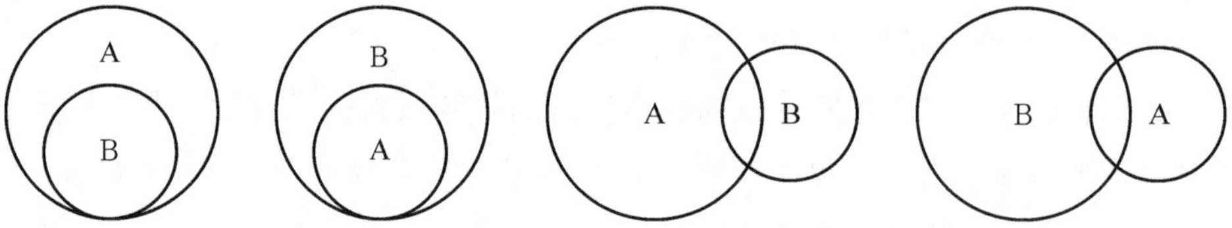


**图 1**　　**图 2**　　**图 3**　　**图 4**

认知符合度的状态可以分为四种情况，如图所示。图 1 和 3 都表现为 A＞B，图 1 说明 B 虽然没有完全符合科学技术的假设，但是也没有超出假设的范围，即科学技术对结果具有可控性；图 3 说明结果超出了科学假设，但是范围不大，交集部分显示了假设与结果是相符合的。图 2 和 4 都表现为 B＞A，图 2 说明 B 超出了科学假设的范围；图 4 说明 B 不仅超出科学假设的范围，且有一部分不是交集，交集显示了假设与结果是部分符合。图 1 是理想状态，它表明人类的思维完全可以认识自然，并且是可控的。图 3 也是可以接受的状态，它表明思维虽然无法反映所有事物，但是结果并不太坏，没有超出思维的范畴。图 2 和 4 都表明自然界无法被人类思维所完全认知，并且都有可能表现出一定的结果不可控性。

图 2 可以解读为,人类思维(合理)的局限性,暗含了容易滋生激进心理的可能性;图 4 可以解读为人类思维的不严密,出现了主观臆断。在生物技术范畴,人们最愿意接受图 1,因为结果是完全可控的;图 3 也可以被接受,因为结果虽然有不可控部分,但是范围不大。图 2 和 4 是人们最不愿意接受的结果,但是相比之下,图 2 所表达的内容作为思维的局限性来说,是我们无法回避的事实,所以,它或许不具备争论的实用可比价值。但是图 4 所表达的内容,可能人们最无法接受,因为其中包含了合理的推测:科学假设不严谨,导致了结果的不可控;如果将其与转基因技术风险相联系,公众的质疑或抵制便不难理解了。但是我们不能孤立地看待如图所示的四种状态,应该把上述四种状态作为一个整体来看待,人类的认识或者说科学技术本身就有发生上述四种结果的可能。这就要求我们从伦理的层面深入研究思维的动因,以及社会发生伦理判断的依据。

从哲学上看,现代农业生物技术的认知困境不过是我们的认知思维和行为方式陷入了迷局。深陷困境的公众、政府和媒体,都还有重新获得解放的机会,那就是引入技术思维与哲学思维的全面参与(科学被当作一种文化形态而被哲学思维覆盖);除此之外,还必须对科技与社会的互动系统及其规律进行整体性的哲学解构与反思。

首先,科学家需要对高风险性的技术产品给出相对明确的社会定性。

今天,呈现给公众的任何一款技术产品已不再是单纯的技术思维的物质实体,它内含了人类对科技的看法、技术对社会的功用,以及科技与社会的协同演化与存在关系,甚至也包括了科学对人类生存发展的观照,以及科学技术传播的功能等。一项新的技术与产品的产生,不仅承载了使用价值,同时也承载了科学家或其发源地所特有的文化、伦理、信仰的价值取向。技术产品在满足人们日常生活的同时,其内含的伦理、价值取向也会与公众的伦理、价值观念发生碰撞甚至冲突。公众对技术产品的好恶有着深厚的历史文化背景与价值判断驱动。不了解这一点,就很难理解当前我国公众对以转基因技术为代表的现代农业生物技术的关切。

严格意义上说,生物技术并非新技术,只是因为转基因作物进入了人类食谱后,这项技术才备受关注,就技术新颖度而言,它甚至还不如聚变技术、纳米技术等技术形态新奇。就技术风险来说,生物技术与聚变技术、纳米技术同样具有生态风险与社会风险,但公众对它们的关注度和认知却大相径庭。这种差异,并非是简单的市场选择的结果,或者是公众个人喜好所致,而是诸多历史与现实社会因素互相交织后的总爆发。早在20世纪70年代,人们对重组DNA技术的安全性争论就已经开始。随着转基因动物与植物技术的发明,以及转基因农作物的大面积种植,公众的关注焦点随之转移到转基因农作物的安全性上(农业部农业转基因生物安全管理办公室等,2012,351)。随后,在20世纪90年代,人们看到欧洲出现了一系列的食物安全危机——疯牛病(BSE),牛口蹄疫和鸡肉中含二恶英(dioxin)等。特别是疯牛病的危机,它表明:疾病作为一种社会风险出现时,很大程度上源于人类行为,以及人类社会对自然物种边界的漠视。疯牛病不仅引起了公众对现代农业科学技术及其决策过程合理性的质疑,也影响了公众对专家的信心,并进一步引发了科学家对人与自然界的关系在哲学层面的重新思考与定位。1998年的"普斯泰"(Pusztai)事件,甚至"被认为是引发转基因农作物安全性激辩的舆论转折点"(农业部农业转基因生物安全管理办公室等,2012,352)。至此,欧洲、美国乃至全球都掀起了针对转基因技术风险的质疑和争论,当前我国针对转基因食品的大争议,不过是这场国际风潮在时间和地域上的蔓延而已。

事实证明,现代农业生物技术产品早已不是单纯的技术载体,对技术产品的认知亦非"能用即可"。当我们在接触一项科技产品时,不能不考虑它在观念、文化、价值层面上造成的影响。一方面,对技术的认知融合了科学判断与价值判断;另一方面,科学技术的应用也在逐步改变着公众的观念结构。当代中国社会既需要对西方新技术的研发保持跟进,也需要对技术周边及产品周边的复杂化保持清醒。在吸收新技术的同时,也要对其代表的多元文化表达进行认知,努力探寻西方科技及其文化内涵与中国文化的融合之道。

其次,科学家需要重新审视科技创新模式的复杂性。进入21世纪,科技创新已非单纯的技术行为,必须将诸如媒介传播等社会氛围纳入其过程加以综合考量。

在20世纪90年代,最具前沿性的科学技术就是生命科学(life science),在重组基因技术基础上,相继诞生了一批高科技含量的医药、生物技术、农业生物科技公司,例如,拜尔(Bayer)、诺华(Novartis)和孟山都(Monsanto)等跨国公司。

生命科学也被企业界、学术界乃至政府视为21世纪最有推动力的技术创新。以孟山都的经营战略为代表的现代农业生物技术发展过程甚至被视为科学技术创新在市场经济条件下运作模式的典型。然而，当我们把科学技术创新行为及其后果纳入人类社会的整体建构中予以考察时，却发现它面临着极其复杂的环境和局面，远没有到对其判定是否成功的时刻。换句话说，现代农业生物技术的创新在哲学意义上已经不是单纯的技术行为，而是一个复杂的社会认知进化的过程。现代农业生物技术的创新过程可以分为两个子集：内核（创新—市场—规范）与外核（媒介传播—社会组织—政策—公众—文化背景），二者的同构基础是理性认知。虽然内核居于核心地位，但是来自外核的影响力正与日俱增；二者的合力将决定现代农业生物技术发展的最终走向，其核心则是人类社会的伦理选择。这也正是在科学技术与社会层面探讨公众、政府和媒体对现代农业生物技术认知困境的价值所在。缺乏健康、理性的社会认知，离开了规范严谨的科学普及与传播，对创新主体而言，无论是科学家还是科研机构都无法一厢情愿地将美好的理想传递出去，成就其所期望的美好愿景。

全球正处在数字媒体高速发展与科学技术创新爆炸并存的时代。公众越来越多地就现代农业生物技术与媒体展开互动，二者的合力已经成为影响科学技术创新的动力之一，甚至可能对政府的最终决策构成重要影响。因此，科学技术共同体要跳出单一技术行为的创新模式，重新认知科学技术传播与技术进化的关系，引导公众理性认知科学技术的新进展，摒弃感情用事或意识形态超越科学判断的陋习。

再次，科学家需要正视人类科学技术范式的缺陷。

当前，对转基因技术风险能否给出定论，或许将取决于公众对科学范式的态度。科学共同体一般都相信，科学技术思维及其行为为人类提供了一整套的范式，供社会分析不同的问题，并提供相应的解决方案，这也是科学家为之努力的信念。随着科学技术哲学思维的演化，这种简单的科学万能思想正在受到质疑。尽管科学的思维是理性的、客观的，但科学的认知也并非无懈可击，对此，科学技术的风险理论早已给出系统论述。在对现代农业生物技术风险的判断上，由于无法像传统意义的技术与风险那样，给出确证的规定与量化指标的推测，因此也导致科学家意见的权威性受到影响；对此，科学家、媒体和政府都应该有一个清醒的认识。但仅仅因此就导致公众对整个科学技术范式产生误解，进而形成对转基因食品等现代农业生物技术予以全盘否定的态度，显然也是有失偏颇的。对此，发达国家已经走过的历程值得我们深入研究：在美国政府机构针对生物技术政策的制定上，如食品及药物管理局(FDA)对转基因食品的规定上，一般使用开明的态度和相对积极的语言，这可能是其公众对相关产品正面态度居多的重要原因之一(Jasanoff, 2007)。而欧洲则相反，其转基因食品的规定中，常常将支持者与反对者的主张相综合，这实际上体现的是另一种科技风险观，也因此而影响了其公众对相关产品的接受程度。从操作层面看，这种立法方法或许是求同存异，但却具有深远的科学技术哲学的认知意义。

最后，无论是科学家、媒体、公众还是政府都不能忽略文化、心理、宗教等社会因素对公众技术风险感知的影响与干扰。

一般认为，藏匿于公众对生物技术风险感知背后的是文化、信仰、心理等社会因素的差异。正是这些非理性因素的差异，形成了科学与道德的交融与对立，进而导致了科学认知出现障碍。要形成理性的科学技术认知，就要分析和了解技术风险背后的主观条件与因素。

人们处在不同的文化、宗教背景下，对技术风险的理解也是不同的。甚至处于社会的不同层级，其对于现代农业生物技术的风险认知也具有显著的差异：政府或行政管理阶层总是主张积极开发利用自然，至于其风险，认为可以通过有效管理加以规避；企业家一般会顺应政府思路寻找投资机会，他们更在意规避经济活动的现实风险；唯独公众因其构成的复杂使他们持有生态平等主义的观点，对于一切的潜在技术风险都会呈现出显著的反对态度。

从文化层面分析，美国由于受新教伦理精神的影响，其民众具有开拓精神、创新精神、冒险精神，至今 50 多种转基因作物及其加工的产品为美国民众所接受，并无大碍。欧洲则有所不同，基督教伦理统治欧洲民众长达 1 000 多年。基督教伦理宣扬上帝创造的皆为最合理的，顺其自然比较好，这或许成为民众抵制转基因作物的文化与伦理基础。在印度，民众则更易受到传统观念的束缚。他们特别忌讳一种被称为“雄性不育”的转基因作物(该作物被转入一种“终结者基因”，它是种子销售公司为控制农民每年都买其种子而特意转入的)，当地民众担心食用此种作物后，“不育基因”会转移给人类，从而“断了香火”。结果，“印度民众焚烧了美国孟山都公司在印度的2个转基因作物试验田”(农业部农业转基因生物安全管理办公室等,2012,361－362)。科学意义上的技术风险此时又转变成社会道德的实践风险。

生态伦理的框架包含了生态系统的价值、生态系统中各个物种的身份表达、物种生存的行为与意识的表达,在技术时代,这些要素及其相关表达通过技术实践得以最大限度地获得与实现。技术的表达既是实践层面的存在,也是生态伦理层面的存在,尤其是当环境问题凸显的时候,后者的存在意义就显得更为重要。在技术社会形态里,人们对技术行为的反思与伦理争论,在逻辑上都是对生态价值、物种身份差异,以及公众认知进程的逆向追溯。这种进程在另一个层面则不断体现着人类社会对于技术进步的生态伦理层面的诉求与约束。如果我们能够肯定生态关系是人类生存的基础,那么技术实践就是物种存在意识的转化实践,是生态关系及其意识的最终表达。因此生态关系包线的确定及其实践表达就成为技术实践规定性的表达及其得以实施的依据。

## 5.6　小结

本章将科学技术行为及其结果视为人类生存的实践表达的核心。通过对现代农业生物技术与生态伦理的关系、农业生物技术进化对人类认识的挑战、现代农业生物技术发展陷入两难困境、现代农业生物技术风险的认知与判断的技术,以及哲学层面的分析展开论述,进而支撑如下结论:人类及其社会的永续生存与发展已无法脱离科学技术的进化,理性认知科学技术是实践生态伦理意识的有效方式,同时也是实践人类社会总目标的理论与实践前提。

本章内容在逻辑上的终结意义在于:技术及其进化或将是人类及其社会得以进化的实现手段与发展路径;其逻辑的依据是:技术应该是人与生态系统关系的良性认知与表达的综合。

# 第6章　结　　语

## 6.1　主要结论

### 6.1.1　生态哲学未来的进化趋势：生态伦理与自然科学的进一步融合

生态哲学研究的是人类及其社会建构与生态系统的关系。人类及其社会建构的永续生存与发展离不开生态系统的健康存在与运行，这已经成为人类的基本共识。虽然现代生态意识的崛起源于人类社会对科学技术负面作用的认识与担忧，但与此同时人类也认识到人类无法彻底摆脱科学技术的进步。而科学技术作为人类的一种特殊的观念体系，在根本上与人类追求自身物种生存与共同体发展的总目标是一致的。因此人类社会对于生态问题的担忧和关注并不与科学技术的发展相矛盾。科学技术的进步能够为人类的生态关系认知提供实证意义的支撑与合理的解释，也能够为潜在的环境风险提供可替代方案的选择及选择机会。在科学共同体内部，以及技术进化形态的层面，人们意识到生态关注对于技术发展与研发的重要的约束作用，特别是对于技术的社会应用层面。公众理解层面的环境意识对技术的应用与研发具有重要的影响与约束功能。长远地看，更多的生态问题将借助于技术手段才能为人类所认知与理解，同时，技术形态的应用与表达也在生态恢复领域发挥着作用。科学技术研究的其他部门也借由其可能引发的环境问题而逐渐进入生态伦理观察与研究的视野，并因此生成新的生态认知与环境关怀的观念体系。

概括地说，现代生态哲学、生态伦理学的研究与自然科学研究的紧密连接将是生态哲学与生态伦理学未来发展的一个显著趋势。

### 6.1.2　生态伦理思考的新视角：人类的农业行为

农业行为不仅是人类使物种生存的行为，它在人类与宇宙的关系及其行为中的交互式表达是人类与生态系统关系的一种认知与反应。人类农业行为获得存在性表达的原因就是人对自然界的理解与行为控制。因此农业行为也成为人类社会建构得以存在与发展的物质性基础与生态性基础。历史地看，人类社会借助于人类的农业行为演化出了社会建构意义的自然观。在当代，这就是生态意识。当人类社会进入工业化进程后，农业工业化的进程使得农业行为进入了技术哲学与技术伦理的观察范畴。诸多科学技术部门的研究对象与农业有关。农业行为对于生态系统的影响关系到人类作为物种存在的理由与条件，这是典型的生态关系的认知。

另一方面，农业行为体系的运行，也将使其自身的范式特征获得表达；并形成一种有别于工业化，或者纯粹科学范式的哲学范式形态。农业行为范式的核心是生态伦理的范式表达，也是社会建构对生态伦理范畴的一种拓展。

因此，农业行为将成为现代生态伦理研究的一个新视角。

### 6.1.3　现代科学技术的进化趋势：科学技术的进化必将伴生于生态伦理的演变

人类对自身与生态系统关系的思考，以及相关的科学技术哲学研究将会形成社会对于人类行为的一种看法，并赋予一定的规范或范式意义。这种生态意识的规范性表达会约束人类共同体的科学技术行为。技术的进化会在人类社会引发技术对环境影响的争论、反思，甚至抵制，这在客观上对科学技术的应用与发展形成了约束。随着公众生态意识层次的提高，科学技术的演化也将越来越受到来自社会群体生态关怀层面的质疑。生态伦理的进化将导致新的范式结构或观念的出现。

可以认为，现代科学技术的进化将与生态伦理的演变紧密相连。

## 6.2 对未来深入研究的展望

### 6.2.1 生态伦理对自然科学研究的主导作用

在科学技术哲学视阈下，生态伦理研究及其成果对科学研究产生主导作用是生态伦理功能发挥的强势表达之一。如何将生态伦理研究转变为一种哲学，或者科学范式，继而对人类的科学技术行为发生指引功能将是未来本研究的拓展领域。

### 6.2.2 生态伦理思维(观念)对解决现实社会问题的贡献及策略

科学技术哲学研究不仅要保持一定的哲学超越性，也要为现实问题提供对策建议或者解决方案。二者并不矛盾，因为技术表达的一个鲜明指征就是现实性。如何将抽象的哲学层面的研究转化为可以解决一定的社会现实问题的成果或者方案，将是本研究后续仍要艰苦探索的方向。

# 参考文献

## 英文文献

Allen, C.R., Joseph J. Fontaine and Kevin L. Pope et al. 2011. Adaptive Management for a Turbulent Future [J]. Journal of Environment, 92: 1339 - 1345.

Alcott, B. 2008. The Sufficiency Strategy: Would Rich-world Frugality Lower Environmental Impact? [J]. Ecological Economics, 64: 770 - 786.

Allen, C. 2006. Ethics and the Science of Animal Minds [J]. Theoretical Medicine and Bioethics, 27: 375 - 394.

Anthony, R. 2012. Building a Sustainable Future for Animal Agriculture: an Environmental Virtue Ethic of Care Approach within the Philosophy of Technology [J]. Agric Environ Ethics, 25.

Anthony, R. 2004. Risk Communication, Value Judgments, and the Public-Policy Maker Relationship in a Climate of Public Sensitivity Toward Animal: Revisiting Britain's Foot and Mouth Crisis [J]. Agric Environ Ethics, 17: 363 - 386.

Aerts, S., Dirk Lips and Stuart Spencer et al. 2006. A New Framework for the Assessment of Animal Welfare: Integrating Existing Knowledge from a Practical Ethics Perspective [J]. Agric Environ Ethics, 19: 67 - 76.

Allaby, M. 2004. Oxford Dictionary of Ecology. New York: Oxford University Press.

Acha, Arantzazu and Helen S Newing. 2015. Cork Oak Landscapes, Promised or Compromised Lands? A Case Study of a Traditional Cultural Landscape in Southern Spain [J]. Hum Ecol, 43: 601 - 611.

Adams, W.M. 2014. The Value of Valuing Nature-Valuing Nature in Economic Terms is not Always Beneficial for Biodiversity Conservation [J]. Science, 346 (6209): 551.

Ager, Alan A., Jeffrey D Kline and A Paige Fischer. 2015. Coupling the Biophysical and Social Dimensions of Wildfire Risk to Improve Wildfire Mitigation Planning [J]. Risk Analysis,

35：1393 - 1406.

Arrigo，J. M. 2004. A Utilitarian Argument Against Torture Interrogation of Terrorists [J]. Science and Engineering Ethics，10：543 - 572.

Andrade，S. B. and Inger Anneberg. 2014. Farmers Under Pressure. Analysis of the Social Conditions of Cases of Animal Neglect [J]. Agric Environ Ethics，27：103 - 126.

Allen，G. and Ken Albala. 2003. The Business of Food：Encyclopedia of the Food and Drink Industries [M]. Connecticut：Greenwood Press，1 - 2.

Ajami，Amir Ismail. 2005. From Peasant to Farmer：A Study of Agrarian Transformation in an Iranian Village，1967 - 2002 [J]. Middle East Stud，37：327 - 349.

Agrarianism. [DB/OL]. [2016 - 07 - 17]. http：//en. wikipedia. org/wiki/Agrarianism.

Allen，J. 2008. Pragmatism and Power，or the Power to Make a Difference in a Radically Contingent World [J]. Geoforum，39：1613 - 1624.

Ay，Jean-Sauveur，Raja Chakir and Luc Doyen et al. 2014. Integrated Models，Scenarios and Dynamics of Climate，Land Use and Common Birds [J]. Climatic Change，126：13 - 30.

Ammann，K. 2005. Effects of Biotechnology on Biodiversity：Herbicide-Tolerant and Insect-Resistent GM Crops [J]，TRENDS in Biotechnology，23：389 - 394.

Aćimović，S.G.，Anthony H VanWoerkom and Pablo D Reeb et al. 2014. Spatial and Temporal Distribution of Trunk-injected Imidacloprid in Apple Tree Canopies[R]. Pest Manag Sci，70：1751.

Apel，Andrew. 2010. The Costly Benefits of Opposing Agricultural Biotechnology [J]. New Biotechnology，27 (5)：635 - 639.

Alkemade，R.，Robin S Reid and Maurits van den Berg et al. 2013. Assessing the Impacts of Livestock Production on Biodiversity in Rangeland Ecosystems [J]. PNAS-Proceedings of the National Academy of Sciences，110(52)：20900 - 20905.

Altman，Arie. 2003. From Plant Tissue Culture to Biotechnology：Scientific Revolutions，Abiotic Stress Tolerance，and Forestry [J]. In Vitro Cell. Dev. Biol. — Plant，39：75 - 84.

Allen，G. and Ken Albala eds. 2007. The Business of Food：Encyclopedia of the Food and Drink Industries [M]. Connecticut：Greenwood Press.

Ames，B.N. and Lois Swirsky Gold. 1997. Misconception about Pollution，Pesticides and the Prevention of Cancer. [DB/OL]. [2016 - 05 - 26]http：//toxnet. nlm. nih. gov/cpdb/pdfs/lehr. html.

Ames，B. N.，Margie Profet and Lois Swirsky Gold. 1990. Dietary Pesticides (99. 99% all natural) [J]. Proc Natl Acad Sci USA，87：7777 - 7781.

Azadi，H. and Peter Ho. 2010. Genetically Modified and Organic Crops in Developing Countries：A Review of Options for Food Security [J]. Biotechnology Advances，28：162.

Bazin, D. 2009. What exactly is Corporate Responsibility Towards Nature?: Ecological Responsibility or Management of Nature? A Pluri-Disciplinary Standponit. [J]. Ecological Economics, 68: 634 - 642.

Bala, A. and George Gheverghese Joseph. 2007. Indigenous Knowledge and Western Science: the Possibility of Dialogue [J]. Race & Class, 49 (1): 39 - 61.

Barton, J. and Tim Haslett. 2007. Analysis, Synthesis, Systems Thinking and the Scientific Method: Rediscovering the Importance of Open Systems [J]. Systems Research and Behavioral Science, 24: 143 - 155.

Barry, J. and Kimberly Smith. 2008. Landscape, Politics, Labour and Identity: Stewardship and the Contribution of Green Political Theory [J]. Landscape Research, 33 (5): 565 - 585.

Beever, J. 2012. Meaning Matters: the Biosemiotic Basis of Bioethics [J]. Biosemiotics, 5.

Berkes, F., Nancy C Doubleday and Graeme S Cumming. 2012. Aldo Leopold's Land Health from a Resilience Point of View: Self-Renewal Capacity of Social-Ecological Systems [J]. EcoHealth, 9: 278 - 287.

Buller, T. 2014. Animal Minds and Neuroimaging-Bridging the Gap between Science and Ethics? [J]. Cambridge Quarterly of Healthcare Ethics, 23: 173 - 181.

Blackburn, S. 2007. Oxford Dictionary of Philosophy [M]. New York: Oxford University Press, p.390.

Bradshaw, Corey J.A. and Barry W. Brook. 2014. Human Population Reduction is Not a Quick Fix for Environmental Problems [J]. PNAS-Proceedings of the National Academy of Sciences, 111: 16610 - 16615.

Bamford, A.J., Daniella Ferrol-Schulte and Jennifer Wathan. 2014. Human and Wildlife Usage of a Protected Area Buffer Zone in an Area of High Immigration [J]. Fauna & Flora International, Oryx, 48 (4): 504 - 513.

Brindha, K. and L. Elango. 2014. Soil and Groundwater Quality with Reference to Nitrate in a Semiarid Agricultural Region [J]. Arab J Geosci, 7: 4683 - 4695.

Baird, T.D. and Paul W. Leslie. 2013. Conservation as Disturbance: Upheaval and Livelihood Diversification near Tarangire National Park, Northern Tanzania [J]. Global Environmental Change, 23: 1131 - 1141.

Baumans, V. and P.L.P. Van Loo. 2013. How to Improve Housing Conditions of Laboratory Animals: The Possibilities of Environmental Refinement [J]. The Veterinary Journal, 195: 24 - 25.

Bergqvist, J. and Stefan Gunnarsson. 2013. Finfish Aquaculture: Animal Welfare, the Environment, and Ethical Implications [J]. Agric Environ Ethics, 26: 75 - 99.

Brom, F.W.A. 2000. Food, Consumer Concerns, and Trust: Food Ethics for a Globalizing Market [J]. Agric Environ Ethics, 12: 127 - 139.

Burgat, F. 2004. Non-Violence towards Animals in the Thinking of Gandhi: the Problem of Animal Husbandry [J]. Agric Environ Ethics, 14: 225.

Balcombe, J. 2009. Animal Pleasure and Its Moral Significance [J]. Applied Animal Behaviour Science, 118: 208 - 216.

Borgmann, A. 1987. Technology and the Character of Contemporary Life [M]. Chicago: The University of Chicago Press.

Bawa, A.S. and K.R. Anilakumar. 2013. Genetically Modified Foods: Safety, Risk and Public Concerns-a Review [J]. Food Sci Technol, 50 (6): 1040.

Berry, W. 2015. The Unsettling of America: Culture & Agriculture [M]. California: Counterpoint Press, 46.

Buaban, Benchaporn, Hiroyuki Inoue and Shinichi Yano et al. 2010. Bioethanol Production from Ball Milled Bagasse Using an On-site Produced Fungal Enzyme Cocktail and Xylose-fermenting Pichia Stipitis [J]. Journal of Bioscience and Bioengineering, 110 (1): 18.

Black, R., Fabio Favab and Niccolo Mattei et al. 2011. Case Studies on the Use of Biotechnologies and on Biosafety Provisions in Four African Countries [J]. Journal of Biotechnology, 156: 370 - 381.

Brinkman, D. 2000. The Regulation of rBST: The European Case [J]. Agbio Forum, 3 (2&3): 164 - 172.

Callicott, J.B. and Robert Fordeman. eds. 2009. Encyclopedia of Environmental Ethics and Philosophy 1 [M], New York: GALE.

Comstock, Gary. 2008. Intuitive Level System Rules: Commentary on "Utilitarianism and the Evolution of Ethics" [J]. Sci Eng Ethics, 14: 575 - 579.

Cantero, Álvaro L. Peña and M Eugenia Manjón-Cabeza. 2014. Hydroid Assemblages from the Bellingshausen Sea (Antarctica): Environmental Factors behind Their Spatial Distribution [J]. Polar Biol, 37: 1733 - 1740.

Ceddia, M. G., S. Sedlacek and N. O. Bardsley et al. 2013. Sustainable Agricultural Intensification or Jevons Paradox? The Role of Public Governance in Tropical South America [J]. Global Environmental Change, 23: 1052 - 1063.

Cárcamo, P. F. and Carlos F. Gaymer. 2013. Interactions Between Spatially Explicit Conservation and Management Measures: Implications for the Governance of Marine Protected Areas [J]. Environmental Management, 52: 1355 - 1368.

Chapron, G., Petra Kaczensky and John D.C. Linnell et al. 2014. Recovery of Large Carnivores in Europe's Modern Human-dominated Landscapes [R] Science. 1256620. Science, 346 (6216): 1517 - 1519.

Committee on Environmental Impacts Associated with Commercialization of Transgenic Plants-(NRC) National Research Council. 2002. Environmental Effects of Transgenic Plants: the Scope and Adequacy of Regulation [R]. Washington, D. C.: National Academy Press.

Cole-Turner, R. 1999. Cloning Humans from the Perspective of the Christian Churches [J]. Science and Engineering Ethics, 5: 36.

Centers for Disease Control and Prevention (CDC). 2014. Ebola Outbreak in West Africa-Case Counts. [DB/OL]. [2016-05-21]. http: //www. cdc. gov/vhf/ebola/outbreaks/2014-west-africa/case-counts. html.

Clair, T.A., Nathan Pelletier and Shabtai Bittman et al. 2014. Interaction between Reactive Nitrogen and the Canadian Landscape: A Budget Approach [R]. AGU (American Geophysical Union Global)-Biological Cycles, 1343-1344.

Chen, Xinping, Zhenling Cui and Mingsheng Fan et al. 2014. Producing More Grain with Lower Environmental Costs [J]. Nature, 514: 486.

Chitale, V.S. and M.D. Behera. 2014. Analysing Land and Vegetation Cover Dynamics during Last Three Decades in Katerniaghat Wildlife Sanctuary, India [J]. Earth Syst. Sci., 123 (7): 1467-1479.

Cruz, F., Samara Kalaoun and Paula Nobile et al. 2009. Evaluation of Coffee Reference Genes for Relative Expression Studies by Quantitative Real-time RT-PCR [J]. Mol Breeding, 23: 607-616.

CAC-Codex Alimentarius Commission. 2003. Gudieline for the Conduct of Food Safety Assessment of Foods Produced Using Recombinant-DNA Microorganisms. CAC/GL 46-2003: 2.

Carolyn, R. and Katharine Barrett. 1999. Precautionary Science. in Protecting Public Health and the Environment: Implementing Precautionary Principle [M]. Carolyn Raffensperger and Joel A Tickner, eds. Washington, D. C.: Island Press, 106-122.

de Araújo, W. S., Kleber do Espí rito-Santo Filho and Leonardo Lima Bergamini et al. 2014. Habitat Conversion and Galling Insect Richness in Tropical Rainforests under Mining Effect [J]. Insect Conserv, 18: 1147-1152.

DeWalt, B.R. 1991. The Cultural Ecologist Concept of Justice. in Beyond the Large Farm: Ethics and Research Goals for Agriculture [M]. Paul B Thompson and Bill A Stout, eds. Colorado: Westview Press, 175-187.

D'Agostino, Daniela R., Alessandra Scardigno and Nicola Lamaddalena et al. 2014. Sensitivity Analysis of Coupled Hydro-Economic Models: Quantifying Climate Change Uncertainty for Decision-Making [J]. Water Resour Manage, 28: 4303-4318.

Daigle, C.L. 2014. Incorporating the Philosophy of Technology into Animal Welfare Assessments [J]. Agric Environ Ethics, 27: 645.

Dominissini, Dan. 2014. Roadmap to the Epitranscriptome [J]. Science, 346 (6214): 1192-A.

Esquith, S.L. 2008. Comments on Luis Camacho, "Agriculure Intensification from the Perspective of Development Ethics". In The Ethics of Intensification: Agricultural

Development and Cultural Change [M]. Paul B Thompson, ed. The Netherlands: Dordrecht, Springer, 117.

Ecological Footprint. [DB/OL]. [2015 - 06 - 06]. http://baike.baidu.com/link?url=bhfkolLgB1clYv4z.
6RiWu_CoYu49pByMZf0EBkdXysezq5xo2Kk8IlhP1mxcWjFrppTp-QfvJS4ZBk9DRPFnUK.

European Commission. 2010. A Decade of EU-funded GMO Research (2001 - 2010)[R]. EUR 24473. Belgium: Publications Office of The European Union, 265.

Freyfogle, E.T. 2008. Fostering a Culture of Land, Commentary on "Agrarian Philosophy and Ecological Ethics" [J]. Sci Eng Ethics, 14: 545 - 549.

Frodeman, R. 2008. Redefining Ecological Ethics: Science, Policy, and Philosophy at Cape Horn [J]. Sci Eng Ethics, 14: 597 - 610.

Froeschke, G., Luther van der Mescht and Melodie McGeoch et al. 2013. Life History Strategy Influences Parasite Responses to Habitat Fragmentation [J]. International Journal for Parasitology, 43: 1109 - 1118.

Frascaroli, Fabrizio, Shonil Bhagwat and Matthias Diemer. 2014. Healing Animals, Feeding Souls: Ethnobotanical Values at Sacred Sites in Central Italy [J]. Economic Botany, 68 (4): 446.

Fraser, D. 2012. A "Practical" Ethic for Animals [J]. Agric Environ Ethics, 25: 723.

Fraser, D. 2008. Animal Welfare and the Intensification of Animal Production. In The Ethics of Intensification [M]. Paul B. Thompson, ed. USA: Springer Science, 172.

Festing, S. and Robin Wilkinson. 2007. The Ethics of Animal Research[R]. EMBO-European Molecular Biology Organization, 8 (6): 529.

Fesenko, E., and Robert Edwards. 2014. Plant Synthetic Biology: A New Platform for Industrial Biotechnology [J]. Journal Of Experimental Botany, 65 (8): 1927.

Fischhoff, B., Sarah Lichtenstein and Paul Slovic et al. 1981. Acceptable Risk [M]. New York: Cambridge University Press.

Garamszegi, L.Z., Sara Calhim and Ned Dochtermann et al. 2009. Changing Philosophies and Tools for Statistical Inference in Behavioral Ecology [R]. Behavioral Ecology, 20: 1363 - 1375.

Gray, R. 2007. Practical Bioregionalism: A Philosophy for a Sustainable Future and a Hypothetical Transition Strategy for Armidale, New South Wales, Australia [J]. Futures, 39: 790 - 806.

Glądalski, M., Mirosława Bańbura and Adam Kaliński et al. 2014. Extreme Weather Event in Spring 2013 Delayed Breeding Time of Great Tit and Blue Tit [J]. Biometeorol, 58: 2169 - 2173.

Gonçalves, R. B., Nicolle V. Sydney and Priscila S. Oliveira et al. 2014. Bee and Wasp Responses to a Fragmented Landscape in Southern Brazil [J]. Insect Conserv, 18:

1193 - 1201.

González-García, F., Robert Straub and José A Lobato García et al. 2014. Birds of a Neotropical Green City: An Up-to-Date Review of the Avifauna of the City of Xalapa with Additional Unpublished Records [J]. Urban Ecosyst, 17: 991 - 1012.

Gordon, E.S., Heather A. Gordish Dressman and Eric P. Hoffman. 2005. The genetics of muscle atrophy and growth: The Impact and Implications of Polymorphisms in Animals and Humans [J]. The International Journal of Biochemistry & Cell Biology, 37: 2064 - 2074.

Ghosh, S., S.K. Srivastava and A.K. Nayak et al. 2014. Why Impacts of Irrigation on Agrarian Dynamism and Livelihoods Are Contrasting: Evidence from Eastern Indian States [J]. Irrig. And Drain, 63: .

Ghimire, K., Mike W. Dulin and Robert L. Atchison et al. 2014. Identification of Windbreaks in Kansas using Object-based Image Analysis, GIS Techniques and Field Survey [J]. Agroforest Syst, 88: 865 - 875.

Grove, M. 2012. Orbital Dynamics, Environmental Heterogeneity, and the Evolution of the Human Brain [J]. Intelligence, 40: 404 - 418.

Huaghes, C. and Celia Lury. 2013. Re-turning Feminist Methodologies: From a Social to an Ecological Epistemology [J]. Gender and Education, 25(6): 786 - 799.

Hensel, M.J.S. and Brian R. Silliman. 2013. Consumer Diversity Across Kingdoms Supports Multiple Functions in a Coastal Ecosystem [J]. PNAS, 110: 20623.

Hammond, D.S., V. Gond and C. Baider et al. 2015. Threats to Environmentally Sensitive Areas from Peri-Urban Expansion in Mauritius [J]. Environmental Conservation, 42 (3): 256 - 267.

Hongladarom, S. 2004. Making Information Transparent as a Means to Close the Global Digital Divide [J]. Minds and Machines, 14: 85 - 99.

Hesiod. Works and Days. [EB/OL]. [2015 - 01 - 16]. http: //en. wikipedia. org/wiki/Hesiod.

Halpin, C. 2005. Genes Stacking in Transgenic Plants - the Challenge for 21st Century Plant Biotechnology [J]. Plant Biotechnology, 3: 141 - 155.

Health Canada. 1999. Novel Food Information-Food Biotechnology: Imidazolinone Herbicide Tolerant Canola Lines NS738, NS1471, NS1473[R]. FD/OFB - 095 - 115 - A.

Johnson, Jane. 2013. Vulnerable Subjects? The Case of Nonhuman Animals in Experimentation [J]. Bioethical Inquiry, 10: 497 - 504.

Jonas, H. 1984. The Imperative of Responsibility: In Search of an Ethics for the Technological Age [M]. Chicago: University of Chicago Press, 6 - 24.

Jasanoff, S. 2007. Designs on Nature: Science and Democracy in Europe and the United States [M]. Princeton, New Jersey: Princeton University Press, 18 - 29.

Kaesar, A. and Willi Zimmermann. 2014. Influencing Factors on the Implementation of Forest Reserves in Switzerland [J]. Biodivers Conserv, 23: 3501 - 3517.

Kliger, I. 2013. Helge's Political Philosophy and the Social Imaginary of Early Russian Realism [J]. Stud East Eur Thought, 65: 189 - 199.

Korfiatis, Kostas J., Anastasia G Stamou and Stephanos Paraskevopoulos. 2004. Images of Nature in Greek Primary School Textbooks [J]. Sci Ed, 88: 72 - 89.

Kretz, L. 2013. Hope in Environmental Philosophy [J]. Agric Environ Ethics, 26: 925 - 944.

Kuiper, Jan J., Jan H. Janse and Sven Teurlincx et al. 2014. The Impact of River Regulation on the Biodiversity Intactness of Floodplain Wetlands [J]. Wetlands Ecol Manage, 22: 647 - 648.

Linquist, S. 2008. But is it Progress? On the Alleged Advances of Conservation Biology over Ecology [J]. Biol Philos, 23: 529 - 544.

Lindeman, M. and Minna Sirelius. 2001. Food Choice Ideologies: the Modern Manifestations of Normative and Humanist View of the World [J]. Appetite, 37: 175 - 184.

Larrère, R. and Catherine Larrère. 2007. Should Nature be Respected? [J]. Social Science Information, 46 (1): 9 - 34.

Lassen, J., Agnes Allansdottir and Miltos Liakopoulos et al. 2002. Testing Times-the Reception of Roundup Ready Soya in Europe. in Biotechnology: The Making of a Global Controversy [M]. Martin W. Bauer and George Gaskell, eds. New York: Cambridge University Press, 279 - 312.

Miller, T.R., Ben A. Minteer and Leon-C Malan. 2011. The New Conservation Debate: The View from Practical Ethics [J]. Biological Conservation, 144: 948 - 957.

Minteer, B.A. and James P. Collins. 2008. From Environmental to Ecological Ethics: Toward a Practical Ethics for Ecologist and Conservationist [J]. Sci Eng Ethics, 14: 483 - 501.

McGee, H. 2004. On Food and Cooking: The Science and Lore of the Kitchen [M]. New York: SCRIBNER.

Maycroft, N. 2004. The Objectness of Everyday Life: Disburdenment or Engagement? [J]. Geoforum, 35: 715.

McHughen, A. 2000. Pandora's Picnic Basket: the Potential and Hazards of Genetically Modified Foods [M]. New York: Oxford University Press.

Naess, A. 1995. Self-Realization: An Ecological Approach to Being in the World, in The Deep Ecology Movement [M], Alan Drengson and Yuichi Inoue, eds. California: North Atlantic Books, 13 - 30.

Netherwood, T., Susana M Martí n-Orúe and AnthonyG Ó Donnell et al. 2004. Assessing the Survival of Transgenic Plant DNA in the Human Gastrointestinal Tract [J]. Nature Biotechnology, 22 (2): 204 - 209.

National Research Council. 2004. Safety of Genetically Engineered Foods: Approaches to

Assessing Unintended Health Effects[R]. Washington, D.C.: The National Academies Press.

Naess, A. 1995. Politics and the Ecological Crisis: an Introductory Note. in Deep Ecology for the 21st Century [M]. George Sessions, ed. Boston, Massachusetts: Shambhala Publications, 445.

Nordmann, A. 2009. Invisible Origins of Nanotechnology: Herbert Gleiter, Materials Science, and Questions of Prestige [J]. MIT- Perspective on Science, 17 (2): 130 - 135.

Orenstein, D.E. and Elli Groner. 2015. Using the Ecosystem Services Framework in a Long-Term Socio-Ecological Research (LTSER) Platform: Lessons from the Wadi Araba Desert, Israel and Jordan. In Earth Stewardship [M]. Ricardo Rozzi et al, eds. New York: Springer.

Pigliucci, M. 2014. Between Holism and Reductionism: a Philosophical Primer on Emergence [J]. Biological Journal, 112: 261 - 267.

Pouzols, F. M., Tuuli Toivonen and Enrico Di Minin et al. 2014. Global Protected Area Expansion is Compromised by Projected Land-Use and Parochialism [J]. Nature, 516: 383 - 400.

Perkins, J. H. and Rachael Jamison. 2008. History, Ethics, and Intensification in Agriculture. in The Ethics of Intensification [M]. Paul B Thompson, ed. The Netherlands: Springer, 65 - 66.

Priest, S. H. 2000. A Grain of Truth: The Media, the Public, and Biotechnology [M]. Lanham, Maryland: Rowman & Littlefield Publishers. 1 - 5.

Priest, S. H. and Toby Ten Eyck. 2004. Peril or Promise: News Media Framing of the Biotechnology Debate in Europe and the U.S.. in: Biotechnology: Between Commerce and Civil Society [M]. Nico Stehr, ed. New Brunswick, New Jersey: Transaction Publishers, 175 - 186.

Reyers, B., Dirk J Roux and Patrick J O'Farrell. 2010. Can Ecosystem Services Lead Ecology on a Transdisciplinary Pathway? [J]. Environmental Conservation, 37 (4): 501 - 511.

Rolston Ⅲ, H. 1988. Environmental Ethics: Duties to and Values in The Natural World [M]. Philadelphia: Temple University Press.

Revathy, V.S., George Mathew and T.P. Narayanankutty. 2014. Role of Recreated Habitats in Butterfly Conservation: A Case Study at Thenmala, Kerala, India [J]. International Journal of Tropical Insect Science, 34 (4): 287 - 295.

Rossetti, M.R., Adriana Salvo and Martín Videla et al. 2013. Forest Remnants Contribute to Parasitoid Conservation: Experimental Evaluation of Parasitism on a Leafminer Host [J]. Insect Conserv, 17: 1137 - 1143.

Roots, C. 2007. Domestication [M]. Connecticut: Greenwood Press.

Rozzi, Ricardo, F. Stuart Chapin Ⅲ and J. Baird Callicott et al eds. 2015. Earth Stewardship:

Linking Ecology and Ethics in Theory and Practice [M]. New York: Springer.

Rahe, P.A. 2012. Montesquieu's Natural Rights Constitutionalism [J]. Social Philosophy & Policy Foundation, 57 - 61.

Ricroch, A.E. 2013. Assessment of GE Food Safety Using '-omics' Techniques and Long-term Animal Feeding Studies [J]. New Biotechnology, 30 (4).

Small, B. and Nigel Jollands. 2006. Technology and Ecological Economics: Promethean Technology, Pandorian Potential [J]. Ecological Economics, 56: 343 - 358.

Singer, P. 2009. Animal Liberation [M]. New York: HarperCollins Publishers.

Schumpeter, J. A. 2012. The Theory of Economic Development [M]. New Brunswick: Transaction Publishers, xv - xxxvii.

Thompson, P.B. 2008. Agrarian Philosophy and Ecological Ethics [J]. Sci Eng Ethics, 14.

Thompson, P. B. 2012. What Happens to Environmental Philosophy in a Wicked World? [J]. Agric Environ Ethics, 25: 485 - 498.

Tyburski, W. 2008. Origin and Development of Ecological Philosophy and Environmental Ethics and Their Impact on the Idea of Sustainable Development [J]. Sust. Dev, 16: 102.

Thompson, P.B. 1995. The Spirit of the Soil: Agriculture and Environmental Ethics [M]. New York: Routledge.

Thompson, P.B. 2010a. Animal Ethics and Public Expectations: The North American Outlook [J]. Animal Welfare in Education and Research, 37: 17.

Thompson, P. B. 2007. Food Biotechnology in Ethical Perspective [M]. Netherlands, Dordrecht: Springer.

Thompson, P. B. 2010b. The Agrarian Vision: Sustainability and Environmental Ethics [M]. Kentucky: The University Press of Kentucky.

Thompson, P. B. and Thomas C. Hilde. 2000. The Agrarian Roots of Pragmatism [M]. Nashville: Vanderbilt University Press, 26 - 50.

Thompson, P.B. and Monica List. 2015. Ebola Needs One Bioethics [J]. Ethics, Policy & Environment, 18 (1).

Thompson, P.B. 1986. The Social Goals of Agriculture [J]. Agriculture and Human Values, Fall: 32 - 42.

Thompson, P.B. 1992. The Ethics of Aid and Trade: U. S. Food Policy, Foreign Competition, and The Social Contract [M]. New York: Cambridge University Press, 20.

Thompson, P. B. 2003. The Case of Genetically Engineered Crops [J]. Plant Physiology, 132: 10.

UN-Documents. 1987. Report of the World Commission on Environment and Development: Our Common Future, Chapter 2: Toward Sustainable Development [R]. [EB/OL]. [2016 - 07 - 13]. http: //www. un-documents. net/ocf - 02. htm#I.

van Egmond, N. D. and H. J. M. de Vries. 2011. Sustainability: the Search for the Integral Worldview [J]. Futures, 43.

van der Windt, H. J., Jac A. A. Swart and Jozef Keulartz. 2007. Nature and Landscape Planning: Exploring the Dynamics of Valuation, the case of the Netherlands [J]. Landscape and Urban Planning, 79: 218 - 228.

Veak, T. 2006. Democratizing Technology [M]. New York: State University of New York Press, 113 - 135.

Vallas, S.P., Daniel Kleinman and Abby Kinchy et al. 2004. The Culture of Science in Industry and Academia: How Biotechnologists View Science and the Public Good. in Biotechnology: Between Commerce and Civil Society [M]. Nico Stehr, ed. New Jersey, New Brunswick: Transaction Publishers, 217 - 223.

Zohary, D., Maria Hopf and Ehud Weiss. 2013. Domestication of Plants in the Old World [M]. 4th ed. New York: Oxford University Press.

## 中文文献

[美] 奥尔多・利奥波德.1997.沙乡年鉴[M].侯文蕙,译.长春：吉林人民出版社.

[美] 爱因斯坦.1979.爱因斯坦文集[M].第三卷,许良英,范岱年,编译.北京：商务印书馆.

[英] 阿利斯科・E.麦克格拉思.2008.科学与宗教引论[M].王毅,译.上海：上海人民出版社.

[美] 爱因斯坦.2011.狭义与广义相对论浅说[M].杨润殷,译.北京：北京大学出版社.

[美] 爱德华・格兰特.2009.科学与宗教：从亚里士多德到哥白尼[M].常春兰,安乐,译.济南：山东人民出版社.

[美] 艾萨克・阿西莫夫,西奥多・斯特金等.2014.微宇宙的上帝[M].刘冉,译.北京：新星出版社.

包庆德,夏承伯.2012.土地伦理：生态整体主义的思想先声[J].自然辩证法通讯,34(201)：116 - 124.

白虹.2010.阿奎那人学思想研究[M].北京：人民出版社.

陈泽环.2011.世界意识和生命意志——施韦泽的道德论证[J].哲学分析,2(5)：107 - 118.

陈伟.2011.再论动物权利的理论基础——生命自由先于行动自由[J].北京理工大学学报：社会科学版,13(4)：98 - 101.

[英] 查尔斯・辛格,E.J.霍姆亚德,A.R.霍尔等.2004.技术史[M].牛津大学版.第二卷.潜伟,译.上海：上海科技教育出版社.

[英] 查尔斯・辛格,E.J.霍姆亚德,A.R.霍尔.2004.技术史[M].牛津大学版.第一卷.王前,孙希忠,译.上海：上海科技教育出版社.

[英] 查尔斯・辛格,E.J.霍姆亚德,A.R.霍尔等.2004.技术史[M].牛津大学版.第四卷.辛元欧,译.上海：上海科技教育出版社.

[英] 查尔斯・辛格,E.J.霍姆亚德,A.R.霍尔等.2004.技术史[M].牛津大学版.第三卷.高亮华,戴吾三,译.上海：上海科技教育出版社.

[英] 查尔斯·辛格，E.J.霍姆亚德，A.R.霍尔等.2004.技术史[M].牛津大学版.第五卷.远德玉，丁云龙，译.上海：上海科技教育出版社.
陈阜.2014.农业生态学[M].北京：中国农业大学出版社，290.
董军，宋玉.2013.女娲传说中的生态女性主义伦理思想发微[J].广西社会科学，3：143－146.
董世魁，刘世梁，邵新庆等.2009.恢复生态学[M].北京：高等教育出版社，2009.
[美] 戴斯·贾丁斯.2006.环境伦理学[M].林官明，杨爱民，译.北京：北京大学出版社.大方等大集经，卷21.
[美] D.A.米克勒斯，G.A.弗里尔，D.A.克罗蒂.2005.DNA科学导论——DNA Science a First Course [M].陈永青，谢建平等，译.明凤，余龙，校.北京：科学出版社.
董世魁等.2009.恢复生态学[M].北京：高等教育出版社.
[德] 弗里德里希·克拉默.2010.混沌与秩序——生态系统的复杂结构[M].柯志阳，吴桐，译.上海：上海科技教育出版社.
管康林，金松恒，朱向陶.2013.农林生物科学通论[M].杭州：浙江大学出版社.
郭庆光.2011.传播学教程[M].北京：中国人民大学出版社.
Gilbert，N. 2013.转基因作物的事实与谣传.[DB/OL].[2016－05－28].http：//www.guokr.com/article/437230/.
黄斌，2009.马克思自然观视域中的生态伦理思想及其现实启示[J].理论导刊，11.
[美] 亨利·大卫·梭罗.2004.瓦尔登湖[M].苏福忠，译.北京：人民出版社.
[美] 霍尔姆斯·罗尔斯顿Ⅲ.2000.哲学走向荒野[M].刘耳，叶平，译.长春：吉林人民出版社.
黄洪标，董晓先，吴卫.2013.肝性脑病实验的教学体会与思考[J].医学理论与实践，26(7).
贾秀兰.2008.藏族生态伦理道德思想研究[J].西南民族大学学报：人文社科版，4.
百度百科.克隆羊多莉.[EB/OL].[2016－06－05].http：//baike.baidu.com/link?url＝g9XxQixh0HiBQPBe4Xmhykn2xpfi-ZvbH2cE-qTPMQ-vWYG0FCkxZ4jU2k4zFQDjIVdjcTuVSmUBGiDCsf-Th_＃5.
刘福森，1997.自然中心主义生态伦理观的理论困境[J].中国社会科学，3.
雷毅，金平阅.2012.伦理矩阵方法在转基因技术评价中的应用[J].南京邮电大学学报：社会科学版，14(3).
李山梅，刘涛宁.2012.东西方动物伦理的共识与实践应用[J].南京林业大学学报：人文社会科学版，12(4).
李萱，江山.2003.动物如何不是物[J].河南社会科学，11(6).
林森.2013.野生动物保护若干伦理问题研究[D].中央民族大学.
[美] 洛伊斯·N.玛格纳.2002.生命科学史[M].李难，崔极谦，王水平，译.天津：百花文艺出版社，第640页.
[美] 蕾切尔·卡逊.2014.寂静的春天[M].吕瑞兰，李长生，译.上海：上海译文出版社.
联合国粮食及农业组织.2014.粮农组织的举措使全球土地覆盖数据实现首次汇总.[EB/OL].[2016－05－26].http：//www.fao.org/news/story/zh/item/216857/icode/.
吕虎，华萍.主编.现代生物技术导论[M].北京：科学出版社，2011：1－5.

马桂英，计彤.2010.蒙古族深层生态学思想之现代解读[J].理论研究，4.
马永慧.2007.动物实验在伦理学上能够得到辩护么[J].中国医学伦理学，20(5).
[美] 梅尔・斯图尔特傅有德主编.2010.科学与宗教：当前对话[M].黄福武，韩刚，译.北京：北京大学出版社.
[英] 迈克尔・S.诺斯科特.2010.气候伦理[M].左高山，唐艳枚，龙运杰，译.北京：社会科学文献出版社.
摩诃止观，卷五.
摩诃止观，卷六.
[美] 摩尔根.2007.基因论[M].《基因论导读》.卢惠霖，译.北京：北京大学出版社.
农业部农业转基因生物安全管理办公室，中国农业科学院生物技术研究所，中国农业生物技术学会.2012.转基因 30 年实践[R].北京：中国农业科学技术出版社.
NBIC. [EB/OL].[2016 - 05 - 28]. http://baike.baidu.com/view/325634.htm? fr=aladdin.
邱耕田.1997.从绝对人类中心主义走向相对人类中心主义[J].自然辩证法研究，13(1)：15 - 18，58.
钱迎倩，马克平.1998.经遗传修饰生物体的研究进展及其释放后对环境的影响[J].生态学报，18(1).
邱仁宗.2011.生命伦理学研究的最近进展[J].科学与社会，1(2).
秦大河.2013.中国气候与环境演变：2012，综合卷[R].北京：气象出版社，43 - 73.
[美] 乔・安・博伊兹顿，主编.2010.约翰・杜威.杜威全集—早期著作(1882—1892)[M].第三卷.吴新文，邵强进等，译.上海：华东师范大学出版社，105.
任海，刘庆，李凌浩等.2008.恢复生态学导论[M].北京：科学出版社，21 - 22.
沈骊天.2001.从人类中心主义到广义生态伦理[J].科学技术与辩证法，18(5).
孙悦.2008.动物小说——人类的绿色凝思[D].上海师范大学.
圣托马斯・阿奎那.2008.神学大全[M].台北：中华道明会、碧岳学社联合出版.
[英] 斯蒂芬・霍金.2002.时间简史[M].许明贤，吴忠超，译，长沙：湖南科学技术出版社，15 - 17.
海洋地质国家重点实验室(同济大学).2011.海底观测：科学与技术的结合[M].上海：同济大学出版社，39.
[美] 斯坦利・巴兰，丹尼斯・戴维斯.2010.大众传播理论：基础、争鸣与未来[M].曹书乐，译.北京：清华大学出版社.
唐代兴，杨兴玉.2012.灾疫伦理学：通向生态文明的桥梁[M].北京：人民出版社.
[美] 唐纳德・沃斯特.2007.自然的经济体系：生态思想史[M].侯文蕙，译.北京：商务印书馆.
[英] 特雷弗・I.威廉斯.2004.技术史[M].牛津大学版.第六卷.姜振寰，赵毓琴，译.上海：上海科技教育出版社.
[英] 特雷弗・I.威廉斯.2004.技术史[M].牛津大学版.第七卷.刘则渊，孙希忠，译.上海：上海科技教育出版社.
王天成，2005.黑格尔概念辩证法中的个体生命原则[J].天津社会科学，2.

王妍,2009.环境伦理追求的终极目标[J].自然辩证法研究,25(11).
武培培,包庆德.2012.彼得·辛格实践伦理学若干问题及其争议[J].南京林业大学学报：人文社会科学版,12(4).
吴迪.2010.中国动物保护伦理的思想渊源[J].西北民族大学学报：哲学社会科学版,1.
王文霞.2010.我国农场动物福利立法探析[D].中国政法大学.
[英] W.C.丹皮尔.2010.科学史[M].李珩,译.北京：中国人民大学出版社.
Watts, P. 2015.变成集体的一部分,和死亡有什么区别.[EB/OL].[2016-05-23].http://www.guokr.com/article/440493/.
徐朝旭.2010.中国古代科技伦理思想[M].北京：科学出版社.
夏文静,王欣.2013.《呼啸山庄》框架叙事中潜生态伦理意识的凸显[J].东北师大学报：哲学社会科学版,4.
肖健,2009.皮彻姆和查瑞斯的生命伦理原则主义的进路评析[J].道德与文明,1.
性善恶论,卷一.
[瑞士] 雅各布·布克哈特.2009.历史讲稿[M].刘北成,刘妍,译.北京：三联书店.
余谋昌.2010.环境哲学：生态文明的理论基础[M].北京：中国环境科学出版社.
余谋昌.1996.中国古代哲学的生态伦理价值[J].中国哲学史,1-2.
余谋昌.2004.中国古代的自然价值论[J].中国哲学史,2.
余谋昌.2011.地学伦理学：地球科学的人文转向[J].上海师范大学学报：哲学社会科学版,40(3).
余谋昌,王耀先.2004.环境伦理学[M].北京：高等教育出版社.
AAA.一封呼吁善待动物、关爱生命的信及其评论.2008.[J]医学与哲学,29(7).
庄晓平.2011.康德的自主理论：能否成为生命伦理学的自主原则[J].学术研究,8.
钟文燕,龙佳解.2008.基因治疗技术安全性的哲学与伦理审视[J].科技管理研究,10.
翟志宏.2007.阿奎那自然神学思想研究[M].北京：人民出版社.
杂阿含经,卷十二.
赵亚华.2015.分子生物学精要[M].北京：科学出版社.

# 后　记

当我们试图换个视角来研究环境伦理问题时，人类的农业历史与现实提供了巨大的空间。环境伦理不是抽象的，它是非常具体的、生活化的，甚至寓于人们的日常生活习惯中。环境认知可以是理性的，也可以是非常感性的，以至于有时候我们很难区分。可以认为，环境哲学的理性来源于生活中感性认知的聚集。这在一个侧面反映了人的内心对于环境认知的重要性。这种认知有时候类似于将环境视为自身的一个部分，只有这种感同身受似乎才能唤起我们对于环境的珍惜。农业人口就具有这种独一无二的与宇宙、大自然的情感交流与实践经验。在此意义上，与其说农业生产活动是一个人类有意识的生存实践，不如说将其理解为一个人类与大自然甚至宇宙交流、对话、协商的结果。技艺、技术的进化则是在思维层面描写这种交流。也许农业行为提示我们不要忘记科学技术的发端是为了什么。科学技术进步不仅是在解释宇宙运行，也许会创造、改变宇宙运行规律，但其终极追求必定不会是人类的自我毁灭。

中国拥有悠久的农业文明历史，也是农业大国，拥有大量的农业人口。它们能够为现代环境伦理学研究提供丰富营养与宽广视角。如何在中国工业化进程中借鉴并吸收其他国家的文明要素，形成中国的农业哲学与环境哲学（伦理）理论体系与实践具有重要意义。

我在这本书的写作、修订过程中得到了美国密歇根州立大学保罗·汤普森(Paul B. Thompson)教授的真诚帮助。多年来汤普森教授一直关注、关心并指导着我的研究。在研究中遇到的很多问题我们都是面谈解决。他在百忙之中能抽出宝贵时间阅读初稿，并为本书写了英文序，对此我表示衷心感谢！美国密歇根州立大学的朱莉(Julie K. Eckinger)教授多年来给予我同样宝贵而无私的帮助,经常给我建议,指导我如何去做。中国科学技术大学史玉民教授在科学技术哲学与文化范式方面给予了我宝贵的指导和帮助。中国科学技术大学徐飞教授在STS、生物技术风险、科技伦理等方面给我提出宝贵建议和真诚帮助。徐子敏先生对我的研究始终给予了宝贵的支持。

我对他们给予我的无私帮助和关心表示衷心感谢!

本书的研究完全出自个人对环境与农业哲学的兴趣。人们常说兴趣是科学研究最好的老师,兴趣也是最有可能令科学研究坚持下去的驱动力。如果本书能有任何价值,也都应该归功于真诚帮助过我的人。

于 川

2019年5月5日

**图书在版编目(CIP)数据**

实践哲学语境下的生态伦理研究：保罗·汤普森哲学思想的启示 / 于川著. —上海：上海社会科学院出版社，2019

ISBN 978-7-5520-0874-6

Ⅰ.①实… Ⅱ.①于… Ⅲ.①生态伦理学—研究 Ⅳ.①B82-058

中国版本图书馆 CIP 数据核字(2019)第 230650 号

**实践哲学语境下的生态伦理研究**
**——保罗·汤普森哲学思想的启示**

著　　者：于　川
责任编辑：董汉玲
封面设计：周清华
出版发行：上海社会科学院出版社
　　　　　上海顺昌路 622 号　邮编 200025
　　　　　电话总机 021-63315947　销售热线 021-53063735
　　　　　http://www.sassp.org.cn　E-mail:sassp@sassp.cn
排　　版：南京展望文化发展有限公司
印　　刷：上海天地海设计印刷有限公司
开　　本：710×1010 毫米　1/16 开
印　　张：21.25
插　　页：2
字　　数：332 千字
版　　次：2019 年 11 月第 1 版　　2019 年 11 月第 1 次印刷

ISBN 978-7-5520-0874-6/B·265　　定价：85.00 元